微课版

云计算技术应用基础

崔升广 ◉ 主编
冯丹 李中跃 张一豪 栾禄祥 ◉ 副主编

人民邮电出版社
北京

图书在版编目（CIP）数据

云计算技术应用基础 ：微课版 / 崔升广主编. --
北京 ：人民邮电出版社，2023.2
工业和信息化精品系列教材. 云计算技术
ISBN 978-7-115-60477-4

Ⅰ. ①云… Ⅱ. ①崔… Ⅲ. ①云计算－高等职业教育
－教材 Ⅳ. ①TP393.027

中国版本图书馆CIP数据核字(2022)第220876号

内 容 提 要

根据高职高专教育的培养目标、特点和要求，本书由浅入深、全面系统地讲解了云计算技术的基础知识。全书共6章，内容包括云计算概述、云存储与备份技术、云服务与应用、云互联架构技术、云计算管理平台、云安全与新兴技术。为了让读者能够更好地巩固所学知识，及时地检查学习效果，每章最后都配备了课后习题。

本书可作为高职高专院校各专业云计算技术基础课程的教材，也可作为云计算技术基础培训教材和云计算技术爱好者的自学参考书。

◆ 主　　编　崔升广
　副 主 编　冯　丹　李中跃　张一豪　栾禄祥
　责任编辑　郭　雯
　责任印制　王　郁　焦志炜

◆ 人民邮电出版社出版发行　　北京市丰台区成寿寺路 11 号
　邮编　100164　　电子邮件　315@ptpress.com.cn
　网址　https://www.ptpress.com.cn
　保定市中画美凯印刷有限公司印刷

◆ 开本：787×1092　1/16
　印张：18.5　　2023 年 2 月第 1 版
　字数：533 千字　　2023 年 2 月河北第 1 次印刷

定价：69.80 元

读者服务热线：(010) 81055256　印装质量热线：(010) 81055316
反盗版热线：(010) 81055315
广告经营许可证：京东市监广登字 20170147 号

前言 FOREWORD

云计算、物联网、大数据、人工智能成为新一代信息技术的重要标志，已经深刻影响了教育、医疗、交通和行政管理等多个领域，极大促进了产业发展转型、管理方式变革和社会效率提升。培养大批熟练掌握云计算技术的人才是当前社会发展的迫切需求。在高职高专院校中，云计算技术应用课程已经成为云计算及相关专业的一门重要专业基础课程，其使用的教材应该与时俱进，涵盖的知识面与技术面广。本书可以让读者学到云计算技术前沿和实用的技术，为以后参加工作储备知识。

本书介绍的实训均以华为网络设备为平台，在介绍相关理论与技术原理的同时，还提供大量的云计算相关项目配置案例，以达到理论与实践相结合的目的。本书在内容安排上力求做到深浅适度、详略得当，从云计算基础知识起步，用大量的案例、插图讲解云计算技术等相关知识。编者精心选取内容，对教学方法与教学内容进行整体规划与设计，使得本书在叙述上简明扼要、通俗易懂，既方便教师讲授，又方便学生学习、理解与掌握。

本书融入了编者丰富的教学经验和长期从事云计算相关运维工作的实践经验，以云计算初学者的视角安排知识结构，采用“教、学、做一体化”的教学方法，旨在培养云计算技术应用型人才。本书以实际项目转化的案例为主线，以“学做合一”的理念为指导。读者在学习本书的过程中，不仅可以完成快速入门的基本技术学习，而且能够进行实际项目的开发与实现。

本书主要特点如下。

1. 内容丰富、技术新颖、图文并茂、通俗易懂，具有很强的实用性。

2. 合理、有效的组织。本书按照由浅入深的顺序，引入相关技术与知识，实现技术讲解与训练合二为一，有助于“教、学、做一体化”教学方法的实施。

3. 内容充实、实用，实际项目开发与理论教学紧密结合。本书的训练紧紧围绕着实际项目进行，为了使读者能快速地掌握相关技术并按实际项目开发要求熟练运用所学内容，本书在各个章节重要知识点后面都根据实际项目设计相关实践，详细讲解配置过程。

为方便读者使用，书中全部实例的源代码及电子教案均免费赠送给读者，读者可登录人邮教育社区（www.ryjiaoyu.com）免费下载。

本书由崔升广任主编，冯丹、李中跃、张一豪、栾禄祥任副主编，崔升广编写第 1 章至第 5 章，冯丹、李中跃、张一豪、栾禄祥编写第 6 章，崔升广负责全书的统稿和定稿。

由于编者水平有限，书中不妥之处在所难免，殷切希望广大读者批评指正。编者 e-mail：84813752@qq.com。

编　者

2023 年 1 月

目录 CONTENTS

第1章

第2章

第 3 章

第 4 章

第6章

第1章 云计算概述

01

本章主要讲述云计算技术概述、云计算的演化与发展、虚拟化技术以及云计算架构等知识点，包括云计算的起源、云计算的主要特点、云计算发展相关政策、云计算的发展阶段、云计算的优势及生态系统、虚拟化的基本概念、云计算中的虚拟化技术、虚拟化集群、云计算基础架构剖析、云计算相关体系结构比较、云计算标准化等相关内容。

【学习目标】

- 了解云计算的起源。
- 掌握云计算的主要特点。
- 了解云计算发展相关政策、云计算的发展阶段、云计算的优势及生态系统。
- 掌握虚拟化的基本概念。
- 了解云计算基础架构以及云计算相关体系结构比较。
- 掌握虚拟机安装以及eNSP软件的使用。

【素质目标】

- 培养自我学习的能力和习惯。
- 激发求真求实意识。
- 树立团队互助、合作进取的意识。

1.1 云计算技术概述

云计算是继 20 世纪 80 年代大型计算到服务器-客户端的转变之后的又一次巨变，它是分布计算、并行计算、效用计算、网络存储、虚拟化、负载均衡、热备份冗余等传统计算机和网络技术发展融合的产物。云计算是一种新技术，也是一种新概念、一种新模式，而不是单纯地指某项具体的应用或标准，它是近十年来在 IT 领域出现并飞速发展的新技术之一。对于云计算中的“计算”一词，大家并不陌生，而对于云计算中的“云”，我们可以理解为一种提供资源的方式，或者说提供资源的硬件和软件系统被统称为“云”。“云”中的资源在使用者看来是可以无限扩展的，并且可以随时获取、按需使用、随时扩展、按使用量付费。云计算模式是计算资源使用方式的巨大变革。所以，我们对云计算可以初步理解为通过网络随时随地获取到特定的计算资源。

1.1.1 云计算的起源

V1-1 云计算的起源

云计算提供的计算资源服务是与水、电、煤气和电话类似的公共资源服务。亚马逊网络服务（Amazon Web Services，AWS）提供专业的云计算服务，于 2006 年推出，以 Web 服务的形式向企业提供 IT 基础设施服务，其主要优势之一是能够根据业务发展来扩展较低可变成本以替代前期基础设施费用，它已成为公有云的事实标准。

1. 云计算的由来

1959 年，克里斯托弗·斯特雷奇（Christopher Strachey）提出虚拟化的基本概念，2006 年 3 月，亚马逊公司（简称亚马逊）首先提出弹性计算云服务，2006 年 8 月，谷歌公司（简称谷歌）首席执行官埃里克·施密特（Eric Schmidt）在搜索引擎大会上首次提出"云计算"（Cloud Computing）的概念。从那时候起，云计算开始受到关注，这也标志着云计算的诞生。2010 年，中华人民共和国工业和信息化部联合中华人民共和国国家发展和改革委员会印发《关于做好云计算服务创新发展试点示范工作的通知》，2015 年，中华人民共和国工业和信息化部印发《云计算综合标准化体系建设指南》，云计算由最初的美好愿景到概念落地，目前已经进入广泛应用阶段。

云计算经历了"集中时代"向"网络时代"转变，再向"分布式时代"转换，并在"分布式时代"基础之上形成了"云时代"，如图 1.1 所示。

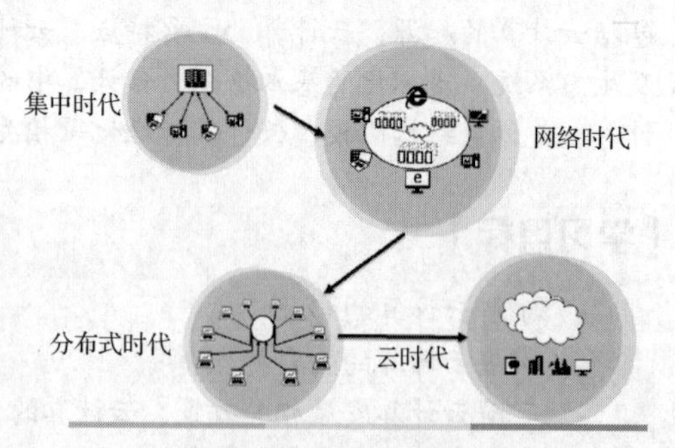

图 1.1 云计算的演变

云计算作为一种计算技术和服务理念，有着极其浓厚的技术背景。谷歌作为搜索引擎提供商，首创这一概念有着很大的必然性。随着众多互联网厂商的发展，各家互联网公司对云计算的研发不断加深，陆续形成了完整的云计算技术架构、硬件网络。服务器方面逐步向数据中心、全球网络互联、软件系统等方向发展，完善了操作系统、文件系统、并行计算架构、并行计算数据库和开发工具等云计算系统关键部件。

云计算的最终目标是将计算、服务和应用作为公共设施提供给公众，使人们能够便捷地使用这些计算资源。

2. 无处不在的云计算

云计算作为一种新技术的代表，就像互联网一样，越来越多地渗透到我们的日常生活中。例如，需要与同事共享一份电子资料时，如果这份资料文件有几百兆字节，超出了电子邮件附件大小的限制，该如何进行传送和保存呢？以前我们一般会通过快递来传送光盘、U 盘或移动硬盘等存储介质，费时、费力。但现在有了更便捷的方式，即使用百度网盘之类的云存储服务，只需要将资源文件放入自己的网盘，并发送共享链接和存取密码给接收方，接收方只需要通过互联网就能随时随地获取共享的资料文件。又如，某公司需要召开专项会议，但参会人员位于全国各地，如果让参会人员乘坐交通工具从全国各地聚集到一起开现场会，不仅浪费了金钱，还耽误了时间。因此，大家会优先考虑使用腾讯会议、Zoom 之类的云会议系统。参会人员只需要通过互联网，使用浏览器进行简单的操作，便可快速、高效地与不同地理位置的参会人员同步分享视频、语音以及数据文件等。实际上，云会议的参与人员只需具备一台能上网的设备（计算机、平板电脑、手机等）和能正常使用的网络，就可以实现在线视频会议和交流，而不必关心会议中数据的传输、处理等复杂技术，这些全部由云会议提供商提供支持。

像这种提前将资源准备好，通过特定技术随时随地使用这些资源去执行特定任务的方式大多属于云计算类型，能够提供这种服务的供应商就是云服务提供商，如华为云就是一个云服务提供商。图 1.2 所示为华为云网站。

图 1.2　华为云网站

在“产品”服务选项中，我们可以看到精选推荐、计算、容器、存储、网络、CDN 与智能边缘、数据库、人工智能、大数据、物联网、应用中间件、开发与运维、企业应用、视频、安全与合规、管理与监管、迁移、区块链、华为云 Stack、移动应用服务等大类。每个大类又可以分为数量不等的细分类型，如在“产品”→“存储”中，包含“对象存储服务 OBS”，如图 1.3 所示。

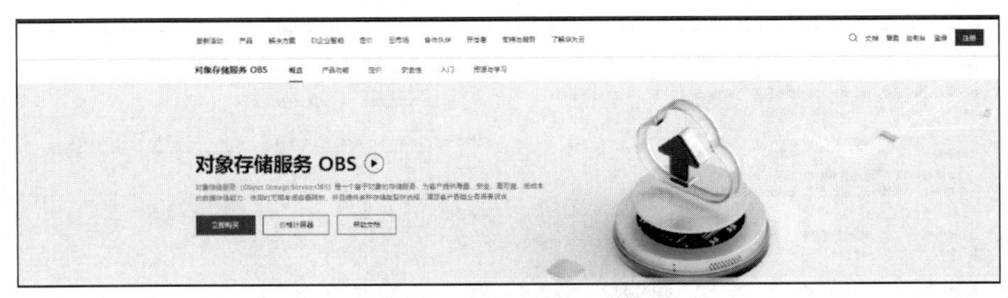

图 1.3　对象存储服务 OBS

对象存储服务是一种基于对象的存储服务，可为客户提供海量、安全、高可靠、低成本的数据存储能力，使用时无须考虑容量限制，并且提供多种存储类型选择，以满足客户各类业务场景诉求。图 1.4 所示为多种存储类型。

存储类型	标准存储	低频访问存储	归档存储
类型简介	高性能、高可靠、高可用的对象存储服务	可靠、较低成本的实时访问存储服务	归档数据的长期存储，存储单价更优惠
适用场景	云应用 | 数据分享 | 内容分享 | 热点对象	网盘应用 | 企业备份 | 活跃归档 | 监控数据	档案数据 | 医疗影像 | 视频素材 | 带库替代
设计持久性-单AZ	99.999999999%（11个9）	99.999999999%（11个9）	99.999999999%（11个9）
设计持久性-多AZ	99.9999999999%（12个9）	99.9999999999%（12个9）	——
最低存储时间	无	30天	90天
取回时间	立即	立即	加急1-5分钟 标准3-5小时

图 1.4　多种存储类型

云服务提供商除了向用户提供云存储服务外，还提供其他云服务。例如，华为云提供的云服务器实际上是一种虚拟服务器，与我们自行购买计算机时类似，提供了不同档次和类型的云服务器实例，配置包括 CPU 数量、主频、内存及网络带宽等，用户可以根据自己的需求选择最具性价比的云服务器实例。以一个热门的云服务器为例，即弹性云服务器（Elastic Cloud Server，ECS），它是一种云上可随时自动获取、可弹性伸缩的计算服务，可帮助用户打造安全、可靠、灵活、高效的应用环境，如图 1.5 所示，其规格如图 1.6 所示。实际上，购买云服务器实例就好比购买了物理机，可以完成绝大部分在物理机上完成的工作，如编辑文档、发送邮件或者协同办公等。只不过云服务器不在眼前，而是放在了网络的远端（云端）。另外，云服务器还具备一些本地物理机不具备的优势，如对云服务器的访问不受时间和地点的限制，只要有互联网，就可随时随地使用，并且操作云服务器的设备可以多种多样，如用户通过个人计算机、手机等对云服务器进行操作，需要时还可以修改或扩展自己云服务器的性能配置。

图 1.5　弹性云服务器

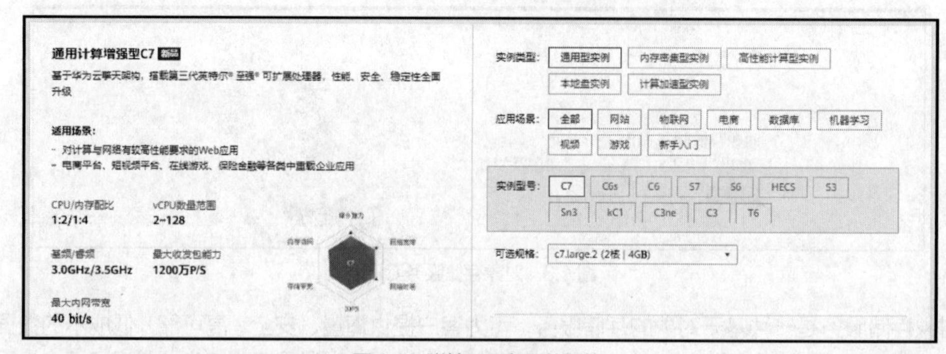

图 1.6　弹性云服务器的规格

总之，云计算可以让我们像使用水、电一样使用网络服务。用户打开水龙头，水就“哗哗”流出来，这是因为自来水厂已经将水送入了连通千家万户的管理网络；对云计算来说，云服务提供商已经为用户准备好所有的资源及服务，用户通过互联网就可以使用。

随着云计算技术的迅猛发展，类似的云服务会越来越多地渗透到我们的日常生活中，我们能够切实地感受到云计算技术带来的生活上的便利。我们身边的云服务其实随处可见，如百度网盘、有道云笔记、手机的自动备份和网易云音乐等。用户可以将手机端的文件备份到云端的数据中心。更换手机后，使用自己的账号和密码就可以将自己的数据还原到新手机上。

3. 云计算的基本概念

相信读者都听到过阿里云、华为云、百度智能云、腾讯云等，那么到底什么是云计算？云计算又能做什么呢？

V1-2　云计算的定义

（1）云计算的定义

云计算是一种基于网络的超级计算模式，基于用户的不同需求提供所需要的资源，包括计算资源、网络资源、存储资源等。云计算服务通常运行在若干台高性能物理服务器上，具备约 10 万亿次/秒的运算能力，可以用来模拟预测气候变化以及市场发展趋势等。

云计算将计算任务分布在大量计算机构成的资源池上，使各种应用系统能够根据需要获取计算处理能力、存储空间和各种软件服务，这种资源池中的资源称为“云”。“云”是可以自我维护和管理的虚拟计算资源，通常为大型服务器集群，包括计算服务器、存储服务器、宽带资源服务器等。之所以称为“云”，是因为它在某些方面具有现实中云的特征：云一般较大；云的规模可以动态伸缩，它的边界是模糊的；云在空中飘忽不定，无法也无须确定它的具体位置，但它确实存在于某处。云计算将所有的计算资源集中起来，并由软件实现自动管理，无须人为参与。

“端”指的是用户终端，可以是个人计算机、智能终端等任何可以连入互联网的设备。

云计算的一个核心理念就是通过不断提高“云”的处理能力，减少用户“端”的处理负担，最终使用户“端”简化成为单纯的输入/输出设备，并能按需享受“云”的强大计算处理能力。

云计算的定义有狭义和广义之分。

狭义上讲，“云”实质上就是一种网络，云计算就是一种提供资源的网络，包括硬件、软件和平台。使用者可以随时获取“云”上的资源，按需求量使用，并且容易扩展，只要按使用量付费就可以。“云”就像自来水厂一样，我们可以随时接水，并且不限量，按照自己家的用水量，付费给自来水厂就可以；在用户看来，水资源是无限的。

广义上说，云计算是与 IT、软件、互联网相关的一种服务，通过网络以按需、易扩展的方式提供用户所需要的服务。云计算把许多计算资源集合起来，通过软件实现自动化管理，无须人为参与，就能让资源被快速提供。也就是说，计算能力作为一种商品，可以在互联网上流通，就像水、电、煤气一样，可以方便地取用，且价格较为低廉。这种服务可以是与 IT、软件和互联网相关的，也可以是其他领域的。

总之，云计算不是一种全新的网络技术，而是一种全新的网络应用概念。云计算的核心思想就是以互联网为中心，在网站上提供快速且安全的计算与数据存储服务，使云计算上的每一个用户都可以使用网络中的庞大计算资源与数据中心。

云计算是继计算机、互联网之后的一种革新，是信息时代的一个巨大飞跃，未来的时代可能是云计算的时代。虽然目前有关云计算的定义有很多，但总体上来说，云计算的基本含义是一致的，即云计算具有很强的扩展性和必要性，可以为用户提供全新的体验，云计算可以将很多的计算资源协调在一起。因此，用户通过网络就可以获取到几乎不受时间和空间限制的大量资源。

V1-3　云计算的服务模式

（2）云计算的服务模式

云计算的服务模式由 3 部分组成，包括基础设施即服务（Infrastructure as a Service，IaaS）、平台即服务（Platform as a Service，PaaS）和软件即服务（Software as a Service，SaaS），如图 1.7 所示。传统模式与云计算服务模式层次结构如图 1.8 所示。

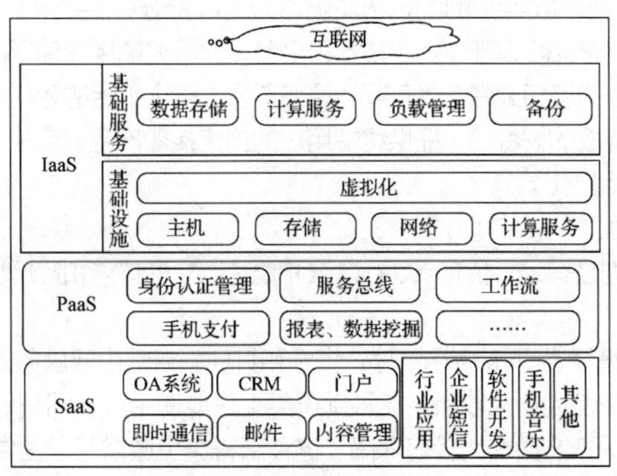

图 1.7　云计算的服务模式

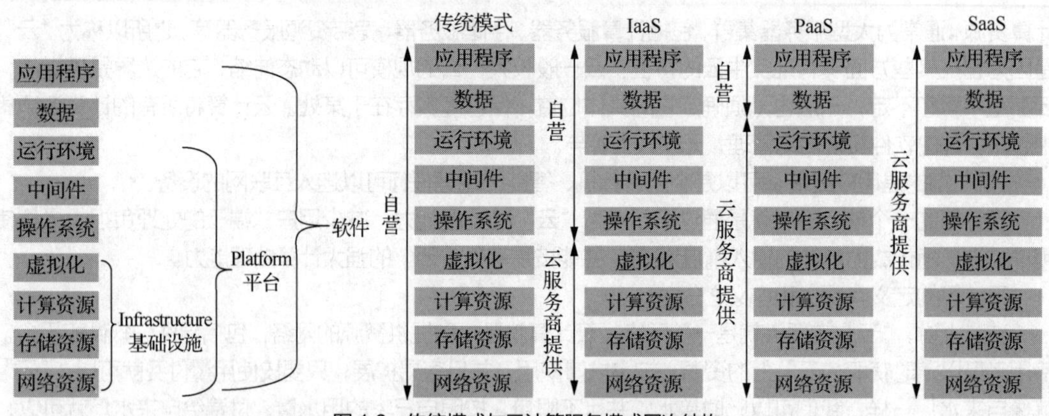

图 1.8 传统模式与云计算服务模式层次结构

① 基础设施即服务（IaaS）。什么是基础设施呢？服务器、硬盘、网络带宽、交换机等物理设备都是基础设施。云计算服务提供商通过购买服务器、硬盘、网络设施等，搭建基础服务设施。我们便可以在云平台上根据需求购买相应的计算能力、内存空间、磁盘空间、网络带宽等来搭建自己的云计算平台。这类云计算服务提供商典型的代表便是阿里云、腾讯云、华为云等。

优点：能够根据业务需求灵活配置资源，扩展、伸缩方便。

缺点：开发、维护需要较多人力，专业性要求较高。

② 平台即服务（PaaS）。什么是平台呢？你可以将平台理解成中间件。这类云计算厂商在基础设施上进行开发，搭建操作系统，提供一套完整的应用解决方案，开发大多数所需中间件服务（如 MySQL 数据库服务、RocketMQ 服务等），用户无须深度开发，只专注业务代码即可。典型的云计算厂商代表工具便是 Pivatol Cloud Foundary、Google App Engine 等。

优点：用户无须开发中间件，所需即所用，能够快速使用；部署快速，可减少人力投入。

缺点：应用开发时的灵活性、通用性较低，过度依赖平台。

③ 软件即服务（SaaS）。SaaS 是大多数人每天都能接触到的，如办公自动化（Office Automation，OA）系统、腾讯公众号平台等。SaaS 可直接通过互联网为用户提供软件和应用程序等服务，用户可通过租赁的方式获取安装在厂商或者服务供应商那里的软件。虽然这些服务是用于商业或者娱乐的，但是它们也属于云计算。一般面向的对象是普通用户，常见的服务模式是给用户提供一组账号和密码。

优点：所见即所得，无须开发。

缺点：需定制，无法快速满足个性化需求。

IaaS 主要对应基础设施，可实现底层资源虚拟化以及实际云应用平台部署，完成网络架构由规划架构到最终物理实现的过程。PaaS 基于 IaaS 技术和平台，部署终端用户使用的软件或应用程序，提供对外服务的接口或者服务产品，最终实现对整个平台的管理和平台的可伸缩化。SaaS 基于现成的 PaaS，提供终端用户的最终接触产品，完成现有资源的对外服务以及服务的租赁化。

V1-4 云计算的部署类型

（3）云计算的部署类型

云计算的部署类型分为公有云、私有云、社区云和混合云，其特点和应用场景如图 1.9 所示。

① 公有云。在这种部署类型下，应用程序、资源和其他服务都由云服务提供商来提供给用户。这些服务多半是免费的，部分按使用量来收费。这种部署类型只能使用互联网来访问和使用。同时，这种部署类型在私人信息和数据保护方面也比较有保障。这种部署类型通常可以提供可扩展的云服务并能进行高效设置。

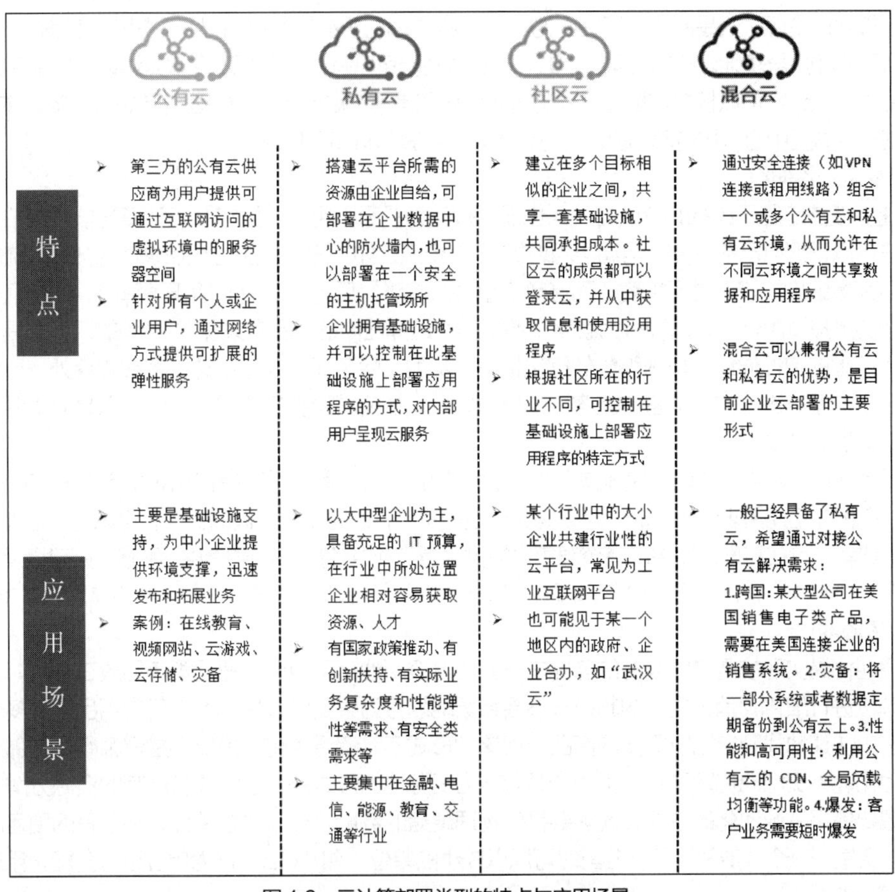

图 1.9　云计算部署类型的特点与应用场景

② 私有云。这种部署类型专门为某一个企业服务。不管是企业自己管理还是第三方管理，不管是企业自己负责还是第三方托管，只要使用的方式没有问题，就能为企业带来很显著的成效。但这种部署类型所要面临的是，纠正、检查等安全问题需企业自己负责，出了问题也只能自己承担后果。此外，整套系统也需要自己购买、建设和管理。这种云计算部署类型可产生正面效益。从模式的名称也可看出，它可以为所有者提供具备充分优势和功能的服务。

③ 社区云。公有云和私有云都有自己的优点与不足，折中的一种云就是社区云。顾名思义，社区云就是由一个社区，而不是一家企业所拥有的云平台。社区云一般隶属于某个企业集团、机构联盟或行业协会，一般服务于同一个集团、联盟或协会。社区云是由几个组织共享的云端基础设施，它们支持特定的社群，有共同的关切事项，例如使命任务、安全需求、策略与法规遵循考量等。管理者可能是组织本身，也可能是第三方；管理位置可能在组织内部，也可能在组织外部。凡是属于该群体组织的成员都可以使用该社区云。为了管理方便，社区云一般由一家机构进行运维，但也可以由多家机构共同组成一个云平台运维团队来进行管理。

④ 混合云。混合云是两种或两种以上的云计算部署类型的混合体，如公有云和私有云混合。它们相互独立，但在云的内部又相互结合，可以发挥多种云计算部署类型各自的优势。它们通过标准的或专有的技术组合起来，具有可移植数据和应用程序的特点。

1.1.2　云计算的主要特点

云计算是基于互联网的相关服务的增加、使用和交付模式，通常涉及通过互联网来提供动态易扩展且经常是虚拟化的资源。云是网络、互联网的一种比喻说法。过去在图中往往用云来表示电信网，后来也用来表示互联网和底层基础设施的抽象。因此，云计算甚至可以有 10 万亿次/秒的运算能力。拥有这么强大的计算能力，云计算可以模拟核爆炸、预测气候变化和市场发展趋势。用户通过计算机、笔记本电脑、手机等方式接入数据中心，按自己的需求进行运算。云计算具有如下特点。

1．快速弹性伸缩

快速弹性伸缩是云计算的特点之一，也通常被认为是吸引用户“拥抱”云计算的核心理由之一。云计算用户可以根据自己的需要，自动透明地扩展 IT 资源。如用户为了应对热点事件的突发大流量，临时自助购买大量的虚拟资源进行扩容。而当热点事件“降温”后，访问流量趋于下降时，用户又可以将这些新增加的虚拟资源释放，这种行为就属于典型的快速弹性伸缩。具有大量 IT 资源的云计算提供者可以提供极大范围的弹性伸缩。快速弹性伸缩包括多种类型，除了通过人为手动扩容或减容外，云计算还支持根据预定的策略进行自动扩容或减容。伸缩可以是增加或减少服务器数量，也可以是对单台服务器进行资源的增加或减少。

在云计算中，对用户来说，快速弹性伸缩最大的好处是在保证业务或者应用稳定运行的前提下节省成本。企业在创立初期需求量较少时，可以购买少量的资源；随着企业规模的扩大，可以逐步增加资源方面的投资；或者，可在特殊时期将所有资源集中提供给重点业务使用；如果资源还不够，则可以及时申请增加新的资源，度过特殊时期后，再将新增加的资源释放，无论是哪种情景，对用户来说都是很方便的。

2．资源池化

资源池化是实现按需自助服务的前提之一。通过资源池化不但可以把同类商品放在一起，而且能将商品的单位进行细化。稍大规模的超市一般会将场地划分为果蔬区、生鲜区、日常用品区等多个区域，以方便客户快速地找到自己所需要的商品，但这种形式不是资源池化，只能算是资源归类。那么什么算是资源池化呢？资源池化除了将同类的资源转换为资源池的形式外，还需要将所有的资源分解成较小的单位。想要使用资源池化的方式，就需要打破物理硬盘的数量“个”这个单位，将所有的硬盘的容量合并起来，聚集到一个“池子”里，分配时可以以较小的单位，如“GB”作为单位进行分配，用户需要多少就申请多少。

资源池化还有一个作用就是可以屏蔽不同资源的差异性。包含机械硬盘和固态硬盘的存储资源被池化后，用户在申请一定数量的存储空间时，具体对应的是机械硬盘还是固态硬盘，或者两者都有，用户是看不出来的。而在云计算中，可以被池化的资源包括计算、存储和网络等资源。其中计算资源包括 CPU 和内存，如果对 CPU 进行池化，用户看到的 CPU 最小单位是一个虚拟的核，而不再体现 CPU 的厂商是英特尔公司或者是超威半导体公司（简称 AMD）等这类物理属性。

3．按需自助服务

说到按需自助服务，可能我们最先想到的就是超市。每个顾客在超市里都可以按照自己的需求挑选商品，如果是同类商品，可以通过查看说明、价格、品牌等商品信息来确定是否购买或购买哪一款商品。按需自助服务是云计算的特点之一，用户可以根据自己的需求选择其中的一种模式；选择模式后，一般又会有细分的不同配置可供选择，用户可以根据自己的需求购买自己需要的服务。整个过程一般是自助完成的，除非遇到问题需要咨询，否则不需要第三方介入，如华为云的弹性云服务器规格中就有许多不同配置的云服务器实例可供选择。

按需自助服务的前提是了解自己的需求，并知道哪款产品能够满足这个需求，这就要求使用云计算的用户具备相关的专业知识。不具备这方面知识和能力又想使用云服务的用户可咨询云服务提供商或求助相关专业服务机构。

4．服务可计量可计费

计量不是计费，尽管计量是计费的基础。在云计算提供的服务中，大部分服务都需要付费使用，但也有服务是免费的，如弹性伸缩可以作为一个免费的服务为用户开通。

计量是利用技术和其他手段实现单位统一和量值准确、可靠的测量。可以说，云计算中的服务都是可计量的，有的是根据时间，有的是根据资源配额，还有的是根据流量。计算服务可以帮助用户准确地根据自己的业务进行自动控制和优化资源配置。在云计算系统中，一般有一个计费管理系统专门用于收集和处理使用数据，它涉及云服务提供商的结算和云用户的计费。计费管理系统允许制定不同的定价规则，还可以针对每个云用户或每个 IT 资源自定义定价模型。

计费可以选择使用前支付或使用后支付，后一种支付类型又分为预定义限值和无限制使用。如果设定了限值，它们通常以配额形式出现，当超出配额时，计费管理系统可以拒绝云用户的使用请求。假设某用户存储容量的配额是 2TB，一旦用户在云计算系统中的存储容量达到 2TB，新的存储请求将被拒绝。

用户可以根据需求来购买相应数量的服务，并可以很清晰地看到自己所购买服务的使用情况。对于合约用户，通常在合约中规定了使用产品类型、服务质量要求、单位时间的费用或每个服务请求的费用等，如华为弹性云服务器实例的计价标准，不同配置的虚拟机服务器实例是按月计价的。

5. 泛在接入

泛在接入是指广泛的网络接入。云计算的一个特点是所有的云必须依赖网络连接。可以说，网络是云计算的基础支撑，尤其是互联网，云时刻离不开互联网。互联网提供了对 IT 资源远程的、随时随地的访问，网络接入是云计算自带的属性，可以将云计算看成“互联网+计算”。

虽然大部分云的访问都通过互联网，但云用户也可以选择使用私有的专用线路来访问云。云用户与云服务提供商之间的网络连接服务水平取决于为他们提供网络接入服务的因特网服务提供商。在当今社会，互联网几乎可以覆盖全球各个角落，我们可以通过各种数字终端，如手机、计算机等连接互联网，并通过互联网连入云，使用云服务。所以，广泛的网络接入是云计算的一个重要特点。这个网络可以是有线网络，也可以是无线网络。总之，离开了网络，就不会有云计算。

6. 支持异构基础资源

云计算可以构建在不同的基础平台之上，即可以有效兼容各种不同种类的硬件和软件基础资源。硬件基础资源主要包括网络环境下的 3 类设备，即计算（服务器）、存储（存储设备）和网络（交换机、路由器等设备）；软件基础资源则包括单机操作系统、中间件、数据库等。

7. 支持异构多业务体系

在云计算平台上，可以同时运行多个不同类型的业务。异构表示该业务不是同一的，不是已有的或事先定义好的，而是用户可以自己创建并定义的服务。

8. 支持海量信息处理

云计算在底层需要面对各类众多的基础软硬件资源，在上层需要能够同时支持各类众多的异构的业务，而具体到某一业务，往往也需要面对大量的用户。由此，云计算必然需要面对海量信息交互，需要有高效、稳定的海量数据通信/存储系统作支撑。

9. 高可靠性与可用性

云计算技术主要是通过冗余方式进行数据处理服务。在大量计算机机组存在的情况下，系统中所出现的错误可能会越来越多，通过采取冗余方式则能够降低错误出现的概率，同时保证数据的可靠性。云计算技术具有很高的可用性，在存储和计算能力上，云计算技术相比以往的计算机技术具有更高的服务质量，同时在节点检测上也能做到智能检测，在排除问题的同时不会对系统造成任何影响。

10. 经济性与多样性服务

云计算平台的构建费用与超级计算机的构建费用相比要低很多，但是在性能上基本持平，这使得开发成本能够得到极大的节约。用户在选择上将具有更大的空间，通过交纳不同的费用来获取不同层次的服务。云计算本质上是一种数字化服务，同时这种服务较以往的计算机服务更有便捷性，用户在不需要清楚云计算技术机制的情况下，就能够得到相应的服务。云计算平台能够为用户提供良好的编程模型，用户可以根据自己的需要进行程序制作，这样便为用户提供了巨大的便利，同时也节约了相应的开发资源。

1.2 云计算的演化与发展

云计算是算力公共设施化的重要里程碑，是全球数字经济发展的重要支撑。各国大多将云计算上升到了国家战略层面。自 2010 年以来，我国持续推进云计算产业发展，已经成为世界上最活跃的云计算市场之一。过去 10 年，全球云计算产业实现从无到有的高速增长，未来通过赋能其他传统产业的数字化转型，云计算还将迎来“黄金 10 年”的持续发展。

1.2.1 云计算发展相关政策

随着云计算技术的发展，以云计算为代表的计算产业成为各地区和各国发力的重点，各地区和各国相继制定了云计算的发展战略，如图 1.10 所示。

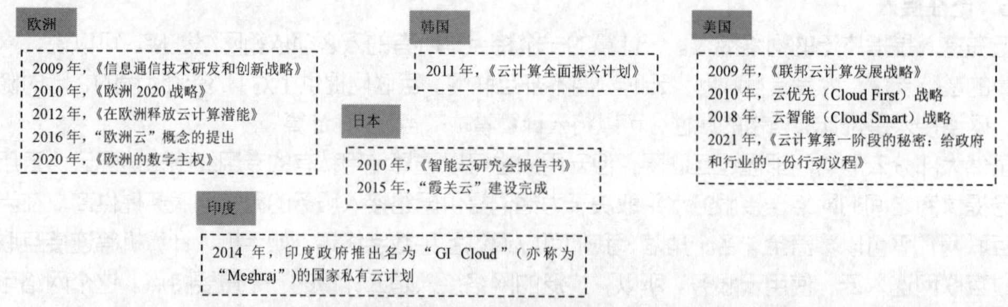

图 1.10 以云计算为代表的计算产业成为各地区和各国发力的重点

为了打造云计算产业，构建网络基础设施、系统集成、服务运营、硬件产品制造、软件服务、基础技术研发等产业体系。自 2010 年以来，我国也陆续出台相关政策支持云计算技术的发展，如表 1.1 所示。

表 1.1 云计算相关政策

时间	发文机关	政策
2010 年 10 月	国务院	发布《国务院关于加快培育和发展战略性新兴产业的决定》，将云计算列为战略性新兴产业之一
2010 年 10 月	国家发展改革委、工业和信息化部	发布《关于做好云计算服务创新发展试点示范工作的通知》，确定北京、上海、深圳、杭州、无锡 5 个城市先行开展云计算服务创新发展试点示范工作，试点内容涵盖平台搭建、产业联盟、核心技术研发和产业化以及标准和安全管理规范的研究制定等
2012 年 05 月	工业和信息化部	发布《通信业“十二五”发展规划》，将云计算定位为构建国家信息基础设施、实现融合创新的关键技术和重点发展方向
2012 年 07 月	国务院	发布《“十二五”国家战略性新兴产业发展规划》，将云计算作为新一代信息技术产业的重要发展方向和新兴产业加以扶持
2014 年 12 月	中央网信办	发布《关于加强党政部门云计算服务网络安全管理的意见》，为我国党政部门开展云计算应用的安全管理奠定了政策基础，重点提出了“党政部门云计算服务网络安全审查”机制
2015 年 01 月	国务院	发布《关于促进云计算创新发展培育信息产业新业态的意见》，指导我国云计算发展最重要的政策依据，实现我国自主云计算产业的快速有序发展是其最终目标，夯实云计算向行业领域拓展的技术、产业、政策基础，增强云计算服务能力
2015 年 10 月	工业和信息化部	印发《云计算综合标准化体系建设指南》，提出了由“云基础、云资源、云服务、云安全”4 个部分组成的云计算综合标准化体系框架

续表

时间	发文机关	政策
2017 年 04 月	工业和信息化部	印发《云计算发展三年行动计划（2017—2019 年）》，从提升技术水平、增强产业能力、推动行业应用、保障网络安全、营造产业环境等多个方面，推动云计算健康快速发展
2018 年 07 月	工业和信息化部	印发《推动企业上云实施指南（2018—2020 年）》，指导和促进企业运用云计算加快数字化、网络化、智能化转型
2021 年 12 月	国务院	印发《"十四五"数字经济发展规划》，指出加快云操作系统迭代升级，推动超大规模分布式存储、弹性计算、数据虚拟隔离等技术创新，提高云安全水平。以混合云为重点培育行业解决方案、系统集成、运维管理等云服务产业。这充分体现了国际前沿的最新脉动，也为我国云计算产业指明了发展方向

1.2.2 云计算的发展阶段

虚拟化、云化、云原生化是云计算发展的 3 个阶段，如图 1.11 所示。云原生、边云协同、云上管理和云安全是云计算产业新的发展趋势。

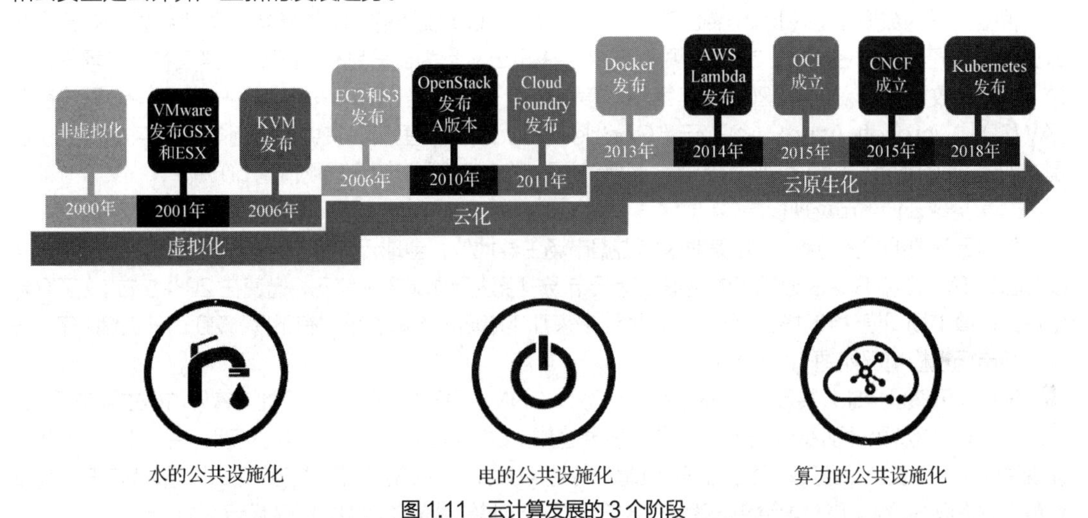

图 1.11 云计算发展的 3 个阶段

1. 算力

云计算是算力公共设施化的重要里程碑。什么是"算力"？其实，这个乍一听有些生疏的概念，在我们生活中的存在感不亚于空气。这是为什么呢？因为算力又称计算力，指的是数据的处理能力。它广泛存在于手机、PC、超级计算机等各种硬件设备中，这些硬件没有算力就不能正常使用。而算力越高，对我们生活的影响也越深刻。例如，因为使用了超级计算机，电影《阿凡达》的后期渲染只用了一年的时间，而如果使用普通计算机，则可能需要上百年或上千年。

算力已经成为一种全新的生产力，对整个经济社会发挥着越来越重要的作用。华为发布了《泛在算力：智能社会的基石》的报告，从报告中可以看到，人均算力和国家的人均 GDP 强相关，已成为衡量一个国家一个地区发达程度的重要指标，更重要的是算力投入将会带来巨大的乘数效应。例如，算力发展将给信息产业带来 2～3 倍的发展效应，而信息产业的发展将进一步带来 5～10 倍的 GDP 增长。预计到 2023 年，我国计算产业直接投资总额将达到万亿元级规模，市场很大，主要领域的 IT 基础设施仍然以美国的第一供应链产品为主。我国计算产业在芯片和基础软件领域取得局部突破，但在核心领域还处于尝试阶段，任重道远。以前算力是稀缺资源，计算机造价昂贵、体型巨大，只有少数大型企业和政府单位才能拥有。而现在，全球的网民数量已经达到了44.22亿，比全球总人口的一半还多，算力已经成为普通人生活中不可缺少的一部分。

计算是转换数据价值的先进生产力和战略性物资，基于数据、算力和算法的计算产业关系到数字经济高质量发展和国家安全。

2. 云计算市场发展

近年来我国云服务市场呈高速发展态势。云服务是基于互联网的相关服务的增加、使用和交互模式，通常涉及通过互联网来提供动态易扩展且经常是虚拟化的资源。

云计算按服务模式分类，可分为IaaS（基础设施即服务）、SaaS（软件即服务）和PaaS（平台即服务）市场。其中，SaaS市场是全球云计算行业最大的细分市场。2019年，我国云计算市场规模达1334亿元，同比增长38.6%。未来，受益于新基建的推进，云计算行业仍将迎来黄金发展期。从细分领域来看，我国云计算以IaaS市场的发展最为成熟，2019年规模占比达66%；而SaaS市场规模仅占6%，未来发展潜力巨大。

根据Canalys发布的我国云计算市场2021年第二季度报告显示，我国的云基础设施市场在2021年第二季度增长了54%，达到66亿美元。我国四大云计算巨头——阿里云、华为云、腾讯云和百度智能云成功保持市场主导地位，总体增长56%，占云计算总开支的80%。

根据互联网数据中心（Internet Data Center，IDC）发布的2021年第一季度我国公有云市场数据显示，阿里云排名第一，市场份额为40%，腾讯云、华为云分别位列第二、第三名，市场份额均为11%。数据显示，截至2020年第四季度，在全球云服务市场，排名前四的是亚马逊网络服务（AWS）、Microsoft Azure、谷歌云（Google Cloud）和阿里云。其中亚马逊网络服务的市场份额是32%，Microsoft Azure则为20%，两者占据的全球云服务市场份额超过50%。

（1）全球云计算市场规模

作为云计算的“先行者”，北美地区仍占据市场主导地位，全球云计算市场总体平衡增长，2018年以IaaS、PaaS和SaaS为代表的全球公有云市场规模达到1363亿美元，增速在20%左右。2020年全球云计算市场规模达到1897亿美元，预计未来几年市场平均增长率略有下降。2018—2020年全球云计算市场规模情况如图1.12所示。

SaaS仍然是全球公共云市场的最大构成部分，CRM、ERP、网络会议及社交软件占据主要市场，占据市场65%的份额；同时产品呈现多元化的发展趋势，数字内容制作、企业内容管理、商业智能应用等产品规模较小、增长快，尤其是企业内容管理增速约达40%，数字内容制作增速约25%，预计未来5年云计算产业将以30%以上的复合增长率快速增长。全球云计算市场结构如图1.13所示。

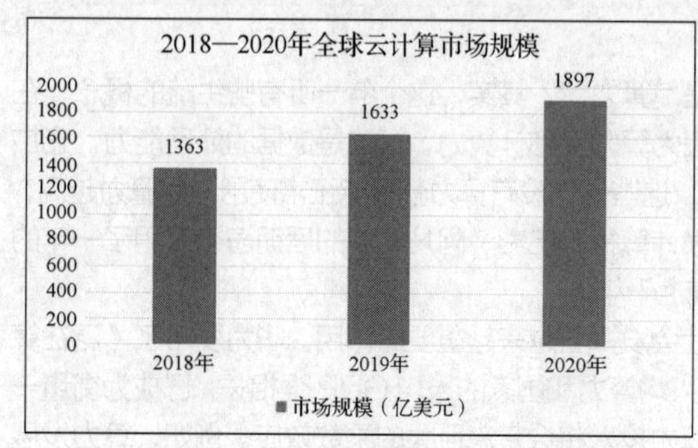

图1.12　2018—2020年全球云计算市场规模情况

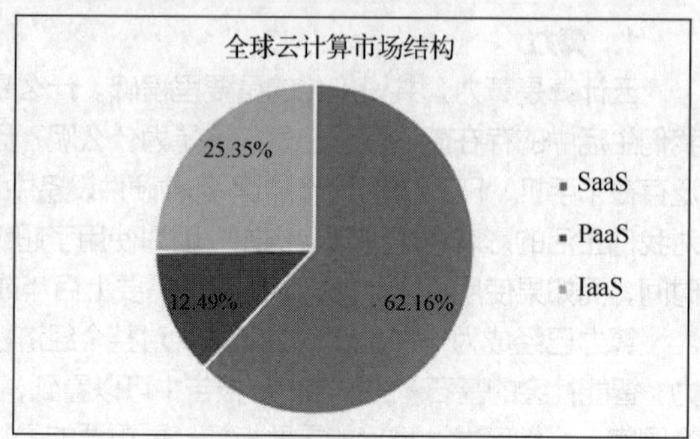

图1.13　全球云计算市场结构

（2）我国整体云计算市场规模

我国云计算市场总体保持快速发展态势，伴随云计算产业在我国的高速发展，以腾讯云、阿里云、华为云、天翼云、第四范式为代表的厂商纷纷布局智能云市场，积极开发自身智能化技术能力。《推动企业上云实施指南（2018—2020 年）》提出了企业上云的工作目标，到 2020 年，云计算在企业生产、经营、管理中的应用广泛普及，全国新增上云企业 100 万家。

2020 年，我国整体云服务市场规模再创新高，达到 2256.1 亿元，增速接近 40%。2020 年，我国“IaaS+PaaS”总体市场规模达到 1911.1 亿元，其中 IaaS 为 1639.4 亿元，PaaS 为 271.7 亿元。企业上云进程持续加快，对云的理解也不断加深。

近几年，音视频、短视频、互联网文娱产业流量增长迅速，发展加速，进一步拉升了对公有云资源的需求，带动了公有云发展。

2021 年 5 月 13 日，阿里巴巴发布截至 2021 年 3 月 31 日的季度及全年财报。财报显示，2021 财年，阿里云营收达 601.2 亿元，与上一财年的 400 亿元收入相比有大幅增长。没有对比就没有震撼，2015 财年，阿里巴巴首次披露云计算营收，当年阿里云全年收入为 12.71 亿元。

而根据 Canalys 最新的报告，在我国云服务市场，阿里云的市场份额接近第二、第三、第四名所占市场份额的总和，优势依然非常明显。

1.2.3 云计算的优势及生态系统

任何技术的使用及创新都是为了满足某一部分人群的应用需求。云计算也不例外，它逐渐渗透到人们生活、生产的各个领域，为人们带来便利和效益。

1. 云计算的优势

云计算的优势主要有以下几个方面。

（1）数据可以随时随地访问

云计算带来了更大的灵活性和移动性，使用云可以让企业随时随地通过几乎任何设备即时访问其资源；可以轻松实现存储、下载、恢复或处理数据，从而节省大量的时间和精力。

（2）提高适应能力，灵活扩展 IT 需求

IT 系统的容量在大多数情况下和企业需求不相符。如果企业按需求的峰值来配置 IT 设备，平时就会有设备闲置，造成资源浪费。如果企业按平均需求来配置 IT 设备，需求高峰时设备就不够用。但使用云服务，企业可以拥有更灵活的选择，可以随时增加、减少或释放所申请使用的设备资源。

（3）节省成本

通过云计算，企业可以最大限度地减少或完全消减初始投资，因为它们不需要自行建设数据中心或搭建软件/硬件平台，也不需要雇用专业人员进行开发、运营和维护。通常使用云计算服务比自行购买软件/硬件搭建所需的系统要便宜得多。

（4）统一管理平台

企业可能同时运行不同类型的平台和设备。在云服务平台中，应用程序和硬件平台不直接关联，从而能消除同一应用程序的多个版本的需求，可以使用同一平台进行统一管理。

2. 云计算的生态系统

云计算的生态系统主要涉及网络、硬件、软件、服务、应用和云安全 6 个方面，如图 1.14 所示。

（1）网络。云计算具有泛在网络访问特性，用户无论是通过电信网、互联网还是广播电视网，都能够使用云服务，以及网络连接的终端设备和嵌入式软件等。

（2）硬件。云计算相关硬件包括基础环境设备、服务器、存储设备、网络设备、融合一体机等数据中心设备以及提供和使用云服务的终端设备。

（3）软件。云计算相关软件主要包括资源调度和管理系统、平台软件和应用软件等。

（4）服务。服务包括云服务和面向云计算系统建设应用的云支撑服务。

（5）应用。云计算的应用领域非常广泛，涵盖工作和生活的各个方面。典型的应用包括电子政务、电子商务、智慧城市、大数据、物联网、移动互联网等。

（6）云安全。云安全涉及服务可用性、数据机密性和完整性、隐私保护、物理安全、恶意攻击防范等诸多方面，是影响云计算发展的关键因素之一。云安全领域主要包括网络安全、系统安全、服务安全及应用安全。

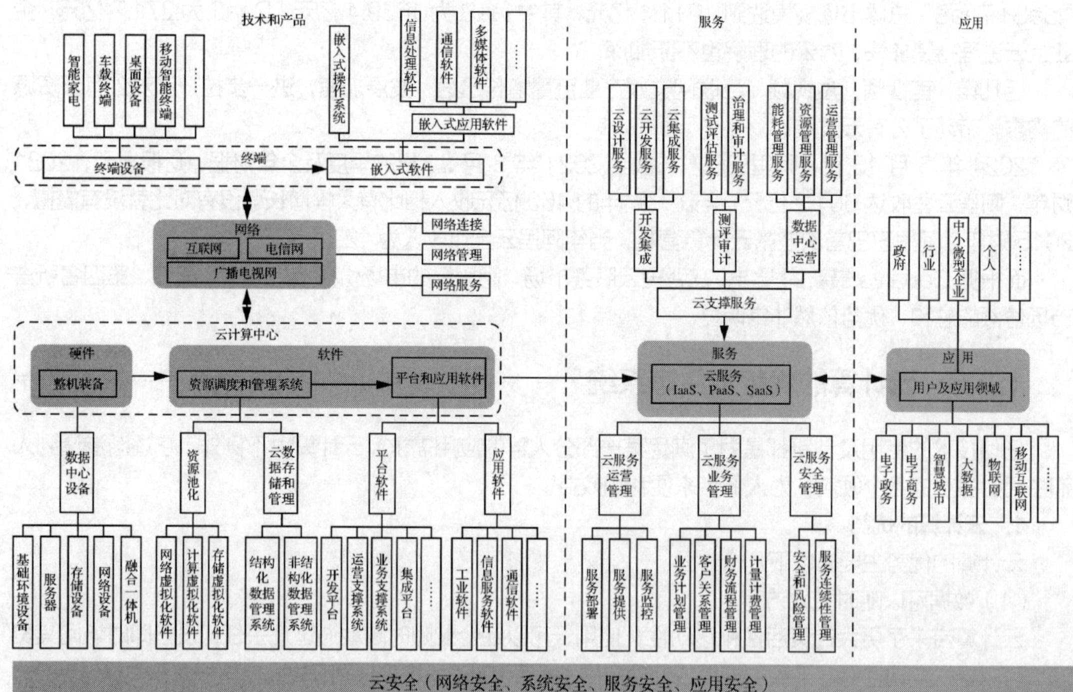

图 1.14　云计算的生态系统

1.3 虚拟化技术

虚拟化（Virtualization）是指为运行的程序或软件营造它所需要的执行环境。在采用虚拟化技术后，程序或软件不再独享底层的物理计算资源，只运行在完全相同的物理计算资源中，而对底层的影响可能与之前所运行的计算机结构完全不同。

1.3.1 虚拟化的基本概念

虚拟化的主要目的是对 IT 基础设施和资源管理方式进行简化。虚拟化的消费者可以是最终用户、应用程序、操作系统、访问资源或与资源交互相关的其他服务。虚拟化是云计算的基础，使得在一台物理服务器上可以运行多台虚拟机。虚拟机共享物理机的中央处理器（Central Processing Unit，CPU）、内存、输入/输出（Input/Output，I/O）资源，但在逻辑上虚拟机之间是相互隔离的。IaaS 是基础架构设施平台，可实现底层资源虚拟化。

1. 虚拟化定义

虚拟化是指把物理资源转变为在逻辑上可以管理的资源，以打破物理结构之间的壁垒，让程序或软件在虚拟环境而不是真实的环境中运行，是一个为了简化管理、优化资源的解决方案。所有的资源都透明地运行在各种各样的物理平台上，资源都将按逻辑方式进行管理，虚拟化技术基本上可以完全实现资源的自动分配。

V1-5　虚拟化定义

（1）虚拟化前。一台主机对应一个操作系统，后台多个应用程序会对特定的资源进行争抢，存在相互冲突的风险；在实际情况下业务系统与硬件进行绑定，不能灵活部署；就数据的统计来说，虚拟化前的系统资源利用率一般只有15%左右。

（2）虚拟化后。一台主机可以“虚拟出”多个操作系统，独立的操作系统和应用程序拥有独立的CPU、内存和I/O资源，相互隔离；业务系统独立于硬件，可以在不同的主机之间进行迁移；充分利用系统资源，对设备的系统资源利用率可以达到60%左右。

2. 虚拟化体系结构

虚拟化主要通过软件实现。常见的虚拟化体系结构如图1.15所示，这表示一个直接在物理机上运行虚拟机管理程序的虚拟化系统。在x86平台虚拟化技术中，虚拟机管理程序通常被称为虚拟机监控器（Virtual Machine Monitor，VMM），又称为Hypervisor。它是运行在物理机和虚拟机之间的软件层，物理机被称为主机，虚拟机被称为客户端。

图1.15　常见的虚拟化体系结构

（1）主机。主机一般指物理存在的计算机，又称宿主计算机。当虚拟机嵌套时，运行虚拟机的虚拟机也是宿主机，但不是物理机。主机操作系统是指宿主计算机的操作系统，在主机操作系统中安装的虚拟机软件可以在计算机中模拟出一台或多台虚拟机。

（2）虚拟机。虚拟机指在物理机上运行的操作系统中模拟的计算机，又称客户端。虚拟机理论上完全等同于实体的物理机。每个虚拟机都可以安装自己的操作系统或应用程序，并连接网络。运行在虚拟机上的操作系统称为客户端操作系统。

Hypervisor基于主机的硬件资源给虚拟机提供了一个虚拟的操作平台并管理每个虚拟机的运行，所有虚拟机独立运行并共享主机的所有硬件资源。Hypervisor就是提供虚拟机硬件模拟的专门软件，可分为两类：原生（Native）型和宿主（Hosted）型。

（1）原生型。原生型又称为裸机（Bare-metal）型。Hypervisor作为一个精简的操作系统（操作系统也是软件，只不过是比较特殊的软件）直接运行在硬件之上以控制硬件资源并管理虚拟机。比较常见的有VMware公司的ESXi、微软公司（简称微软）的Hyper-V等。

（2）宿主型。宿主型又称为托管型。Hypervisor运行在传统的操作系统上，同样可以模拟出一整套虚拟硬件平台。比较常见的有VMware Workstation、Oracle VM VirtualBox等。

从性能角度来看，无论是原生型Hypervisor还是宿主型Hypervisor都会有性能损耗，但宿主型Hypervisor比原生型Hypervisor的损耗更大，所以在企业生产环境中基本使用的是原生型Hypervisor，宿主型的Hypervisor一般用于实验或测试环境中。

3. 虚拟化分类

虚拟化分类包括平台虚拟化、资源虚拟化、应用程序虚拟化等。

（1）平台虚拟化（Platform Virtualization），是针对计算机和操作系统的虚拟化，又分成服务器虚拟化和桌面虚拟化。

① 服务器虚拟化，是一种通过区分资源的优先次序，将服务器资源分配给最需要它们的工作负载的虚拟化模式，它通过减少为单个工作负载峰值而储备的资源来简化管理和提高效率，如微软的 Hyper-V、Citrix 公司的 XenServer、VMware 公司的 ESXi 等。

② 桌面虚拟化，是为提高人对计算机的操控力，降低计算机使用的复杂性，为用户提供更加方便适用的使用环境的一种虚拟化模式，如微软的 Remote Desktop Services、Citrix 公司的 XenDesktop、VMware 公司的 View 等。

平台虚拟化主要通过 CPU 虚拟化、内存虚拟化和 I/O 接口虚拟化来实现。

（2）资源虚拟化（Resource Virtualization），是针对特定的计算资源进行的虚拟化。例如，存储虚拟化、网络资源虚拟化等。存储虚拟化是指把操作系统有机地分布于若干内、外存储器中，所有内、外存储器结合成为虚拟存储器。网络资源虚拟化典型的应用是网格计算，网格计算通过使用虚拟化技术来管理网络中的数据，并在逻辑上将其作为一个系统呈现给消费者。它动态地提供了满足用户和应用程序需求的资源，同时将提供对基础设施进行共享和访问的简化。当前，有些研究人员还提出利用软件代理技术来实现计算网络空间资源的虚拟化。

（3）应用程序虚拟化（Application Virtualization），包括仿真、模拟、解释技术等。Java 虚拟机是典型的在应用层进行虚拟化的应用程序。基于应用层的虚拟化技术，通过保存用户的个性化计算环境的配置信息，可以实现在任意计算机上重现用户的个性化计算环境。服务虚拟化是近年研究的一个热点，服务虚拟化可以使用户能按需快速构建应用。通过服务聚合，可降低服务资源使用的复杂性，使用户更易于直接将业务需求映射到虚拟化的服务资源。现代软件体系结构及其配置的复杂性阻碍了软件开发，而通过在应用层建立虚拟化的模型，可以提供较好的开发测试和运行环境。

4. 全虚拟化与半虚拟化

根据虚拟化实现技术的不同，虚拟化可分为全虚拟化和半虚拟化两种。其中，全虚拟化产品将是未来虚拟化的主流。

（1）全虚拟化（Full Virtualization），也称为原始虚拟化技术。用全虚拟化模拟的虚拟机的操作系统是与底层的硬件完全隔离的。虚拟机中所有的硬件资源都通过虚拟化软件来模拟，包括处理器、内存和外部设备，支持运行任何理论上可在真实物理平台上运行的操作系统，为虚拟机的配置提供了较大的灵活性。在客户端操作系统看来，完全虚拟化的虚拟平台和现实平台是一样的，客户端操作系统察觉不到程序是运行在一个虚拟平台上的。这样的虚拟平台可以运行现有的操作系统，无须对操作系统进行任何修改，因此这种方式被称为全虚拟化。全虚拟化的运行速度要快于硬件模拟的运行速度，但是性能不如裸机，因为 Hypervisor 需要占用一些资源。

（2）半虚拟化（Para Virtualization），是一种类似于全虚拟化的技术，需要修改虚拟机中的操作系统来集成一些虚拟化的代码，以减小虚拟化软件的负载。半虚拟化模拟的虚拟机整体性能会更好一些，因为修改后的虚拟机操作系统承载了部分虚拟化软件的工作。不足之处是，由于要修改虚拟机的操作系统，用户会感知到使用的环境是虚拟化环境，且兼容性比较差，用户使用起来比较麻烦，需要获得集成虚拟化代码的操作系统。

V1-6 虚拟化与云计算的关系

5. 虚拟化与云计算的关系

云计算是中间件、分布式计算（网格计算）、并行计算、效用计算、网络存储、虚拟化和负载均衡等网络技术发展、融合的产物。

虚拟化技术不一定必须与云计算相关，如 CPU 虚拟化技术、虚拟内存等也属于虚拟化技术，但与云计算无关，如图 1.16 所示。

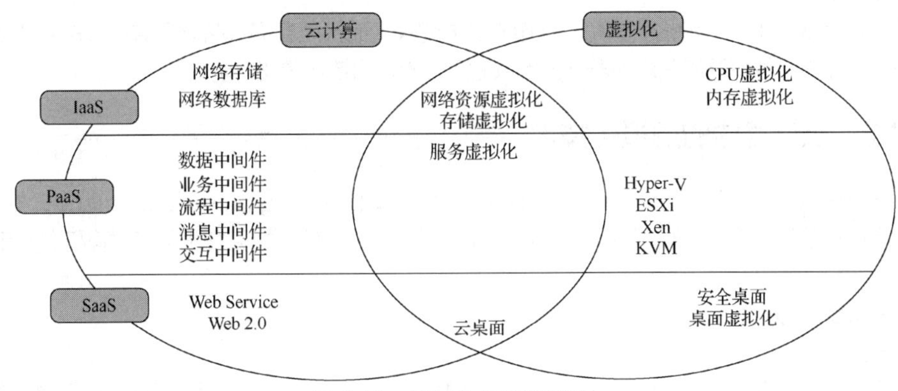

图 1.16 虚拟化与云计算的关系

（1）虚拟化技术的特征

① 更高的资源利用率。虚拟化技术可实现物理资源和资源池的动态共享，提高资源利用率，特别是针对那些平均需求资源远低于需要为其提供专用资源的不同负载。

② 降低管理成本。虚拟化技术可通过以下途径提高工作人员的效率：减少必须进行管理的物理资源的数量；降低物理资源的复杂性；通过实现自动化、获得更好的信息和实现集中管理来简化公共管理任务；实现负载管理自动化。另外，虚拟化技术还可以支持在多个平台上使用公共的工具。

③ 提高使用灵活性。通过虚拟化技术可实现动态的资源部署和重配置，满足不断变化的业务需求。

④ 提高安全性。虚拟化技术可实现较简单的共享机制无法实现的隔离和划分，也可实现对数据和服务进行可控及安全的访问。

⑤ 更高的可用性。虚拟化技术可在不影响用户使用的情况下对物理资源进行删除、升级或改变。

⑥ 更高的可扩展性。根据不同的产品、资源分区和汇聚可实现比个体物理资源更少或更多的虚拟资源，这意味着用户可以在不改变物理资源配置的情况下进行大规模调整。

⑦ 提供互操作性和兼容性。互操作性又称互用性，是指不同的计算机系统、网络、操作系统和应用程序一起工作并共享信息的能力。虚拟资源可提供底层物理资源无法提供的对各种接口和协议的兼容性。

⑧ 改进资源供应。与个体物理资源单位相比，虚拟化技术能够以更小的单位进行资源分配。

（2）云计算的特征

① 按需自动服务。消费者不需要或很少需要云服务提供商的协助，就可以单方面按需获取云端的计算资源。例如，服务器、网络存储等资源是按需自动部署的，消费者不需要与云服务提供商进行人工交互。

② 广泛的网络访问。消费者可以随时随地使用云终端设备接入网络并使用云端的计算资源。常见的云终端设备包括手机、平板电脑、笔记本电脑、掌上电脑和台式机等。

③ 资源池化。云端计算资源需要被池化，以便通过多租户形式共享给多个消费者。只有将资源池化才能根据消费者的需求动态分配或再分配各种物理的和虚拟的资源。消费者通常不知道自己正在使用的计算资源的确切位置，但是在自助申请时可以指定大概的区域范围（如在哪个国家、哪个省或者哪个数据中心）。

④ 快速弹性。消费者能方便、快捷地按需获取和释放计算资源。也就是说，需要时能快速获取资源，从而提高计算能力，不需要时能迅速释放资源，以便降低计算能力，从而减少资源的使用费用。对于消费者来说，云端的计算资源是无限的，可以随时申请并获取任何数量的计算资源。但是我们一定要消除一个误解，即实际的云计算系统不一定是投资巨大的工程，不一定需要成千上万台计算机，不一定具备超强的运算能力。其实一台计算机就可以组建一个最小的云端，云端建设方案务必采用可伸缩性策略。在建设开始时一般采用几台计算机，再根据用户规模来增减计算资源即可。

⑤ 按需按量可计费。消费者使用云端计算资源是要付费的。付费的计量方法有很多，如根据某类资源（如存储资源、CPU、网络带宽等）的使用量和使用时间计费，也可以按照使用次数来计费。但不管

如何计费，对消费者来说，价格要清楚，计量方法要明确，而云服务提供商需要监视和控制资源的使用情况，并及时输出各种资源的使用报表，做到供需双方的费用结算清楚、明白。

1.3.2 云计算中的虚拟化技术

在云计算环境中，计算服务通过应用程序接口（Application Programming Interface，API）服务器来控制虚拟机管理程序。它具备抽象层，可以在部署时选择一种虚拟化技术创建虚拟机，向用户提供云服务。

1. 虚拟化技术分类

（1）KVM

基于内核的虚拟机（Kernel-based Virtual Machine，KVM）是通用的开放虚拟化技术，也是OpenStack用户使用较多的虚拟化技术，它支持OpenStack的所有特性。

（2）Xen

Xen是部署快速、安全、开源的虚拟化软件技术，可使多个具有同样的操作系统或不同操作系统的虚拟机运行在同一主机上。Xen技术主要包括服务器虚拟化平台（XenServer）、云计算基础架构（Xen Cloud Platform，XCP）、管理XenServer和XCP的API程序（XenAPI）、基于Libvirt的Xen。OpenStack通过XenAPI支持XenServer和XCP这两种虚拟化技术，不过在红帽企业Linux（Red Hat Enterprise Linux，RHEL）等平台上，OpenStack使用的是基于Libvirt的Xen。

（3）容器

容器是在单一Linux主机上提供多个隔离的Linux环境的操作系统级虚拟化技术。不像基于虚拟管理程序的传统虚拟化技术，容器并不需要运行专用的客户端操作系统。目前的容器有以下两种技术。

① Linux容器（Linux Container，LXC），提供了在单一可控主机上支持多个相互隔离的服务器容器同时执行的机制。

② Docker，一个开源的应用容器引擎，让开发者可以把应用以及依赖包打包到一个可移植的容器中，并将其发布到任何流行的Linux平台上。Docker也可以实现虚拟化，容器完全使用沙盒机制，二者之间不会有任何接口。

Docker的目的是尽可能减少容器中运行的程序，减少到只运行单个程序，并且通过Docker来管理这个程序。LXC可以通过快速兼容所有应用程序和工具，以及任意对其进行管理和编制层次来替代虚拟机。

虚拟化管理程序提供更好的进程隔离能力，从而呈现一个完全的系统。LXC、Docker除了一些基本隔离功能外，并未提供足够的虚拟化管理功能，缺乏必要的安全机制。基于容器的方案无法运行与主机内核不同的其他内核，也无法运行与主机完全不同的操作系统。目前，OpenStack社区对容器的驱动支持还不如虚拟化管理程序。在OpenStack项目中，LXC属于计算服务项目Nova，通过调用Libvirt来实现，Docker驱动是一种新加入虚拟化管理程序的驱动，目前无法替代虚拟化管理程序。

（4）Hyper-V

Hyper-V是微软推出的企业级虚拟化解决方案。Hyper-V的设计借鉴了Xen，其管理程序采用微内核的架构，兼顾了安全性和性能要求。Hyper-V作为一种免费的虚拟化方案，在OpenStack中得到了支持。

（5）ESXi

VMware公司提供业界领先且可靠的服务器虚拟化平台和软件定义计算产品。其ESXi虚拟化平台用于创建和运行虚拟机及虚拟设备，在OpenStack中也得到了支持。但是如果没有vCenter和企业级许可，则它的一些API的使用会受到限制。

（6）BareMetal与Ironic

有些云平台除了提供虚拟化和虚拟机服务外，还提供传统的主机服务。在OpenStack中可以将BareMetal与其他部署虚拟化管理程序的节点通过不同的计算池（可用区域）一起进行管理。BareMetal

是计算服务的后端驱动，与 Libvirt 驱动、VMware 驱动类似，只不过它是用来管理没有虚拟化的硬件的，主要通过预启动执行环境（Preboot Execution Environment，PXE）和智能平台管理接口（Intelligent Platform Management Interface，IPMI）进行控制管理。

现在 BareMetal 已经被 Ironic 所替代，Nova 是 OpenStack 中的计算服务项目，Nova 管理的是虚拟机的生命周期，而 Ironic 管理的是主机的生命周期。Ironic 提供了一系列管理主机的 API，可以对具有"裸"操作系统的主机进行管理。从主机上架安装操作系统到主机下架维修，Ironic 可以像管理虚拟机一样管理主机。创建一个 Nova 计算物理节点，只需告诉 Ironic，Ironic 就可以自动地从镜像模板中加载操作系统到 nova-computer。Ironic 可解决主机的添加、删除、电源管理、操作系统部署等问题，目标是成为主机管理的成熟解决方案，让 OpenStack 可以在软件层面解决云计算问题，也让提供商可以为自己的服务器开发 Ironic 插件。

2. 基于 Linux 内核的虚拟化解决方案

KVM 是一种基于 Linux 的 x86 硬件平台开源全虚拟化解决方案，也是主流 Linux 虚拟化解决方案，支持广泛的客户端操作系统。KVM 需要 CPU 的虚拟化指令集的支持，如 Intel 虚拟化技术（Intel VT）或 AMD 虚拟化技术（AMD-V）。

（1）KVM 模块

KVM 模块是一个可加载的内核模块 kvm.ko。基于 KVM 对 x86 硬件架构的依赖，KVM 还需要处理规范模块。如果使用 Intel 架构，则加载 kvm-intel.ko 模块；如果使用 AMD 架构，则加载 kvm-amd.ko 模块。

KVM 模块负责对虚拟机的虚拟 CPU 和内存进行管理及调试，主要任务是初始化 CPU，打开虚拟化模式，然后将虚拟机运行在虚拟模式下，并对虚拟机的运行提供一定的支持。

至于虚拟机的外部设备交互，如果是真实的物理硬件设备，则利用 Linux 操作系统内核来管理；如果是虚拟的外部设备，则借助快速仿真（Quick Emulator，QEMU）来处理。

由此可见，KVM 本身只关注虚拟机的调试和内存管理，是一个轻量级的 Hypervisor。很多 Linux 发行版将 KVM 作为虚拟化解决方案，CentOS 也不例外。

（2）QEMU

KVM 模块本身无法作为 Hypervisor 模拟出完整的虚拟机，且用户也不能直接对 Linux 内核进行操作，因此需要借助其他软件来完成，QEMU 就是 KVM 所需要的这样一款软件。

QEMU 并非 KVM 的一部分，而是一款开源的虚拟机软件。与 KVM 不同，作为宿主型的 Hypervisor，没有 KVM，QEMU 也可以通过模拟来创建和管理虚拟机，只是因为它是纯软件实现，所以性能较低。QEMU 的优点是，在支持 QEMU 的平台上就可以实现虚拟机的功能，甚至虚拟机可以与主机不使用同一个架构。KVM 在 QEMU 的基础上进行了修改。虚拟机运行期间，QEMU 会通过 KVM 模块提供的系统调用进入内核，KVM 模块负责将虚拟机置于处理器的特殊模式运行，遇到虚拟机进行 I/O 操作时，KVM 模块将任务转交给 QEMU 进行解析和模拟这些设备。

QEMU 使用 KVM 模块的虚拟化功能，为自己的虚拟机提供硬件虚拟化的加速能力，从而极大地提高了虚拟机的性能。除此之外，虚拟机的配置和创建、虚拟机运行依赖的虚拟设备、虚拟机运行时的用户操作环境和交互以及一些针对虚拟机的特殊技术（如动态迁移），都是由 QEMU 自己实现的。

KVM 的创建和运行是用户空间的 QEMU 程序和内核空间的 KVM 模块相互配合的过程。KVM 模块作为整个虚拟化环境的核心，工作在系统空间，负责 CPU 和内存的调试；QEMU 作为模拟器，工作在用户空间，负责虚拟机 I/O 模拟。

（3）KVM 架构

从前面的分析来看，KVM 作为 Hypervisor，主要包括两个重要的组成部分：一个是 Linux 内核的 KVM 模块，主要负责虚拟机的创建、虚拟内存的分配、虚拟 CPU 寄存器的读写以及虚拟 CPU 的运行；

另一个是提供硬件仿真的QEMU，用于模拟虚拟机的用户空间组件、提供I/O设备模型和访问外部设备的途径。KVM的基本架构如图1.17所示。

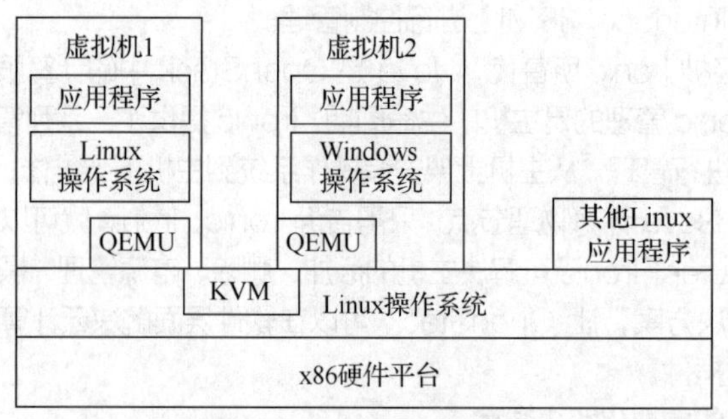

图1.17　KVM的基本架构

在KVM中，每一个虚拟机都是一个由Linux调度程序管理的标准进程，可以在用户空间启动客户端操作系统。普通的Linux进程有两种运行模式，即内核模式和用户模式，而KVM增加了第3种模式，即客户模式，客户模式又有自己的内核模式和用户模式。当新的虚拟机在KVM上启动时，它就成为主机操作系统的一个进程，因此可以像调度其他进程一样调度它。但与传统的Linux进程不一样，虚拟机被Hypervisor标识为处于客户模式（独立于内核模式和用户模式）。每个虚拟机都是通过/dev/kvm设备映射的，它们拥有自己的虚拟地址空间，该空间映射到主机内核的物理地址空间。如前所述，KVM使用底层硬件的虚拟化支持来提供完整的（原生）虚拟化。I/O请求通过主机内核映射到在主机（Hypervisor）上执行的QEMU进程。

（4）KVM虚拟磁盘（镜像）文件格式

在KVM中往往使用镜像（Image）这个术语来表示虚拟磁盘，主要有以下3种文件格式。

① RAW。RAW是原始的格式，它直接将文件系统的存储单元分配给虚拟机使用，采取直读直写的策略。该格式实现简单，不支持诸如压缩、快照、加密和写时拷贝（Copy-on-Write，COW）等特性。

② QCOW2。QCOW2是QEMU引入的镜像文件格式，也是目前KVM默认的格式。QCOW2文件存储数据的基本单元是簇（Cluster），每一簇由若干个数据扇区组成，每个数据扇区的大小是512B。在QCOW2中，要定位镜像文件的簇，需要经过两次地址查询操作，QCOW2根据实际需要来决定占用空间的大小，且支持更多的主机文件系统格式。

③ QED。QED是QCOW2的一种改进格式，QED的存储、定位、查询方式以及数据块大小与QCOW2的一样，它的目标是改正QCOW2格式的一些缺点，从而提高性能，但它目前还不够成熟。

如果需要使用虚拟机快照，则需要选择QCOW2格式，而对于大规模数据的存储，可以选择RAW格式。QCOW2格式只能实现增加文件容量，不能实现减少文件容量，而RAW格式可以实现增加或减少文件容量。

3. Libvirt套件

仅有KVM模块和QEMU组件是不够的，为了使KVM的整个虚拟环境易于管理，还需要Libvirt服务和基于Libvirt开发的管理工具。

Libvirt是一个软件集合，是为方便管理平台虚拟化技术而设计的开源的API、守护进程和管理工具。它不仅提供对虚拟机的管理，还提供对虚拟网络和存储的管理。Libvirt最初是为了Xen虚拟化平台而设计的API，目前还支持其他多种虚拟化平台，如KVM、ESX和QEMU等。在KVM解决方案中，QEMU用来进行平台模拟，面向上层管理和操作；而Libvirt用来管理KVM，面向下层管理和操作。Libvirt架构如图1.18所示。

Libvirt是目前广泛使用的虚拟机管理API，一些常用的虚拟机管理工具（如virsh）和云计算框架平台（如OpenStack）都是在底层使用Libvirt的API的。

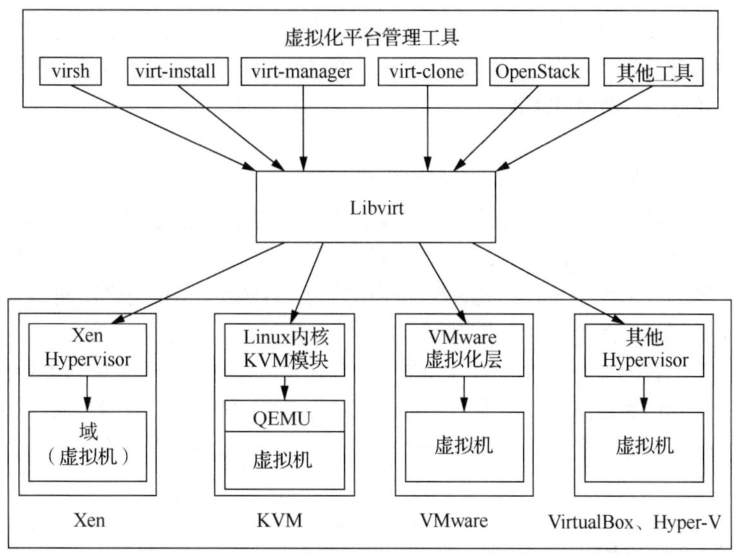

图 1.18　Libvirt 架构

Libvirt 包括两部分，一部分是服务（守护进程名为 Libvirtd），另一部分是 Libvirt API。作为运行在主机上的服务器守护进程，Libvirtd 为虚拟化平台及其虚拟机提供本地和远程的管理功能，基于 Libvirt 开发出来的管理工具可通过 Libvirtd 服务来管理整个虚拟化环境。也就是说，Libvirtd 在管理工具和虚拟化平台之间起到了桥梁的作用。Libvirt API 是一系列标准的库文件，给多种虚拟化平台提供统一的编程接口，这说明管理工具是基于 Libvirt 的标准接口来进行开发的，开发完成后的工具可支持多种虚拟化平台。

1.3.3　虚拟化集群

集群是一种把一组计算机组合起来作为一个整体向用户提供资源的方式。在虚拟化集群中可以提供计算资源、存储资源和网络资源，只有包含这些资源，该集群才是完整的。

1. 负载均衡

负载均衡是一种集群技术，它将特定的业务（如网络服务、网络流量等）分担给多台网络设备（包括服务器、防火墙等）或多条链路，从而提高业务处理的能力，保证业务的高可靠性。负载均衡具有以下特点。

（1）高可靠性。单个甚至多个设备或链路发生故障也不会导致业务中断，可提高整个系统的可靠性。

（2）可扩展性。负载均衡技术可以方便地增加集群中设备或链路的数量，在不降低业务质量的前提下满足不断增长的业务需求。

（3）高性能。负载均衡技术将业务较均衡地分布到多台设备上，提高了整个系统的性能。

（4）可管理性。大量的管理工作都集中在应用负载均衡技术的设备上，设备集群或链路集群只需要常规的配置和维护即可。

（5）透明性。对用户而言，集群等同于可靠性高、性能好的设备或链路，用户感知不到也不必关心具体的网络结构，增加或减少设备或链路均不会影响正常的业务。

2. 高可用性

高可用性实现的基本原理是使用集群技术克服单台物理主机的局限性，最终达到业务不中断或者中断时间减少的效果。虚拟机中的高可用只保证计算层面，具体来说，虚拟化层面的高可用是整个虚拟机系统层面的高可用，即当一个计算节点出现故障时，在集群中的另一个节点上能快速自动地启动并进行替代。

虚拟化集群一般会使用共享存储，虚拟机由配置文件和数据盘组成，而数据盘是保存在共享存储上的，配置文件则保存在计算节点上。当计算节点出现故障时，虚拟化管理系统会根据记录的虚拟机配置信息在其他节点上重建出现故障的虚拟机。

3. 易扩容性

在传统非虚拟化的环境中，所有的业务都部署在物理机上。有可能在系统建设的初期，业务量不是很大，为物理机配置的硬件资源是比较低的，随着业务量的增加，原先的硬件无法满足需求，只能不停地升级硬件。例如，将原先的一路 CPU 升级为两路，将 512GB 的内存升级为 1024GB，这种扩容方式称为纵向扩容（Scale-Up）。然而，物理机所能承担的硬件数量是有上限的，如果业务量持续增加，则最后只能更换服务器，使得停机扩容是必然的。

在虚拟化中，将所有的资源进行池化，承载业务的虚拟机资源全部来自这个资源池。当业务持续增加时，不需要升级单台服务器的硬件资源，只需要增加资源池中的资源。在具体实施的时候，增加服务器的数量即可，这种扩容方式称为水平扩容（Scale-Out）。集群支持水平扩容，所以相对于传统的非虚拟化，其扩容更容易。

1.4 云计算架构

云计算作为虚拟化的一种延伸，其影响范围已经越来越大。在云计算走向成熟之际，我们更应该关注云计算架构的细节。

1.4.1 云计算基础架构剖析

在传统模式下，服务器、网络和存储是基于物理设备连接的，因此，针对服务器、存储的访问控制、QoS 带宽、流量监控等的策略是基于物理端口进行部署的，管理界面清晰，且设备及对应的策略是静态、固定的。云计算基础架构资源的整合对计算、存储、网络虚拟化提出了新的挑战，并带动了一系列网络、虚拟化技术的变革。

1. 传统的 IT 部署架构

传统的 IT 部署架构是“烟囱式”的，或者叫作“专机专用”系统，其简化结构如图 1.19 所示。在“烟囱式”架构中，新的应用系统在上线的时候需要分析该应用系统的资源需求，然后确定基础架构所需的计算、存储、网络等设备规格和数量。这种架构存在的问题有：不同的应用系统拥有不同的基础设施（硬件）和应用基础设施（中间件）；每个新应用都要建设一个新“烟囱”，建设周期长；系统要基于峰值规模设计，系统资源利用率低；系统扩展困难；没有统一的技术标准，运维成本高。

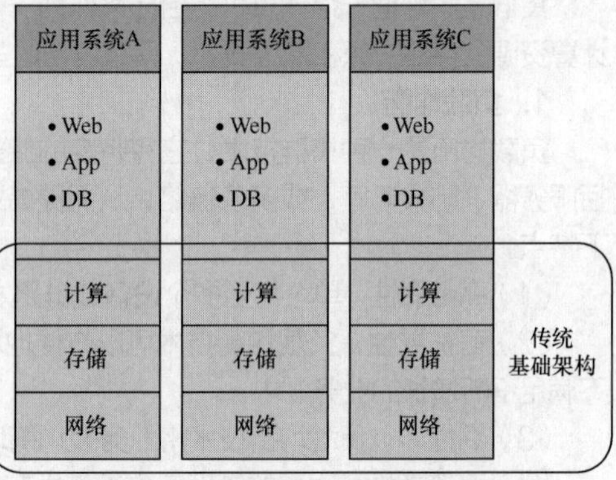

图 1.19 传统的 IT 部署架构简化结构

概括来说，这种部署模式主要存在以下两方面的问题。

（1）整合困难。用户在实际使用中也注意到了资源利用率不高的情形，当需要上线新的应用系统时，会优先考虑部署在既有的基础架构上。但因为不同的应用系统所需的运行环境对资源的抢占会有很大的差异，更重要的是考虑到可靠性、稳定性、运维管理问题，将新、旧应用系统整合在一套基础架构上的难度非常大，更多的用户往往选择新增与应用系统配置的计算、存储和网络等硬件设备。在传统的“烟囱式”部署架构中，每套硬件与所承载应用系统“专机专用”，多套硬件和应用系统构成了“烟囱式”架构，使得整体资源利用率不高，占用过多的机房空间和能源，随着应用系统的增多，IT 资源的使用效率、可扩展性、可管理性都面临很大的挑战。

（2）硬件高配低用。考虑到应用系统在未来 3～5 年的业务发展以及业务突发的需求，为满足应用系统的性能、容量承载需求，往往在选择计算、存储和网络等硬件设备时会留有一定比例的余量。但硬件资源上线后，应用系统在一定时间内的负载并不会太高，使得较高配置的硬件设备利用率并不高。

2. 云计算基础架构的形式

为了进一步解决传统的 IT 部署架构存在的明显问题，可以借助云计算技术改造传统的 IT 部署构架。众所周知，云计算不仅是技术的创新，更是服务模式的创新。

云计算之所以能够为用户带来更高的效率、灵活性和可扩展性，是因为基于对整个 IT 领域的变革，其技术和应用涉及硬件系统、软件系统、应用系统、运维管理、服务模式等各个方面。云计算基础架构的简化形式如图 1.20 所示。

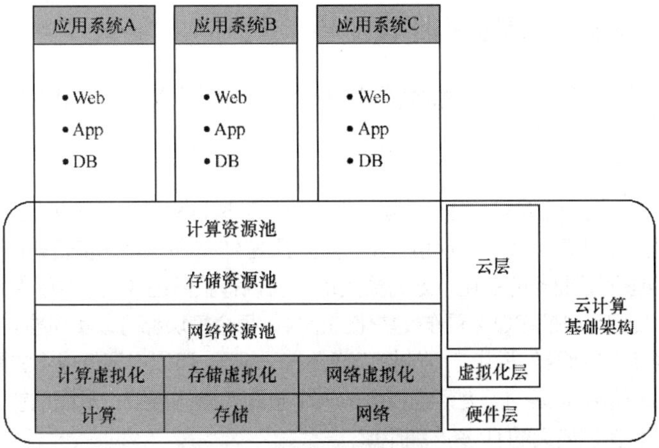

图 1.20　云计算基础架构的简化形式

云计算基础架构在传统 IT 部署架构的硬件层（包括计算、存储和网络等）的基础上，增加了虚拟化层和云层。通过虚拟化层，屏蔽了硬件层自身的差异和复杂度，向上呈现为标准化、可灵活扩展和收缩、弹性的虚拟化资源池。大多数云计算基础架构广泛采用了虚拟化技术，包括计算虚拟化、存储虚拟化、网络虚拟化等。在云层，通过对资源池进行调配、组合，根据应用系统的需要自动生成、扩展所需的硬件资源，使更多的应用系统通过流程化、自动化部署和管理来提升 IT 效率。

相对于传统的 IT 部署架构，云计算基础架构通过虚拟化整合与自动化，应用系统共享基础架构资源池，实现高利用率、高可用性、低成本、低能耗，并且通过云层（云平台层）的自动化管理，实现快速部署、易于扩展、智能管理，帮助用户构建 IaaS 云业务模式。云计算基础架构资源池使得计算、存储、网络以及对应虚拟化单个产品和技术本身不再是核心，而重要的是通过对这些资源的整合，形成一个有机的、可灵活调度和扩展的资源池，面向云应用实现自动化的部署、监控、管理和运维。在云计算基础架构模式下，服务器、网络、存储、安全采用了虚拟化技术，资源池使得设备及对应的策略是动态变化的。

3. 云计算基础架构的融合部署

云计算基础架构的融合部署分为 3 个层次的融合：硬件层的融合、业务层的融合和管理层的融合。

（1）硬件层的融合

将计算虚拟化与网络设备和网络虚拟化进行融合，实现虚拟机与虚拟网络之间的关联；或者将存储与网络进行融合；还包括横向虚拟化、纵向虚拟化实现网络设备自身的融合。

（2）业务层的融合

典型的云安全解决方案就是通过虚拟防火墙与虚拟机之间的融合，实现虚拟防火墙对虚拟机的感知、关联，确保在虚拟机迁移、新增或减少时，防火墙策略也能够自动关联；此外，还有虚拟机与负载均衡之间的联动。当业务突发资源不足时，传统方案需要人工发现虚拟资源不足，再手动创建虚拟机，并配置访问策略，响应速度很慢，且非常费时费力。通过自动探测某个业务虚拟机的用户访问和资源利用率情况，在业务突发时，自动按需增加相应数量的虚拟机，从而节省资源，不仅能有效解决虚拟化环境中面临的业务突发问题，还能大大提升业务响应的效率和智能化。

（3）管理层的融合

云计算基础架构通过虚拟化技术与管理层的融合，能提升 IT 系统的可靠性。例如，虚拟化平台可与网络管理、计算管理、存储管理联动，当设备出现故障影响虚拟机业务时，可自动迁移虚拟机，保障业务正常访问；此外，对于设备正常、操作系统正常，但某个业务系统无法访问的情况，虚拟化平台可以与应用管理联动，推测应用系统的状态。例如，对于 Web、App 等，当某个应用无法正常提供访问时，通过自动重启虚拟机，即可恢复业务的正常访问。

1.4.2 云计算相关体系结构比较

面向服务的体系结构（Service-Oriented Architecture，SOA）、分布式系统与分布式计算和云计算的区别及联系如下。

1. 面向服务的体系结构

SOA 作为一种面向服务的架构，是一种软件架构设计的模型和方法论。从业务角度来看，一切以最大化“服务”的价值为出发点，SOA 利用企业现有的各种软件体系，重新整合并构建起一套新的软件架构。这套软件架构能够随着业务的变化，随时灵活地结合现有服务组成新软件，共同服务整个企业的业务体系。简单而言，我们可以把 SOA 看作模块化的组件，每个模块都可以实现独立功能，而不同模块之间的结合则可以提供不同的服务，模块之间的接口遵循统一标准，可以实现低成本的重构和重组。在 SOA 的技术框架下，可以把杂乱无章的庞大系统整合成一个全面有序的系统，从而增加企业在业务发展过程中应用系统的灵活性，实现最大的 IT 资产利用率。

面向服务的体系结构是一个组件模型，它将应用程序的不同功能单元（称为服务）通过这些服务之间定义良好的接口和契约联系起来。接口是采用中立的方式进行定义的，它应该独立于实现服务的硬件平台、操作系统和编程语言。这使得构建在这样的系统中的各种服务可以以一种统一和通用的方式进行交互。SOA 是一种粗粒度、松耦合服务架构，服务之间通过简单、精确定义的接口进行通信，不涉及底层编程接口和通信模型。SOA 可以看作继浏览器/服务器（Browser/Server，B/S）模型、标准通用标记语言的子集 XML/Web Service 技术之后的自然延伸。

对松耦合系统的需求来源于业务应用程序需要，要求根据业务的需要变得更加灵活，以适应不断变化的环境，如经常改变的业务级别、业务重点、合作伙伴关系、行业地位以及其他与业务有关的因素，这些因素甚至会影响业务的性质。我们称能够灵活地适应环境变化的业务为按需业务。在按需业务中，一旦需要，松耦合系统就可以对完成或执行任务的方式进行必要的更改。

虽然面向服务的体系结构不是一个新鲜事物，但它却是更传统的面向对象的模型的替代模型，面向对象的模型是紧耦合的，已经存在 20 多年了。虽然基于 SOA 的系统并不排除使用面向对象的设计来构建单个服务，但是其整体设计是面向服务的。它考虑到了系统内的对象，因此虽然 SOA 是基于对象的，但是作为一个整体，它却不是面向对象的。其不同之处在于接口本身。SOA 系统原型的一个典型例子是通用对象请求代理体系结构，它已经出现很长时间了，其定义的概念与 SOA 相似。然而，现在的 SOA 已经有所不同，因为它依赖于一些更新的进展，这些进展是以可扩展标记语言为基础的。

SOA 的主要优点如下。

（1）服务之间通过简单、精确定义的接口进行通信，不涉及底层编程接口和通信模型。

（2）粗粒度性。粗粒度服务提供一项特定的业务功能，采用粗粒度服务接口的优势在于使用者和服务层之间不必再进行多次的往复，一次往复就足够了。

（3）松耦合性。松耦合性要求 SOA 中的不同服务之间应该保持一种松耦合的关系，也就是应该保持一种相对独立、无依赖的关系。这样的好处有两点，首先是具有灵活性，其次是当组成整个应用程序的服务内部结构和实现逐步发生变化时，系统可以继续独立存在。而紧耦合意味着应用程序的不同组件之间的接口与其功能和结构是紧密相连的，因而当需要对部分或整个应用程序进行某种形式的更改时，这种结构就显得非常脆弱。

（4）位置透明性。位置透明性要求 SOA 系统中的所有服务对于其调用者来说都是位置透明的。也就是说，每个服务的调用者只需要知道想要调用的是哪一个服务，而不需要知道所调用服务的具体的物理位置。

（5）协议无关性。协议无关性要求每一个服务都可以通过不同的协议来调用，服务交互必须是明确定义的。

（6）可重用性。可重用性指一个服务创建后能用于多个应用和业务流程。

（7）基于开放标准。当前 SOA 的实现形式是 Web 服务，是基于公开的万维网联盟标准及其他公认标准的。

（8）无状态的服务设计。服务应用是独立的、自包含的请求，在实现时它不需要获取从一个请求到另一个请求的信息或状态。服务不应该依赖于其他服务的上下文和状态。当产生依赖时，它们可以定义成通用业务流程、函数和数据模型。

2. 分布式系统与分布式计算

分布式系统与分布式计算的特点如下。

（1）分布式系统

分布式系统（Distributed System）是建立在网络之上的软件系统。正是因为软件的特性，所以分布式系统具有高度的内聚性和透明性。因此，网络和分布式系统之间的区别更多的在于高层软件（特别是操作系统），而不是硬件。

在一个分布式系统中，一组独立的计算机展现给用户的是一个统一的整体，就好像是一个系统似的。系统拥有多种通用的物理和逻辑资源，可以动态地分配任务，分散的物理和逻辑资源通过计算机网络实现信息交换。系统中存在一个以全局方式管理计算资源的分布式操作系统。通常，对用户来说，分布式系统只有一个模型或范型。在操作系统之上有一层中间件（Middleware）负责实现这个模型。一个有名的分布式系统的例子是万维网（World Wide Web，WWW），在万维网中，所有的一切看起来就好像是一个文档（Web 页面）一样。

在计算机网络中，这种统一性、模型以及其中的软件都不存在。用户看到的是实际的机器，计算机网络并没有使这些机器看起来是统一的。如果这些机器有不同的硬件或者不同的操作系统，则这些差异对于用户来说都是完全可见的。如果一个用户希望在一台远程机器上运行一个程序，则其必须登录远程机器，并在那台机器上运行该程序。

分布式系统和计算机网络系统的共同点如下：大多数分布式系统是建立在计算机网络之上的，所以分布式系统与计算机网络在物理结构上是基本相同的。

它们的区别在于分布式操作系统的设计思想和网络操作系统的设计思想是不同的，这决定了它们在结构、工作方式和功能上也不同。网络操作系统要求网络用户在使用网络资源时首先了解网络资源，网络用户必须知道网络中各台计算机的功能与配置、软件资源、网络文件结构等情况。在网络中，如果用户要读一个共享文件，则用户必须知道这个文件放在哪一台计算机的哪一个目录下；分布式操作系统是以全局方式管理系统资源的，它可以为用户任意调度网络资源，且调度过程是“透明”的。当用户提交一个作业时，分布式操作系统能够根据需要在系统中选择最合适的处理器，将用户的作业提交到该处理器，在处理器完成作业后，将结果传给用户。在这个过程中，用户并不会意识到有多个处理器的存在，系统就像是一个处理器一样。

分布式系统是多个处理机通过通信线路互联而构成的松散耦合的系统。从系统中某台处理机来看，其余的处理机和相应的资源都是远程的，只有它自己的资源才是本地的。至今，对分布式系统的定义尚未形成统一的见解。一般认为，分布式系统应具有以下 4 个特征。

① 分布性。分布式系统由多台计算机组成，它们在地域上是分散的，可以散布在一个单位、一个城市、一个国家，甚至全球范围内。整个系统的功能是分散在各个节点上实现的，因而分布式系统具有数据处理的分布性。

② 自治性。分布式系统中的各个节点都包含自己的处理机和内存，各自具有独立的处理数据的功能。通常，它们在地位上是平等的，无主次之分，既能自治地进行工作，又能利用共享的通信线路来传送信息，协调任务处理。

③ 并行性。一个大的任务可以划分为若干个子任务，分别在不同的主机上执行。

④ 全局性。分布式系统中必须存在单一的、全局的进程通信机制，使得任何一个进程都能与其他进程通信，并且不区分本地通信与远程通信。同时，分布式系统还应有全局的保护机制。系统中的所有机器有统一的系统调用集合，它们必须适应分布式的环境。在所有 CPU 上运行同样的内核，使协调工作更加容易。

分布式系统的优点如下。

① 资源共享。若干不同的节点通过通信网络彼此互联，一个节点上的用户可以使用其他节点上的资源，如分布式系统允许设备共享，使众多用户共享昂贵的外部设备，如彩色打印机；允许数据共享，使众多用户访问共用的数据库；可以共享远程文件，使用远程特有的硬件设备（如高速阵列处理器），以及执行其他操作。

② 加快计算速度。如果一个特定的计算任务可以划分为若干个并行运行的子任务，则可把这些子任务分散到不同的节点上，使它们同时在这些节点上运行，从而加快计算速度。另外，分布式系统具有计算迁移功能，如果某个节点上的负载太重，则可把其中一些作业移到其他节点上去执行，从而减轻该节点的负载。

③ 可靠性高。分布式系统具有高可靠性。如果系统中某个节点失效了，则其余的节点可以继续运行，使整个系统不会因为一个或少数几个节点的故障而全体崩溃。因此，分布式系统有很好的容错性能。系统必须能够检测到节点的故障，并采取适当的措施，使它从故障中恢复过来。系统确定故障所在的节点后，就不再利用它来提供服务，直至其恢复正常工作。如果失效节点的功能可由其他节点完成，则系统必须保证功能迁移能正确实施。当失效节点被恢复或者修复时，系统必须把它平滑地集成到系统中。

④ 通信方便、快捷。分布式系统中各个节点通过通信网络互联在一起。通信网络由通信线路、调制解调器和通信处理器等组成，通过通信网络不同节点的用户可以方便地交换信息。在底层，系统之间利用传递消息的方式进行通信，这类似于单 CPU 系统中的消息机制。单 CPU 系统中所有高层的消息传递功能都可以在分布式系统中实现，如文件传递、登录、邮件、Web 浏览和远程过程调用（Remote Procedure Call，RPC）等。

分布式系统实现了节点之间的远距离通信，为人与人之间的信息交流提供了很大方便。不同地区的用户可以共同完成一个项目，通过传送项目文件，远程登录进入对方系统来运行程序，如发送电子邮件等，从而协调彼此的工作。

（2）分布式计算

分布式计算是一门计算机科学。它研究的是如何把一个需要非常大的计算能力才能解决的问题分成许多小的部分，然后把这些部分分配给各计算机进行处理，最后把计算结果综合起来得到最终的结果。现在的分布式计算项目已经可以使用世界各地成千上万志愿者的计算机的闲置计算能力，通过 Internet 协同工作，分析来自外太空的电信号，寻找隐蔽的黑洞，并探索可能存在的外星智慧生命。这些项目都很庞大，需要惊人的计算量，仅仅由单台计算机或是个人在一个能让人接受的时间内计算完成是不可能的。

分布式计算是一种新的计算方式。所谓分布式计算就是在两个或两个以上软件之间互相共享信息，这些软件既可以在同一台计算机上运行，又可以在通过网络连接起来的多台计算机上运行。分布式计算相比于其他算法具有以下几个优点。

① 稀有资源可以共享。

② 通过分布式计算可以在多台计算机上平衡计算负载。

③ 可以把程序放在最适合运行它的计算机上。

其中，共享稀有资源和平衡负载是计算机分布式计算的核心思想之一。

3. 云计算与 SOA

云计算与 SOA 是两个不同的概念，不同点主要体现在以下几个方面。

（1）云计算是一种部署体系结构，而 SOA 是企业 IT 的体系结构。

（2）SOA 与云整合既带来了应用和业务流程灵活的虚拟化和节省的费用（云），又带来了原有应用的集成应用及业务流程的敏捷重构（SOA）。

（3）上层基于 SOA 进行应用服务的开发，底层基于云计算进行资源整合，包括存储、网络、数据库和服务器等。

从关键的技术和属性看，通过产生背景和原因的分析，SOA 和云计算是不同的概念，但是它们互相联系，又有一定的相似性。

（1）从产生的背景和原因来看，SOA 产生的原因是为了解决企业存在的信息孤岛和遗留系统这两大问题；云计算产生的原因是企业的信息系统数据量的高速增长与数据处理能力的相对不足，以及计算资源的利用率处于不平衡的状态。

（2）从服务角度来看，SOA 实现了可以从多个服务提供商得到多个服务（一个服务便是一个功能模块），并通过不同的组合机制形成自己所需的一个服务；云计算实现了所有的资源都是服务，可以从云计算提供商购买硬件服务、平台服务、软件服务等，把购买的资源作为云计算提供商提供的一种服务。

（3）从关键技术来看，SOA 需要实现业务组件的可重用性、敏捷性、适应改变、松耦合、基于标准等；云计算则需要实现虚拟化技术、按需动态扩展、资源即服务的支撑等。

（4）从应用场景来看，当企业的业务需求经常改变时可以考虑使用 SOA；当企业对 IT 设施的需求经常改变或者无法提前预知时可以考虑使用云计算；当有大量的批处理计算时也可以考虑使用云计算。

（5）从应用的侧重点来看，SOA 侧重于采用服务的架构进行系统的设计，关注如何处理服务；云计算侧重于服务的提供和使用，关注如何提供服务。

（6）从商业模式来看，SOA 可能会降低软件的开发及维护的成本，商业模式是间接的，需要落地；云计算根据用户使用的时间（硬件）或流量（带宽）进行收费，具有明确的商业模式。

4. 云计算与分布式计算

云计算与分布式计算的区别和联系体现在以下几个方面。

（1）分布式计算是云计算涉及的一项重要技术，分布式计算更多解决的是多个计算节点共同提供更强计算能力的问题；云计算的核心还是终端计算和存储能力朝云端的迁移及集中化，并能够弹性扩展。

（2）分布式计算往往更加强调单个 Request（请求）的拆分，主要通过应用设计对任务进行分解来实现；而云计算的 PaaS 层往往并不会拆分单个 Request，而是将用户访问的多个 Request 并发，并通过调度规则进行路由分发。

（3）从计算机用户角度来说，分布式计算是由多个用户合作完成的，而云计算是没有用户参与的，是交给网络另一端的服务器来完成的。

1.4.3 云计算标准化

云计算已经成为当前信息技术产业发展和应用创新的焦点，然而，伴随着云计算发展进程的不断深化，相对应的问题也随之出现。云计算发展的背后还存在着规划不合理、基建不达标、配套有缺失、管理靠人工、能源虚耗严重、安全隐患大等缺点，其核心根源在于相应的产业规范和标准的缺失。

1. 云计算国际标准化

为了保证云计算产业的持续健康发展，国内外各大标准组织纷纷启动云计算相关标准的研究，积极推动云计算技术、云管理、云服务等相关方面的标准制定与实施，实现产业链的开放和兼容。目前约有数十个标准化的组织开始积极推动云计算标准化工作。这些标准化组织可以分为 3 类。

（1）传统的信息技术标准化组织，包括国际标准化组织、国际电工委员会、美国国家标准与技术研究院、分布式管理任务组、存储网络工业协会、国际互联网工程任务组、开放移动联盟等。

（2）针对云计算新成立的组织，包括开放式数据中心联盟、筋斗云、云安全联盟、Hadoop 社区、开放网格论坛、开放云计算联盟、绿色网格、中国云计算技术与产业联盟、中国云计算产业联盟、中国电子学会云计算专家委员会等。

（3）传统电信领域的标准化组织，包括国际电信联盟、世界移动通信大会、欧洲电信标准组织、城域以太网论坛、中国通信标准化协会等。

国外标准化组织对云计算的研究自 2009 年起，且对其关注度逐步上升。目前大部分组织定位明确，已经逐步走向成熟。

2. 云计算综合标准化体系框架

依据我国云计算生态系统中技术和产品、服务和应用等关键环节以及贯穿于整个生态系统的云安全，结合国内外云计算发展趋势，构建云计算综合标准化体系框架，其中包括云基础标准、云资源标准、云服务标准和云安全标准 4 个部分，如图 1.21 所示。

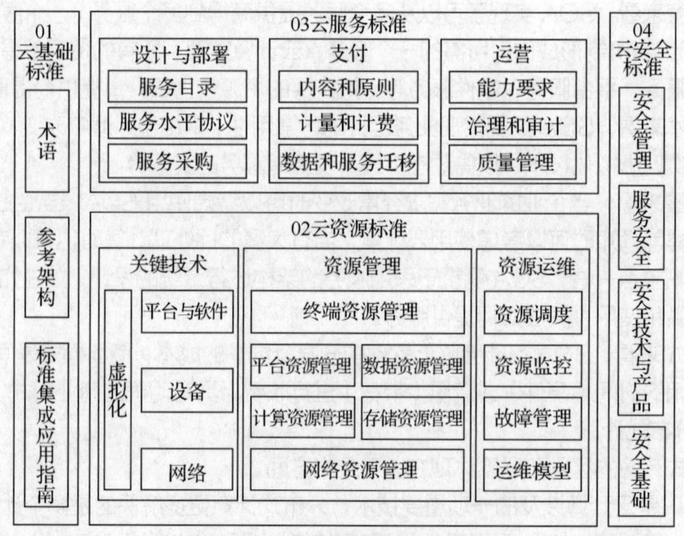

图 1.21　云计算综合标准化体系框架

（1）云基础标准

云基础标准用于统一云计算及相关概念，为其他各部分标准的制定提供支撑。云基础标准主要包括云计算术语、参考架构、标准集成应用指南等方面的标准。

（2）云资源标准

云资源标准用于规范和引导建设云计算系统的关键软硬件产品研发以及计算、存储等云计算资源的管理和使用，实现云计算的快速弹性和可扩展性。云资源标准主要包括关键技术、资源管理和资源运维等方面的标准。

（3）云服务标准

云服务标准用于规范云服务设计、部署、交付、运营和采购以及云平台间的数据迁移。云服务标准主要包括设计与部署、交付、运营等方面的标准。

（4）云安全标准

云安全标准用于指导实现云计算环境下的网络安全、系统安全、服务安全和信息安全，主要包括云计算环境下的安全管理、服务安全、安全技术与产品、安全基础等方面的标准。

技能实践

任务 1.1　虚拟机安装

虚拟机是指通过软件模拟的具有完整硬件系统功能的、运行在一个完全隔离环境中的完整计算机系统。使用虚拟机软件，既可以很方便地搭建各种实验环境，又可以很好地保护真机，尤其是在完成一些诸如硬盘分区、安装系统的操作时，其对真机没有任何影响。虚拟机软件有很多，本书选用了 VMware Workstation 软件。VMware Workstation 是一款功能强大的桌面虚拟机软件，其可在单一桌面上同时运行不同操作系统，并完成开发、调试、部署等操作。

（1）下载 VMware-workstation-full-16.5.2-17966106 软件安装包，双击安装文件，进入 VMware 安装主界面，如图 1.22 所示。

（2）单击“下一步”按钮，进入最终用户许可协议界面，选中“我接受许可协议中的条款”复选框，如图 1.23 所示。

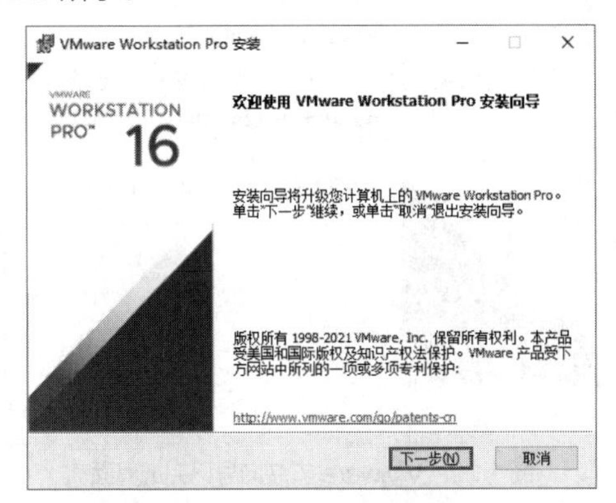

图 1.22　VMware 安装主界面

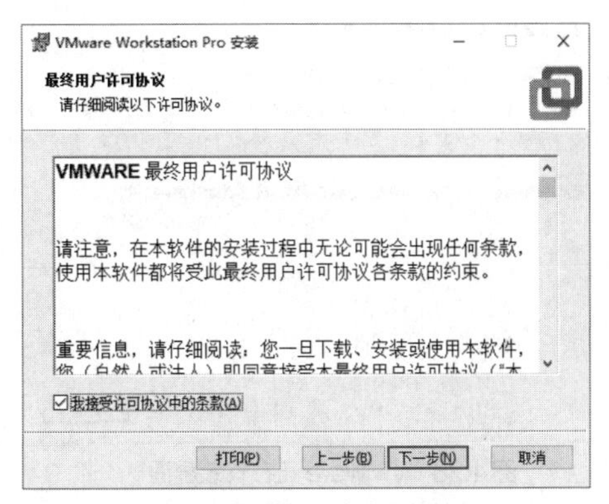

图 1.23　最终用户许可协议

（3）单击“下一步”按钮，进入自定义安装界面，如图 1.24 所示。

（4）选中自定义安装界面中最下面的复选框，单击“下一步”按钮，进入用户体验设置界面，如图 1.25 所示。

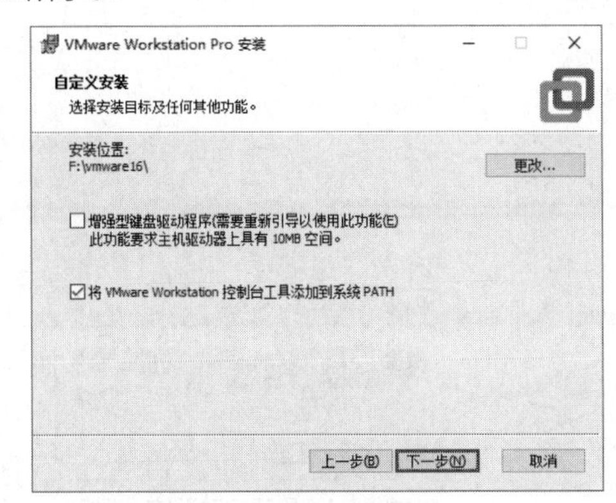

图 1.24　自定义安装界面

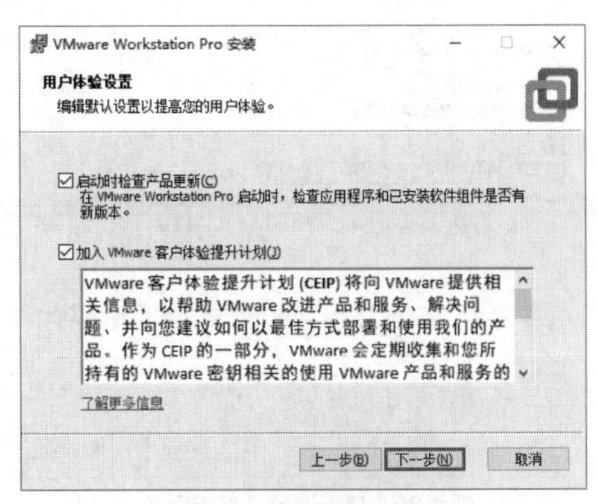

图 1.25　用户体验设置界面

（5）保留默认设置，单击“下一步”按钮，进入快捷方式界面，如图1.26所示。

（6）保留默认设置，单击“下一步”按钮，弹出安装VMware界面，如图1.27所示。

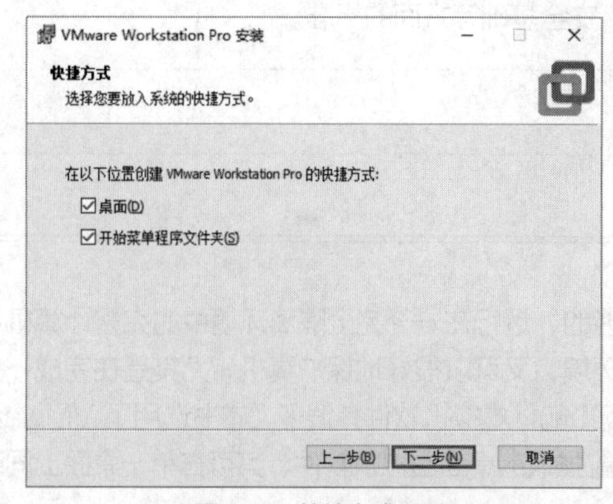

图1.26 快捷方式界面

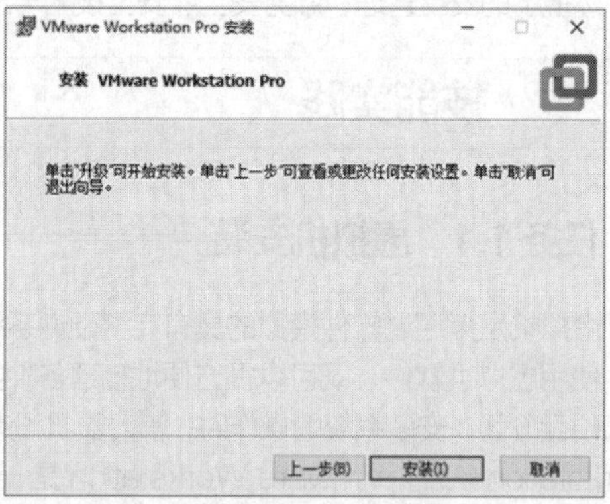

图1.27 安装VMware界面

（7）单击“安装”按钮，开始安装，进入VMware正在安装界面，如图1.28所示。

（8）安装结束后，进入VMware安装向导已完成界面，如图1.29所示。

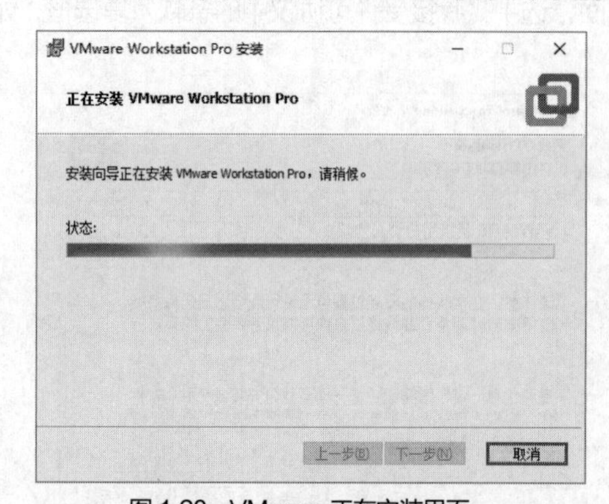

图1.28 VMware正在安装界面

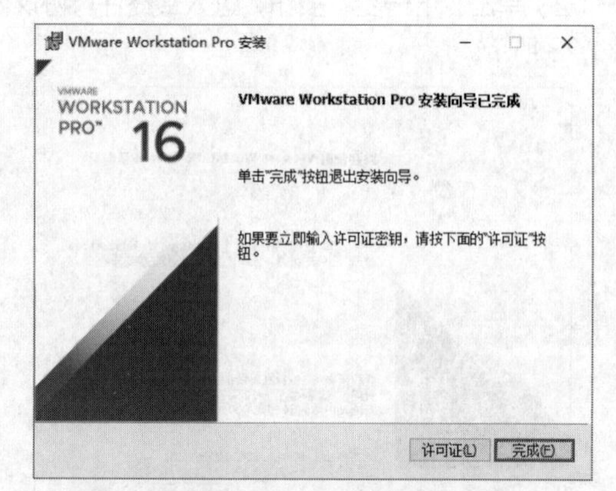

图1.29 VMware安装向导已完成界面

（9）在VMware安装向导已完成界面中，单击“许可证”按钮，进入输入许可证密钥界面，输入许可证密钥，进行注册认证，如图1.30所示。

（10）在VMware输入许可证密钥界面中，单击“输入”按钮，完成注册认证，弹出重新启动系统对话框，如图1.31所示。单击“是”按钮，完成VMware安装。

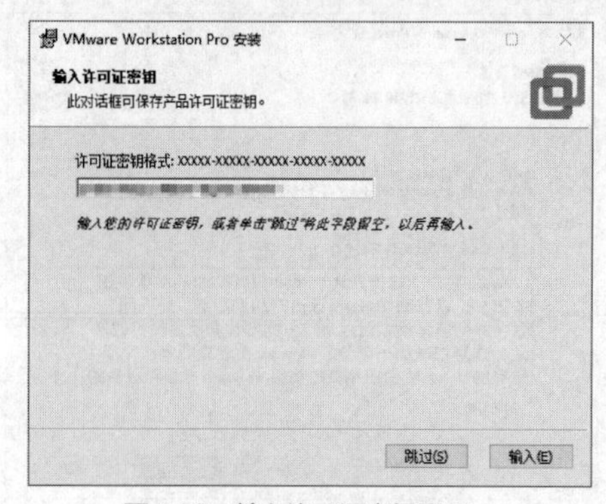

图1.30 输入许可证密钥界面

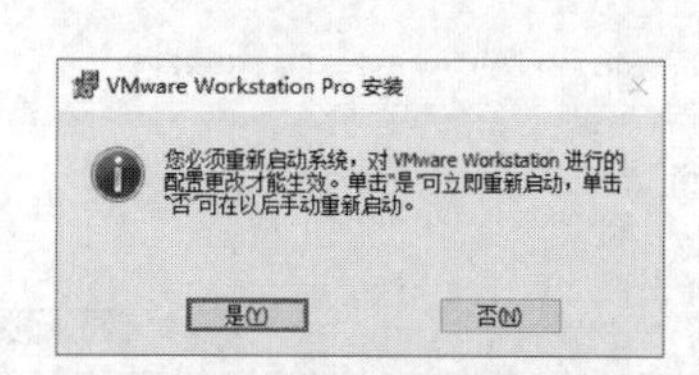

图1.31 重新启动系统对话框

任务 1.2 eNSP 软件的使用

V1-7 eNSP 软件的使用

随着华为网络设备越来越多地被使用，学习华为网络路由知识的人也越来越多。eNSP 软件能很好地模拟路由交换的各种实验，从而得到了广泛应用。下面就简单介绍一下 eNSP 的使用方法。

（1）打开 eNSP 软件，进入 eNSP 软件主界面，如图 1.32 所示。单击“新建拓扑”按钮，进入 eNSP 软件绘图配置界面，如图 1.33 所示。

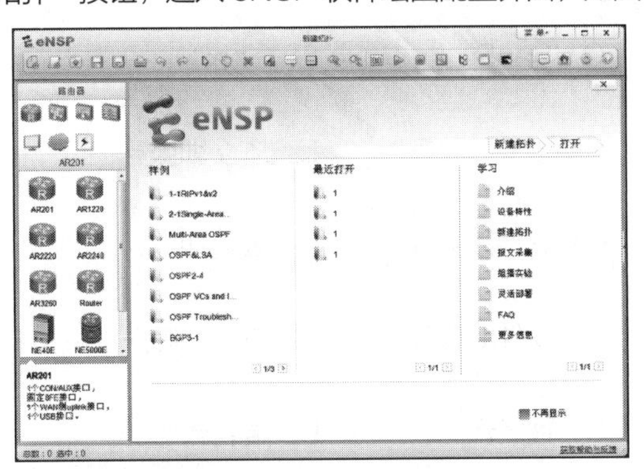

图 1.32　eNSP 软件主界面

图 1.33　eNSP 软件绘图配置界面

（2）进入 eNSP 软件绘图配置界面后可以选择“路由器”“交换机”“无线局域网”“防火墙”“终端”“其他设备”“设备连线”等选项，每个选项下面对应不同的设备型号，可以进行相应的选择。将不同的设备拖动到 eNSP 软件绘制面板中，可以为每个设备添加标签，标示设备地址、名称等信息，如图 1.34 所示。

（3）选择相应的设备，如路由器 AR1，并右键单击，可以启动设备，选择“CLI”选项，可以进入 CLI 配置管理界面进行相应的配置，如图 1.35 所示。

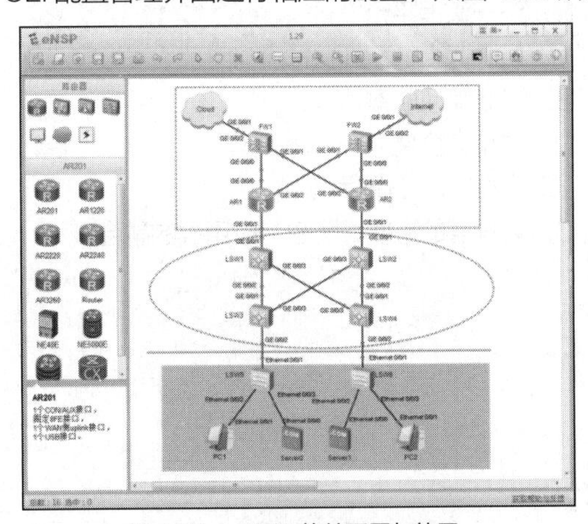

图 1.34　eNSP 软件配置与使用

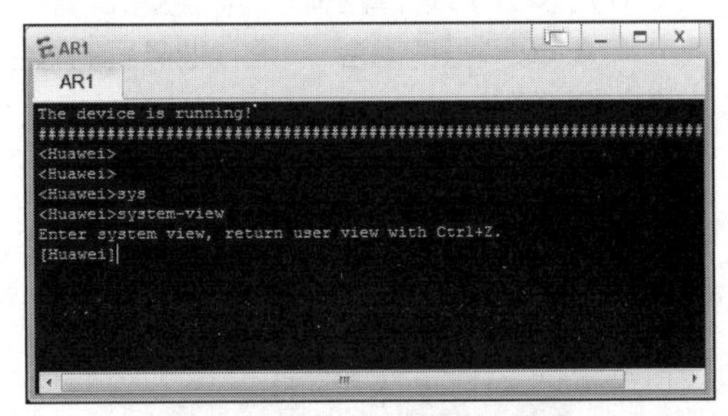

图 1.35　CLI 配置管理界面

本章小结

本章包含 4 部分知识点。

1.1 云计算技术概述，主要讲解了云计算的起源、云计算的主要特点。

1.2 云计算的演化与发展，主要讲解了云计算发展相关政策、云计算的发展阶段、云计算的优势及生态系统。

1.3 虚拟化技术，主要讲解了虚拟化的基本概念、云计算中的虚拟化技术、虚拟化集群。

1.4 云计算架构，主要讲解了云计算基础架构剖析、云计算相关体系结构比较、云计算标准化。

技能实践主要演示了虚拟机安装和 eNSP 软件的使用。

课后习题

1. 选择题

（1）云计算的服务模式不包括（　　）。

A. IaaS　　B. PaaS　　C. SaaS　　D. LaaS

（2）IaaS 是指（　　）。

A. 基础设施即服务　　B. 平台即服务　　C. 软件即服务　　D. 安全即服务

（3）PaaS 是指（　　）。

A. 基础设施即服务　　B. 平台即服务　　C. 软件即服务　　D. 安全即服务

（4）SaaS 是指（　　）。

A. 基础设施即服务　　B. 平台即服务　　C. 软件即服务　　D. 安全即服务

（5）【多选】从部署类型角度可以把云计算分为（　　）。

A. 公有云　　B. 私有云　　C. 社区云　　D. 混合云

（6）【多选】云计算的生态系统主要涉及（　　）。

A. 硬件　　B. 软件　　C. 服务　　D. 网络

（7）【多选】云计算的主要特点有（　　）。

A. 快速弹性伸缩　　B. 资源池化　　C. 按需自助服务　　D. 服务可计量可计费

（8）【多选】云计算的优势有（　　）。

A. 数据可以随时随地访问　　B. 提高适应能力，灵活扩展 IT 需求

C. 节省成本　　D. 统一管理平台

（9）【多选】虚拟化技术的特征有（　　）。

A. 更高的资源利用率　　B. 降低管理成本

C. 提高使用灵活性　　D. 提高安全性

（10）【多选】云计算基础架构的融合部署分为 3 个层次的融合，分别为（　　）。

A. 硬件层的融合　　B. 业务层的融合　　C. 管理层的融合　　D. 应用层的融合

2. 简答题

（1）简述云计算的由来。

（2）简述云计算的服务模式。

（3）简述云计算的部署类型。

（4）简述云计算的主要特点。

（5）简述云计算的发展阶段。

（6）简述云计算的优势及生态系统。

（7）简述虚拟化体系结构。

（8）简述虚拟化技术的特征。

（9）简述虚拟化集群。

（10）简述云计算基础架构。

第2章 云存储与备份技术

02

本章主要讲述云存储概述、云存储系统、数据存储技术、云存储应用及发展趋势、数据备份概述、远程数据复制等知识点，包括存储的基础知识、云存储的内涵、云存储的功能与主要特征、云存储的分类、云存储系统结构、云存储关键技术、DAS技术、NAS技术、SAN技术、百度网盘典型应用、云存储发展趋势、数据完整性概念、数据备份的RAID类型、数据备份的分类、同步数据复制、异步数据复制等相关内容。

【学习目标】

- 了解云存储概述、云存储系统。
- 掌握数据存储技术。
- 了解云存储应用及发展趋势。
- 掌握数据备份的RAID类型及分类。
- 掌握远程数据复制方法。

【素质目标】

- 培养工匠精神，要求做事严谨、精益求精、着眼细节、爱岗敬业。
- 树立操作安全意识。
- 形成科学严谨的学习态度。

2.1 云存储概述

云存储是在云计算概念上延伸和发展而来的一个新的概念，是指通过集群应用、网格技术或分布式文件系统等功能，将网络中大量的、不同类型的存储设备通过应用软件集合起来协同工作，共同对外提供数据存储和业务访问功能的一个系统。

2.1.1 存储的基础知识

在计算机科学领域，存储就是根据不同的应用环境通过采取合理、安全、有效的方式将数据保存到某些介质上并能保证有效的访问。总的来讲，存储包含两个方面的含义：一方面，它是数据临时或长期驻留的物理媒介；另一方面，它是保证数据完整、安全存储的方式或行为。

1．存储的发展和技术演进

众所周知，文明的发展依赖知识的积累，而知识的积累离不开存储。因此，能够存储包含知识的信息是文明发展的重要环节，从某种意义上讲，甚至可以说是人类迈入文明社会的标志之一。在历史上，人类曾经创造过很多存储信息的方法。

（1）穿孔纸带

穿孔纸带（见图2.1）是早期计算机的存储介质，它将程序和数据转换成二进制数码：带孔为1，无孔为0，经过光电输入机将数据输入计算机。作为计算机周边设备，其较更早期的穿孔卡有很大进步。后来穿孔纸带被更先进的磁带（1951年起作为计算机存储设备）所替代。在行业应用中，穿孔纸带也用作数控设备固定指令输入载体。

穿孔纸带是利用打孔技术在纸带上打上一系列有规律的孔点，以适应机器的读取和操作。穿孔纸带加快了工作速度，提升了工作效率，是早期向计算机中输入信息的载体。

穿孔纸带也称指令带。在19世纪至20世纪，穿孔纸带主要用于电传打字机通信、可编码式的织布机以及作为计算机的存储介质，后期用于数控装置。穿孔纸带上必须用规定的代码，以规定的格式排列，并代表规定的信息。

（2）磁带

磁带是一种用于记录声音、图像、数字或其他信号的载有磁层的带状材料，是一种磁记录材料。其通常是在塑料薄膜带基（支持体）上涂覆一层颗粒状磁性材料或蒸发沉积上一层磁性氧化物或合金薄膜而成。曾使用纸和硝酸纤维素塑料等作带基，现主要使用强度高、稳定性好和不易变形的聚酯薄膜。

20世纪50年代，国际商业机器公司（简称IBM）最早把盘式磁带（见图2.2）用于数据存储。磁带作为承载一个时代记忆的载体，已有70年的历史，即从最初的数据存储到主流的音乐存储介质。

图2.1　穿孔纸带

图2.2　盘式磁带

1963年，荷兰飞利浦公司（简称飞利浦）研制了全球首盘盒式磁带，其大小仅为早期的菲德里派克（Fidelipac）循环卡式录音机的1/4。盒式磁带双面都由塑料外壳包裹，可最大限度保护其中的数据，每一面可容纳30～45min的立体声音乐。

20世纪80年代，以索尼Walkman系列为代表的便携式随身听的出现造就了磁带在全世界范围内的风靡。正是在这个时期，音乐磁带开始取代密纹唱片，随身听一跃成为便携式音乐市场的象征。然而，好景不长，在很多西方国家，磁带市场在经历了20世纪80年代末的销售高峰后，就开始急速萎缩。到了20世纪90年代初期，CD的销售就超过了预录制卡带。

1998年，韩国三星公司推出了全球首台MP3播放器。在随后的几年时间里，尤其是进入千禧年之后，MP3播放器开始在市场上大行其道。

2010年秋，美国媒体报道了磁带的“重生”。美国25个音乐厂商开始重新制作磁带，且这些磁带不是老专辑的翻录，而是新发行的专辑。

如今，磁带已变为一种收藏品，依旧在市场上活跃。据业内行家称，老磁带的大部分品种发行量小，又由于绞带、受潮等自然损耗和人为损耗，其数量会更少，因此收藏价值会越来越高。

磁带按用途可大致分成录音带、录像带、计算机带和仪表磁带 4 种。

① 录音带。录音带在 20 世纪 30 年代开始出现，是用量最大的一种磁带。1963 年，飞利浦研制出盒式录音带，由于具有轻便、耐用、互换性强等优点而得到迅速发展。1973 年，日本研制成功 Avilyn 包钴磁粉带。1978 年，美国生产出金属磁粉带。日本日立玛克赛尔公司利用 MCMT 技术（特殊定向技术、超微粒子及其分散技术）制成了微型及数码盒式录音带，又使录音带达到一个新的水平，并使音频记录进入数字化时代。我国在 20 世纪 60 年代初开始生产录音带，1975 年试制成盒式录音带，达到较高水平。

② 录像带。自 1956 年美国安佩克斯公司研制成录像机以来，录像带已从电视广播逐步进入科学技术、文化教育、电影和家庭娱乐等领域。除了用二氧化铬包钴磁粉以及金属磁粉制成录像带外，日本还制成了微型镀膜录像带，并开发了钡铁氧体型垂直磁化录像带。

③ 计算机带。计算机带作为数字信息的存储介质，具有容量大、价格低的优点。计算机带主要用于计算机的外存储器。其如今仅在专业设备上使用，如计算机磁带存储器、车床控制机等。

④ 仪表磁带。仪表磁带也称仪器磁带或精密磁带。在近代科学研究中，人们常需要把无法接近的测量数据自动且连续地记录下来，这种存储技术即为遥控遥测技术，如原子弹爆炸和卫星空间探测都要求准确无误地同时记录上百上千个数据。仪表磁带就是在上述需求下发展起来的，它是自动化和磁记录技术相结合的产物。对这种磁带的性能和制造都有着严格的要求。

（3）软盘

软盘（Floppy Disk）是在个人计算机（Personal Computer，PC）上最早使用的可移动存储介质。软盘的读写是通过软盘驱动器完成的。容量为 1.44MB 的 3.5 英寸软盘曾经盛极一时。之后由于 U 盘的出现，软盘的应用逐渐衰落直至被淘汰。

1967 年，IBM 推出世界上第一张软盘，直径为 32 英寸。4 年后 IBM 又推出一种直径为 8 英寸的表面涂有金属氧化物的塑料质软盘，发明者是艾伦・舒加特（Alan Shugart）（后离开 IBM 创办了希捷公司）。1976 年 8 月，艾伦・舒加特宣布研制出 5.25 英寸的软盘。1979 年索尼公司推出 3.5 英寸的双面软盘，其容量为 875KB，到 1983 年其容量已达 1MB，即我们常说的 3 寸盘。

软盘存取速度慢，容量也小，但可装可卸、携带方便，如图 2.3 所示。

图 2.3　软盘

（4）硬盘

硬盘（Hard Disk）是计算机最主要的存储设备之一。硬盘全名为温切斯特式硬盘，由一个或者多个铝制或者玻璃制的碟片组成，这些碟片外覆盖有铁磁性材料。绝大多数硬盘都是固定硬盘，被永久性地密封固定在硬盘驱动器（见图 2.4）中。早期的硬盘存储媒介是可替换的，不过当今典型的硬盘是固定的存储媒介，被封在硬盘驱动器中（除了一个过滤孔，用来平衡空气压力）。随着硬盘技术的发展，可移动硬盘也出现了，而且越来越普及，种类也越来越多。

硬盘有机械硬盘和固态硬盘之分。

① 机械硬盘。机械硬盘即传统机械硬盘，主要由盘片、磁头等几个部分组成，如图 2.5 所示。

图 2.4　硬盘驱动器

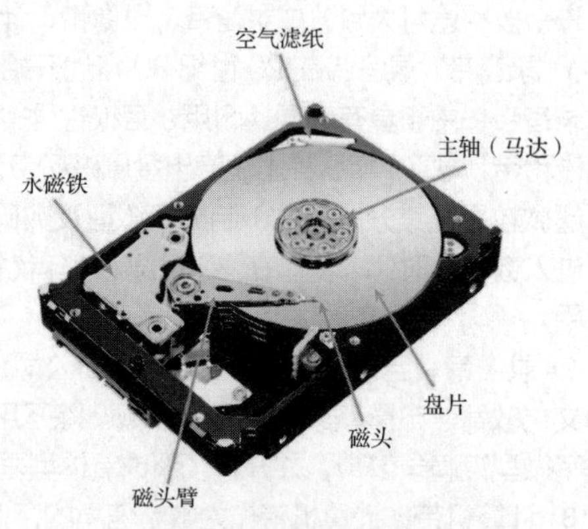

图 2.5　机械硬盘内部结构

磁头可沿盘片的半径方向运动，盘片以每分钟几千转的高速旋转，磁头可以定位在盘片的指定位置上进行数据的读写操作。信息通过离磁性表面很近的磁头，由电磁流来改变极性方式被电磁流写到磁盘上，信息可以通过相反的方式读取。硬盘作为精密设备，尘埃是其大敌，所以进入硬盘的空气必须经过过滤。机械硬盘中所有的盘片都装在一个旋转轴上，每张盘片之间是平行的，在每个盘片的存储面上有一个磁头，磁头与盘片之间的距离只有 0.1～0.5μm，有些已经达到 0.005～0.01μm。所有的磁头连在一个磁头控制器上，由磁头控制器负责各个磁头的运动。

② 固态硬盘。固态硬盘（Solid State Drive，SSD）又称固态驱动器，是用固态电子存储芯片阵列制成的硬盘。固态硬盘由控制单元和存储单元（Flash 芯片、DRAM 芯片）组成。固态硬盘在接口规范和定义、功能及使用方法上与机械硬盘完全相同，在产品外形和尺寸有明显差异（固态硬盘尺寸和外形与机械硬盘完全不同）。固态硬盘被广泛应用于军事、车载、工控、视频监控、网络监控、网络终端、电力、医疗、航空、导航设备等诸多领域。

由于固态硬盘的技术与机械硬盘的技术不同，因此产生了不少新兴的存储器厂商。厂商只需购买 NAND 颗粒，再配置适当的控制芯片，编写主控制器代码，就能制造固态硬盘。新一代的固态硬盘普遍采用 SATA-2 接口、SATA-3 接口、SAS 接口、MSATA 接口、PCI-E 接口、M.2 接口、CFast 接口、SFF-8639 接口和 NVME/AHCI 协议等，图 2.6 所示为部分常见的固态硬盘。

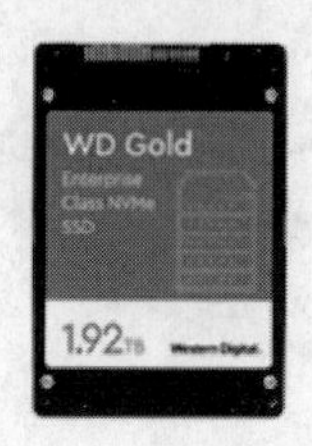

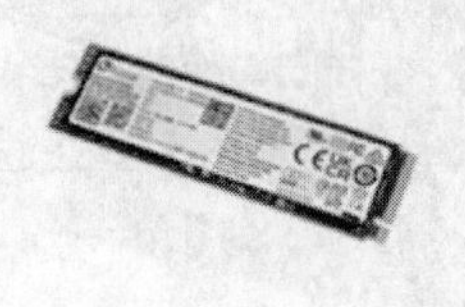

图 2.6　部分常见的固态硬盘

固态硬盘的常见存储介质分为两种，一种采用闪存（Flash 芯片）作为存储介质，另一种采用 DRAM 作为存储介质。

- 基于 Flash 芯片的固态硬盘（IDE Flash Disk、Serial ATA Flash Disk）。其采用 Flash 芯片作为存储介质，这也是通常所说的 SSD。它的外观可以被制作成多种样式，如笔记本硬盘、微硬盘、存储卡、U 盘等样式。这种固态硬盘最大的优点就是可以移动，而且数据保护不受电源控制，能适应各种环境，适合个人用户使用。其可靠性很高，高品质的家用固态硬盘故障率可能仅为普通家用机械硬盘的十分之一。

- 基于DRAM的固态硬盘。动态随机存取存储器（Dynamic Random Access Memory，DRAM）是一种半导体存储器。采用DRAM作为存储介质的应用范围较窄。它仿效机械硬盘的设计，可被绝大部分操作系统的文件系统进行卷设置和管理，并提供工业标准的PCI和FC接口用于连接主机或者服务器。其应用方式可分为SSD和SSD阵列两种。它是一种高性能的存储器，理论上可以无限写入，美中不足的是需要独立电源来保护数据安全。基于DRAM的固态硬盘属于比较非主流的设备。
- 基于3D XPoint的固态硬盘。其原理上接近DRAM，但是属于非易失存储。读取延时极低，可轻松达到现有固态硬盘时延的百分之一，且有接近无限的存储寿命。其缺点是密度相对NAND较低，成本极高，多用于发烧级台式机和数据中心。

固态硬盘的优点如下。

- 读写速度快。其采用闪存作为存储介质，读取速度相对机械硬盘更快。固态硬盘不用磁头，寻道时间几乎为0。其持续写入的速度非常惊人，固态硬盘厂商大多会宣称自家的固态硬盘持续读写速度超过500MB/s，近年来的NVMe固态硬盘可达到2000MB/s左右，甚至4000MB/s以上。固态硬盘的快绝不仅仅体现于持续读写上，随机读写速度快才是固态硬盘的优势，直接体现于绝大部分的日常操作中。与之相关的还有极低的存取时间，最常见的7200转机械硬盘的寻道时间一般为12～14ms，而固态硬盘可以轻易达到0.1ms甚至更低。
- 防震抗摔性。机械硬盘都是磁碟型的，数据存储在磁碟扇区中。而固态硬盘是使用闪存颗粒（MP3、U盘等存储介质）制作而成的，所以固态硬盘内部不存在任何机械部件。这样即使在高速移动甚至伴随翻转倾斜的情况下也不会影响正常使用，且在发生碰撞和震荡时能够将数据丢失的可能性降到最小。相较机械硬盘，固态硬盘占有绝对优势。
- 低功耗。固态硬盘的功耗要低于机械硬盘。
- 无噪声。固态硬盘没有机械马达和风扇，工作时噪声值几乎为零分贝。基于闪存的固态硬盘在工作状态下能耗和发热量较低（但高端或大容量产品能耗会较高）。其内部不存在任何机械活动部件，不会发生机械故障，也不怕碰撞、冲击、振动。由于固态硬盘采用无机械部件的闪存芯片，因此具有发热量小、散热快等特点。
- 工作温度范围大。机械硬盘的驱动器只能在5～55℃工作。而大多数固态硬盘可在-10～70℃工作。
- 轻便。固态硬盘在质量方面更轻，与常规1.8英寸硬盘相比，质量轻，仅有20～30g。

2. 存储的前沿技术和发展趋势

在大数据时代下，如何安全、高效、经济地存储大规模的数据十分重要。纵观计算机存储技术的发展历程，从1956年首款机械硬盘问世，到20世纪70年代存储区域网络（Storage Area Network，SAN）出现，再到20世纪80年代网络附接存储（Network Attached Storage，NAS）的发明，以及2006年出现的对象存储，计算机存储技术一直飞速发展着。从存储技术的发展历程中可以看出，存储技术不断向上与应用融合，但这些技术并非完全替换应用，而是对应用的不断扩展，因此，即使到现在，硬盘、SAN、NAS技术依然广泛应用于相关领域。

虚拟存储和网络存储（Network Storage）是当前存储技术发展的两大主题。存储技术的发展，不仅满足了用户对大容量和高速度的基本使用要求，还对成本效益和安全性以及存储时间上的可延展性提出了更高的要求，这就使得各种存储设备和存储技术不断趋于融合，最终统一在一个标准架构内。

（1）虚拟存储。目前存储技术的发展主要方向之一为虚拟化技术。随着信息量呈指数级增加，如何高效利用现有的存储架构和存储技术简化存储管理，从而减少商家的维护成本成为人们关注的焦点。虚拟存储指的是将不同类型、独立存在的物理存储实体，通过软件和硬件技术融合转换为一个逻辑虚拟存储单元进行统一管理并提供给用户使用。逻辑虚拟存储单元的存储容量是它所集中管理的各物理存储体的存储量的总和，而它具有的读/写带宽则接近各个物理存储体的读/写带宽的总和。虚拟存储技术的发展和应用，有助于更加有效地发挥当前存储设备的存储能力以及提高存储效率。存储虚拟化的核心在于如何把物理存储设备映射到单一的逻辑资源池中。

一般而言，虚拟化技术是通过建立一个虚拟抽象层来实现的。该虚拟抽象层为用户提供一个统一的接口，并对用户隐藏了复杂的物理实现。根据虚拟抽象层在存储系统中所处的区域，存储虚拟化的实现方式可以分为基于存储设备端的虚拟存储、基于存储网络的虚拟存储和基于服务器端的虚拟存储 3 种方式。

（2）网络存储。信息需求的增加使得存储容量高速扩增，存储系统网络平台已然成为一个发展核心。相应的，相关应用对平台的需求也不断增加，不仅仅是在存储容量的需求上，还包括存取性能、传输性能、管控能力、兼容能力、扩充能力等诸多维度。可以说，存储系统网络平台的综合性能，将直接影响整个系统的正常高效执行。所以，发展一种具有经济效益和可管理的先进存储技术已经成为必然的发展趋势。

网络存储是诸多数据存储技术中的一类，它是一种特殊的专用数据存储服务器，包括存储器件（如磁盘阵列、磁带驱动器或者可移动的存储介质）和内嵌的系统软件，并且可以提供平台文件共享功能。通常，网络存储在一个局域网中拥有自己的节点，不需要应用服务器的干预，允许用户在网络中存取数据。在这种模式下，网络存储集中管理和处理网络中的所有数据，这样做的优点是将负载从应用或者企业服务器上移除，降低了总拥有成本。

随着存储技术的不断发展和企业需求的不断改变，Server SAN 正在逐步成为企业主流的存储形态。无论是公有云还是私有云，大家对分布式存储都非常关注。在新业务的不断催生下，新资源的模式逐渐从“烟囱式”转变为“云”模式。因为传统的存储是为了满足单一应用和场景而建立的，并不能满足弹性扩展的需求，所以在此需求的推动下，可以按需弹性扩展的云存储必然得以大力发展。更先进的一种存储方式是由软件定义的全融合云存储，这是基于通用硬件平台构建的一套按需提供块、文件、对象服务的系统，适用于金融开发测试、政务、警务及大企业等行业云资源池，以及运营商公有云等场景。

2.1.2 云存储的内涵

云存储（Cloud Storage）是在云计算概念上延伸和发展而来的一个新的概念，是指通过集群应用、网格技术或分布式文件系统等功能，将网络中大量的、不同类型的存储设备通过应用软件集合起来协同工作，共同对外提供数据存储和业务访问功能的系统。当云计算系统运算和处理的核心是大量数据的存储及管理时，云计算系统中就需要配置大量的存储设备，那么云计算系统就转变成云存储系统，因此云存储是以数据存储和管理为核心的云计算系统。存储技术的发展如图 2.7 所示。

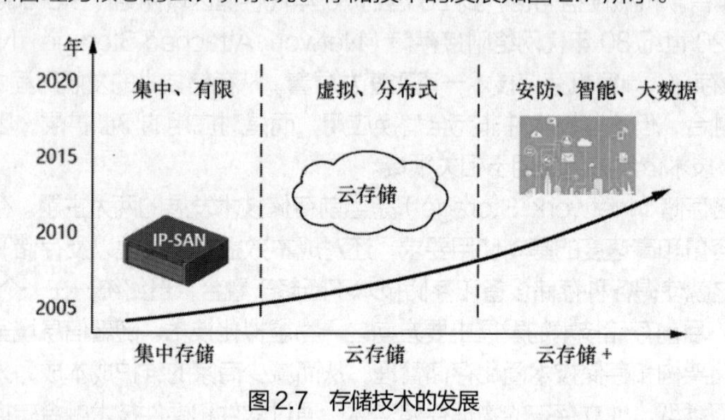

图 2.7 存储技术的发展

1. 云存储系统的基本架构

相对传统存储而言，云存储改变了数据垂直存储在某一台物理设备的存放模式。云存储通过宽带网络（如吉比特以太网、InfiniBand 技术等）集合大量的存储设备，通过存储虚拟化、分布式文件系统、底层对象化等技术将位于各单一存储设备上的物理存储资源进行整合，构成逻辑上统一的存储资源池对外提供服务。云存储系统的基本架构如图 2.8 所示。

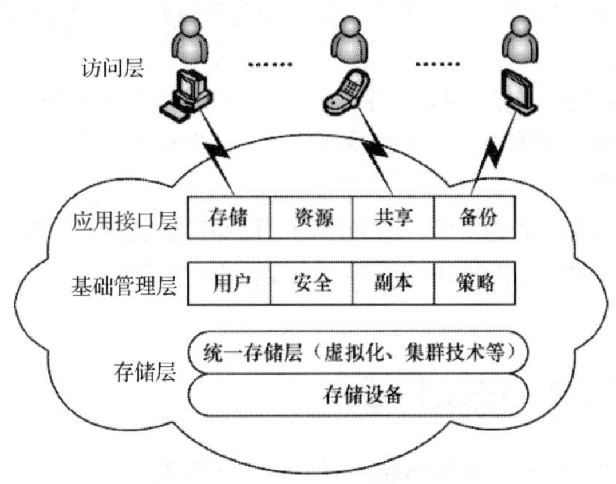

图 2.8　云存储系统的基本架构

云存储系统可以在存储容量上从单设备 PB 级横向扩展至数十、数百 PB；由于云存储系统中的各节点能够并行提供读写访问服务，系统整体性能将随着业务节点的增加而获得同步提升；同时，通过冗余编码技术、远程复制技术，可以进一步为系统提供节点级甚至数据中心级的故障保护能力。容量和性能的按需扩展、极高的系统可用性，是云存储系统最核心的技术特征。云存储本质上来说是一种网络在线存储的模式，即把资料存放在通常由第三方代管的多台虚拟服务器上，而非专属的服务器上。代管公司营运大型的数据中心，而需要数据存储代管的人则通过向其购买或租赁存储空间的方式来满足数据存储的需求。数据中心运营商根据用户的需求，在后端准备存储虚拟化的资源，并将其以存储资源池的方式提供给用户，用户便可自行使用此存储资源池来存放数据或文件。

实际上，这些资源可能被分布在众多的主机上。云存储服务通过 Web 服务 API 或 Web 化的使用者接口来存取。云存储的主要用途包括数据备份、归档和灾难恢复等。

2. 云存储系统与传统存储系统

云存储系统与传统存储系统相比有诸多不同，具体表现在：第一，功能需求方面，云存储系统面向多种类型的网络在线存储服务，而传统存储系统则面向如高性能计算、事务处理等应用；第二，性能需求方面，云存储服务首先需要考虑的是数据的安全、可靠、效率等指标，而且由于具有用户规模大、服务范围广、网络环境复杂多变等特点，实现高质量的云存储服务必将面临更大的技术挑战；第三，数据管理方面，云存储系统不仅要提供类似于 POSIX 的传统文件访问功能，还要能够支持海量数据管理并提供公共服务支撑功能，以方便云存储系统后台数据的维护。

概括来说，云存储技术相对传统存储技术而言具有不可比拟的优点，但在其发展的过程中仍然存在一些亟待解决的问题。

（1）云存储的优势

① 云存储能够实现规模效应和弹性扩展，按实际所需空间租赁使用，按需付费，有效降低了企业实际购置设备的成本。

② 无须增加额外的硬件设施或配备专人负责维护，减少了管理难度。

③ 将常见的数据复制、备份、服务器扩容等工作交由云提供商执行，从而将精力集中于自己的核心业务。

④ 可以随时对空间进行扩展增减，增加存储空间的灵活可控性。

⑤ 存储管理可以实现自动化和智能化，所有的存储资源被整合，客户看到的是单一存储空间。

⑥ 能提高存储效率，通过虚拟化技术能解决存储空间的浪费问题，可以自动重新分配数据；可提高存储空间的利用率，同时具备负载均衡、故障冗余功能。

（2）云存储的潜在问题

① 当在云存储提供商那里保存敏感数据时，数据安全就成为一个潜在隐患。

② 性能也许低于本地存储。

③ 可靠性和可用性取决于 WAN 的可用性以及服务提供商所采取的预防措施等级。

④ 具有特定记录保留需求的用户，如必须保留电子记录的公共机构，可能会在采用云计算和云存储的过程中遇到一些复杂问题。

受限于安防视频监控自身业务的特点，监控云存储和现有互联网云计算模型会有区别，如安防用户倾向于将视频信息存储在本地、政府视频监控应用比较敏感、视频信息的隐私问题、视频监控对网络带宽消耗较大等问题。

2.1.3 云存储的功能与主要特征

云存储是一种资源、一种服务。云存储需要解决的问题包括速度、安全、容量、价格和便捷。实际上，这些资源可能被分布在众多的服务器主机上。

1. 云存储的功能

云存储是在云计算概念上延伸和发展出来的一个新的概念。云计算是分布式处理（Distributed Processing）、并行处理（Parallel Processing）和网格计算（Grid Computing）的发展结果，是透过网络将庞大的计算处理程序自动分拆成无数个较小的子程序，再交由多个服务器所组成的庞大系统经计算分析之后将处理结果回传给用户。通过云计算技术，网络服务提供者可以在数秒之内，处理数以千万计甚至亿计的信息，达到和超级计算机同样强大的网络服务水平。

云存储的概念与云计算类似，它是指通过集群应用、网格技术或分布式文件系统等功能，将网络中大量的、不同类型的存储设备通过应用软件集合起来协同工作，共同对外提供数据存储和业务访问功能的系统。它可以保证数据的安全性，并节约存储空间。简单来说，云存储就是将存储资源放到云上供客户存取的一种新兴方案。使用者可以在任何时间、任何地方，通过任何可联网的设备连接到云上方便地存取数据。如果这样解释还是难以理解，则可以借用广域网和互联网的结构来解释云存储。概括来说，云存储的主要功能如下。

（1）支持任何类型的数据（文本、多媒体、日志和二进制数据等）的上传和下载。

（2）提供强大的元信息机制，开发者可以使用通用和自定义的元信息机制实现定义资源属性。

（3）超大的容量。云存储支持 0～2TB 的单文件数据容量，同时对于对象的个数没有限制，利用云存储的 superfile 接口可以实现 2TB 文件的上传和下载。

（4）提供断点上传和断点下载功能。该功能在网络不稳定的环境下有非常好的表现。

（5）Restful 风格的 HTTP 接口。RESTful 风格的 API 可以极大地提高开发者的开发效率。

（6）基于公钥和密钥的认证方案可以满足灵活的业务需求。

（7）强大的 ACL 权限控制。可以通过 ACL 设置资源为公有、私有，也可以授权特定的用户具有特定的权限。

（8）功能完善的管理平台。开发者可以通过平台对所有资源进行统一管理。

2. 云存储的主要特征

通过对云存储系统架构的了解以及对比传统存储技术，可以看出云存储具有许多传统存储技术不具备的特征。

（1）可扩展性。这是云存储最具吸引力的一个特征，可扩展性既体现在为存储本身提供的可扩展性（功能扩展）上，又体现在为存储带宽提供的可扩展性（负载扩展）上，还体现在数据的地理分布上，即支持经由一组云存储数据中心通过迁移使数据最接近用户。

（2）可用性。可用性是指云存储提供商存有用户的数据，必须能够随时随地响应用户需求并将该数据提供给用户。云存储可以通过提供信息分散算法（Information Dispersal Algorithm，IDA）等技术确保在发生物理故障和网络中断的情况下实现非常高的可用性。

（3）降低成本。云存储最显著的特征之一是可以降低企业成本，包括购置存储的成本、驱动存储的成本、修复存储的成本以及管理存储的成本。

（4）访问方法。云存储与传统存储之间最显著的差异之一是其访问方法，大部分的云存储提供商提供 Web 服务 API 等多种访问方法。

（5）存储效率。存储效率是云存储基础架构的一个重要特征。为确保存储系统存储更多数据，通常会使用数据简缩，即通过减少源数据来降低对物理空间的需求，包括压缩和删除重复数据两种方法。前者涉及压缩方法和处理技术，后者涉及计算数据签名以及搜索副本等技术。

（6）高性能。性能包括可靠、安全、易用等多个方面。在用户与远程云存储提供商之间传输数据的能力更是云存储最大的挑战之一，云存储必须能在很大程度上进行自我管理。

2.2 云存储系统

目前的云存储模式主要有两种：一种是文件的大容量分享，有些供应方平台甚至号称无限容量，用户可以把数据文件保存在云存储空间中；另一种是云同步存储模式，如 Google Drive、苹果公司的 iCloud 等提供的云同步存储业务等。

2.2.1 云存储的分类

云存储一般分为公有云存储、私有云存储和混合云存储 3 类。

1. 公有云存储

公有云存储是供应方平台（Supply-Side Platform，SSP）推出的能够满足多用户需求的、付费使用的云存储服务。SSP 投资建设并管理存储设施（硬件和软件），集中并动态管理存储空间以满足多用户需求。用户开通账号后直接通过安全的互联网连接访问，而无须了解任何云存储方面的软硬件知识或掌握相关技能。在公有云存储中，通过为存储池增加服务器，可以很快且很容易地实现存储空间增长。公有云存储服务大多是收费的，通常根据存储空间来收取使用费。同时，SSP 可以保证每个用户的存储、应用都是独立的和私有的。国内公有云存储的代表有百度网盘、华为云等。

2. 私有云存储

私有云存储是为某一企业或社会团体私有、独享的云存储服务。私有云存储建立在用户端的防火墙内部，由企业自身投资并管理所拥有的存储设施（硬件和软件），以满足企业内部员工数据存储的需求。企业内部员工根据分配的账号免费使用私有云存储服务，企业的所有数据保存在企业内部并被内部 IT 员工完全掌握，这些员工可以通过集中存储空间来实现不同的部门对数据的访问或被企业内部的不同项目团队使用。私有云存储可以由企业自行建立并管理，也可以由专门的私有云服务公司根据企业的需求提供解决方案协助企业建立并管理。私有云存储的使用和维护成本较高，企业需要配置专门的服务器，获得云存储系统及相关应用的使用授权，同时需要支付系统的维护费用。

3. 混合云存储

把公有云存储和私有云存储结合在一起满足用户不同需求的云存储服务就是混合云存储。混合云存储主要用于按用户要求的访问，特别是需要临时配置容量的时候。混合云存储带来了跨公有云存储和私有云存储分配应用的复杂性。混合云存储的关键是要实现公有云存储和私有云存储的“连接”技术。为了更加高效地连接外部云和内部云的计算及存储环境，混合云解决方案需要提供企业级的安全性、跨云平台的可管理性、负载/数据的可移植性以及互操作性。

V2-1　云存储系统结构

2.2.2 云存储系统结构

与传统的存储设备相比，云存储不仅是硬件，还是网络设备、存储设备、服务器、应用软件、公用访问接口、接入网和客户端程序等多个部分组成的复杂系统，各部分以存储设备为核心，通过应用软件来对外提供数据存储和业务访问服务。云存储系统的结构模型如图 2.9 所示。

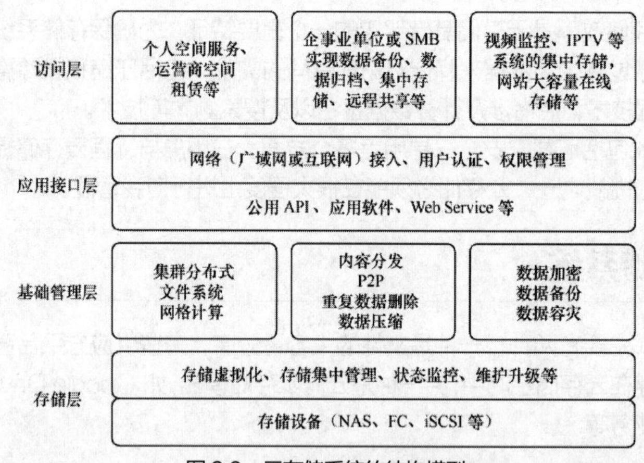

图 2.9　云存储系统的结构模型

云存储系统的结构模型由存储层、基础管理层、应用接口层和访问层 4 层组成。各层主要功能如下。

1. 存储层

存储层是云存储最基础的部分。存储层将不同类型的存储设备互联起来，实现海量数据的统一管理，同时实现对存储设备的集中管理、状态监控以及容量的动态扩展，其实质是一种面向服务的分布式存储系统。基于多存储服务器的数据组织方法能够更好地满足在线存储服务的应用需求，在用户规模较大时，构建分布式数据中心能够为不同地理区域的用户提供更好的服务。

存储设备可以是光纤通道（Fiber Channel，FC）存储设备，可以是 NAS 和 iSCSI 等 IP 存储设备，也可以是 SCSI 或 SAS 等 DAS 设备（如一台云存储节点设备通常能安装 24 块以上的硬盘）。

云存储中的存储设备往往数量庞大且分布在不同地域，彼此之间通过广域网、互联网或者光纤通道连接在一起形成存储设备资源池。存储设备之上是统一存储设备管理系统，其可以实现存储设备的逻辑虚拟化管理、多链路冗余管理，以及硬件设备的状态监控和故障维护。

2. 基础管理层

基础管理层是云存储最核心的部分，也是云存储中最难以实现的部分。这一层的主要功能是在存储层提供的存储资源上部署分布式文件系统或者建立和组织存储资源对象，并对用户数据进行分片处理，按照设定的保护策略将分片后的数据以多副本或者冗余纠删码的方式分散存储到具体的存储资源上。

基础管理层通过集群、分布式文件系统和网格计算等技术，实现云存储中多个存储设备之间的协同工作，使多个存储设备可以对外提供同一种服务，并提供更大、更强、更好的数据访问性能。内容分发系统、数据加密技术保证云存储中的数据不会被未授权的用户所访问，同时，通过各种数据备份、容灾技术及措施可以保证云存储中的数据不会丢失，保证云存储自身的安全和稳定。

3. 应用接口层

应用接口层是云存储最灵活多变的部分。不同的云存储运营单位可以根据实际业务类型开发不同的应用服务接口，提供不同的应用服务，如视频监控应用平台、IPTV 和视频点播应用平台、网络硬盘应用平台、远程数据备份应用平台等。应用接口层是业务应用和云存储平台之间的一个桥梁，提供应用服务所需调用的函数接口。通常云存储系统会提供一套专用的 API 或客户端软件，业务应用软件直接调用 API 或者使用云存储系统客户端软件对云存储系统进行读写访问，往往会获得更优的访问效率。但一个云存储系统往往需要支持多种不同的业务系统，而很多业务系统只能采用特定的访问接口，因此一个优秀的云存储系统应该同时提供多种访问接口，如 iSCSI、FTP 等，以便在业务适配方面具有更好的灵活性。

4. 访问层

就如同云状的广域网和互联网一样，云存储对使用者来讲不是指某一个具体的设备，而是指由许多个存储设备和服务器所构成的集合体。使用者使用云存储，并不是使用某一个存储设备，而是使用整个云存储系统提供的数据访问服务。所以严格来讲，云存储不是存储，而是服务。云存储的核心是应用软件与存储设备相结合，通过应用软件来实现存储设备向存储服务的转变。访问层通过云存储系统提供的各种访问接口为用户提供丰富的业务类型，如高清视频监控、视频图片智能分析、大数据查找等。部分云存储系统也会在这一层的应用业务平台上实现管理调度功能，将业务数据的冗余编码、分散存储、负载均衡、故障保护等功能与各种业务的实现紧密结合，形成具有丰富业务特色的应用云存储系统，而在存储节点的选择方面，则可以采用标准的设备。任何一个授权用户都可以通过标准的公用接口来登录云存储系统，享受云存储服务。云存储运营单位不同，云存储提供的访问类型和访问手段也不同。

2.2.3 云存储关键技术

V2-2 云存储关键技术

云存储相对传统存储从功能、性能、安全等各方面都有质的飞跃，云存储服务是随着云存储相关技术（存储虚拟化技术、分布式存储技术等）的发展而不断发展的。云存储相关技术主要包括以下几种。

1. 存储虚拟化技术

存储虚拟化技术是云存储的核心技术。此技术通过存储虚拟化，把不同厂商、不同型号、不同通信技术、不同类型的存储设备互联起来，将系统中各种异构的存储设备映射为一个统一的存储资源池。存储虚拟化技术既可以对存储资源进行统一分配管理，又可以屏蔽存储实体间的物理位置以及异构特性，可实现资源对用户的透明性，降低构建、管理和维护资源的成本，从而提升云存储系统的资源利用率。

2. 分布式存储技术

分布式存储技术是通过网络使用提供商提供的各个存储设备上的存储空间，将分散的存储资源构成一个虚拟的存储设备，并将数据分散地存储在各个存储设备上。它所涉及的主要技术有网络存储技术、分布式文件系统和网格存储技术等，并利用这些技术实现云存储中不同存储设备、不同应用、不同服务的协同工作。

3. 重复数据删除技术

数据中重复数据的数据量不断增加，会导致重复的数据占用更多的空间。重复数据删除技术是一种非常高级的数据缩减技术，可以极大地减少备份数据的数量，通常用于基于磁盘的备份系统，通过删除运算，消除冗余的文件、数据块或字节，以保证只有单一的数据存储在系统中。

4. 数据备份技术

在以数据为中心的时代，数据的重要性不言而喻，如何保护数据是一个永恒的话题，即便是在现在的云存储发展时代，数据备份技术也非常重要。数据备份技术是将数据本身或者其中的部分在某一时间的状态以特定的格式保存下来，以备原数据因出现错误、被误删除、恶意加密等各种原因而不可用时，可快速准确地对数据进行恢复的技术。数据备份是容灾的基础，是为防止突发事故而采取的一种数据保护措施，其根本目的是数据资源重新利用和保护，核心的工作是数据恢复。

5. 内容分发网络技术

内容分发网络是一种新型网络构建模式，主要针对现有的 Internet 进行改造。其基本思想是尽量避开互联网上由于网络带宽小、网点分布不均、用户访问量大等影响数据传输速率和稳定性的弊端，使数据传输得更快、更稳定。该技术通过在网络各处放置节点服务器，在现有互联网的基础之上构建一层智能虚拟网络，实时地根据网络流量、各节点的连接和负载情况、响应时间、到用户的距离等信息将用户的请求重新导向离用户最近的服务节点上。

6. 存储加密技术

存储加密是指当数据从前端服务器输出或在写入存储设备之前通过系统为数据加密，以保证存放在存储设备上的数据只有授权用户才能读取。目前，云存储中常用的存储加密技术有以下几种：全盘加密，全部存储数据都是以密文形式存储的；虚拟磁盘加密，存放数据之前建立加密的磁盘空间，并通过加密磁盘空间对数据进行加密；卷加密，所有用户和系统文件都被加密；文件/目录加密，对单个的文件或者目录进行加密。

2.3 数据存储技术

存储设备与服务器的连接模式通常有 3 种：一是存储设备与服务器直接相连接，称为直接附接存储（Direct Attached Storage，DAS）；二是存储设备直接接入现有的 TCP/IP 网络，称为网络附接存储（即 NAS）；三是将各种存储设备集中起来形成一个存储网络，以便于对数据的集中管理，这样的网络称为存储区域网络（即 SAN）。

2.3.1 DAS 技术

DAS 技术是最早被采用的存储技术之一，如同 PC 的结构，是把外部的数据存储设备直接挂在服务器的总线上，数据存储设备是服务器结构的一部分，它依赖于服务器，其本身是硬件的堆叠，不带有任何存储操作系统，如图 2.10 所示。这种存储技术是把设备直接挂在服务器上，随着需求的不断增大，越来越多的设备被添加到网络环境中，导致服务器和存储设备数量较多，资源利用率低，使得数据共享受到严重的限制，因此适用于一些小型网络应用中。

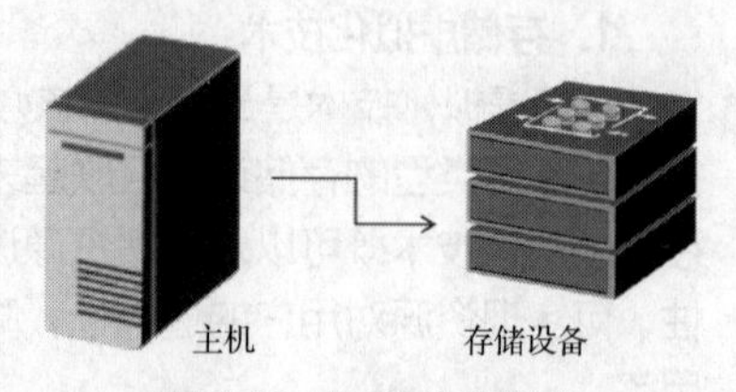

图 2.10 DAS 连接模式

DAS 更多地依赖服务器主机操作系统进行数据的 I/O 读写和存储维护管理，数据备份和恢复要求占用服务器主机资源（包括 CPU、系统 I/O 等），数据流需要回流主机再到服务器连接的磁带机（库），数据备份通常占用服务器主机资源的 20%～30%，因此许多企业用户的日常数据备份常常在深夜或业务系统不繁忙时进行，以免影响正常业务系统的运行。直连式存储的数据量越大，备份和恢复的时间就越长，对服务器硬件的依赖性和影响也就越大。

直连式存储与服务器主机之间的连接通道通常采用 SCSI 连接，随着服务器 CPU 的处理能力越来越强，存储空间越来越大，阵列的硬盘数量越来越多，SCSI 通道将会成为 I/O 瓶颈。服务器主机 SCSI ID 资源有限，因此能够建立的 SCSI 通道连接也有限。

无论是直连式存储还是服务器主机的扩展，从一台服务器扩展为多台服务器组成的集群，或存储阵列容量的扩展，都会造成业务系统的停机，从而给企业带来经济损失。对于银行、电信、传媒等行业要求“7×24 小时”服务的关键业务系统，这是不可接受的。此外，直连式存储或服务器主机的升级扩展只能由原设备厂商提供，因此往往受原设备厂商限制。

DAS 技术的优点：部署简单、成本低、适合本地数据存储。

DAS 技术的缺点：扩展性差、资源浪费、管理分散、异构化问题、数据备份问题。

2.3.2 NAS技术

NAS 按字面意思简单说就是连接在网络上，具备数据存储功能的设备，因此也称为“网络存储器”。NAS技术改进了DAS技术，通过标准的网络拓扑，用户只需直接与企业网络连接即可使用NAS提供的服务，而不依赖其他服务器，如图2.11所示。NAS是在小型磁盘阵列柜的基础上，结合内置的CPU、内存、主板，自带嵌入式操作系统，工业级的部件配合精简化的操作系统，使其具备独立工作的能力。NAS通常提供易用的操作界面，使得非计算机专业的操作人员也可轻松掌握。NAS是一种专用数据存储服务器，它以数据为中心，将存储设备与服务器彻底分离，通过集中管理数据来释放带宽、提高性能、降低总拥有成本、保护投资收益。其成本远远低于使用服务器存储，而效率却远远高于服务器存储。

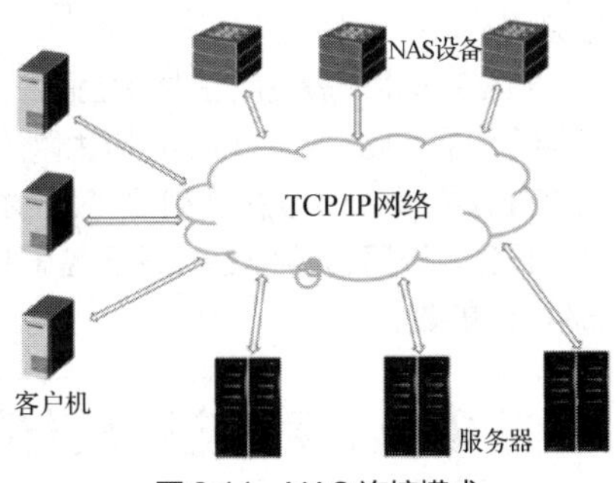

图2.11　NAS连接模式

2.3.3 SAN技术

传统SAN的主要支撑技术是光纤通道技术。与NAS技术完全不同，它不是把所有的存储设备集中安装在一个服务器上，而是将这些设备单独通过光纤交换机连接起来，形成光纤通道存储在网络中，并与企业的局域网进行连接。这种技术的最大特性就是将网络、设备的通信协议与存储传输介质隔离，因此存储数据的传输不会受网络状态的影响。

基于光纤交换机的SAN，通常会综合运用链路冗余与设备冗余的方式。如图2.12所示，同一服务器访问磁盘阵列有多条冗余路径，无论是其中的部分线路还是部分光纤交换机出现故障，都不会导致服务器存储失败。这种方式部署成本较高，但对银行、数据中心等存储了大量关键数据，且不允许业务中断的行业来说非常重要。

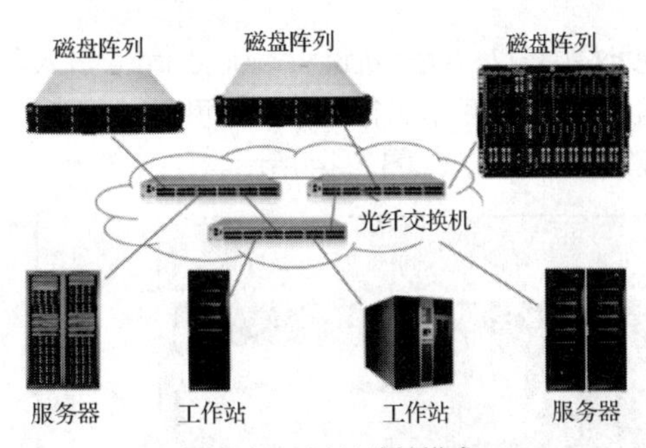

图2.12　SAN连接模式

目前处于迅速成长的IP SAN，是在传统的FC SAN的基础上演变而来的。IP SAN是在以太网上建立SAN，把服务器或普通工作站与存储设备连接起来的存储技术。IP SAN在FC SAN的基础上更进一步，它把SCSI协议完全封装在IP中。简单来说，IP SAN就是把FC SAN中光纤通道解决的问题通过更为成熟的以太网来实现，从逻辑上讲，它是提供区块级服务的SAN架构。

IP SAN的主要优点是能节约大量成本、加快实施速度、优化可靠性以及增强扩展能力等。采用iSCSI技术组成的IP SAN可以提供和传统FC SAN相媲美的存储解决方案，且普通服务器或PC只需要具备网卡即可共享和使用大容量的存储空间。与传统的分散式直连式存储方式不同，它采用集中的存储方式，可极大地提高存储空间的利用率，方便用户的维护管理。

SAN技术的优点：将存储和服务器隔离，可简化存储管理，能够统一、集中地管理各种资源，使存储更为高效。在通常网络中，可能一个服务器可用空间用完了，另一个服务器还有很多可用空间，而SAN把所有存储空间有效地汇集在一起，每个服务器都享有访问组织内部的所有存储空间的同等权利，SAN能屏蔽系统硬件，因此可以同时采用不同厂商的存储设备。

SAN 技术的缺点：跨平台性能没有 NAS 技术好，价格偏高，搭建 SAN 比在服务器后端安装 NAS 复杂得多。

DAS 技术一般应用在中小企业中，与计算机采用直连方式连接；SAN 存储使用 FC 接口，能提供性能更佳的存储；NAS 则通过以太网添加到计算机上。SAN 技术和 NAS 技术的区别主要体现在操作系统在什么位置。NAS 技术和 SAN 技术混合搭配的解决方案能为大多数企业带来最大的灵活性和性能优势。服务器环境越异构化，NAS 越重要，因为它能无缝集成异构的服务器。而企业数据量越大，高效的SAN 越重要。

2.4 云存储应用及发展趋势

百度网盘（原百度云）提供了用户多平台数据共享的云存储服务，是百度智能云中的一种服务。该服务依托于百度强大的云存储集群机制，发挥了百度强有力的云端存储优势，以提供超大的网络存储空间。

2.4.1 百度网盘典型应用

百度网盘是百度推出的一种云存储服务，已覆盖主流 PC 和手机操作系统，包括 Web 版、Windows 版、mac 版、Android 版、iPhone 版和 Windows Phone 版等。首次注册即有机会获得 5GB 的存储空间，用户可以轻松地把自己的文件上传到网盘上，并可以跨终端随时随地查看和分享。2016 年，百度网盘总用户数突破 4 亿。2016 年 10 月 11 日，百度云改名为百度网盘，此后更加专注发展个人存储、备份功能。2021 年 5 月 18 日，百度网盘 TV 版正式上线。2021 年 12 月 20 日，百度网盘青春版开启众测。

1. 注册百度网盘

打开浏览器，在浏览器地址栏中输入 https://pan.baidu.com/，进入百度网盘登录页面，如图 2.13 所示。已注册用户可以通过输入用户名和密码进行登录，也可以选择手机号/用户名/邮箱进行登录。账号注册时需单击“立即注册”按钮进行注册，如图 2.14 所示。

图 2.13　登录页面

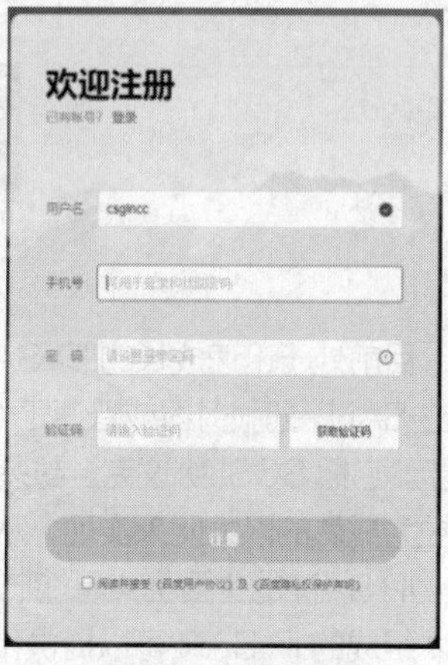

欢迎注册

图 2.14　账号注册

2. 百度网盘的使用

以已注册的百度网盘账号登录后进入网盘的管理界面为例。

（1）在网盘的管理界面中，单击“上传”按钮后，会弹出下拉列表，其中有“上传文件”和“上传文件夹”选项，选择“上传文件”选项后，弹出“打开”对话框，用户通过在本地计算机中浏览并选择需要上传的文件后，单击“打开”按钮，即可将选择的文件上传至网盘的指定文件夹中，并显示“有 1 个文件上传成功”的提示信息，如图 2.15 所示。

图 2.15　上传文件

（2）如果要从百度网盘下载文件，则可登录后选择指定的文件（文件夹），在相应的文件（文件夹）的右侧单击··· 按钮，在弹出的下拉列表中选择“下载”选项，指定下载文件的保存路径后即可完成文件（文件夹）的下载，如图 2.16 所示。

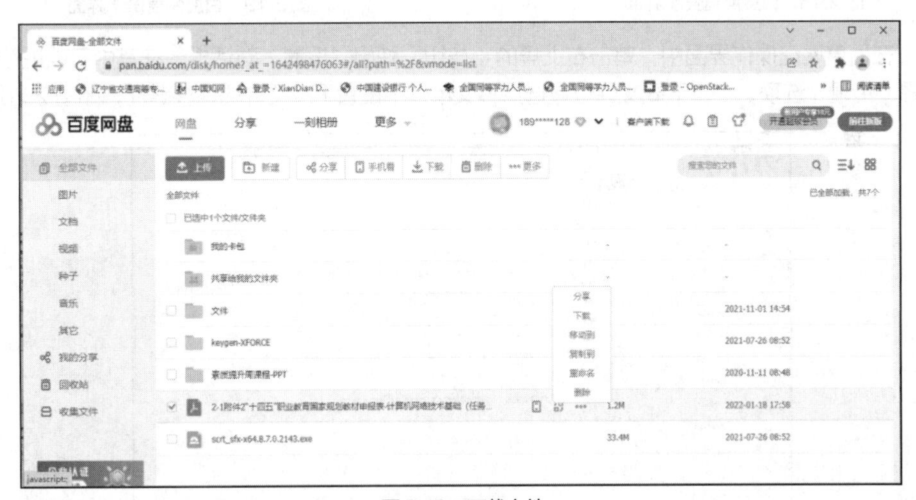

图 2.16　下载文件

3. 百度网盘客户端（Windows）

下载百度网盘客户端（Windows），使用客户端管理百度网盘。

（1）进入百度网盘下载页面（https://pan.baidu.com/download），选择“Windows”选项后，下载百度网盘客户端（Windows），如图 2.17 所示。

（2）双击下载的百度网盘客户端（Windows）对应的安装文件“BaiduNetdisk_7.11.0.9.exe”，进入安装界面，按提示完成安装。安装完成后进入百度网盘登录界面，如图 2.18 所示。

（3）输入百度网盘账号和密码，登录百度网盘。百度网盘操作界面如图 2.19 所示。

图 2.17　下载百度网盘客户端（Windows）

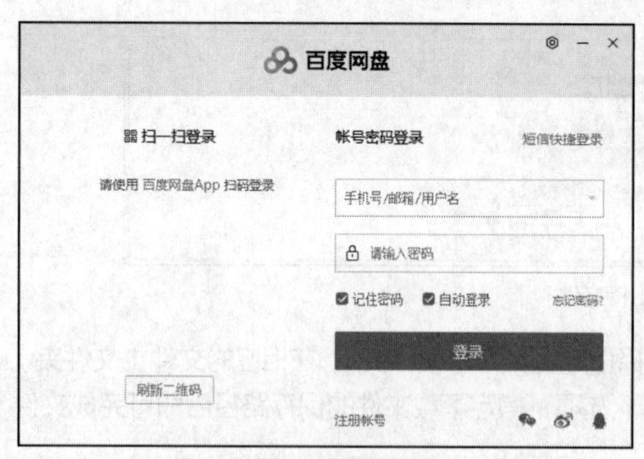

图 2.18　百度网盘登录界面

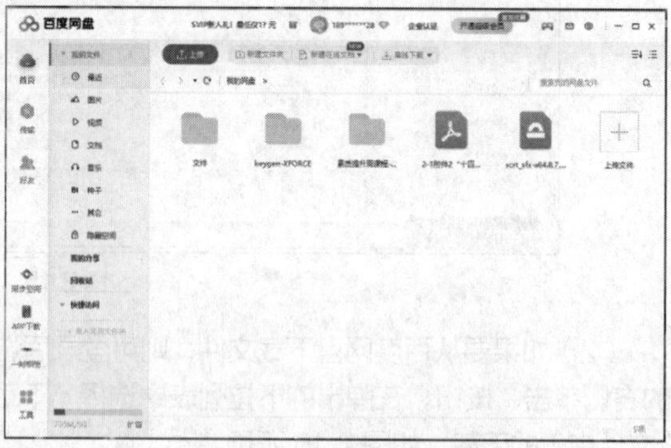

图 2.19　百度网盘操作界面

（4）在百度网盘操作界面中，单击右上角的 ◎ 按钮，弹出“设置”对话框，在其中可以进行相关设置。选择“传输”选项，在“下载文件位置选择”文本框中设置下载文件的保存路径，如图 2.20 所示。

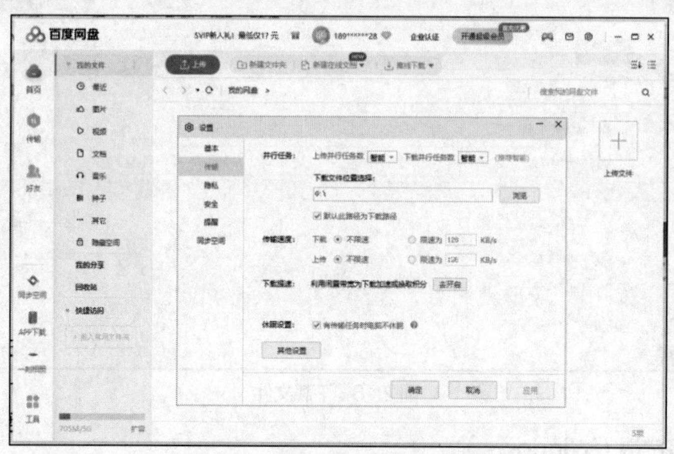

图 2.20　设置下载文件的保存路径

2.4.2　云存储发展趋势

云存储已经成为未来存储发展的一种趋势。但随着云存储技术的发展，各类搜索、应用技术与云存储技术相结合的应用，还需从安全性、便携性、性能和可用性以及数据访问等角度进行改进。

1. 安全性

从云计算诞生以来，安全性一直是企业实施云计算首要考虑的问题之一。同样，在云存储方面，安全性仍是首要考虑的问题，对于想要进行云存储的客户来说，安全性通常是首要的商业考虑和技术考虑。许多用户对云存储的安全要求甚至高于自己的架构所能提供的安全水平。即便如此，面对如此高的不现实的安全需求，许多大型、可信赖的云存储厂商也在努力满足它们的需求，构建比多数企业数据中心安全得多的数据中心。用户可以发现，云存储具有更少的安全漏洞和更高的安全环节，云存储所能提供的安全性要比用户自己的数据中心所能提供的安全性更高。

2. 便携性

一些用户在托管存储的时候还要考虑数据的便携性。一般情况下这是有保证的，一些大型服务提供商所提供的解决方案承诺其数据便携性可媲美较好的传统本地存储。有的云存储结合了强大的便携功能，可以将整个数据集传送到用户所选择的任何媒介，甚至是专门的存储设备中。

3. 性能和可用性

过去的一些托管存储和远程存储总是存在着延迟时间过长的问题。同样的，互联网本身的特性就严重影响了服务的可用性。最新一代云存储突破性的成就体现在客户端或本地设备高速缓存上，其将经常使用的数据保存在本地，从而有效地缓解了互联网延迟问题。通过本地高速缓存，即使面临较严重的网络中断，这些设备也可以缓解延迟性问题。这些设备还可以让经常使用的数据像本地存储那样快速反应。通过本地 NAS 网关，云存储甚至可以模仿终端 NAS 设备的可用性、性能和可视性，同时将数据予以远程保护。随着云存储技术的不断发展，各厂商仍将继续努力实现容量优化和广域网优化，从而尽量减少数据传输的延迟性。

4. 数据访问

现有对云存储技术的疑虑还在于，如果执行大规模数据请求或数据恢复操作，那么云存储是否能提供足够的访问性。在现有的技术条件下，这一点可以保证，现有的厂商可以将大量数据传输到任何类型的媒介中，也可以将数据直接传送给企业，且其速度之快相当于复制、粘贴操作。另外，云存储厂商还可以提供一套组件，在完全本地化的系统上模仿云地址，让本地 NAS 网关设备继续正常运行而无须重新设置。未来，如果大型厂商构建了更多的地区性设施，那么数据传输将更加迅捷。如此一来，即便是客户本地数据发生了灾难性的损失，云存储厂商也可以将数据重新快速传输给客户数据中心。

2.5 数据备份概述

数据备份是为了在系统遇到人为或自然灾难时，能够通过备份的数据对系统进行有效的灾难恢复。没有绝对安全的防护系统，当系统遭受攻击或入侵时，数据被破坏的可能性是非常大的，对企业来说，数据的损失即意味着经济损失，很多时候这种损失是企业不能承受的。企业对信息化系统的依赖，事实上是对系统中流动的数据的依赖，因此数据备份越发显得重要，这正是近年来存储、数据备份兴起的原因。

2.5.1 数据完整性概念

数据完整性的保护，通常使用数字签名或哈希函数对密文进行运算并得到一个“指纹”，对指纹进行加密运算，在数据到达目的地后，对数据再次进行“取指纹”运算，核对解密后的指纹，如果指纹一致，则表明数据没有任何变动，如果不一致，则表明数据在传输过程中发生了变化。

1. 数据完整性的定义

数据完整性是信息安全的基本要素之一。数据完整性是指在存储、传输信息或数据的过程中，确保信息或数据不被未授权的篡改，或在篡改后能够被迅速发现。

在信息安全领域，数据完整性的概念常常和保密性相互混淆。数据完整性与数据保密性使用的各种加密算法不同，保护数据完整性的算法并非加密算法，而是一种“校验”算法。这意味着数字签名、哈希函数对数据的运算并非是双向可逆的过程。使用加密算法对明文数据进行加密运算后，只要掌握了相关密钥，数据即可用对应的解密算法进行解密，从而还原成明文。而通过数字签名算法、各种哈希函数算法，对明文数据进行运算后，通常得到同样长度的一段数据，可以理解为原始明文数据的“指纹”，不同的明文数据对应不同的指纹，但是无法利用指纹还原成原始的明文数据。

2. 保护数据完整性的方法

目前，数据文件的完整性可以通过哈希值计算、数字签名跟踪和文件修改跟踪等方式来保障。例如，可以使用数字签名对数据完整性进行保护，数字签名采用的是非对称密钥体制，通常用数据发送方的私钥进行签名，接收方收到数据后，用发送方的公钥核对签名，若用发送方的公钥可以对数据进行解密，则意味着签名有效。

MD5、SHA-1 都是基于较复杂的算法，需要使用比较密集的资源才能保证一台计算机上所有文件的完整性，而使用文件修改跟踪方法则显得有些不可靠，因为现在的许多恶意软件都能够通过修改时间来隐藏对文件的修改。

2.5.2 数据备份的 RAID 类型

在信息技术与数据管理领域，备份是指将文件系统或数据库文件系统中的数据加以复制，一旦发生灾难或错误操作时，可以方便且及时地恢复系统的有效数据和正常运行。

独立磁盘冗余阵列（Redundant Arrays of Independent Disks，RAID）通常简称为磁盘阵列。简单地说，RAID 是由多个独立的高性能磁盘驱动器组成的磁盘子系统，它提供比单个磁盘更高的存储性能和数据冗余技术。

1. RAID 中的关键概念和技术

（1）镜像。镜像是一种冗余技术，为磁盘提供保护功能，以防止磁盘发生故障而造成数据丢失。对于 RAID 而言，采用镜像技术将会同时在 RAID 中产生两个完全相同的数据副本，分布在两个不同的磁盘驱动器组中。镜像提供完全的数据冗余能力，当一个数据副本失效不可用时，外部系统仍可正常访问另一个副本，不会对应用系统的运行和性能产生影响。此外，镜像不需要额外的计算和校验，用于修复故障非常快，直接复制即可。镜像技术可以从多个副本并发读取数据，提供更高的读取性能，但不能并行写数据，写多个副本时会导致一定的 I/O 性能降低。

（2）数据条带。磁盘存储的性能瓶颈在于磁头寻道定位，它是一种慢速机械运动，无法与高速的 CPU 匹配。此外，单个磁盘驱动器性能存在物理极限，其 I/O 性能非常有限。RAID 由多块磁盘组成，通过数据条带技术将数据以块的方式分布存储在多个磁盘中，从而可以对数据进行并发处理。这样写入和读取数据即可在多个磁盘中同时进行，并发能产生非常高的聚合 I/O，从而有效地提高整体 I/O 性能，且具有良好的线性扩展性。这在对大容量数据进行处理时效果尤其显著，如果不分块，则数据只能按顺序存储在 RAID 的磁盘中，需要时再按顺序读取。而通过数据条带技术，可获得数倍于顺序访问的性能提升。

（3）数据校验。镜像具有安全性高、读取性能高的特点，但冗余开销太大。数据条带通过并发性可大幅提高性能，但未考虑数据安全性、可靠性。数据校验是一种冗余技术，它以校验数据提供数据的安全性，可以检测数据错误，并在能力允许的前提下进行数据重构。相对于镜像，数据校验可大幅缩减冗余开销，用较小的代价换取极佳的数据完整性和可靠性。数据条带技术提供性能，而数据校验提供数据安全性，不同等级的 RAID 往往同时结合使用这两种技术。

采用数据校验时，RAID 要在写入数据的同时进行校验计算，并将得到的校验数据存储在 RAID 成员磁盘中。校验数据可以集中保存在某个磁盘或分散存储在多个磁盘中，校验数据也可以分块，不同 RAID 等级的实现各不相同。当其中一部分数据出错时，就可以对剩余数据和校验数据进行反校验计算以重建丢失的数据。相对于镜像技术而言，数据校验技术能节省大量开销，但每次数据读写都要进行大量的校验运算，因此对计算机的运算速度要求很高，必须使用硬件 RAID 控制器。在数据重建恢复方面，数据校验技术比镜像技术复杂得多且速度慢得多。

2. 常见的 RAID 类型

（1）RAID0。RAID0 会把连续的数据分散到多个磁盘中进行存取，在系统有数据请求时可以被多个磁盘并行执行，每个磁盘执行属于自己的那一部分数据请求。如果要制作 RAID0，则一台服务器至少需要两块硬盘，其读写速度是一块硬盘的两倍。如果有 *N* 块硬盘，则其读写速度是一块硬盘的 *N* 倍。虽然 RAID0 的读写速度可以提高，但是其没有数据备份功能，因此安全性会低很多。图 2.21 所示为 RAID0 技术结构示意。

RAID0 技术的优缺点及应用场景如下。

优点：充分利用 I/O 总线性能，使其带宽翻倍、读写速度翻倍；充分利用磁盘空间，利用率为 100%。

缺点：不提供数据冗余；无数据校验，无法保证数据的正确性；存在单点故障的风险。

应用场景：对数据完整性要求不高的场景，如日志存储、个人娱乐等；对读写效率要求高，而对安全性能要求不高的场景，如图像工作站等。

（2）RAID1。RAID1 会通过磁盘数据镜像实现数据冗余，在成对的独立磁盘中产生互为备份的数据。当原始数据繁忙时，可直接从镜像副本中读取数据。同样的，要制作 RAID1 至少需要两块硬盘，当读取数据时，其中一块硬盘会被读取，另一块硬盘会被用作备份。其数据安全性较高，但是磁盘空间利用率较低，只有 50%。图 2.22 所示为 RAID1 技术结构示意。

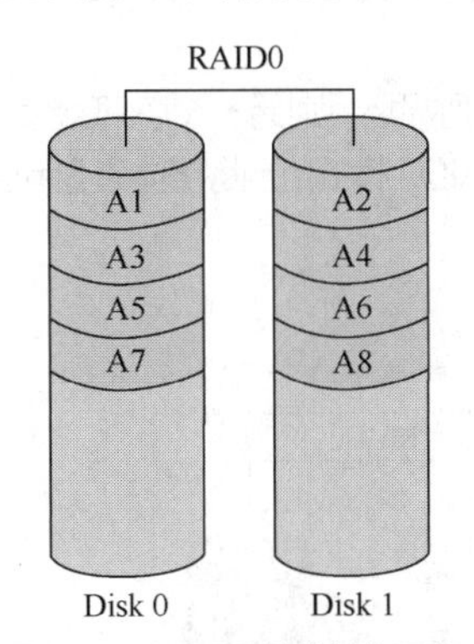

图 2.21　RAID0 技术结构示意

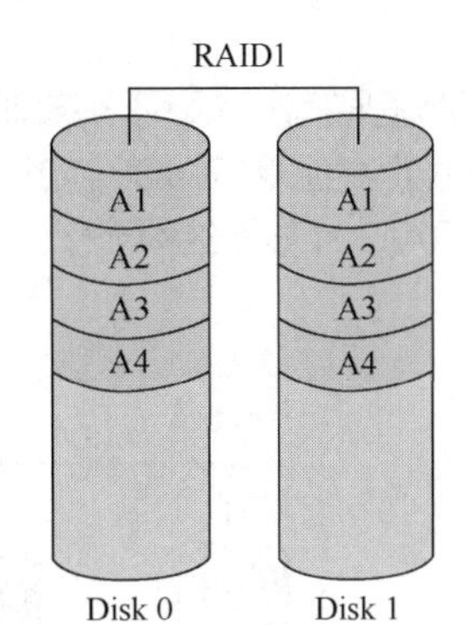

图 2.22　RAID1 技术结构示意

RAID1 技术的优缺点及应用场景如下。

优点：提供数据冗余，数据双倍存储；提供良好的读取性能。

缺点：无数据校验；磁盘利用率低，成本高。

应用场景：存放重要数据的场景，如数据存储领域等。

（3）RAID5。RAID5 应该是目前最常见的 RAID 等级，它具备很好的扩展性。当阵列磁盘数量增加时，并行操作的能力随之增强，可支持更多的磁盘，从而拥有更大的容量及更高的性能。RAID5 的磁盘可同时存储数据和校验数据，数据块和对应的校验信息保存在不同的磁盘中，当一个数据盘损坏时，系统可以根据同一条带的其他数据块和对应的校验数据来重建损坏的数据。与其他 RAID 等级一样，在重建数据时，RAID5 的性能会受到较大的影响。

RAID5 兼顾存储性能、数据安全和存储成本等各方面因素，基本上可以满足大部分的存储应用需求，数据中心大多采用它作为应用数据的保护方案。RAID0 可大幅提升设备的读写性能，但不具备容错能力；RAID1 虽然十分注重数据安全，但是磁盘利用率太低。RAID5 可以理解为 RAID0 和 RAID1 的折中方案，是目前综合性能最好的数据保护解决方案之一。一般而言，中小企业会采用 RAID5，大企业会采用 RAID10。图 2.23 所示为 RAID5 技术结构示意。

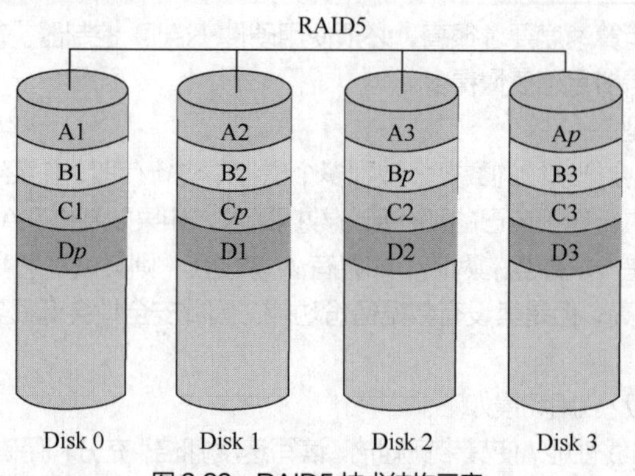

图 2.23 RAID5 技术结构示意

RAID5 技术的优缺点及应用场景如下。

优点：读写性能高；有校验机制；磁盘空间利用率高。

缺点：磁盘越多，安全性能越差。

应用场景：对安全性能要求高的场景，如金融、数据库、存储等。

（4）RAID01。RAID01 是先做条带化再做镜像，本质是对物理磁盘实现镜像；而 RAID10 是先做镜像再做条带化，本质是对虚拟磁盘实现镜像。在相同的配置下，RAID01 比 RAID10 具有更好的容错能力。

RAID01 的数据将同时写入两个 RAID，如果其中一个阵列损坏，则另一个仍可继续工作，在保证数据安全性的同时能提高性能。RAID01 和 RAID10 内部都有 RAID1 模式，因此整体磁盘利用率仅为 50%。图 2.24 所示为 RAID01 技术结构示意。

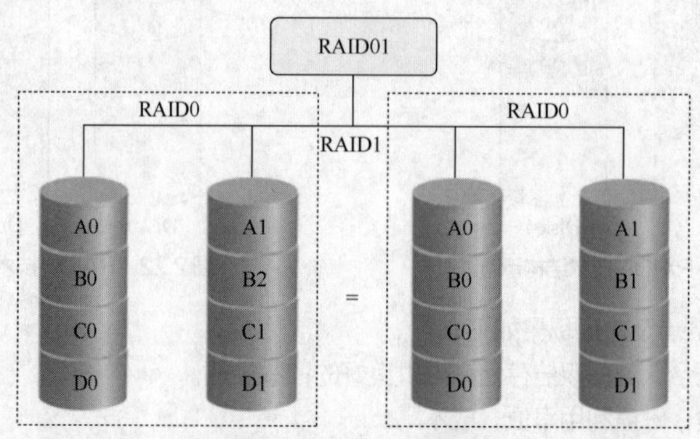

图 2.24 RAID01 技术结构示意

RAID01 技术的优缺点及应用场景如下。

优点：提供较高的 I/O 性能；有数据冗余；无单点故障风险。

缺点：成本稍高；安全性能比 RAID10 差。

应用场景：特别适用于既有大量数据需要存取，又对数据安全性要求严格的领域，如银行、金融、商业超市、仓储库房、档案管理等。

（5）RAID10。图 2.25 所示为 RAID10 技术结构示意。

RAID10 技术的优缺点及应用场景如下。

优点：RAID10 的读取性能优于 RAID01；提供了较高的 I/O 性能；有数据冗余；无单点故障风险；安全性能高。

缺点：成本稍高。

应用场景：特别适用于既有大量数据需要存取，又对数据安全性要求严格的领域，如银行、金融、商业超市、仓储库房、档案管理等。

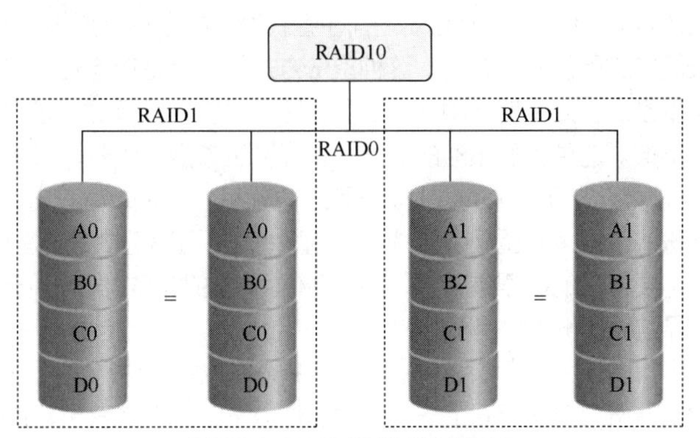

图 2.25 RAID10 技术结构示意

（6）RAID50。RAID50 具有 RAID5 和 RAID0 的共同特性。它由两组 RAID5 磁盘组成（其中，每组最少有 3 块磁盘），每一组都使用分布式奇偶位；而两组 RAID5 磁盘再组建成 RAID0，实现跨磁盘数据读取。RAID50 可提供可靠的数据存储和优秀的整体性能，并支持更大的卷尺寸。即使两块物理磁盘（每个 RAID 中的一块）发生故障，数据也可以顺利恢复。RAID50 最少需要 6 块磁盘，其适用于高可靠性存储、高读取速度、高数据传输性能的应用场景，包括事务处理和有许多用户存取小文件的办公应用程序。图 2.26 所示为 RAID50 技术结构示意。

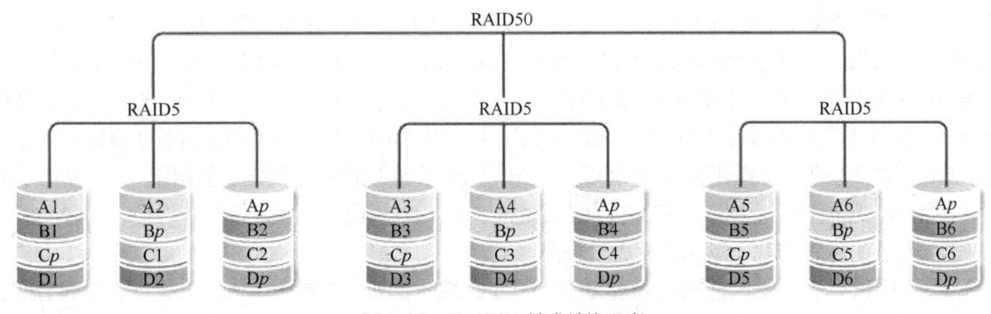

图 2.26 RAID50 技术结构示意

2.5.3 数据备份的分类

数据备份不仅是对数据的保护，其最终目的是在系统遇到人为或自然灾难时，能够通过备份数据对系统进行有效的灾难恢复。备份不是单纯的复制，管理也是备份的重要组成部分。管理包括备份的可计划性、磁盘的自动化操作、历史记录的保存以及日志记录等。

数据备份技术有多种实现形式，从不同的角度可以对数据备份进行不同的分类。

1. 按备份时系统的工作状态分类

按照备份时系统的工作状态，数据备份可分为冷备份和热备份。

（1）冷备份。冷备份又称离线备份，是指在进行备份操作时，系统处于停机或维护状态。采用这种方式备份的数据与系统中此时段的数据完全一致。冷备份的缺点是备份期间备份数据源不能使用。

（2）热备份。热备份又称在线备份或同步备份，是指在进行备份操作时，系统处于正常运转状态下的备份。这种情况下，由于系统中的数据可能随时在更新，备份的数据相对于系统的真实数据有一定的滞后。

2. 按备份策略分类

按照备份策略，数据备份可分为全量备份、累积增量备份和差分增量备份。

（1）全量备份（Full Backup）。全量备份是指对整个系统或用户指定的所有文件进行一次完整的备份，这是最基本也是最简单的备份方式之一。这种备份方式的好处是很直观，容易被人理解。例如，每天对自己的系统进行全量备份，如星期一用一块磁盘对整个系统进行备份，星期二再用另一块磁盘对整个系统进行备份，以此类推。这种备份策略的好处是，当发生数据丢失时，只要用一块磁盘（即灾难发生前一天的备份磁盘），就可以恢复丢失的数据。然而，它亦有不足之处。首先，由于每天都对整个系统进行全量备份，造成备份的数据大量重复。这些重复的数据占用了大量的磁盘空间，这对用户来说就意味着增加成本。其次，需要备份的数据量较大，因此备份所需的时间较长。对于那些业务繁忙、备份时间有限的单位来说，选择这种备份策略是不明智的。

（2）累积增量备份（Cumulative Incremental Backup）。为了解决全量备份的主要缺点，累积增量备份应运而生。累积增量备份只备份相对上一次备份操作以来新创建或者更新过的数据。通常特定的时间段内只有少量的文件发生改变，因而累积增量备份没有重复的备份数据，既可节省存储空间，又能缩短备份的时间。这种备份方式比较经济，可以频繁进行。例如，星期天进行一次全量备份，在接下来的6天里只对当天新的或被修改过的数据进行累积增量备份。这种备份策略的优点是能节省磁盘空间，缩短备份时间。它的缺点是当灾难发生时，数据的恢复比较麻烦。例如，系统在星期三的早晨发生故障，丢失了大量的数据，那么就要将系统恢复到星期二晚上的状态。这时系统管理员首先要找出星期天的那块全量备份磁盘进行系统恢复，再找出星期一的磁盘来恢复星期一的数据，然后找出星期二的磁盘来恢复星期二的数据。很明显，这种方式很烦琐。另外，这种备份的可靠性也很差。在这种备份策略下，各磁盘间的关系就像链子一样，一环套一环，其中任何一块磁盘出了问题都会导致整条链子脱节。例如，在上例中，若星期二的磁盘出现了故障，那么管理员最多只能将系统恢复到星期一晚上的状态。

（3）差分增量备份（Differential Incremental Backup）。差分增量备份即备份上一次全量备份后产生和更新的所有新的数据。管理员先在星期天进行一次系统全量备份，在接下来的几天里，管理员再将当天所有与星期天不同的数据（新的或修改过的）备份到磁盘中。差分增量备份策略在避免了以上两种策略的缺陷的同时，又具有它们的所有优点。首先，它无须每天都对系统做全量备份，因此备份所需时间短，并能节省磁盘空间。其次，它的灾难恢复也很方便。系统管理员只需要两块磁盘，即星期天的磁盘与灾难发生前一天的磁盘，就可以将系统恢复。

在实际应用中，备份策略通常是以上 3 种方式的组合。例如，每周一至周六进行一次累积增量备份或差分增量备份，每周日、每月底、每年底分别进行一次全量备份。

2.6 远程数据复制

远程数据复制技术是远程容灾系统的核心技术，在保持两地间数据一致性和实现灾难恢复中起到了关键作用。数据复制的主要目的是提高分布式系统的可用性及访问性能。目前数据复制的主要方式有同步数据复制和异步数据复制两种。

2.6.1 同步数据复制

同步数据复制（Synchronous Data Replication，SDR）又称实时数据复制，是指对业务数据进行实时复制，数据源和备份中心之间的数据互为镜像，保持完全一致。这种方式实时性强，灾难发生时远端数据与本地数据完全相同，可以实现数据的零丢失，保证高度的完整性和一致性。

在同步数据复制方式中，复制数据在任何时间和任何节点均保持一致。如果复制环境中任何一个节点数据发生了更新操作，则这种变化会立刻反映到其他所有节点。为了保证系统性能和实用性，数据被同步复制在所有节点上，通过更新事务保证所有备份一致。同步复制在没有并发事务发生时连续执行，减少了更新执行，增加了事务响应时间，因为事务附加了额外的更新操作和消息发送。

2.6.2 异步数据复制

异步数据复制（Asynchronous Data Replication，ADR）是将本地的数据通过后台同步的方式复制到异地。这种方式可能有分钟级或短时间的数据丢失，很难实现零数据丢失。异步数据复制的原理是对本地主卷写完成后，不必等待远程二级卷的写完，主机即可处理下一个 I/O 操作，因此，其对本地主机性能影响很小。

与同步数据复制方式相比，异步数据复制方式对带宽和传输距离的要求低很多，它只要求在某个时间段内能将数据全部复制到异地即可，同时异步数据复制方式也不会明显影响应用系统的性能。从传输距离上说，异步数据复制可以使用信道扩展器或其他技术，使传输距离增加，能够达到几千千米。其缺点是在本地生产数据发生灾难时，异地系统中的数据可能会短暂丢失（前提是广域网速率较低且交易未完整发送）。异步数据复制与同步数据复制方式的结合运用，既可以实现数据的零丢失，又可以达到异地容灾的目的。

技能实践

任务 2.1 Windows 自带的备份功能

在 Windows 系列操作系统中，Windows 2000 及其之后的操作系统，如 Windows XP、Windows 7、Windows 10 等，都内置了数据备份功能。当没有专业数据备份软件可用时，使用 Windows 自带的备份工具也能在一定程度上达到数据保护的目的。下面以 Windows 10 操作系统自带的备份工具进行操作讲解。

（1）按照如下路径进入系统备份功能界面："开始" → "设置" → "更新和安全" → "备份" → "正在查找较旧的备份" → "转到'备份和还原'（Windows 10）" → "创建系统映像"。选择系统备份文件的存储位置，可以选择另一块硬盘的任意分区（系统推荐），也可以选择同一块硬盘的另一个分区（如 D 盘），如图 2.27 所示。

（2）选择要备份的分区，默认包含引导分区（默认 500MB）和系统分区（默认 C 盘），如图 2.28 所示。

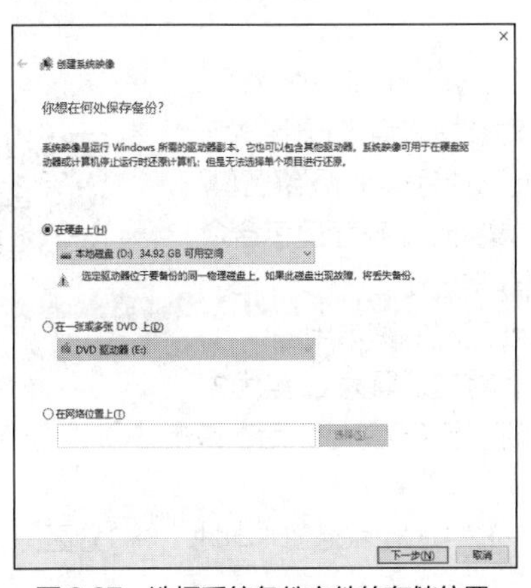

图 2.27 选择系统备份文件的存储位置

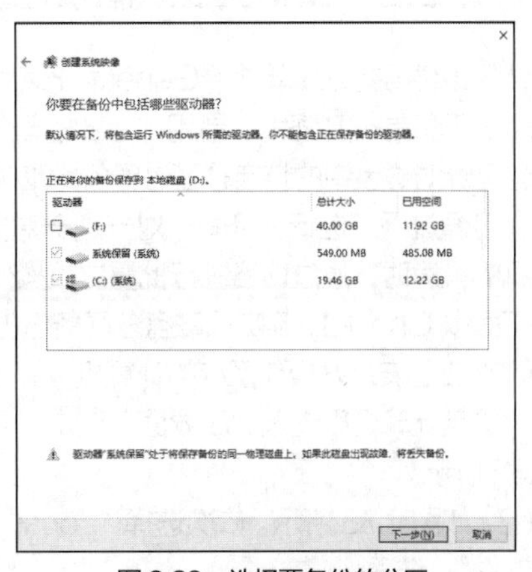

图 2.28 选择要备份的分区

（3）确认要备份的分区信息、备份文件的大小及位置等相关设置，如图 2.29 所示。

（4）单击“开始备份”按钮后即可启动备份程序，如图 2.30 所示。

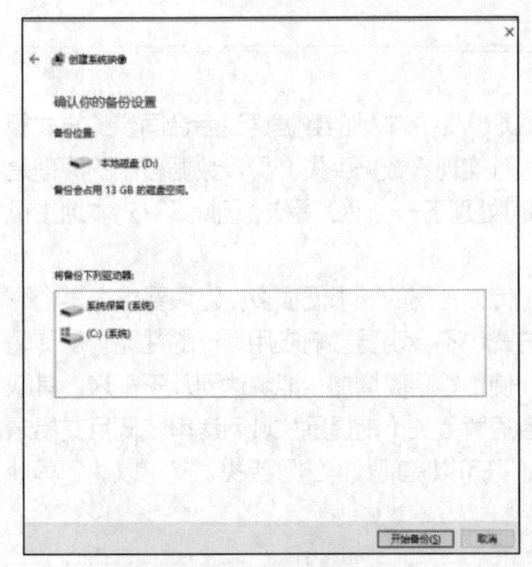

图 2.29 确认备份相关设置

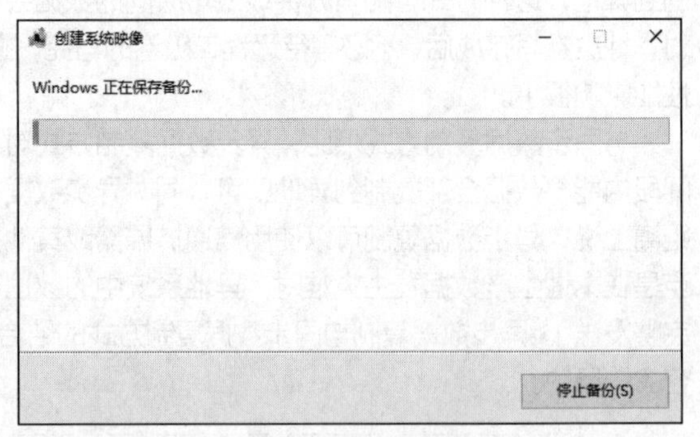

图 2.30 启动备份程序

（5）备份完成后，会提示“是否要创建系统修复光盘？”，如图 2.31 所示。该功能可将系统备份刻录到一张光盘中，如因某种突发情况导致系统彻底崩溃，则可以用这张光盘进行系统恢复。

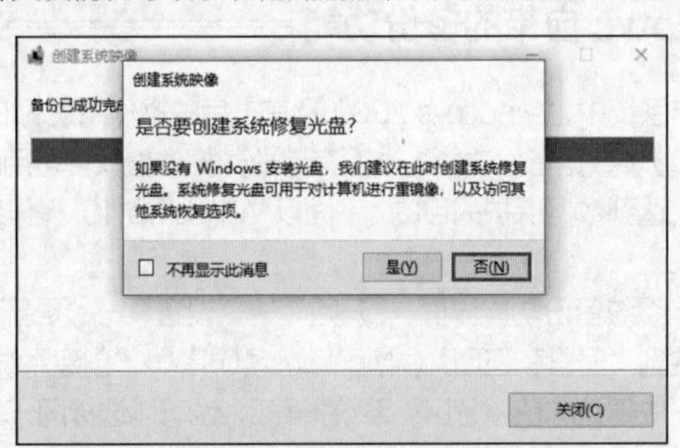

图 2.31 提示“是否要创建系统修复光盘？”

任务 2.2 Ghost 工具备份功能

通用硬件导向系统转移（General Hardware Oriented System Transfer，Ghost）工具是一款强大、易用、专业的备份工具，它可针对整块磁盘进行备份/恢复，也可针对磁盘中的特定分区进行备份/恢复。Ghost 工具还支持强大的网络备份/恢复，可通过网络进行主机间一对一、一对多的数据备份/恢复操作。在管理包含众多主机的机房时，通过网络进行批量主机操作系统备份/恢复非常方便。

V2-3 Ghost 工具备份

下面以 Ghost 11.5 实现磁盘分区备份为例，讲解 Ghost 工具的基本用法。

（1）在已安装好操作系统的计算机上，进入 BIOS 界面，将其设置为 U 盘优先启动。重启计算机后进入 PE 界面。双击“手动 Ghost”图标。运行 Ghost 后，单击“OK”按钮，如图 2.32 所示。

（2）如图 2.33 所示，依次选择“Local”→“Partition”→“To Image”（“本地”→“分区”→“到镜像文件”）选项。

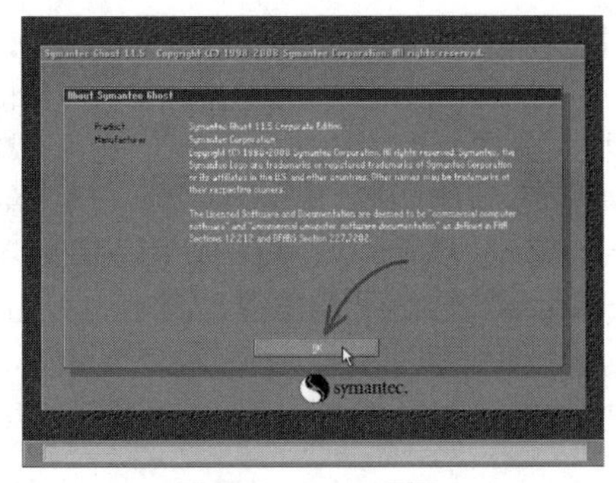
图 2.32　Ghost 界面

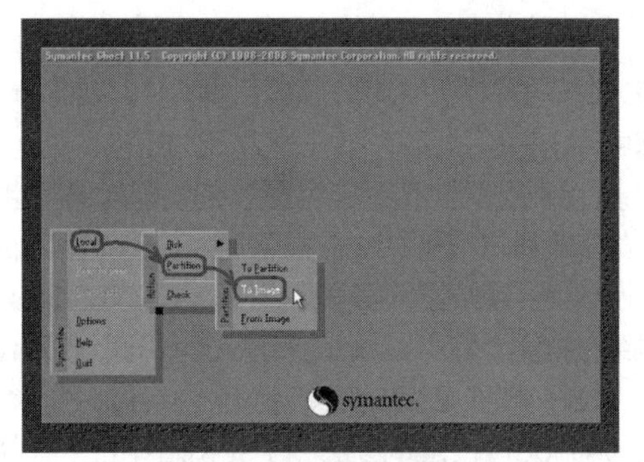
图 2.33　依次选择相关选项

（3）如图 2.34 所示，选择本地硬盘，单击要备份的分区所在的硬盘，并单击“OK”按钮。

（4）此时弹出选择“look in:”存储位置对话框，如图 2.35 所示。单击存储位置下拉按钮，在弹出的下拉列表中选择要存储镜像文件的分区（要确保该分区有足够的存储空间），进入相应的文件夹（要记准存放镜像文件的文件夹，否则恢复系统时将难以找到它），在“File name”文本框中输入镜像文件的文件名，单击“Save”按钮。

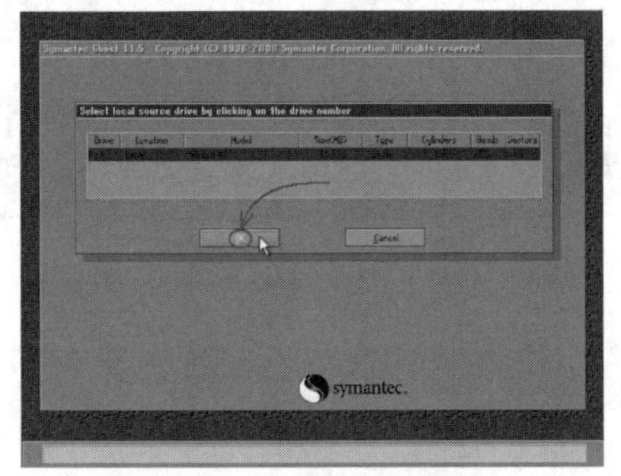
图 2.34　选择本地硬盘

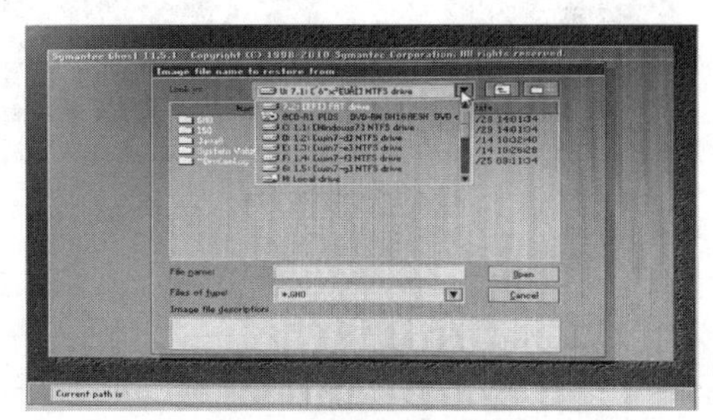
图 2.35　存储位置对话框

（5）此时弹出“Compress image file?”（是否压缩镜像文件）提示，有“No”（不压缩）、“Fast”（快速压缩）、“High”（高压缩比压缩）3 个按钮，如图 2.36 所示。压缩比越小，备份速度越快，占用磁盘空间越大；压缩比越大，备份速度越慢，占用磁盘空间越小。一般单击“No”按钮以防止备份文件出错，如果磁盘空间小，则可单击“High”按钮。

（6）此时弹出“Proceed with partition image creation”（确认建立镜像文件）提示，单击“Yes”按钮开始备份（若发觉上述某步骤有误，则可单击“No”按钮，并重新进行设置），如图 2.37 所示。

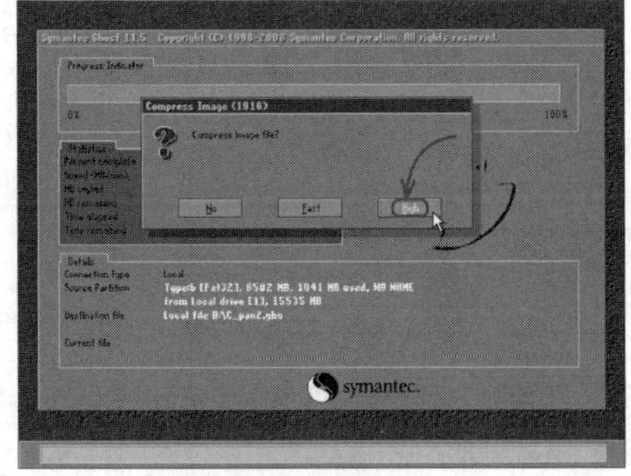
图 2.36　选择压缩比

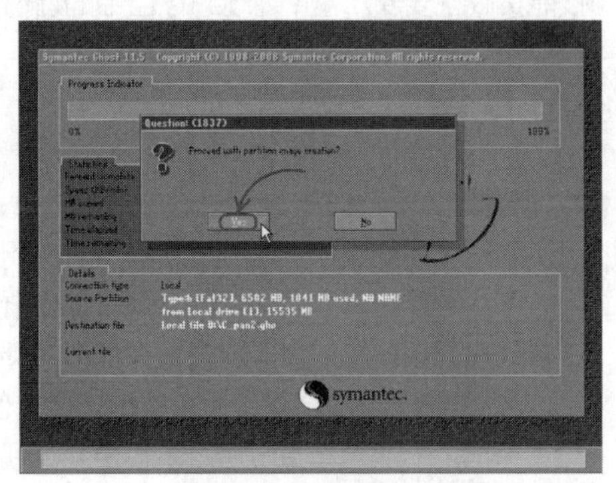
图 2.37　开始备份

（7）开始备份。此过程与恢复操作系统时类似，蓝色进度条显示为 100%（此过程中鼠标指针被隐藏，时间长短由计算机配置及数据量大小等因素决定，一般为 2～20 min）时，表示备份成功。若此过程中弹出确认对话框，则一般是因为所备份分区较大，需要建立分卷镜像文件，单击“OK”按钮确认即可。如弹出其他出错提示，则在确认硬盘可用空间足够的情况下，可能是硬件系统存在故障，请排除硬件故障后再进行备份。如图 2.38 所示，图中部蓝色区域有 6 项动态数值，从上到下依次为“Percent complete”完成进度百分比、“Speed”速度（MB/min）、“MB copied”已经复制数据量、“MB remaining”剩余数据量、“Time elapsed”已用时间、“Time remaining”剩余时间。

（8）如图 2.39 所示，打开“Image Creation Completed Successfully”备份成功窗口，单击“Continue”按钮即回到 Ghost 初始界面，备份完成。

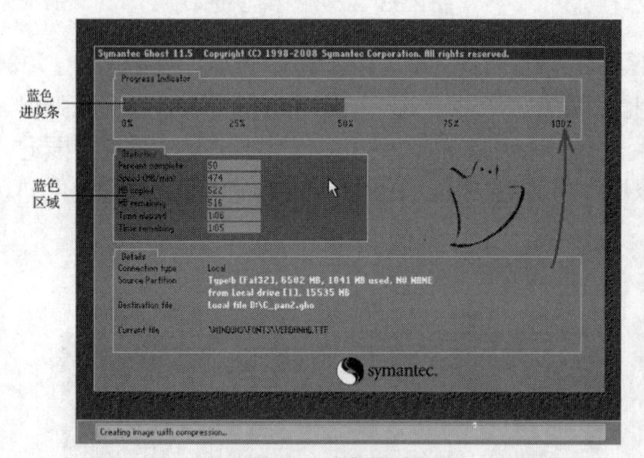

图 2.38　备份过程

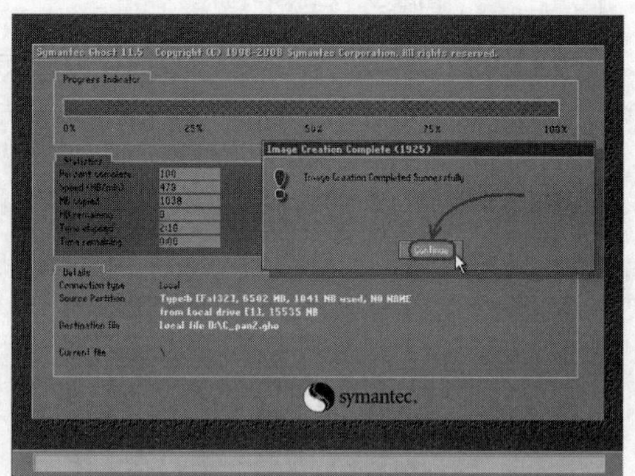

图 2.39　备份完成窗口

本章小结

本章包含 6 部分知识点。

2.1 云存储概述，主要讲解了存储的基础知识、云存储的内涵、云存储的功能与主要特征。

2.2 云存储系统，主要讲解了云存储的分类、云存储系统结构、云存储关键技术。

2.3 数据存储技术，主要讲解了 DAS 技术、NAS 技术、SAN 技术。

2.4 云存储应用及发展趋势，主要讲解了百度网盘典型应用、云存储发展趋势。

2.5 数据备份概述，主要讲解了数据完整性概念、数据备份的 RAID 类型、数据备份的分类。

2.6 远程数据复制，主要讲解了同步数据复制、异步数据复制。

技能实践主要演示了 Windows 自带的备份功能、Ghost 工具备份功能。

课后习题

1. 选择题

（1）对整个系统或用户指定的所有文件进行一次完整的备份属于（　　）。

A. 全量备份　　B. 累积增量备份　　C. 差分增量备份　　D. 以上都不是

（2）备份只备份相对上一次备份操作以来新创建或者更新过的数据的备份属于（　　）。

A. 全量备份　　B. 累积增量备份　　C. 差分增量备份　　D. 以上都不是

（3）备份上一次全量备份后产生和更新的所有新的数据的备份属于（　　）。

A. 全量备份　　B. 累积增量备份　　C. 差分增量备份　　D. 以上都不是

（4）目前广泛使用的数据存储技术有（　　）。

A. DAS 技术　B. NAS 技术　C. FC SAN 技术　D. IP SAN

（5）【多选】固态硬盘的优点有（　　）。

A. 读写速度快　B. 防震抗摔性　C. 低功耗　D. 无噪声

（6）【多选】云存储的优势有（　　）。

A. 无须增加额外的硬件设施或配备专人负责维护，减少了管理难度

B. 可以随时对空间进行扩展增减，增加了存储空间的灵活可控性

C. 按需付费，有效降低了企业实际购置设备的成本

D. 可提高存储空间的利用率，同时具备负载均衡、故障冗余功能

（7）【多选】云存储一般分为（　　）。

A. 公有云存储　B. 私有云存储

C. 园区云存储　D. 混合云存储

（8）【多选】云存储系统的结构模型的组成部分包括（　　）。

A. 存储层　B. 基础管理层

C. 应用接口层　D. 访问层

（9）【多选】云存储关键技术包括（　　）。

A. 存储虚拟化技术　B. 分布式存储技术

C. 重复数据删除技术　D. 数据备份技术

（10）【多选】按备份时系统的工作状态分类，可分为（　　）。

A. 冷备份　B. 热备份　C. 硬件备份　D. 软件备份

（11）【多选】目前数据复制的主要方式有（　　）。

A. 同步数据复制　B. 异步数据复制　C. 网络数据复制　D. 以上都不是

（12）【多选】按备份策略分类可分为（　　）。

A. 全量备份　B. 累积增量备份　C. 差分增量备份　D. 以上都不是

2. 简答题

（1）简述存储的发展和技术演进。

（2）简述固态硬盘的优点。

（3）简述云存储的优势。

（4）简述云存储的主要特征。

（5）简述云存储的分类。

（6）简述云存储系统结构。

（7）简述云存储关键技术。

（8）简述数据存储技术。

（9）简述云存储发展趋势。

（10）简述常见的 RAID 类型。

（11）简述备份策略分类。

（12）简述同步数据复制及异步数据复制。

第3章 云服务与应用

03

本章主要讲述云服务概述、云应用等知识点，包括云服务基础知识、IaaS、PaaS、SaaS、GAE、AWS、Microsoft Azure、百度智能云、阿里云、腾讯云、教育云、金融云、医疗健康云、交通云等相关内容。

【学习目标】

- 了解云服务基础知识。
- 掌握IaaS、PaaS、SaaS。
- 掌握GAE、AWS、Microsoft Azure、百度智能云、阿里云、腾讯云、教育云、金融云、医疗健康云、交通云等相关内容。

【素质目标】

- 培养良好的学习习惯。
- 培养工匠精神，要求做事严谨、精益求精、着眼细节、爱岗敬业。
- 树立团队互助、合作进取的意识。

3.1 云服务概述

云服务是指可以用来作为服务使用的云计算产品，包括云主机、云空间、云开发、云测试和综合类产品等，也指将大量用网络连接的计算资源统一管理和调度，构成计算资源池向用户提供按需服务，用户通过网络以按需、易扩展的方式获得所需资源和服务。

3.1.1 云服务基础知识

云是网络、互联网的一种比喻说法，过去往往用云来表示电信网，后来云也用来表示互联网和底层基础设施的抽象。云服务可以是 IT 和软件、互联网相关，也可以是其他服务；既可以表示计算能力，又可以作为一种商品通过互联网进行流通。

1. 云服务特征

根据美国国家标准与技术研究院的定义，云服务应该具备以下特征。

（1）随需自助服务。

（2）随时随地通过任何网络设备访问。

（3）多人共享资源池。

（4）具有快速重新部署的灵活度。

（5）具有可被监控与量测的服务。

一般认为云服务还具有以下特征。

（1）基于虚拟化技术快速部署资源或获得服务。

（2）减少用户终端的处理负担。

（3）降低用户对于 IT 专业知识的依赖。

2. 云服务层次架构

“云”提供 3 个层面的服务，即 IaaS、PaaS 和 SaaS。

（1）IaaS 层服务于用户的是基础设施，如计算机，包括 CPU、内存、磁盘空间、网络连接等基础设备以及操作系统等基础软件。其往往以 CPU、内存、存储空间和网络流量等的使用情况收费。用户使用的一般是虚拟机，因此 IaaS 是虚拟化技术发展的产物。

（2）PaaS 是在基础层之上提供中间件，让用户能够快速开发部署 SaaS 应用，这些应用开发是对原始 PaaS 应用进行扩展，使其能够快速开展业务。例如，对于网络培训平台，培训公司在其上部署自己的应用，针对自己专业、用户提供服务，但一般的培训公司更专注于自己的专业和流程，并不是实时通信的专家，而培训平台能够提供这些功能，使得培训公司从自己不熟悉的领域解放出来，从而更关注自己的专业能力，以便更好、更快地给自己的用户提供服务。

IaaS 和 PaaS 有些界限并不是很明显，如亚马逊是一家 IaaS 的服务公司，但也提供统一数据库服务，用户可以租用数据库，不用关心数据同步、备份等一系列问题，这些是 PaaS 的功能，但被集成到了 IaaS 中。

（3）SaaS 是面向用户的应用，是基于 PaaS 开发的，并可使用 IaaS 部署的服务，因此构建“云”服务时，要同时了解 IaaS、PaaS 和 SaaS 的特点，有针对性地设计构架。

3.1.2 IaaS

V3-1 IaaS

IaaS 是一种向用户提供计算基础设施（包括 CPU、内存、存储、网络和其他基本的计算资源等）服务的服务模式。IaaS 提供商利用自身行业背景和资源优势，借助虚拟化技术、分布式处理技术等面向用户（主要是企业用户）提供基础设施服务。用户通过 Internet 可以从 IaaS 提供商获得云主机、云存储、内容分发网络（Content Delivery Network，CDN）等服务。通过 IaaS，用户能够部署和运行任意软件，包括操作系统和应用程序。用户不需要管理或控制任何云计算基础设施，但能控制操作系统的选择、存储空间、部署的应用，也有可能获得对有限制的网络组件（如防火墙、负载均衡器等）的控制。IaaS 架构示意如图 3.1 所示。

IaaS 在企业内部能够进行资源整合和优化，提高了资源利用率；对外则能够将 IT 资源作为一种互联网服务提供给终端用户，使用户能低成本、低门槛地实现信息化。

IaaS 主要功能如下。

（1）资源抽象。使用资源抽象的方法，能更好地调度和管理物理资源。

（2）负载管理。通过负载管理，不仅能使部署在基础设施上的应用更好地应对突发情况，还能更好地利用系统资源。

（3）数据管理。对云计算而言，数据的完整性、可靠性和可管理性是对 IaaS 的基本要求。

（4）资源部署。IaaS 资源部署指将整个资源从创建到使用的流程自动化。

（5）安全管理。IaaS 安全管理的主要目标是保证基础设施和其提供的资源被合法地访问及使用。

（6）计费管理。通过细致的计费管理能使用户更灵活地使用资源。

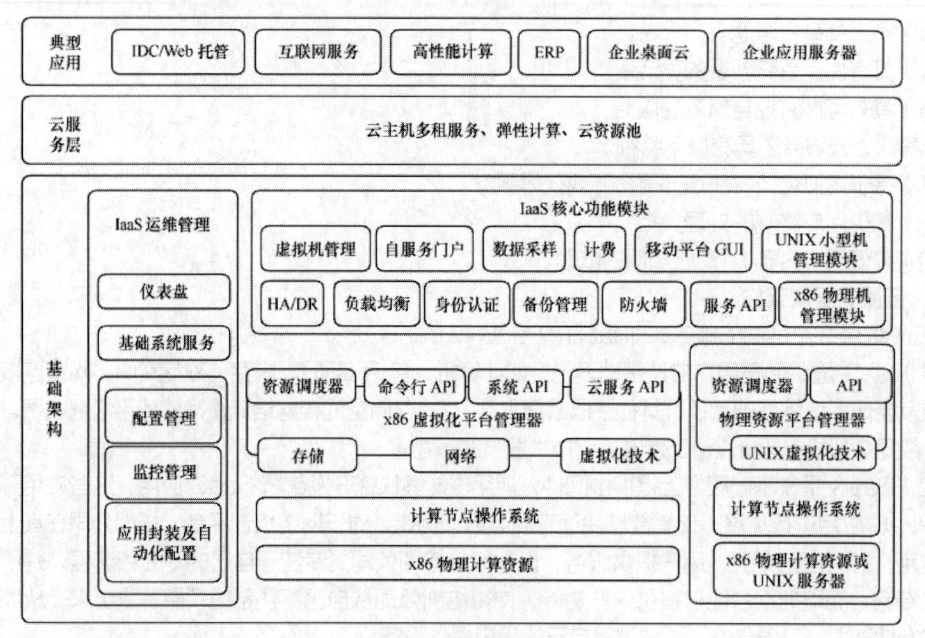

图 3.1　IaaS 架构示意

1. IaaS 运营管理技术

IaaS 运营管理技术是云计算运营管理所涉及的一系列技术的泛称。IaaS 管理平台是运营管理技术的集中体现。IaaS 管理平台从功能上一般可分为资源管理和服务管理两个层面：资源管理相关技术主要包括资产管理、资源封装、资源模板管理、资源部署调度、资源监控等，通过 API 适配底层各厂家的专业管理平台并实现资源调用；服务管理相关技术主要包括门户管理、用户管理、服务管理、订单管理、用户保障等，通过与资源管理之间的接口实现服务部署和底层资源调度。此外，为保证相关业务的运营，IaaS 运营管理技术还包括计费管理、运维管理、运营分析、安全管理等相关技术。

IaaS 管理平台从应用上一般可分为对内和对外两个方面：对内应用时，IaaS 管理平台用于构建企业内部的私有云，承载企业内部应用；对外应用时，IaaS 管理平台用于对外提供公有云和私有云服务。

IaaS 管理平台从技术实现上可分为专有云和开源云两大类，具体介绍如下。

（1）专有云平台主要是指商业化的 IaaS 管理平台解决方案，典型产品如 VMware vCloud、Microsoft System Center、华为 Galax8800 等。

（2）开源云平台主要包括 OpenStack、CloudStack、Eucalyptus 等，其中，OpenStack 和 CloudStack 都是全开源平台，用户可根据需求自主开发。

当前，在各种云纷纷落地的节点上，对 IaaS 管理平台的要求已不仅是虚拟化，更多的是虚拟化带来的可靠性、安全性、稳定性、数据备份与恢复的能力与效率，还有由此带来的应用的自动化部署，以及如何在保证虚拟化特点的前提下支持全部的企业应用，实现数据中心的统一计算管理、网络管理、存储管理和安全管理，并在此基础上实现统一的自动化数据库和应用部署与监控运维的全套解决方案。因此，各类 IaaS 管理平台产品和解决方案的优化及升级主要集中在以下方面。

（1）以动态、弹性、自服务的云平台为各类企业关键应用提供完整支撑。

（2）应用级的高可用解决方案。

（3）安全、可靠、丰富、通用的备份、恢复及容灾方案。

（4）统一计算管理，对包括虚拟机在内的业务应用进行全生命周期管理。

（5）统一网络管理，对虚拟化环境的虚拟网络进行统一管理，以支持虚拟机及各类应用甚至未来软件定义网络（Software Defined Network，SDN）的网络需求。

（6）统一存储管理，对虚拟化层面的存储进行有效管理。

（7）自服务能力，全面支撑各类 IaaS 业务和应用对自服务的需求。

2. IaaS 厂商和产品

我国 IaaS 市场是一个新兴市场。虽然 IaaS 行业的发展时间较短，但是 IaaS 行业中厂商数量众多并仍在不断增加，市场竞争已经相对激烈，而根据厂商背景可以将 IaaS 厂商分为以下 4 种类型。

（1）传统的互联网数据中心（即 IDC）厂商。基于多年的互联网基础设施服务，传统 IDC 厂商已经积累了丰富的数据中心资源、政府公共关系资源和运营商带宽资源，因此传统的 IDC 厂商转型成 IaaS 提供商的门槛相对较低，通过国外成熟的虚拟化技术很容易实现传统数据中心向 IaaS 的转化。因为有“数据不能离岸，严格的因特网内容提供者（Internet Content Provider，ICP）备案制”等政策上面的限制，国外的 IaaS 落地我国最简单的方式就是与传统的 IDC 厂商合作。传统的 IDC 厂商以世纪互联、首都在线和光环新网为代表。世纪互联与微软进行了合作，首都在线与 IBM 进行了合作，而光环新网与亚马逊进行了合作。在与国外厂商的合作过程中，传统 IDC 厂商逐渐积累了 IaaS 的技术和经验，也逐步推出了自身的 IaaS。

（2）传统的电信运营商。带宽资源、互联网互通以及跨网费用等因素使得运营商具备较强的实力。早期的运营商建立了我国绝大多数的数据中心，且传统的电信运营商拥有最为丰富的节点资源，在地方网络铺设的过程中积累了丰富的政府资源。在众多的资源优势下，我国的三大运营商也纷纷推出了自身的 IaaS。

（3）高速发展的互联网公司。互联网公司又分为两种类型。第一种为传统的互联网巨头，比较有代表性的是阿里巴巴、腾讯、百度等。第二种为创新型的 IaaS 厂商，这种 IaaS 厂商往往提供的是专业的 IaaS，其提供的服务还包括云计算更为细分的服务。其代表厂商有 UCloud、青云、七牛云、又拍云等。

（4）传统的电信设备厂商。传统的电信设备厂商中比较有代表性的是最近开始提供企业云服务的华为，而作为老牌的电信设备提供商，华为具有非常明显的资源和技术优势。除此之外，华为信息行业的良好口碑也为华为开展云服务提供了诸多便利。

3. IaaS 产品类型

云计算厂商是互联网企业基础设施的供给平台，然而，由于不同 IaaS 厂商的人员规模、资源优势、技术优势和发展战略不同，其提供的产品模式也有非常大的差异，而其中主流的产品类型为以下几种。

（1）通过提供一套完整的功能来实现 IaaS 的服务。提供的服务主要包括云主机、云存储、CDN 等，这样的厂商往往具备比较强的资金实力和比较大的企业规模。国内的华为云、阿里云、腾讯云、UCloud、沃云等均采用这样的产品模式，通过这样的产品模式能够为企业用户提供一站式的服务体系，从而提升产品的竞争力。

（2）通过搭建平台的方式来实现对 IaaS+PaaS 的服务。通过搭建一个成长型平台的方式来实现基础设施的部署，且服务厂商能够得到同一平台其他企业的功能支持。

（3）传统 IDC 的服务。通过使用传统的 IDC 的 IaaS，企业能够得到更多资源方面的支持，进而实现环境的搭建。

（4）通过 IaaS 的一个模块形成的服务。360 安全云、迅雷等从 IaaS 的一个模块出发，360 安全云推出了云主机和云安全服务，而迅雷基于自身多年的研究，推出了单纯的 CDN 服务。

3.1.3 PaaS

PaaS 是一种在云计算基础设施上把服务器平台、开发环境（开发工具、中间件、数据库软件等）和运行环境等以服务形式提供给用户（个人开发者或软件企业）的服务模式。PaaS 提供商通过基础架构平台或开发引擎为用户提供软件开发、部署和运行环境。用户基于 PaaS 提供商提供的开发平台可以快速开发并部署自己所需要的应用和产品，以缩短应用程序的开发周期、降低环境的配置和管理难度、节省环境搭建和维护的成本。

PaaS 在云计算基础设施上为用户提供快速开发和测试、应用集成部署、数据库中间件、商业智能分析等服务。PaaS 能够为应用程序的开发、部署和运行弹性地提供所需的资源和能力，并根据用户对实际资源的使用收取费用。PaaS 提供的是一种环境，用户程序不但可以运行在这个环境中，而且其生命周期能够被该环境所控制。PaaS 为某一类应用提供一致、易用且自动的运行管理平台及相关的通用服务，也为上层应用（SaaS）提供共享的、按需使用的服务和能力。以服务的形式提供给用户环境也可以作为应用开发测试和运行管理的环境。从 PaaS 以服务形式提供给用户的角度来说，PaaS 也是 SaaS 模式的一种应用。

1. 企业提供 PaaS 的功能需求

（1）有好的开发环境。通过工具可以让用户能够在本地方便地进行应用的开发和测试。

（2）丰富的服务。PaaS 平台会以 API 的形式将各种各样的服务提供给上层应用。

V3-2 PaaS

（3）自动的资源调度。也就是可伸缩特性，它不仅能优化系统资源，还能自动调整资源来帮助运行于其上的应用更好地应对突发流量。

（4）精细的管理和监控。通过 PaaS 平台能够提供应用层的管理和监控。例如，能够通过观察应用运行的情况和具体数值来更好地衡量应用的运行状态，还能够通过精确计量应用所消耗的资源来更好地计费。

2. PaaS 的特点

PaaS 可为开发者提供应用程序的开发环境和运行环境，将开发者从烦琐的 IT 环境管理中解放出来，自动实现应用程序的部署和运行，使开发者能够将精力聚焦于应用程序的开发，极大地提升了应用的开发效率。PaaS 允许用户创建个性化的应用，也允许独立软件厂商或者其他的第三方机构针对垂直细分行业创造新的解决方案。

PaaS 能对现有各种业务能力进行整合，具体可以归类为应用服务器、业务能力接入、业务引擎、业务开放平台，向下根据业务能力需要测算基础服务能力，通过 IaaS 提供的 API 调用硬件资源；向上提供业务调度中心服务，实时监控平台的各种资源，并将这些资源通过 API 开放给 SaaS 用户。PaaS 主要具备以下 3 个特点。

（1）平台即服务。PaaS 所提供的服务与其他的服务最根本的区别是，PaaS 提供的是基础平台，而不是某种应用。在传统的观念中，平台是向外提供服务的基础。一般来说，平台作为应用系统部署的基础，是由应用服务提供方搭建和维护的，而 PaaS 颠覆了这种观念，由专门的平台服务提供商搭建和运营该基础平台，并将该平台以服务的方式提供给用户系统运营商。

（2）平台及服务。PaaS 运营商所需提供的服务，不仅是单纯的基础平台，还包括针对该平台的技术支持服务，甚至针对该平台而进行的应用系统开发、优化等服务。PaaS 运营商最了解其所运营的基础平台，所以由 PaaS 运营商所提出的对应用系统优化和改进的建议也非常重要。而在新应用系统的开发过程中，PaaS 运营商的技术咨询和支持团队的介入，也是保证应用系统在以后的运营中得到长期、稳定运行的重要因素。

（3）平台级服务。PaaS 运营商对外提供的服务不同于其他服务，这种服务的背后是强大而稳定的基础运营平台以及专业的技术支持队伍。这种“平台级”服务能够保证支撑 SaaS 或其他软件服务提供商各种应用系统长时间、稳定运行。PaaS 的实质是将互联网的资源服务转化为可编程接口，为第三方开发者提供有商业价值的资源和服务平台。有了 PaaS 平台的支撑，云计算的开发者就能获得大量的可编程元素，这些可编程元素有具体的业务逻辑，这就为开发带来了极大的方便，不仅能提高开发效率，还可节约开发成本。有了 PaaS 平台的支持，Web 应用的开发变得更加敏捷，开发者具备快速响应用户需求的开发能力，也可为最终用户带来实实在在的利益。

3. PaaS 平台应用

通过 PaaS 模式，用户可以在包括 SDK、文档和测试环境等在内的开发平台上非常方便地编写应用，且无论是在部署还是在运行，无须考虑服务器、操作系统、网络和存储等资源管理，这些烦琐的工作都由 PaaS 提供商负责处理。

PaaS 是非常经济的，如一台运行 GAE 的服务器能够支撑成千上万的应用。国外提供 PaaS 的公司有谷歌、Salesforce、亚马逊等，国内提供 PaaS 的公司有八百客、用友、百度、新浪、阿里巴巴、Anchora 等。

国外 PaaS 平台主要如下。

（1）GAE（Google App Engine）。它是一个开发、托管网络应用程序的平台，使用谷歌管理的数据中心。GAE 应用程序易于构建和维护，并可根据访问量和数据存储需求的增长轻松扩展。通过 GAE，用户可以在支持谷歌应用程序的相同系统中构建和承载网络应用程序。GAE 可提供快速开发和部署，管理简单，无须担心硬件、补丁或备份，并可轻松实现可扩展性。

（2）Microsoft Azure。它是一个开放而灵活的云平台。通过该平台，用户可以在微软管理的数据中心的全球网络中快速生成、部署和管理应用程序。用户可以使用几乎任何语言、工具或框架生成应用程序。用户可以将公有云应用程序与现有 IT 环境集成。

Azure 服务平台主要包括以下组件：Microsoft Azure、Microsoft SQL 数据库服务、Microsoft .NET 服务、用于分享、存储和同步文件的 Live 服务、针对商业的 Microsoft SharePoint 和 Microsoft Dynamics CRM 服务等。

（3）Amazon Elastic Beanstalk。它为在 AWS 中部署和管理应用提供了一种方法。该平台建立诸如面向 PHP 的 Apache HTTP Server 和面向 Java 的 Apache Tomcat 这样的软件栈。开发人员保留对 AWS 资源的控制权，并可以部署新的应用程序版本、运行环境或回滚到以前的版本。CloudWatch 提供监测指标，如 CPU 利用率、请求计数、平均延迟等。通过 Elastic Beanstalk 部署应用程序到 AWS，开发人员可以使用 AWS 管理控制台、Git 和类似 Eclipse 的 IDE。

国内 PaaS 平台主要如下。

（1）百度应用引擎（Baidu App Engine，BAE）。它是百度推出的网络应用开发平台。基于 BAE 基础架构，用户不需要维护任何服务器，只需要简单地上传应用程序，就可以为用户提供服务。用户可以基于 BAE 平台进行 PHP、Java 应用的开发、编译、调试、发布。同时，BAE 平台也可以提供若干云服务，包括 FetchURL、Task Queue、SQL、Memcache 等。

（2）新浪云应用（Sina App Engine，SAE）。它是新浪公司于 2008 年开始开发和运营的。SAE 为 App 开发者提供稳定、快捷、透明、可控的服务化平台，且能减少开发者的开发和维护成本。现阶段，SAE 仅支持 Web 开发语言 PHP 和关系数据库 MySQL，主要适用于网站、博客、论坛、微博、游戏等小型应用。

（3）腾讯云平台 Qcloud。腾讯云产品主要包括云服务器、云数据库、弹性块存储、NoSQL 高速存储、云对象存储服务、云数据分析、云监控等服务，其架构与新浪云（云应用商店、云平台 SAE、云企业服务）和百度智能云（WebApp 生成服务 SiteApp、移动云测试 MTC、浏览内核 Engine、BAE 等）大为不同。

（4）阿里云 ACE（Ali Cloud Engine）。它是阿里云推出的一个基于云计算基础架构的网络应用程序托管环境，帮助应用开发者简化网络应用程序的构建和维护，并可根据应用访问量和数据存储的增长进行扩展。ACE 支持 PHP、Node.js 语言编写的应用程序，支持在线创建 MySQL 远程数据库应用。

（5）华为云。华为云是华为公有云品牌，致力于提供专业的公有云服务，提供弹性云服务器、对象存储服务、软件开发平台服务等，以“可信、开放、全球服务”三大核心优势服务全球用户。

3.1.4 SaaS

SaaS 是一种通过 Internet 向最终用户提供软件产品和服务（包括各种应用软件及应用软件的安装、管理和运营服务等）的模式。SaaS 提供商将应用软件统一部署在自己的服务器上，用户可以根据自己的实际需求，通过互联网向 SaaS 提供商定购所需的应用软件，按订购服务的多少和时间的长短向厂商支付费用，并通过互联网获得厂商提供的应用软件相关的服务。在 SaaS 模式下，用户由传统的购买软件或自行开发软件的方式，转变为向 SaaS 提供商租用基于 Web 的软件来管理企业经营活动，用户无须对软件进行维护，也无须考虑底层的基础架构及开发部署等问题。SaaS 提供商会全权管理和维护软件，其在向用户提供互联网应用的同时，也提供软件的离线操作和本地数据存储，让用户随时随地都可以使用其定购的软件和服务。SaaS 是随着互联网技术的发展和应用软件的成熟在 21 世纪兴起的一种完全创新的软件应用模式。它与按需软件（On-Demand Software）、应用服务提供方（Application Service Provider，ASP）和托管软件（Hosted Software）具有相似的含义。和传统的软件服务模式相比，SaaS 模式具备成本低、迭代快、种类丰富等诸多优点。

V3-3 SaaS

1. SaaS 的功能

SaaS 提供商通过有效的技术措施，可以保证每家企业数据的安全性和保密性。SaaS 采用了灵活租赁的收费方式。一方面，企业可以按需增减使用账号；另一方面，企业按实际使用账户和实际使用时间付费。由于降低了成本，SaaS 的租赁费用较之传统软件许可模式更加低廉。企业采用 SaaS 模式在效果上与企业自建信息系统基本没有区别，但能节省大量资金，从而大幅度降低企业信息化的门槛与风险。SaaS 有什么特别之处呢？其实在云计算还没有盛行的时代，我们已经接触到了一些 SaaS 的应用，例如，通过浏览器我们可以使用百度、谷歌等搜索系统，可以使用 e-mail，而不需要在自己的计算机中安装搜索系统或邮箱系统。典型的例子是我们在计算机上使用的 Word、Excel、PowerPoint 等办公软件，这些都是需要在本地安装才能使用的，而使用腾讯文档、Microsoft Office Online 和 Google Docs 时，无须在本机安装，打开浏览器并注册账号，即可随时随地通过网络来使用这些软件编辑、保存、阅读自己的文档。用户只需要自由自在地使用，不需要自己去升级软件、维护软件等。

企业提供 SaaS 的功能需求如下。

（1）随时随地访问。在任何时候、任何地点，只要接上网络，用户就能访问 SaaS。

（2）多用户。通过多用户机制，不仅能更经济地支持庞大的用户规模，还能提供一定的可指定性以满足用户的特殊需求。

（3）安全保障。SaaS 提供商需要提供一定的安全机制，不仅要使存储在云端的用户数据处于绝对安全的境地，还要在用户端实施一定的安全机制（如 HTTPS）来保护用户。

（4）支持公开协议。通过支持公开协议（如 HTML4/5）来方便用户使用。

2. SaaS 的特性

SaaS 的特性如下。

（1）产品更新速度加快，市场空间增大。

（2）按需定购，选择更加自由，准面对面使用指导。

（3）有效降低了营销成本，不需要额外增加专业的 IT 人员，大大降低了用户的总拥有成本。

（4）让用户更专注于核心业务，灵活启用和暂停，随时随地都可使用。

（5）订阅式的月费模式，在全球各地，“7×24 小时”全天候提供网络服务。

（6）服务的收费方式风险小，灵活选择模块（如备份、维护、安全和升级等）。

3. SaaS 的优点与不足

对企业来说，SaaS 的优点如下。

（1）从技术方面来看。SaaS 是简单的部署，不需要购买任何硬件，刚开始只需要简单注册即可。企业无须配备 IT 方面的专业技术人员，同时能得到最新的技术应用，满足企业对信息管理的需求。

（2）从投资方面来看。企业只以相对低廉的“月费”方式投资，不用一次性投资到位，不占用过多的运营资金，从而缓解了企业资金不足的压力；不用考虑成本折旧问题，并能及时获得最新硬件平台及最佳解决方案。

（3）从维护和管理方面来看。由于企业采取租用的方式来进行业务管理，不需要专门的维护和管理人员，也不需要为维护和管理人员支付额外费用，可在很大程度上缓解企业在人力、财力上的压力，使其能够集中资金对核心业务进行有效的运营；SaaS 能使用户随时随地访问一个完全独立的系统，只要用户连接到网络，就可以访问系统。

SaaS 目前面临着安全性和标准化两大重要问题，这也是 SaaS 的不足之处。

（1）安全性。企业（尤其是大型企业）希望保护其核心数据，不希望这些核心数据的安全由第三方来负责。

（2）标准化。SaaS 解决方案缺乏标准化，这个行业刚刚起步，相关标准还在探索中。

4. SaaS 的实现方式

SaaS 是一种软件交付模式。在这种交付模式中，软件仅需通过网络，无须经过传统的安装步骤即可使用，软件及其相关的数据集中托管于云端服务。用户通常使用精简客户端，一般通过网页浏览器来访问软件。SaaS 的实现方式主要有两种：一种是通过 PaaS 平台来开发 SaaS，一些厂商在 PaaS 平台上提供了开发在线应用软件的环境和工具，可以在线使用它们来开发 SaaS 平台；另一种是采用多租户架构和元数据开发模式，采用 Web 2.0、Struts、Hibernate 等技术来实现 SaaS 中各层（用户界面层、控制层、业务逻辑层和数据访问层等）的功能。

SaaS 可以在 IaaS 上实现，也可以在 PaaS 上实现，还可以独立实现。类似的，PaaS 可以在 IaaS 上实现，也可以独立实现。

SaaS 可以分为两类：一类是面向个人的消费类服务，如苹果公司的 iCloud 等；另一类是面向企业的经营管理类服务，如金蝶云企业资源计划（Enterprise Resource Planning，ERP）等。从用户角度出发，根据企业在生产经营管理活动过程中的不同需求，企业 SaaS 可以分为经营型、管理型、协同型和工具型。经营型 SaaS 主要用于解决企业中某些具体的业务流程问题，包括在线 ERP、在线企业权限管理（Enterprise Right Management，ERM）、在线客户关系管理（Customer Relationship Management，CRM）、在线进销存、在线客服等；管理型 SaaS 主要服务于企业中某种具体工作环节，不涉及业务流程，包括在线办公自动化（Office Automation，OA）、在线账务、在线人力资源（Human Resource，HR）、在线人力资本管理（Human Capital Management，HCM）、协作应用程序（Collaborative App）、内容应用程序（Content App）等。我国企业级 SaaS 产品及其分类如表 3.1 所示。

表 3.1 我国企业级 SaaS 产品及其分类

大类	小类	主要厂商/产品
经营型	ERP/ERM	金蝶、用友等
	CRM	销售易、八百客、外勤 365 等
	电商、进销存等	奥林科技、金蝶等
管理型	财务管理	畅捷通、金蝶友商等
	HR/HCM	理才网、北森、肯耐珂萨等
	其他	够快云库等

续表

大类	小类	主要厂商/产品
协同型	企业融合通信平台	环信、全时蜜蜂、阿里钉钉等
	OA 协同移动办公平台	云之家、明道、泛微、企明岛等
	在线视信服务	全时云、好视通、威速科技、沃视通等
工具型	企业云盘	百度网盘、坚果云、亿方云、够快科技等
	网络邮箱	网易、腾讯等
	在线杀毒	360、江民、金山、趋势科技等
	云文档	Google Docs、Office 365、石墨等
	企业云应用商店	寄云、前海圆舟等
	自动化运维	听云、深信服等

5. SaaS 的发展

美国是 SaaS 的发源地，从 1999 年 Salesforce 成立开始，SaaS 正式在美国诞生。美国 SaaS 的发展历程可为未来我国 SaaS 提供借鉴。从 1999 年至今，美国企业级 SaaS 市场的发展大致经历了 4 个阶段，产品形态不断升级。

第 1 个阶段。2001—2005 年，SaaS 的萌芽阶段。产品注重降本增效。该阶段 SaaS 产品更多是传统软件产品的互联网化，核心目标旨在实现快速部署，降低企业总拥有成本（Total Cost of Ownership，TCO），产品可配置性较差，且仅有少数企业采用。此阶段的 SaaS 产品多是独立的应用。

第 2 个阶段。2006—2010 年，SaaS 逐渐成为主流。产品强调面向企业提供集成化的解决方案，同时产品的个性化、可定制化能力开始增强。SaaS 生态逐步形成，龙头企业通过 PaaS 平台构建应用商店，整合大量独立软件开发商（Independent Software Vendor，ISV），搭建初步的生态系统，并推动商业模式的丰富和升级。大量的企业开始使用 SaaS 产品。

第 3 个阶段。2011—2016 年，SaaS 无处不在。产品形态进一步演进，强调从企业商业流程出发，在 SaaS 生态、企业用户个性化需求等方面持续优化，同时逐步延伸到企业外部，帮助企业衔接上下游资源，实现产业互联网构建。SaaS 产品在企业层面获得全面普及和应用。

第 4 个阶段。2017 年至今，可以称为“后 SaaS 时代”。SaaS 产品作为单一的经营管理工具，功能已经较为完整，未来将注重与人工智能和大数据的结合，为企业进行最优业务流程规划，并解决端到端的业务问题。在企业协同方面，其能够做到手机端、电脑端无处不在的连接。

我国企业软件服务业仍处于初级阶段，软件和服务收入占企业 IT 支出的比例较小。2019 年全球企业软件支出占 IT 支出比例为 27.5%，软件与 IT 服务合计占比 87.6%，硬件支出仅占 12.9%。我国 2019 年企业硬件支出占 IT 支出的比例为 42.2%，软件占比 16.2%，软件与服务合计占比 57.8%。从长期来看，我国企业 IT 支出结构还有很大调整空间。SaaS 具有成本低、方便快捷、协同效应强等优点，能够解决部分企业应用软件的痛点，因此 SaaS 的发展能够带动我国企业软件渗透率提升，不断提高我国企业信息化水平。SaaS 基于其优点将带动我国企业软件业进入黄金增长期。

我国 SaaS 渗透率与全球相比还有较大提升空间。SaaS 渗透率定义为 SaaS 收入占企业应用软件收入的比例。我国 2017—2019 年 SaaS 渗透率仅为 4.6%、6.1%和 7.3%，同期全球 SaaS 渗透率分别为 16.7%、21.6%和 22.4%。在全球企业软件 SaaS 化的趋势下，我国 SaaS 渗透率仍有很大提升空间。参考全球 SaaS 渗透率曲线，我国 SaaS 的发展滞后欧美大约 5 年，预计到 2025 年，我国 SaaS 渗透率有望达到 22%。与全球市场相比，我国 SaaS 市场更为集中，并呈现出份额向龙头集中的趋势。未来除了通用管理类软件的渗透率不断提高外，我国 SaaS 市场也将呈现出丰富多彩、基于特定行业和场景的产品。SaaS 存在较长的孵化阶段，且通用管理类软件已有巨头深耕多年，因此现阶段布局行业垂直类软件具有较大机会，定制化、集成化和智能化将成为未来的主要趋势。

6. SaaS 的典型应用领域

目前，SaaS 应用已经非常广泛，包括云 OA、云 CRM 和云 ERP 等。下面简单介绍 SaaS 的几个典型应用领域。

（1）云 OA。OA 系统经过长时间的发展，现在进入云办公平台阶段。云 OA 是运用基于互联网提供软件服务的软件应用模式（SaaS）向用户提供在线 OA 软件，云 OA 提供完全免费的基础应用服务。用户不需要在本地部署 OA 软件，只需要购买账号，就可以通过互联网使用安装在云服务器上的 OA 软件。云 OA 的功能包含传统 OA 的功能，如即时通信、文档共享、任务协作、用户管理以及简单的流程审批等。同时，云 OA 成为企业内部的小型生态圈（企业内部/外部社交、大数据分析、积分商城、娱乐、绩效考核等）。云 OA 软件涵盖企业日常管理的基本模块和主要的 IT 基础设施，被研发人员称为企业迈向规范化管理的助推器。

（2）云 CRM。随着移动互联网的高速发展和普及，企业对 CRM 应用的需求也在逐步发生改变，从原有追求功能大而全变为追求使用者的用户体验，操作界面也逐步从 PC 端迁移至移动端，从而促进了云 CRM 市场快速发展。云 CRM 通过 Internet 为各种规模的企业提供 CRM 应用程序。CRM 可以在不提高市场预算的前提下有效提高商机增长数量；减少业务员工作量，规范销售工作流程，解决效果过程中的撞单、忘单等现象；缩短用户服务解决时间，提高用户满意度；定期维护核心用户，提高用户忠诚度。

XTools CRM 由北京沃立森德软件技术有限公司开发。该公司是国内在线 CRM 软件的领导厂商，提供全面的在线 CRM 云服务，形成了以 CRM 软件为核心，以电子账本、来电精灵和销售自动化为辅助的企业管理软件群，为企业用户提供多元化的移动办公服务，形成“应用+云服务”的整体 CRM 解决方案。同时，该公司向中国几千万家中小企业发布“企业维生素”理念，并通过 XTools 系列软件让企业能够真正感受到科学管理带来的销售提升。

早在 2014 年 8 月，用友优普就宣布了企业互联网化战略，并推出 USMAC 企业互联网应用模式，随后上线了国内首个面向大中型企业的社交平台——用友优普企业空间。2015 年 3 月，用友云 CRM 第一代产品 T-CRM 1.0 上市。用友 T-CRM 是用友优普信息技术有限公司加速推进企业互联网业务从而全新规划的云 CRM 产品之一，它既是一个独立的应用，又是基于用友优普企业空间的重要战略级应用。用友 T-CRM 继承了用友 TurboCRM 绝大部分的功能，可优化用户应用体验，通过技术手段提高了系统的运行效率，并采取运营服务模式，使企业的投入大大降低，产品竞争力更强，只支持标准产品交付，从而降低交付和运营难度，通过快速上线使得企业可迅速、低成本、零风险地进入 CRM 信息化领域。用友云 CRM 业务依托用友品牌在企业管理软件领域持续 20 多年的品牌优势和销售渠道优势，辅以用友在 CRM 领域近 20 年经验累积、专业的产品线和专业的运营团队，将会在云 CRM 领域发挥应有的作用。

（3）云 ERP。云计算 ERP 软件继承了 SaaS、开源软件把软件当服务的特性，让用户通过网络得到 ERP 服务，用户无须安装软/硬件设施及数据中心机房，不用设立专门的 IT 运维人员，不用考虑软件的升级与更新费用，只须是安装有浏览器的上网设备就可以使用高性能、功能集成、安全可靠、价格低廉的 ERP 软件。

金蝶（金蝶国际软件集团）是我国软件产业领导厂商，亚太地区管理软件龙头企业，全球领先的中间件软件、在线管理及全程电子商务提供商。20 多年来，金蝶始终秉承“帮助顾客成功”的商业理念和“产品领先、伙伴至上”的战略思想，致力于打造全球领先的企业管理软件与互联网提供商。金蝶 20 多年发展历程就是财务软件时代、ERP 软件时代和云管理时代的创新历程。

金蝶以管理信息化产品服务为核心，为全球范围内超过 400 万家企业、医院和政府等组织提供软件产品和服务，用户数超过 5000 万，连续 10 年位居我国中小企业 ERP 市场第一。其提供的解决方案涉及房地产、零售与连锁、餐饮与娱乐、医药与食品、汽车 4S 及鞋服等行业。金蝶还提供多种 ERP 云服务，包括财务云、供应链云及电商云。

云计算的发展日新月异，越来越多的企业开始选择云服务解决方案。借助云服务，企业能够以互联网的方式使用软件，以低成本和高效率实现企业信息化。

金蝶 ERP 云服务是金蝶基于 SaaS 模式的全面业务管理解决方案，可帮助企业超越传统 IT 架构界限，推动企业转型与发展。金蝶云 ERP 致力于打造企业管理软件的“发电厂”。

金蝶云 ERP 的价值体现如下。

① 更低的成本。企业无须在硬件、软件和系统运维服务方面进行任何投资，即可获得软件服务。

② 随时随地访问。无须安装，随时随地即时访问需要的应用及服务。

③ 快速部署和服务，免费升级，持续获得产品最新特性。企业可以及时获得金蝶最新版本的软件服务，无须支付任何额外费用。

④ 开放的 ERP 云平台。满足成长型企业向移动互联网转型的管理需求。

金蝶 K/3 Cloud 是移动互联网时代的新型 ERP，是基于 Web 2.0 与云技术的新时代企业管理服务平台。整个产品采用面向服务的体系架构（Service-Oriented Architecture，SOA），完全基于业务操作系统（Business Operating System，BOS）平台组建而成，业务架构上贯穿流程驱动与角色驱动思想，结合中国管理模式与中国管理实践积累，精细化支持企业财务管理、供应链管理、生产管理、s-HR 管理、供应链协同管理等核心应用。

在技术架构上，该产品采用平台化构建，支持跨数据应用，支持本地部署、私有云部署和公有云部署 3 种部署方式，同时在公有云上开放了我国第一个基于 ERP 的云协同开发平台。

任何一家使用 K/3 Cloud 产品的企业，其拥有的是包含金蝶在内的众多基于同一个平台提供服务的 IT 服务伙伴。K/3 Cloud 以其独特的“标准、开放、社交”三大特性为企业提供了开放的 ERP 云平台，支撑企业全生命周期管理需求，是中国“智”造“引擎”。

3.2 云应用

云应用是云计算概念的子集，是云计算技术在应用层的体现。云应用与云计算最大的不同在于，云计算作为一种宏观技术发展概念而存在，而云应用是直接面对客户解决实际问题的产品。云应用是终端与服务（云）端互动的应用，终端操作同步云端，而占用本地空间也通过云端备份保留终端数据。云应用是把传统软件“本地安装、本地运算”的使用方式变为“即取即用”的服务，通过互联网或局域网连接并操控远程服务器集群，完成业务逻辑或运算任务的一种新型应用。云应用的主要载体为互联网技术，以瘦客户端（Thin Client）或智能客户端（Smart Client）为展现形式，其界面实质上是 HTML5、JavaScript 或 Flash 等技术的集成。云应用不仅可以帮助用户降低 IT 成本，更能大大提高工作效率，因此传统软件向云应用转型的发展革新浪潮已经不可阻挡。

云应用具有云计算技术概念的所有特性，概括来讲分为以下 3 个方面。

1. 跨平台性

大部分的传统应用软件只能运行在单一的系统环境中，例如，一些应用只能安装在 Windows XP 上，而对于 Windows 7、Windows 8 或 Windows 10，或 Windows 之外的操作系统（如 macOS 与 Linux），又或者是当前流行的 Android 与 iOS 等智能设备操作系统，这些应用不能兼容。在现今这种智能操作系统兴起的情况下，云应用的跨平台特性可以帮助用户大大降低使用成本，提高工作效率。

2. 易用性

复杂的设置是传统软件的特色，越强大的软件应用其设置就越复杂。而云应用不仅完全有能力实现不输于传统软件的强大功能，更把复杂的设置变得极其简单。云应用不需要用户进行如传统软件一样的下载、安装等复杂部署流程，可借助与远程服务器集群时刻同步的“云”特性，免去用户永无止境的软件更新之苦。如果云应用有更新，则用户只需简单的操作（如刷新网页），便可完成升级并开始使用云应用的最新功能。

3. 轻量性

安装众多的传统本地软件不仅可能降低计算机运行速度，还可能带来如隐私泄露、木马病毒等诸多安全问题。云应用的界面说到底是 HTML5、JavaScript 或 Flash 等技术的集成，其轻量的特点可保证应用的流畅运行，让计算机重新“健步如飞”。优秀的云应用提供银行级的安全防护，将传统由本地木马或病毒所导致的隐私泄露、系统崩溃等风险降到最低。

SaaS 是一种商业模式，而不是一种技术，其倡导将软件作为一种服务提供给用户。但因为 SaaS 在我国市场中同质化的竞争情况，不少人错误地把 SaaS 当作某一种技术或某一类应用。在我国市场，SaaS 泛指财务、OA 流程管理、CRM 等网页应用。事实上，SaaS 近几年在我国的发展一直处于不温不火阶段，这与国外市场的蓬勃发展形成了鲜明的反差。

云应用可以看作 SaaS 的升级。相比 SaaS，云应用的发展拥有“天时”。从宏观行业发展趋势看，云计算已经被国家列为“十二五”规划的重点支持领域，这必然会形成巨大的市场爆发力。同时，云应用的发展也拥有“地利”。随着科学技术的进步，优秀的云应用可以具有媲美传统软件的强大功能。一些在个人市场取得成功的互联网公司也开始发现企业云应用这个新兴市场。最后，云应用的发展还拥有“人和”。云应用不会仅局限在公有云上，针对一些数据较为敏感的企业，私有云应用可以更好地迎合及满足客户需求。

3.2.1 GAE

GAE 是谷歌在 2008 年推出的互联网应用服务引擎，它采用云计算技术，使用多个服务器和数据中心来虚拟化应用程序。GAE 可以看作托管网络应用程序的平台。GAE 支持的开发语言包括 Java、Python、PHP 和 Go 等，全球大量的开发者基于 GAE 开发了众多的应用。使用 GAE，开发者可以轻松构建可靠运行的应用程序。

1. GAE 简介

GAE 如何为用户提供服务呢？GAE 为用户提供了主机、数据库、互联网接入带宽等资源，用户不必自己购买设备，只需使用 GAE 提供的资源就可以开发自己的应用程序或网站，并可以方便地托管给 GAE。这样的好处是用户不必再担心主机、托管商、互联网接入带宽等一系列运营问题。

GAE 也是谷歌云计算的一部分，是互联网应用服务引擎，开发人员可以使用 GAE 的 API 开发互联网应用，而不用考虑带宽、主机，谷歌都提供了。免费用户拥有 500MB 存储空间、每月 500 万次页面浏览量（Page View，PV），对于一般的应用程序应该足够使用了。用户可以用 GAE 来托管开心网、校内的应用，不用再为没有主机烦恼。未来会有很多开源的 GAE 应用可供使用，有 GAE 版的 WordPress、GAE 版的 Discuz、GAE 版的 Mambo 等。我们不用再为建设一个小型网站去租用主机，不用去选择托管商，不用额外花费资金。

从架构上看，GAE 也是非常值得学习的。GAE 提供了一套 API，来帮助用户获取网络数据、发送电子邮件、存储数据、操作图片、缓存数据等。开发人员在 GAE 的框架内开发，不用再考虑 CPU、内存、分布等复杂和难以控制的问题，初级的程序员按照 GAE 的规范也可以编写出高性能的应用。当然，实现高性能也是有代价的，如不能使用 Socket，文件操作、数据查询必须有索引，不支持同时两个不等式做条件的查询等。对于开发人员而言，多了一些约束，少了一些选择，可以让开发更加简单，并更关注业务。

2. GAE 的功能

GAE 包括以下功能。

（1）动态网络服务，完全支持常用的网络技术。

（2）持久存储，支持查询、排序和事务，自动扩展和负载均衡。

（3）用于验证用户身份和使用谷歌账户发送电子邮件的 API。

（4）功能完善的本地开发环境，用于在开发者的计算机上模拟 GAE。

（5）用于在网络请求范围以外执行操作的任务队列。

（6）用于在指定时间和按固定间隔触发事件的计划任务。

作为谷歌云计算的一部分，GAE 对全球开发者免费开放使用，开发者可以充分利用谷歌提供的免费空间、免费数据库、免费二级域名等服务在谷歌基础架构上运行网络应用程序。GAE 应用程序易于构建和维护，并可随着通信量和数据存储需求增长而轻松扩展。开发者只需要一个谷歌账号就可以在 GAE 上注册和开通一个免费账号。开发者通过 GAE 来托管自己的网站，不用再为建设一个小型网站去租用主机，不用去选择托管商。对于大型的应用程序和网站，GAE 也能够为其提供服务，只需要支付一定的费用来购买更多的空间或资源即可，这使得大型网站的开发和运营变得更加单纯。

开发者可以使用常用的 Java 网络开发工具和 API 标准为 Java 运行环境开发应用程序，也可以使用 Python 编程语言实现应用程序，以及在优化的 Python 解释器上运行应用程序。通过使用 GAE 的 Java 运行环境，开发者可以使用标准 Java 技术构建应用程序，包括 Java Servlet 和 Java 编程语言或任何其他基于编译器的语言（如 JavaScript）。GAE 还提供一个专用的 Python 运行环境，其中包括快速 Python 解释器和 Python 标准库。建立的 Java 和 Python 运行环境旨在确保快速安全地运行应用程序，而不会受到系统其他应用程序的干扰。

3. GAE 架构

GAE 在设计时充分考虑了现有的谷歌技术、分布式数据库技术等，因此 GAE 在设计理念方面体现了以下 5 个方面的特点。

（1）重用现有的谷歌技术。在 GAE 开发过程中，重用的思想得到了非常好的体现。例如，Datastore 基于 Google Bigtable 技术、用户认证服务利用了 Google Account 等。

（2）无状态。为了更好地支持扩展，谷歌没有在应用服务器层存储任何重要的数据，而主要在 Datastore 层对数据进行持久化。这样，当应用流量突然爆发时，可以通过为应用添加新的服务器来实现扩展。

（3）硬限制。GAE 对运行在其之上的应用代码设置了很多硬性限制，如无法创建接口 Socket 和线程等有限的系统资源，这样能够保证不让一些恶性的应用影响到与其临近应用的正常运行，同时能保证在应用之间做到一定的隔离。

（4）利用协议缓冲区（Protocol Buffer）技术来解决服务方面的异构性。应用服务器和很多服务器相连，有可能出现异构的问题，如应用服务器是用 Java 编写的，而部分应用是用 C++编写的等。谷歌在这方面的解决方法是使用语言中立、平台中立和可扩展的 Protocol Buffer 技术。

（5）分布式数据库。因为 GAE 需要支撑海量的网络应用，所以独立数据库的设计肯定是不可取的，且 GAE 很有可能将面对起伏不定的流量，因此需要一个分布式的数据库来支撑海量的数据和海量的查询。

GAE 架构可以分为前端、Datastore 和服务群 3 个部分。

（1）前端。前端包括 Front End、Static Files、App Server 和 App Master 这 4 个模块。

Front End：承担负载均衡器和代理的职责，主要负责负载均衡和将用户的请求转发给 App Server（应用服务器）或者 Static Files 等。

Static Files：在概念上类似于 CDN，用于存储和传送那些应用附带的静态文件（如图片、CSS 和 JavaScript 等）。

App Server：用于处理用户发来的请求，并根据请求的内容调用后面的 Datastore 和服务群。

App Master：在应用服务器间调度应用，并将调度之后的情况通知 Front End。

（2）Datastore。Datastore 是基于 Bigtable 技术的分布式数据库，虽然它可以被理解为一个服务，但是它是整个 GAE 唯一存储持久化数据的地方，因此它是 GAE 中一个非常核心的模块。

（3）服务群。服务群提供很多服务供 App Server 调用。这些服务包括 Memcache（内存缓存）、Images（图形）、Users（用户）、URL Fetch（URL 抓取）和 Task Queue（任务队列）等。

3.2.2 AWS

AWS 在 2006 年开始以 Web 服务的形式向企业提供 IT 基础设施服务（现在通常称为云计算），现已发展成一个安全的云服务平台，为全世界范围内的用户提供云解决方案，提供计算能力、数据库存储、内容交付以及其他功能来帮助用户实现业务扩展和增长。全球数以百万计的用户目前正在利用 AWS 产品和解决方案来构建灵活性、可扩展性及可靠性更高的复杂应用程序。

亚马逊提供的专业云计算服务包括亚马逊弹性计算网云（Amazon EC2）、亚马逊简单存储服务（Amazon S3）、亚马逊简单队列服务（Amazon Simple Queue Service）以及 Amazon CloudFront 等。AWS 提供的各种各样的基础设施服务（如计算能力、存储选项、联网和数据库等）具有按需交付、即时可用、按使用量付费定价等特点。

1. AWS 的优势

作为全球首屈一指的云计算服务提供商，AWS 在云中可提供高可靠、可扩展、低成本的基础设施平台，让各行各业的用户获得以下优势。

（1）用低廉的月成本替代前期基础设施投资。建立本地基础设施耗时长、成本高，且涉及订购、付款、安装和配置昂贵的硬件，而这些工作都需要在实际使用硬件之前完成。利用云计算，用户就不需要花时间做这些事情，只需要按实际用量付费。

（2）持续成本低，缩减 IT 总成本。云计算以多种方式帮助用户缩减 IT 总成本。其在经济体和效率方面的规模化改进，可以持续降价，而多种定价模式能帮助优化可变和稳定工作负荷所需的成本。此外，云计算能降低前期 IT 人力成本和持续 IT 人力成本，只须投入相当于传统基础设施成本几分之一的成本就能使用高度分散、功能全面的平台。

（3）灵活性消除对基础设施容量需求的猜想。预测客户计划如何使用新应用程序很难，而要正确执行亦绝非易事。所以如果在部署应用程序前确定了容量，则一般可以避免出现昂贵的闲置资源，或者不必为有限的容量而发愁。如果容量用尽，则在获取更多资源前会出现糟糕的用户体验。而利用云计算，这些问题都不会出现。利用云计算可以预配置所需的资源量，可以根据需求轻松扩展资源量。如果不需要资源量，则关掉它们并停止付费即可。

（4）速度和灵敏性更快地开发及部署应用程序。利用传统基础设施，需要花数周时间才能采购、交付并运行服务器。这么长的时间扼杀了创新。利用云计算，用户可以根据需要预配置资源量，可以在几分钟内部署数百个甚至数千个服务器，而不用与任何人讨论。这种自助服务环境的变化速度与开发和部署应用程序一样快，可让用户更快、更频繁地进行试验。

（5）应用而非运营。云计算为用户节省了数据中心投资和运营所需的资源，并将其转投向创新项目。具体来说，用户可以将少量的 IT 和工程资源用在有助于业务发展的项目上，而非在 IT 基础设施这一重要但几乎不会给业务带来差别的项目上。

（6）全球性覆盖。无论是大型跨国公司还是小型新兴企业，都有可能在世界各地拥有潜在客户。利用传统基础设施很难为分布广泛的用户基地提供最佳性能，且大多数公司一次只能关注一个地理区域的成本和时间节省。而利用云计算，情况会大不同，可以在全世界 9 个 AWS 地区或其中一个地区轻松部署应用程序。也就是说，AWS 可以用最低的成本帮助客户获得较低的延迟和更好的体验。

（7）安全性。AWS 是一个安全持久的技术平台，已获得相关行业认可和审核，如 ISO 27001 审核报告。AWS 的服务和数据中心拥有多层操作和物理安全性，以确保用户数据的完整和安全。

2. 基于 AWS 的解决方案

AWS 为全球 190 个国家/地区的数以百万计的用户提供服务。AWS 提供的常见解决方案及服务内容如表 3.2 所示。

表 3.2 AWS 提供的常见解决方案及服务内容

序号	解决方案	服务内容
1	网站	利用 AWS 可扩展的基础设施平台满足用户动态的 Web 托管需求
2	备份与存储	利用 AWS 经济实惠的数据存储服务存储数据，并构建可靠的备份解决方案
3	内容分发	以低成本和高速数据传输速率，快速、轻松地向全球范围内的最终用户分配内容
4	数据库	提供各种可扩展的数据库解决方案，包括托管企业数据库软件或非关系数据库解决方案
5	企业 IT	在 AWS 的安全环境中托管面向内部或外部的 IT 应用程序
6	应用程序托管	使用可靠的按需基础设施，从托管内部应用程序到 SaaS，为用户的应用程序提供支持

3.2.3 Microsoft Azure

Microsoft Azure 是微软基于云计算的操作系统，原名为 Windows Azure，和 Azure Services Platform 一样，是微软软件和服务技术的名称。Microsoft Azure 的主要目标是为开发者提供一个平台，帮助开发可运行在云服务器、数据中心、Web 和 PC 上的应用程序。云计算的开发者能使用微软全球数据中心的存储、计算能力和网络基础服务。Azure 服务平台主要包括以下组件：Microsoft Azure，Microsoft SQL 数据库服务，Microsoft .NET 服务，用于分享、存储和同步文件的 Live 服务，针对商业的 Microsoft SharePoint 和 Microsoft Dynamics CRM 服务等。

Microsoft Azure 是一个灵活和支持互操作的平台，它可以被用来创建云中运行的应用或者通过基于云的特性来加强现有应用。它开放式的架构给开发者提供了 Web 应用、互联设备的应用、个人计算机、服务器，以及最优在线复杂解决方案的选择。Microsoft Azure 以云技术为核心，提供了软件+服务的计算方法。它是 Azure 服务平台的基础。Microsoft Azure 能够将处于云端的开发者个人能力与微软全球数据中心网络托管的服务，如存储、计算和网络基础设施服务，紧密结合。

微软会保证 Microsoft Azure 服务平台自始至终的开放性和互操作性。我们确信企业的经营模式和用户从 Web 获取信息的体验将会因此改变。最重要的是，这些技术将使用户有能力决定是将应用程序部署在以云计算为基础的互联网服务上，还是将其部署在客户端，或者根据实际需要将二者结合起来。

1. Microsoft Azure 的主要功能

Microsoft Azure 服务平台现在已经提供以下功能：网站、虚拟机、云服务、移动应用服务、大数据支持及媒体支持。

（1）网站。允许使用 ASP .NET、PHP 或 Node.js 构建网站，并使用 FTP、Git 或 TFS 进行快速部署，支持 SQL Database、Caching、CDN 及 Storage。

（2）虚拟机。在 Microsoft Azure 上用户可以轻松部署并运行 Windows Server 和 Linux 虚拟机；用户可以迁移应用程序和基础结构，而无须更改现有代码；支持 Windows Virtual Machines、Linux Virtual Machines、Storage、Virtual Network、Identity 等功能。

（3）云服务。Microsoft Azure 是企业级云平台，可使用 PaaS 环境创建高度可用的且可无限缩放的应用程序和服务；支持多层方案、自动化部署和灵活缩放；支持 Cloud Services、SQL Database、Caching、Business Analytics、Service Bus、Identity 等。

（4）移动应用服务。Microsoft Azure 提供移动应用程序的完整后端解决方案，加速了连接的客户端应用程序的开发；可以在几分钟内并入结构化存储、用户身份认证和推送通知；支持 SQL Database、Mobile 服务；可以快速生成 Windows Phone、Android 或 iOS 应用程序项目。

（5）大数据支持。Microsoft Azure 可以提供海量数据处理能力；PaaS 产品/服务提供了简单的管理，并与 Active Directory 和 System Center 集成；支持 Hadoop、Business Analytics、Storage、SQL Database 及在线商店 Marketplace。

（6）媒体支持。Microsoft Azure 支持插入、编码、保护、流式处理，可以在云中创建、管理和分发媒体；PaaS 产品/服务提供从编码到内容保护再到流式处理和分析支持的所有内容；支持 CDN 及 Storage 存储。

2. Microsoft Azure 的开发步骤

Microsoft Azure 的开发步骤如下。

（1）使用 Microsoft Azure 的专用工具。微软的旗舰开发工具 Visual Studio 中有一套针对 Microsoft Azure 开发工作的工具，这一点并不让人感到惊奇。可以通过 Visual Studio 安装 Microsoft Azure 工具；具体的安装步骤可能因版本而有所不同。当创建一个新项目时，可以选择一个 Microsoft Azure 项目并为项目添加 web 和 worker 角色。web 角色是专为运行微软 IIS 实例而设计的，而 worker 角色则是针对禁用微软 IIS 的 Windows 虚拟机的。一旦创建了角色，就可以添加特定应用程序的代码了。

Visual Studio 允许设置服务配置参数，如实例数、虚拟机容量、是使用 HTTP 还是 HTTPS、诊断报告等。通常情况下，在启动阶段，它可以帮助用户在本地进行应用程序代码调试。与在 Microsoft Azure 中运行应用程序相比，在本地运行的应用程序可能需要不同的配置，但 Visual Studio 允许用户使用多个配置文件。而用户所需要做的，只是为每一个环境选择一个合适的配置文件。这个工具包还包括 Microsoft Azure Compute Emulator，支持查看诊断日志和进行存储仿真。

如果 Microsoft Azure 工具中缺乏针对发布的应用程序至云计算的过程简化功能，那么这样的工具将是不完整的。发布应用程序至云计算的功能允许指定一个配置与环境（如生产）以及一些先进的功能，如启用剖析和 IntelliTrace，后者是一款收集与程序运行相关详细事件信息的调试工具，它允许开发人员查看程序在执行过程中发生的状态变化。

（2）专为分布式处理进行设计。当开发和部署代码时，Visual Studio 的 Microsoft Azure 工具是比较有用的。除此之外，用户应当注意这些代码是专为云计算环境而设计的，尤其是为分布式环境设计的。

专为云计算设计的分布式应用程序（或者其他网络应用程序）的一个基本原则就是，不要在网络服务器上存储应用程序的状态信息。确保在网络服务器层不保存状态信息可实现更具灵活性的应用程序。可以在一定数量的服务器前部署一个负载均衡器而无须中断应用程序的运行。如何充分利用 Microsoft Azure 改变所部署服务器数量的功能是特别重要的。这一配置对于打补丁升级也是有所帮助的。可以在其他服务器继续运行时为一个服务器打补丁升级，这样能够确保应用程序的可用性。

即便是在分布式应用程序的应用中，也有可能存在严重影响性能的瓶颈问题。例如，应用程序的多个实例有可能会同时向数据库发出查询请求。如果所有的调用请求都是同步进行的，那么就有可能消耗完一个服务器中的所有可用线程。C#和 VB 两种编程语言都支持异步调用，这一功能有助于减少出现阻塞资源风险的可能性。

（3）为最佳性能进行规划。在云计算中维持足够性能表现的关键就是，一边扩大运行的服务器数量，一边分割数据和工作负载。诸如无状态会话的设计功能就能够帮助实现数据与工作负载的分割和运行服务器数量的扩容。完全杜绝（或者至少最大限度地减少）跨多个工作负载地使用全局数据结构将有助于降低在工作流程中出现瓶颈问题的风险。

如果要把一个 SQL 服务器应用程序迁往 Microsoft Azure，则应当评估如何最好地利用不同云计算存储类型的优势。例如，在 SQL 服务器数据库中存储二进制大对象（BLOB）数据结构可能是有意义的，而在 Microsoft Azure 云计算中存储可以降低存储成本且无须对代码进行显著修改。如果使用的是高度非归一化的数据模型，且未利用 SQL 服务器的关系型运行的优势（如连接和过滤），那么表存储有可能是应用程序选择的一种更经济的方法。

3. Microsoft Azure 的特点

Microsoft Azure 是微软研发的公有云计算平台。该平台可供企业在互联网上运行应用，并可进行扩展。通过 Microsoft Azure，企业能够在多个数据中心快速开发、部署、管理应用程序。

Microsoft Azure 提供了企业级服务等级协定（Service Level Agreement，SLA）保证，并且可以轻松地在位于不同城市的数据中心实现万无一失的异地多点备份，为企业应用提供可靠的保障。

（1）可靠性。Microsoft Azure 的平台设计完全消除了单点故障可能，并提供企业级的服务等级协定。它可以轻松实现异地多点备份，带来万无一失的防灾备份能力，让用户专心开发和运行应用，而不用担心基础设施。自 2010 年 2 月正式商用以来，Microsoft Azure 已经成为波音、宝马等大量跨国公司的选择。

（2）灵活性。Microsoft Azure 同时提供 Windows 和 Linux 虚拟机，支持 PHP、Node.js、Python 等大量开源工具。它提供了极大的弹性，能够根据实际需求瞬间部署任意数量的虚拟机、调用无限存储空间。Microsoft Azure 定价灵活，并支持按使用量支付，帮助用户以最低成本将新服务上线而后再按需扩张。

（3）价值性。Microsoft Azure 提供了业界领先的云计算技术，它的云存储技术的性能、扩展性和稳定性这 3 项关键指标均在 Nasuni 的权威测试中拔得头筹。Microsoft Azure 能够与企业现有本地 IT 设施混合使用，为存储、管理、虚拟化、身份识别、开发提供从本地到云端的整合式体验。

（4）基础设施服务。其可以根据公司具体需求构建基础设施并在几分钟内完成 Windows Server 或 Linux 虚拟机部署；无须更改代码即可将公司应用程序和基础设施迁移至云端。

（5）云服务。打造企业级云平台在平台即服务环境下开发可无限扩容的应用程序和服务；支持多层方案、自动化部署和弹性扩容。

（6）存储。满足数据需求的最优解决方案从 SQL 数据库到 BLOB 存储再到表格，满足存储相关的任何需求。

（7）SQL 数据库。全能的关系数据库服务使用熟悉的工具和功能强大的 SQL Server 技术快速创建、扩展应用程序并将其延伸至云中。

4. Microsoft Azure 的优势

Microsoft Azure 服务平台的设计目标是帮助开发者更轻松地创建 Web 和互联设备的应用程序。它提供了最大限度的灵活性、选择和使用现有技术连接用户和进行客户控制。

（1）利于开发者过渡到云计算。世界上数以百万计的开发者使用.NET Framework 和 Visual Studio 开发环境。利用 Visual Studio 相同的环境创建可以编写、测试和部署云计算应用。

（2）快速获得结果。应用程序可以通过点击一个按钮部署到 Microsoft Azure 服务平台上，变更相当简单，不需要停工修正，是试验新想法的理想平台。

（3）想象并创建新的用户体验。Microsoft Azure 服务平台可以创建 Web、手机、使用云计算的复杂应用。其与 Live Services 连接可以访问 4 亿 Live 用户，获得使用新方式与用户交流的机会。

（4）基于标准的兼容性。为了可以和第三方服务交互，服务平台支持工业标准协议，包括 HTTP、REST、SOAP、RSS 和 AtomPub。用户可以方便地集成基于多种技术或者多平台的应用。

（5）数据和服务的安全性。保护客户数据、服务隐私和信息安全是头等大事。Microsoft Azure 平台可利用服务企业客户提供在线服务方面的数十年的经验，数据完全由客户自主控制。中国地区 Microsoft Azure 服务存储的所有数据都将被加密，且只有客户才有密钥。

（6）开源软件支持。Microsoft Azure 支持大量开源应用程序、框架和语言，并且数量仍在不断增加，这要归功于微软与开源社区的协作。Microsoft Azure 清楚开发人员希望使用最适合自身经验、技能和应用程序需求的工具，而 Microsoft Azure 的目标就是让开发人员能够随意选择自己需要的工具。

（7）融合本地 IT 设施和公有云。Microsoft Azure 是最适合混合 IT 环境的公有云平台之一。它为企业提供从本地到云端的整合式体验，覆盖包括存储、管理、虚拟化、身份识别、开发在内的方方面面，帮助用户轻松将公有云融入自己的IT资产组合。

（8）网络访问性能保证。Microsoft Azure将帮助客户解决异地灾备问题，其数据中心将有多家主流运营商接入，以此提高网络服务性能。

3.2.4 百度智能云

百度智能云提供稳定、高可用、可扩展的云计算服务。其面向各行业企业用户，提供完善的云计算、大数据、人工智能服务等。

1. 百度智能云简介

百度智能云提供稳定的云服务器、云主机、云存储、CDN、域名注册、物联网等云服务，支持API对接、快速备案等专业解决方案，帮助企业快速创新发展。融合百度强大人工智能技术的百度智能云，将在“云计算、大数据、人工智能”三位一体的战略指导下，让智能的云计算成为社会发展的新引擎，加速产业智能化转型。2016年10月11日，百度云计算完成品牌升级。升级后，面向企业的“百度开放云”平台正式使用“百度云”品牌，原有的“百度云”使用“百度网盘”品牌。百度开放云的架构示意如图3.2所示。

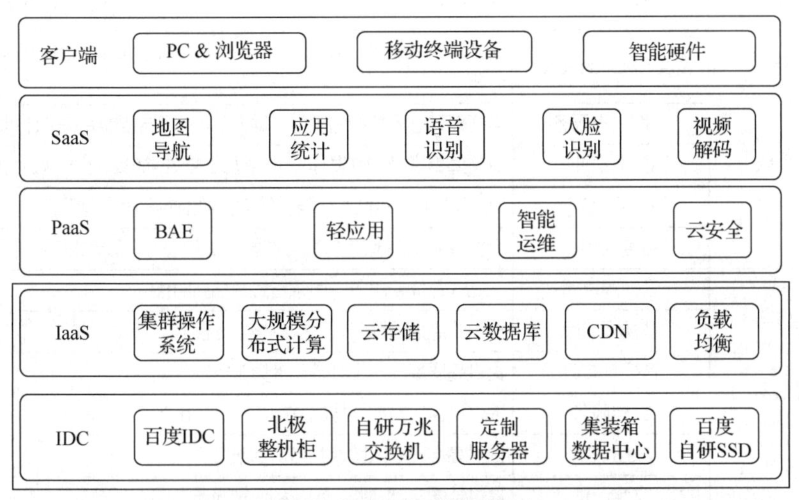

图3.2 百度开放云的架构示意

2. 百度智能云主要产品和解决方案

百度智能云提供的服务有计算和网络、存储和内容分发网络、数据库、安全和管理、大数据分析、智能多媒体服务、物联网服务、应用服务、网站服务等，拥有这些服务，对于快速搭建可伸缩、高可用的应用是非常有帮助的。百度智能云的主要服务和对应的功能描述如表3.3所示。

表3.3 百度智能云的主要服务和对应的功能描述

产品名称	服务	功能描述
计算和网络	云服务器	提供高性能、高可靠、安全稳定的弹性计算服务
	负载均衡	均衡应用流量，消除故障节点，提高业务可用性
	专属服务器	提供性能可控、资源独享、物理资源隔离的专属云计算服务
	专线	提供高性能、安全性极好的网络传输服务
	应用引擎	提供弹性、便捷的应用部署服务

续表

产品名称	服务	功能描述
存储和内容分发网络	云磁盘	灵活稳定、方便扩展的万量级 IOPS 块存储服务
	对象存储	海量空间、安全、高可靠，支撑了国内最大网盘之一的云存储
	内容分发网络	百度自建高质量内容分发网络节点，让用户的网站/服务像百度搜索一样快
数据库	关系数据库	支持 MySQL、SQL Server，可靠易用、免维护
	简单缓存服务	提供高性能、高可用的分布式缓存服务，兼容 Memcache/Redis 协议
	NoSQL 数据库	全托管 NoSQL 数据库服务
安全和管理	云安全	全方位安全防护服务
	云监控	实时监控报警服务
	证书服务	一键申请免费证书，零门槛、易管理
大数据分析	百度 MapReduce	全托管的 Hadoop/Spark 计算集群服务，助力海量数据分析和数据挖掘
	百度机器学习	大规模机器学习平台，提供众多算法以及行业模板，助力高级分析
	百度深度学习	针对海量数据提供的云端托管的分布式深度学习平台
	百度引擎	PB 级关系数据分析引擎，为用户提供稳定高效的多维分析服务
	百度 Elasticsearch	全托管的 Elasticsearch 服务，助力日志和点击流等海量半结构化数据分析
	百度日志服务	全托管日志收集投递服务，助力从海量日志数据中获取洞察力
	百度批量计算	支持海量规模的并发作业，自动完成数据加载、作业调度以及资源伸缩
	百度 BigSQL	TB 级至 PB 级结构化与半结构化数据的即席查询服务
	百度 Kafka	全托管 Kafka 服务，高可扩展、高通量的消息集成托管服务
智能多媒体服务	音视频直播	一站式直播云服务，引领智能直播新时代
	音视频点播	一站式点播云服务，让视频技术零门槛
	音视频转码	提供高质量的音视频转码计算服务
	文档服务	提供如百度文库一样的文档在线浏览服务
	人脸识别	提供高准确率人脸检测与识别服务
	文字识别	提供整图文字检测、定位和识别服务
物联网服务	物接入	快速建立设备与云端双向连接的、全托管的云服务
	物解析	简单快速完成各种设备数据协议解析，如 Modbus、OPC 等
	物管理	智能、强大的设备管理平台
	时序数据库	存储时间序列数据的高性能数据库
	规则引擎	灵活定义各种联动规则，与云端服务无缝连接
应用服务	简单邮件服务	提供经济高效的电子邮件代发服务
	简单消息服务	提供简单、可靠的短消息验证码和通知服务
	应用性能管理服务	对 Web、Mobile App 的应用性能监测、分析和优化服务
	问卷调研服务	基于海量用户样本的问卷调研服务
	移动 App 测试服务	自动化测试、人工测试、用户评测等多维度测试服务
网站服务	云虚拟主机	高可靠、易推广的容器云虚拟主机，企业建站首选
	域名服务	提供百余种后缀域名注册及免费智能解析服务

百度智能云提供的主要解决方案和对应的功能描述如表 3.4 所示。

表 3.4　百度智能云提供的主要解决方案和对应的功能描述

类别	解决方案名称	功能描述
平台解决方案	智能大数据	百度开放云提供的大数据和人工智能平台具有完备的大数据托管服务、智能 API 以及众多业务场景模板，帮助用户实现智能业务，引领未来
	智能多媒体	百度开放云智能多媒体平台提供视频、图片、文档等多媒体处理、存储、分发的云服务；开放百度领先的人工智能技术，如图像识别、视觉特效、黄反审核等，让用户的应用更智能、更有趣、更健康；开放百度搜索、百度视频、品牌专区等强大内容生态资源，为用户提供优质的内容发布、品牌曝光、引流等服务
	智能物联网	基于百度开放云构建的、融合百度大数据和人工智能技术的“一站式、全托管”智能物联网平台，提供物接入、物解析、物管理、规则引擎、时序数据库、机器学习、MapReduce 等一系列物联网核心产品和服务，帮助开发者快速实现从设备端到服务端的无缝连接，高效构建各种物联网应用（如数据采集、设备监控、预测性维保等）
行业解决方案	数字营销云	百度开放云数字营销解决方案依托百度对数字营销服务市场多年的运营经验和技术积累，帮助搜索推广提供商及程序化交易生态中的各类用户，提升营销效率，实现用户数与收入的双重增长
	泛娱乐	为游戏、赛事、秀场和自媒体等泛娱乐行业提供一站式直播点播解决方案。同时，基于百度人工智能技术，可实现黄反审核、美颜滤镜和视觉特效功能，让用户的应用更“聪明”、更有趣
	教育行业	依托稳定的云计算基础服务，百度开放云为用户提供高性能的音视频点播、音视频直播、文档处理、即时通信及文字识别等平台服务。在此基础上，百度开放云借助“百度文库”的生态内容，为用户构建百度独有的“基础云技术+教育云平台+教育大数据”解决方案，推进教育行业的数字化和智能化，极大地促进了行业的转型
	物联网	百度开放云物联网方案为用户提供数据的多协议高速接入、实时数据流式处理、海量数据存储、大数据分析以及设备安全管理等物联网业务所需的全服务。通过灵活地选择和搭配这些服务，用户能够构建满足业务场景需求的各种应用，从智能设备和智能家居，到绿色能源，再到农业田间监控。未来，百度开放云将为用户带来更多的 IoT 专属服务，提供云+端的整体方案，让用户能够更加快捷地实现安全、稳定、高性能的 IoT 业务
	政企混合云	百度政企混合云方案是针对已有 IT 资产的用户量身定制的上云方案，既能保护用户的已有 IT 资产，又可以通过百度智能云平台助力业务发展。通过百度开放云不仅可以实现资源横向扩展，还可以无缝利用开放云平台整合的百度大数据、人工智能、搜索等各种开放服务，快速构建自己高效的业务系统
	金融云	百度金融云解决方案为银行、证券、保险及互联网金融行业提供安全可靠的 IT 基础设施、大数据分析、人工智能及百度生态支持等整体方案，为金融机构的效率提升及业务创新提供技术支撑
	生命科学	百度开放云生命科学解决方案可以帮助生物信息领域用户存储海量的数据，并调度强大的计算资源来进行基因组、蛋白质组等大数据分析

续表

类别	解决方案名称	功能描述
专项解决方案	网站及部署	结合百度生态专属优势，打通网站全生命周期需求，从域名、建站、备案、选型、部署、测试到运维、推广、变现，想用户所需，做最懂站长的网站云服务
	视频云	视频直播、点播一站式解决方案，让视频技术零门槛 整合百度流量生态，开放百度搜索、贴吧、品牌专区等入口，帮助用户找到目标用户
	智能图像云	面向电商、O2O、社交应用、金融、在线教育等行业，为开发者提供海量的图片存储、高速的图片上传/下载、灵活多样的实时图片处理和深度智能化的图片识别服务，如人脸识别、文字识别、图片审核等
	存储分发	百度拥有国内最大的对象存储系统和遍布全国的高质量 CDN 节点，为文件的上传、存储、下载提供强有力的技术支撑 上传便捷，存储可靠，下载极速
	数据仓储	数据仓储（Data Store）是企业为了分析数据进而获取洞察力的努力，是商务智能的主要环节。在大数据时代，百度开放云提供了云端的数据仓储解决方案，为企业搭建现代数据仓库提供指南
	移动 App	一对一量身定制测试解决方案，百度系过亿级产品测试技术，手机私有云部署和维护服务，测试人力外包服务
	日志分析	依托百度开放云的大数据分析产品，提供日志分析托管服务，省去开发、部署及运维的成本，使用户可以聚焦于如何利用日志分析结果做出更好的决策，实现用户的商业目标

3.2.5 阿里云

阿里云是阿里巴巴集团旗下的云计算品牌，也是全球卓越的云计算技术和服务提供商，创立于 2009 年，在杭州、北京、硅谷等地设有研发中心和运营机构。目前，阿里云服务范围覆盖全球 200 多个国家和地区。

1. 阿里云简介

阿里云是全球领先的云计算及人工智能科技公司，致力于以在线公共服务的方式，提供安全、可靠的计算和数据处理能力，让计算和人工智能成为普惠科技。阿里云服务着制造、金融、交通、医疗、电信、能源等众多领域的领军企业，包括中国联通、12306、中石化、中石油、飞利浦、华大基因等企业客户，以及微博、知乎等明星互联网公司。在天猫全球狂欢节、12306 春运购票等极富挑战的应用场景中，阿里云保持着良好的运行纪录。

阿里云在全球各地部署了高效节能的绿色数据中心，利用清洁计算为万物互联的新世界提供源源不断的能源动力，开服的国家和区域包括中国（华北、华东、华南、香港特别行政区）、新加坡、美国、欧洲、中东、澳大利亚、日本等。

2. 阿里云主要产品和解决方案

2015 年 11 月，阿里云将旗下云 OS、云计算、云存储、大数据和云网络 5 项服务整合为统一的“飞天”平台。其整体架构如图 3.3 所示。

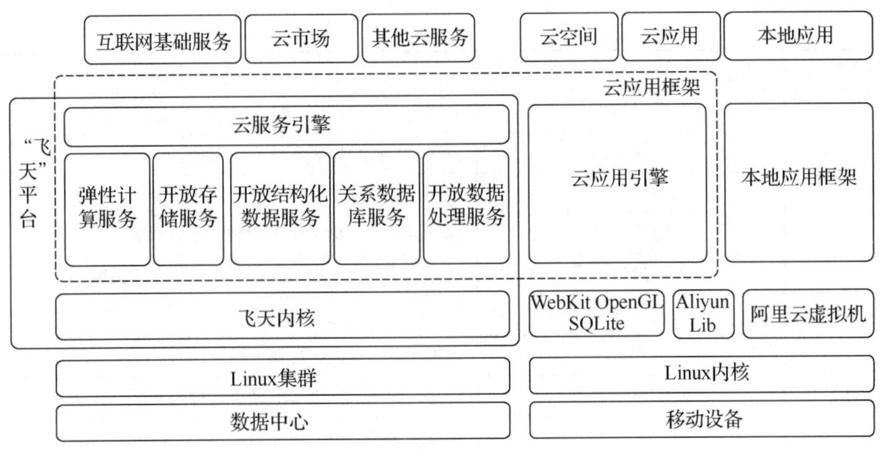

图 3.3 阿里云"飞天"平台整体架构

在"飞天"平台上，企业能够同时开展互联网和移动互联网业务。作为全球领先的云计算厂商，阿里云提供云服务器、关系数据库服务、对象存储服务、内容分发网络等众多产品和服务。

阿里云提供的云计算基础服务和对应的功能描述如表 3.5 所示。

表 3.5 阿里云提供的云计算基础服务和对应的功能描述

产品名称	服务	功能描述
弹性计算	云服务器	可弹性扩展，安全、稳定、易用的计算服务
	专有网络	帮助用户轻松构建逻辑隔离的专有网络
	弹性伸缩	自动调整弹性计算资源的管理服务
	资源编排	批量创建、管理、配置云计算资源
	高性能计算	加速深度学习、渲染和科学计算的物理机
	块存储	可弹性扩展、高性能、高可靠的块级随机存储
	负载均衡	对多台云服务器进行流量分发的负载均衡服务
	容器服务	应用全生命周期管理的 Docker 服务
存储和内容分发网络	对象存储	海量、安全和高可靠的云存储服务
	文件存储	无限扩展、多共享、标准文件协议的文件存储服务
	归档存储	海量数据的长期归档、备份服务
	块存储	可弹性扩展、高性能、高可靠的块级随机存储
	表格存储	高并发、低时延、无限容量的数据存储服务
	内容分发网络	跨运营商、跨地域全网覆盖的网络加速服务
数据库	云数据库	完全兼容 MySQL、SQL Server、PostgreSQL
	云数据库 Redis 版	兼容开源 Redis 协议的 Key-Value 类型
	PB 级云数据库 PetaData	支持 PB 级海量数据存储的分布式关系数据库
	云数据库 OceanBase	金融级高可靠、高性能、分布式自研数据库
	数据传输	更易用，阿里异地多活基础架构
	云数据库 MongoDB 版	三节点副本集保证高可用
	云数据库 Memcache 版	在线缓存服务，为热点数据的访问提供高速响应
	分析型数据库	海量数据实时高并发在线分析服务
	数据管理	比 phpMyAdmin 更强大，比 Navicat 更易用

续表

产品名称	服务	功能描述
网络	负载均衡	对多台云服务器进行流量分发的负载均衡服务
	高速通道	高速稳定的互联和专线接入服务
	NAT 网关	支持 NAT 转发、共享带宽的 VPC 网关
	专有网络	帮助用户轻松构建逻辑隔离的专有网络
	内容分发网络	跨运营商、跨地域全网覆盖的网络加速服务
管理与监控	云监控	指标监控与报警服务
	资源编排	批量创建、管理、配置云计算资源
	密钥管理服务	安全、易用、低成本的密钥管理服务
	访问控制	管理多因素认证、子账号与授权、角色与令牌
	操作审计	详细记录控制台和 API 操作
移动服务	移动数据分析	移动应用数据采集、分析、展示和输出服务
	移动加速	移动应用访问加速
	移动推送	移动应用通知与消息推送服务
视频服务	媒体转码	为多媒体数据提供转码计算服务
	视频直播	低时延、高并发的视频直播服务
	视频点播	安全、弹性、高可定制的视频点播服务
互联网中间件	企业级分布式应用服务	以应用为中心的中间件 PaaS 平台
	分布式关系数据库服务	水平拆分/读写分离的在线分布式数据库服务
	业务实时监控服务	端到端一体化实时监控解决方案产品
	消息队列	阿里中间件自主研发的企业级消息中间件
	云服务总线	企业级互联网能力开放平台
应用服务	日志服务	针对日志收集、存储、查询和分析的服务
	性能测试	性能云测试平台，帮助用户轻松完成系统性能评估
	API 网关	高性能、高可用的 API 托管服务，低成本开放 API
	消息服务	大规模、高可靠、高并发访问和超强消息堆积能力
	开放搜索	结构化数据搜索托管服务
	邮件推送	事务/批量邮件推送，验证码/通知短信服务
	物联网套件	帮助用户快速搭建稳定可靠的物联网应用

阿里云提供的大数据服务如表 3.6 所示。

表 3.6　阿里云提供的大数据服务

产品名称	大数据服务
数据应用	推荐引擎、公众趋势分析、数据集成、移动数据分析、数据市场相关 API 及应用
数据分析展现	DataV 数据可视化、Quick BI、画像分析、郡县图治
人工智能	机器学习、智能语音交互、印刷文字识别、人脸识别、通用图像分析、电商图像分析、机器翻译
大数据基础服务	大数据开发套件、大数据计算服务、分析型数据库、批量计算

阿里云提供的安全服务如表 3.7 所示。

表 3.7 阿里云提供的安全服务

产品名称	安全服务
防御	服务器安全（安骑士）、Web 应用防火墙（网络安全）、加密服务（数据安全）、数据风控（业务安全）、移动安全、数据安全险（安全服务）、DDoS 高防 IP（网络安全）、安全管家（安全服务）、绿网（内容安全）、CA 证书服务（数据安全）、合作伙伴产品中心
检测	态势感知（大数据安全）、先知（安全情报）

阿里云提供的域名与网站服务如表 3.8 所示。

表 3.8 阿里云提供的域名与网站服务

产品名称	域名与网站服务
域名注册	.com、.xin、.cn、.net
域名交易与转入	域名交易、域名转入
域名解析	云解析 DNS、移动解析 DNS
云虚拟主机	独享云虚拟主机、共享云虚拟主机、弹性 Web 托管
网站建设	模板建站、企业官网、商城网站
阿里邮箱	企业邮箱、邮件推送

同时，阿里云提供了各领域、各行业的云解决方案。阿里云提供的解决方案和对应的功能描述如表 3.9 所示。

表 3.9 阿里云提供的解决方案和对应的功能描述

解决方案名称	功能描述
多媒体解决方案	使用阿里多媒体云服务，坐享阿里领先的海量存储集群，国内外多节点部署的 CDN，强大的转码、渲染、图片处理服务等。共享与淘宝、天猫一样专业及响应迅速的技术保障和运维能力。同时，共享阿里云的资深架构师和官方认证的云服务提供商提供的专业架构咨询及服务
物联网解决方案	基于高性能、低成本、灵活扩展的阿里云计算定制的物联网解决方案，助力传统硬件厂商和中小平台厂商快速搭建稳定可靠、安全可控的物联网平台，实现顺利转型、升级
网站解决方案	阿里云依据网站不同的发展阶段提供更合适的架构方案，有效降低网站的开发运维难度和整体 IT 成本，并保障网站的安全性和稳定性，节约大量的人力和资金投入
金融解决方案	面向金融机构和微金融机构开放，为金融行业量身定制的阿里金融云计算服务，具备低成本、高弹性、高可用、安全合规的特性，帮助金融用户实现从传统 IT 向云计算的转型，并为用户实现与支付宝、淘宝、天猫的直接对接，助力金融用户业务创新，提升竞争力
游戏解决方案	阿里云为游戏用户量身打造更低虚拟比及更高稳定性的游戏专属集群、多场景多类型的架构部署、海量游戏数据分析、护航服务等专业游戏解决方案，满足各种游戏类型用户快速部署、稳定运行、精细运营的需求
医疗解决方案	融合云计算、大数据优势，连接用户、医疗设备、医疗机构以及医疗独立软件开发商（Independent Software Vendors，ISV），致力于构建医疗行业云生态。云计算可弹性扩展，帮助医疗健康行业创新应用更“轻”、更高效。大数据解决方案使医疗数据压力变为数据优势。通过海量存储、专有网络可构建医学影像平台，实现远程医疗
政务解决方案	立足于对政务信息化的深刻理解，在信息和通信技术上持续创新，构筑开放共享、敏捷高效、安全可信的政务云计算基础架构，并通过与政府的集成商和 ISV 密切合作，具备全面的政务云服务能力，能够为政府部门提供共享的基础资源、开放的数据支撑平台、丰富的智慧政务应用、立体的安全保障及高效的运维服务保障

续表

解决方案名称	功能描述
渲染解决方案	使用阿里云和瑞云科技联合推出的渲染云服务，用户可以在短短几秒内调用数以千计的云服务器进行并行渲染，且按照渲染量计费。瑞云科技的技术团队拥有超过 10 年的电影级项目渲染经验，可随时提供专业技术支持

3.2.6 腾讯云

腾讯云是腾讯公司倾力打造的面向广大企业和个人的公有云平台，主要提供云服务器、云数据库、云存储和 CDN 等基础云计算服务，以及游戏、视频、移动应用等行业解决方案。

1. 腾讯云简介

腾讯云有着深厚的基础架构，并且有着多年对海量互联网服务的经验，不管是在社交、游戏，还是其他领域，都有多年的成熟产品来提供产品服务。腾讯已在云端完成重要部署，为开发者及企业提供云服务、云数据、云运营等整体一站式服务方案。腾讯云架构示意如图 3.4 所示。

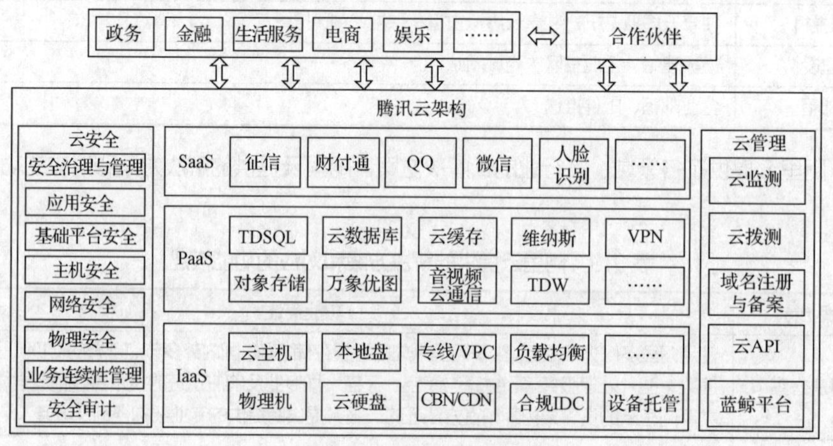

图 3.4　腾讯云架构示意

腾讯云产品具体包括云服务器、云存储、云数据库和弹性 Web 引擎等基础云服务；腾讯云分析、腾讯云推送（信鸽）等腾讯整体大数据功能；以及 QQ 互联、QQ 空间、微云、微社区等云端链接社交体系。

2. 腾讯云主要产品和服务

腾讯云主要产品和服务以及对应的功能描述如表 3.10 所示。

表 3.10　腾讯云主要产品和服务以及对应的功能描述

产品名称	服务	功能描述
计算与网络	云服务器	稳定安全、高易用、可弹性伸缩的计算服务
	专用宿主机	独享宿主，安全、合规、灵活的计算服务
	云硬盘	可扩展、高性能、高可靠的云硬盘服务
	黑石物理服务器	独享高性能物理服务器租赁，与云服务器内网互通，构建内网级混合云
	弹性伸缩	自动调整计算资源的管理服务
	负载均衡	对多台服务器进行流量分发的负载均衡服务
	私有网络	构建独立的网络空间，灵活部署混合云
	专线接入	稳定可靠的专用网络链路接入服务
	消息服务	具有高可靠、高并发、高消息堆积能力的分布式消息服务

续表

产品名称	服务	功能描述
存储与内容分发网络	对象存储服务	可靠、安全、易用的可扩展文件存储
	内容分发网络	多节点全网覆盖、安全稳定的网络加速服务
数据库	云数据库	稳定托管的 MySQL、SQL Server、TDSQL、PostgreSQL、黑石数据库等关系数据库
	云存储	兼容 Redis 协议的分布式缓存和存储服务
	云数据库 MongoDB	高性能分布式 NoSQL 数据库，100%兼容 MongoDB 协议
	云数据库 HBase	高性能、可伸缩、面向列的分布式存储系统，100%兼容 HBase 协议
	云缓存	自主研发的高性能、内存级、持久化、分布式 Key-Value 存储服务
	分布式云数据库	兼容 MySQL 协议和语法，支持自动水平拆分（分库分表）的高性能分布式数据库
安全服务	云安全	网络防护、入侵检测、漏洞防护等全方位的检测与防护
	大禹分布式防御	4Tbit/s 超大带宽为网站用户抵御 DDoS 攻击,包括基础防护、BGP 高防、网站高防、DNS 劫持检测、网站安全认证等
	天御业务安全防护	防刷、消息过滤、文件检测全面保障业务安全，包括活动防刷、注册保护、登录保护、消息过滤、图片鉴黄、验证码等
	应用加固	移动应用安全检测、渠道监控、应用加固等一站式安全服务
	云安全	网络防护、入侵检测、漏洞防护等全方位的检测与防护
监控与管理	云监控	立体化云产品数据监控，智能化数据分析服务，包括基础监控和自定义监控等
	云拨测	网站、域名、后台接口的智能监控服务
	云 API	以接口的形式访问腾讯云的各类资源
	蓝鲸平台	以 PaaS 和 SaaS 形式提供基础运维无人值守、增值运维低成本实现的通用技术
域名服务	域名注册	专业域名服务，安全、省心、可信赖
	云解析	向全网域名提供稳定、安全、快速的智能解析服务
	域名备案	备案备多久，云服务免费用多久
移动与通信	移动解析	防劫持、智能调度、稳定可靠的移动 App 域名解析服务
	维纳斯	稳定、高效、安全的无线网络接入服务
	信鸽	专业移动 App 消息推送平台
	短信	简单易用的优质语音和文字短信服务
	云通信	承载支撑亿级 QQ 用户的通信服务
	PSTN 多方通话	稳定的多人 PSTN 语音通信服务
	手游兼容性测试	测试移动游戏在百款手机上是否兼容的服务
	移动开发工具	加速移动开发，轻松生成 App
视频服务	点播	一站式媒体转码分发平台
	直播	专业、稳定、快速的直播接入和分发服务
	互动直播	多平台的音视频开播、观看及互通直播能力
	微视频	提供了视频上传、转码、存储、审核和播放的微视频服务

续表

产品名称	服务	功能描述
大数据与人工智能	云搜	一站式结构化数据搜索托管服务
	文智自然语言处理	提供丰富 API 的开放语义分析平台
	机智机器学习	对数据进行机器学习、挖掘和分析的算法平台
	大数据处理套件	可靠、安全、易用，可以按需部署的大数据处理服务
	用户洞察分析	快速分析人群特征占比，识别用户分布，助力精准决策
	区域人流分析	实时分析人群流动特征，掌握人流趋势，优化资源配置
	万象优图	高效图片处理、全面的图片鉴定和识别服务
	优图人脸识别	性能卓越、简单易用、准确率极高的人脸识别服务
	智能语音服务	专业、智能、高效的语音处理服务
	微金小云客服	智能机器人客服，为企业提供智能、高效的云客服服务

腾讯云提供的解决方案和对应的功能描述如表 3.11 所示。

表 3.11　腾讯云提供的解决方案和对应的功能描述

类别	解决方案名称	功能描述
通用解决方案	视频	完善的视频解决方案，轻松为各种使用场景（游戏直播、视频门户、在线教育、垂直社交等）提供一站式服务，包括完整的视频点播/直播、互动直播和云通信服务等
	网站	一站式建站服务，满足用户所有的建站需求。腾讯旗下多产品协力，为用户解决从部署到运维出现的各类问题
	混合云	腾讯云内网级混合云架构的专属产品，帮助用户灵活应对各种应用场景，兼顾弹性与安全
	数据库	通过腾讯云数据库体系，覆盖目前主流数据库，部署便捷，选型更加灵活。其包括关系数据库、非关系数据库和分布式数据库
	大数据库	安全可靠、灵活部署、久经考验的大数据解决方案，为政务、金融、公共安全、城市规划、旅游等行业提供数据开发、数据分析、数据治理和系统管理等“数智”服务
	微信生态	基于腾讯海量业务积累的丰富经验，为微信用户量身定制专属产品与服务。为公众号第三方开发商和开发商提供精准服务，护航微信生态发展
	智能客服	涵盖主要客服场景（金融、电商、旅游等），企业按需选用各场景服务，包括智能问答、语音质检、语料挖掘、隐私保护等，满足各行业定制化智能客服需求
行业解决方案	游戏	提供手游、棋牌、休闲类游戏和端游等服务，通过全球数据中心，助力游戏全球化布局。腾讯云游戏解决方案是行业标杆，是用户的第一选择
	金融	根据用户对合规性、隔离性等不同要求，提供多种选择：公有云、金融专区、金融专有云。具有多中心金融合规专区、安全机制立体防护、社交大数据连接亿万用户、兼容传统金融业务架构等特点
	医疗	完善的语音视频解决方案，轻松解决医疗行业沟通场景。通过构建医疗生态系统，提供远程直播、语音问诊、视频会诊、分析医疗大数据等服务，开启医疗智慧时代

续表

类别	解决方案名称	功能描述
行业解决方案	电商	快速满足细分领域的不同需求，护航电商生态发展，针对成熟型、初创型、敏捷型等不同类型的用户提供不同的服务，具有从容应对高并发、有效抵御黑产刷单、购物无须等待、紧跟行业发展潮流等特点
	旅游	快速满足细分领域的不同需求，护航旅游生态发展，提供交易平台、内容平台、传统企业上云等服务
	政务	通过提供量身定制的专有云平台，建设集约、高效、安全的政务云，帮助打造服务型政府
	在线教育	帮助用户灵活应对各种应用场景（一对一教学、直播课堂、点播/录播课程等），提供一站式教育平台、智能调度、打造最佳教育生态等服务
	智能硬件	帮助用户在“互联网+硬件”创新的浪潮中简化后端服务部署，专注硬件创新，服务内容从高性能计算能力到稳定安全的数据落地服务，再到大数据分析支持等
技术解决方案	安全	为用户提供从主机、网络到应用的全体系安全产品和服务（移动安全、业务安全、网络安全、主机与网站安全、专家服务等）
	数据迁移	针对不同的数据类型（数据库迁移、大数据接入、对象存储数据迁移等）提供专业的迁移方案（上云迁移、数据灾备迁移、跨地区延迟迁移等）

3.2.7 教育云

云计算在教育领域中的迁移称为“教育云”。教育云是未来教育信息化的基础架构，包括教育信息化所必需的一切硬件计算资源，这些资源经虚拟化之后，向教育机构、教育从业人员和学员提供一个良好的平台，该平台的作用就是为教育领域提供云服务。

1. 教育云简介

教育云一般包括云计算辅助教学（Cloud Computing Assisted Instruction，CCAI）和云计算辅助教育（Cloud Computing Based Education，CCBE）等多种形式。云计算辅助教学是指学校和教师利用云计算支持的教育云服务（也就是充分利用云计算所带来的云服务）为教学提供资源共享、存储空间无限的便利条件。云计算辅助教育或者称为“基于云计算的教育”，是指在教育的各个领域中，利用云计算提供的服务来辅助教育教学活动。云计算辅助教育是一个新兴的学科概念，属于计算机科学和教育科学的交叉领域，它关注未来“云计算时代”教育活动中各种要素的总和，主要探索云计算提供的服务在教育教学中的应用规律、与主流学习理论的支持和融合，以及相应的教育教学资源和过程的设计与管理等。

2. 浪潮区域教育云

浪潮区域教育云解决方案架构示意如图 3.5 所示。该解决方案依据国家教育部、中央电化教馆的指导精神，以实现“三通两平台”落地为目标，建设区域教育云，通过科学设计和整体规划，建设数据集中、系统集成的应用环境，整合各类教育信息资源和信息化基础设施，实现信息整合、业务聚合、服务融合的教育管理信息系统，实现教育主管部门、各学校及社会各伙伴之间的系统互联和数据互通，全面提升教育信息化水平和公共服务水平。

浪潮区域教育云解决方案基于浪潮教育云平台设计并实现。浪潮教育云平台有云计算 3 层技术框架设计，包括教育云基础平台层（IaaS）、教育云公共软件平台层（PaaS）、教育云应用软件平台层（SaaS）。浪潮教育云平台基于云计算的开放、标准、可扩展的系统架构，能够实现平台容量扩容、应用嵌入整合。

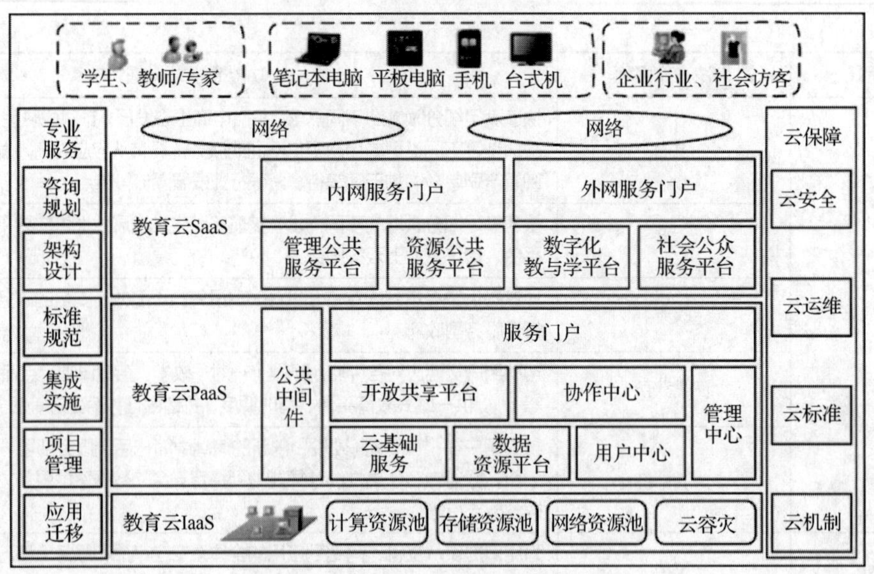

图 3.5　浪潮区域教育云解决方案架构示意

教育云平台按照通用标准 5 层架构建设，分别是教育云 IaaS、教育云 PaaS、教育云 SaaS、云保障及专业服务。

（1）教育云 IaaS。教育云 IaaS 实现各类软硬件资源"按需分配、共享最优"，利用云计算和虚拟化技术，整合多种资源，建立统一计算资源池、存储资源池、网络资源池，为不同用户、不同系统提供 IaaS（计算和存储资源服务）。

（2）教育云 PaaS。教育云 PaaS 提供全局统一基础性支撑服务，使各类应用系统能够有效地整合与协同，形成信息系统统一的公共支撑环境；构建统一、开放的软件环境，提供标准化的应用接入方式。

（3）教育云 SaaS。教育云 SaaS 构建在教育云 IaaS 和教育云 PaaS 之上，包括教育管理公共服务平台、教育资源公共服务平台、数字化教与学平台以及向社会公众提供的社会公众服务平台。通过教育云应用软件平台可实现管理系统与资源平台的整合，实现"优质教学资源班班通"和"网络学习空间人人通"的落地。

（4）云保障。云保障包括云安全、云运维、云标准、云机制 4 个部分。其根据应用的需要和科学布局，在区域中进行建设部署，功能满足各级行政管理单位的部署要求，通过网络和终端提供给各级用户使用。

① 云安全。通过完善安全技术设施，健全安全规章制度，提升安全监管能力。

② 云运维。不断强化云基础、云平台、云数据、云应用等运维工作。

③ 云标准。采用国际、国家和行业已发布的标准，申报制定新标准。

④ 云机制。进一步完善建设、采集、应用、共享、培训、考核和监督等工作规范。

通过对云保障中 4 个部分的建设，形成基础稳固、平台健壮、应用繁荣、安全可靠的云保障体系。

（5）专业服务。基于浪潮在教育行业及其他行业的建设经验，为区域教育云平台建设提供架构设计、咨询规划、项目管理、教育标准规范的执行等服务。

3.2.8　金融云

金融云是利用云计算的运算和服务优势，将金融业的数据、用户、流程、服务及价值通过数据中心、客户端等技术手段分散到"云"中，以改善系统体验，提升运算能力，重组数据价值，为用户提供更高水平的金融服务，并同时达到降低运行成本的目的。金融云服务旨在为银行、基金、保险等金融机构提供 IT 资源和互联网运维服务。

1. 金融云简介

金融云是基于云计算商业模式应用的金融产品、信息、服务、用户、各类机构以及金融云服务平台的总称，云平台有利于提高金融机构迅速发现并解决问题的能力，提升整体工作效率，改善流程，降低运营成本。从技术上说，金融云就是利用云计算系统模型，将金融机构的数据中心与客户端分散到云里，从而达到提高自身系统运算能力和数据处理能力、改善用户体验评价、降低运营成本的目的。

（1）金融数据处理系统中的云应用。

① 构建金融云信息处理系统，降低金融机构运营成本。云概念最早的应用便是亚马逊于 2006 年推出的弹性云计算（Elastic Compute Cloud，EC2）服务。其核心便是分享系统内部的计算、数据资源，以达到使中小企业以更小的成本获得更加理想的数据分析、处理、存储的效果。

而网络金融机构运营的核心之一便是最大化地减少物理成本和费用，提高线上虚拟化的业务收入。云计算可以帮助金融机构构建“金融云信息处理系统”，减少金融机构在诸如服务器等硬件设备的资金投入，使效益最大化。

② 构建金融云信息处理系统，使不同类型的金融机构分享金融全网信息。金融机构构建云化的金融信息共享、处理及分析系统，可以使其扩展、推广到多种金融服务领域中。诸如证券、保险及信托公司均可以作为金融云信息处理系统的组成部分，在全金融系统内分享各自的信息资源。

③ 构建金融云信息处理系统，统一网络接口规则。国内金融机构使用的网络接口标准大相径庭。通过构建金融云信息处理系统，可以统一接口类型，最大化地减小诸如跨行业务办理等技术处理的难度，同时可减少全行业硬件系统构建的重复投资。

④ 构建金融云信息处理系统，增加金融机构业务种类和收入来源。上述的信息共享和接口统一，均可以对资源的使用方收取相关的费用，使金融云信息处理系统成为一项针对金融系统同行业企业的产品，为金融机构创造额外的经济收入来源。

（2）金融机构安全系统中的云应用。基于云技术的网络安全系统也是云概念最早的应用领域之一。现如今，瑞星、卡巴斯基、江民、金山等网络及计算机安全软件全部推出了云安全解决方案。其中，占有率不断提升的 360 安全卫士更是将免费的云安全服务作为一面旗帜，成为其产品竞争力的核心。

所以，将云概念引入金融网络安全系统的设计，借鉴云安全在网络、计算机安全领域中成功应用的经验，构建“金融云安全系统”具有极高的可行性和应用价值。这在一定程度上能够进一步保障国内金融系统的信息安全。

（3）金融机构产品服务体系中的云应用。通过云化的金融理念和金融机构的线上优势，可以构建全方位的客户产品服务体系。例如，地处 A 省的服务器、B 市的风险控制中心、C 市的客服中心等机构，共同组成了金融机构的产品服务体系，为不同地理位置的不同客户提供同样细致周到的产品体验。这就是“金融云服务”。

事实上，基于金融云思想的产品服务模式已经在传统银行和其网上银行的服务中得到了初步应用。金融机构可通过对云概念更加深入的理解，提供更加云化的产品服务，从而提高自身的市场竞争力。

2. 阿里金融云简介

阿里金融云是为金融行业量身定制的云计算服务，具备低成本、高弹性、高可用、安全合规的特性，帮助金融用户实现从传统 IT 向云计算的转型，并且能够更为便捷地为用户实现与支付宝、淘宝、天猫的直接对接。其在提供高性能、高可靠、高可用、高弹性的计算能力之外，还能助力金融用户进行业务创新，提升业务竞争力。

概括来说，阿里金融云具有以下 3 个特点。

（1）安全合规。通过了国际、国内多项权威机构的专业认证，符合中国人民银行和银保监会的 IT 建设标准，如物理隔离、生物识别、电力、制冷、监控、安保等。

（2）高可用和安全性。具有更强的安全和防护、更高的防攻击能力等。

（3）提供专线免费接入、堡垒机、特殊设备托管等增值服务，并计划推出金融中间件服务和更多数据服务等。

云上银行不依赖物理网点，突破了网点辐射范围的限制，让偏远地区的用户也可以获得金融服务，实现普惠金融，同时大幅降低网点和人工成本。其业务特色是“7×24 小时”随时在线，拥有小额频发、促销等突发流量要求弹性服务能力。基于数据的运营模式，其可以利用数据模型识别和评估借款人的风险。

银行业作为信息化程度最高的行业之一，也是对 IT 系统依赖度最高的行业之一，对 IT 系统的高可用性要求非常高。但互联网金融的快速发展倒逼银行 IT 必须转型，关键需求是降低使用成本，提高计算弹性。经过与各类型银行的多次交流与全方位分析，阿里金融云提出“双引擎驱动，混合云部署”的银行技术升级路径。混合云部署架构具有以下特点。

（1）现有业务继续按照现有模式运营，确保现有业务平稳运营。

（2）构建面向移动互联网、自动弹性扩展、持续高可用、大数据实时分析管理的直销银行核心（第二核心），支持创新业务的运营。

（3）构建同构的混合云大数据交换枢纽，使用高效的大数据分析工具支持银行全面提升数字化运营能力，包括现有核心的业务运营。

（4）根据整体运营情况分析，逐步减少不可持续发展业务的投入，通过 3~5 年的自然淘汰，现有 IT 设备的逐年折旧，整体 IT 技术平滑升级过渡到分布式云架构平台上。

阿里金融云为金融用户在杭州、深圳和青岛等多地提供了可以实现“两地三中心”的高等级绿色数据中心作为整个云计算平台的基础设施。

3.2.9 医疗健康云

医疗健康云是指通过云计算、云存储、云服务、物联网、移动互联网等技术手段，通过医疗机构、专家、医疗研究机构、医疗厂商等相关部门及人员的联合、互动、交流、合作，为医疗患者、健康需求人士提供在线、实时、最新的健康管理、疾病治疗、疾病诊断、人体功能数据采集等服务与衍生产品开发。

1. 医疗健康云简介

医疗健康云是在云计算、物联网、5G 通信及多媒体等技术的基础上，结合医疗技术，旨在提高医疗水平和效率，降低医疗开支，实现医疗资源共享，扩大医疗范围，以满足广大人民群众日益提升的健康需求的一项全新的医疗服务。

医疗健康云包括云医疗健康信息平台、云医疗远程诊断及会诊系统、云医疗远程监护系统和云医疗教育系统等。

（1）云医疗健康信息平台。云医疗健康信息平台主要是将电子病历、预约挂号、电子处方、电子医嘱以及医疗影像文档、临床检验信息文档等整合起来建立一个完整的数字化电子健康档案系统，并将健康档案通过云端存储作为今后医疗的诊断依据以及其他远程医疗、医疗教育信息的来源等。在云医疗健康信息平台上会建立一个以视频语音为基础的“多对多”的健康信息沟通平台，以及多媒体医疗保健咨询系统，以方便居民更多、更快地与医生进行沟通。云医疗健康信息平台将作为云医疗远程诊断及会诊系统、云医疗远程监护系统和云医疗教育系统的基础平台。

（2）云医疗远程诊断及会诊系统。云医疗远程诊断及会诊系统主要针对边远地区及社区门诊，通过云医疗远程诊断及会诊系统，在医学专家和病人之间建立起全新的联系，使病人在原地、原医院即可接受远地专家的会诊并在其指导下进行治疗和护理，可以节约医生和病人大量时间以及病人就诊金钱。医疗健康云运用云计算、5G 通信、物联网以及医疗技术与设备，通过数据、文字、语音和图像资料的远距离传送，实现专家与病人、专家与医务人员之间异地“面对面”的会诊。

（3）云医疗远程监护系统。云医疗远程监护系统主要应用于老年人、心脑血管疾病患者、糖尿病患者以及术后康复的监护等。

（4）云医疗教育系统。云医疗教育系统主要在云医疗健康信息平台基础上，以现实统计数据为依据，结合各地疑难、急重症患者进行远程、异地、实时、动态电视直播会诊以及大型国际会议全程转播，并组织国内外专题讲座、学术交流和手术观摩等，可极大地促进我国云医疗事业的发展。

2. 医疗健康云的优点

概括来说，医疗健康云的优点表现在以下几个方面。

（1）数据安全。利用云医疗健康信息平台的网络安全措施，断绝了数据被盗走的风险；利用存储安全措施，使得医疗信息数据定期地进行本地及异地备份，提高了数据的冗余度，使得数据的安全性大幅提升。

（2）信息共享。将多个省市的信息整合到一个环境中，有利于各个部门的信息共享，提升了服务质量。

（3）动态扩展。利用健康医疗云中心的云环境，可使云医疗系统的访问性能、存储性能、灾备性能等无缝扩展升级。

（4）布局全国。借助健康医疗云的远程可操控性，可形成覆盖全国的云医疗健康信息平台，医疗信息在整个云内共享，惠及更广大的群众。

（5）前期费用较低。因为几乎不需要在医疗机构内部部署技术，所以可降低医疗行业内部的技术和治疗成本。

医疗行业必须更进一步建立专门满足医疗行业安全性和可用性要求的医疗云环境。正如云计算为企业计算环境带来了诸多好处一样，医疗健康云提供的基础设施让医院、诊所、保险公司和研究机构可以用比较低的初始资本支出，充分利用经过优化的计算资源，这要归功于云计算具有按需提供的性质。此外，医疗健康云环境有望降低对医疗信息技术系统和应用进行创新及现代化的门槛，还可以更有效地分析和跟踪医疗健康云中包含的信息（借助合适的信息治理机制），分析关于治疗、成本、医生水平和效果调查的数据，并采取相应的措施。医疗健康云带来了便利，随时可以共享获得授权的医生和医院之间的病人信息，以便更及时地访问挽救生命的信息，并减少重复检验的需要。

3.2.10 智能交通云

智能交通云是指面向政府决策、交通管理、企业运营、百姓出行等需求，建立的智能交通云服务平台。其开展与铁路、民航、公安、气象、国土、旅游、邮政等部门数据资源的交换共享，建立综合交通数据交换体系和大数据中心，通过监控、监测、交通流量分布优化等技术，建立包含车辆属性信息和静、动态实时信息的运行平台。

通过智能交通云实现全网覆盖，提供交通诱导、应急指挥、智能出行、出租车和公交车管理、智能导航等服务，实现交通信息的充分共享、公路交通状况的实时监控及动态管理，全面提升监控力度和智能化管理水平，确保交通运输安全、畅通，推动构建人、车、路和环境协调运行的新一代综合交通运输运行协调体系。

1. 智慧交通行业应用

智慧交通是指以交通信息中心为核心，连接城市公共汽车系统、城市出租车系统、城市高速公路监控系统、城市电子收费系统、城市道路信息管理系统、城市交通信号系统、汽车电子系统等，让人、车、路和交通系统融为一体，为出行者和交通监管部门提供实时交通信息，有效缓解交通拥堵，快速响应突发状况，为城市大动脉的良性运转提供科学的决策。

智慧交通以信息的收集、处理、发布、交换、分析、利用为主线，为交通参与者提供多样性的服务。

2. 智能交通云价值分析

智能交通云是将先进的信息技术、数据通信技术、电子控制技术及计算机处理技术等综合运用于整个交通运输管理体系，通过对交通信息的实时采集、传输和处理，借助各种科技手段和设备，对各种交通情况进行协调和处理，建立实时、准确、高效的综合运输管理体系，从而使交通设施得以充分利用，提高交通效率和安全，最终使交通运输服务和管理智能化，实现交通运输的集约式发展。智能交通云价值体现分析如表 3.12 所示。

表 3.12　智能交通云价值体现分析

对象	价值体现
政府	采用信息化手段解决道路拥堵问题 建立完善的公共交通网络，建设和完善城市路网 构建交通流量信息的采集系统和信息发布共享网络 建立完善的应急联动和事故救援机制 大力倡导绿色交通、节能减排 建设现代化、信息化的城市停车场管理系统 保障公共交通安全，加强公共车辆管理 推动智能电子车牌的发展
企业	实现对企业车辆的实时监控和管理 提供车载信息化服务，实现对车辆的安全管理 降低车辆的营运成本
公众	交通安全（关注各类交通出行方式，关注车辆故障、车辆防盗、车辆救援等安全相关内容） 获取各种类型的交通信息（停车、加油、交通信号、车辆诱导、气象等） 延长车辆的使用寿命（获取车辆保养信息，参与各类车辆的维护等）

3. 智能交通云总体架构

智能交通云包括全面感知、网络通信、网络应用、核心应用、终端和用户等层次。其总体架构示意如图 3.6 所示。

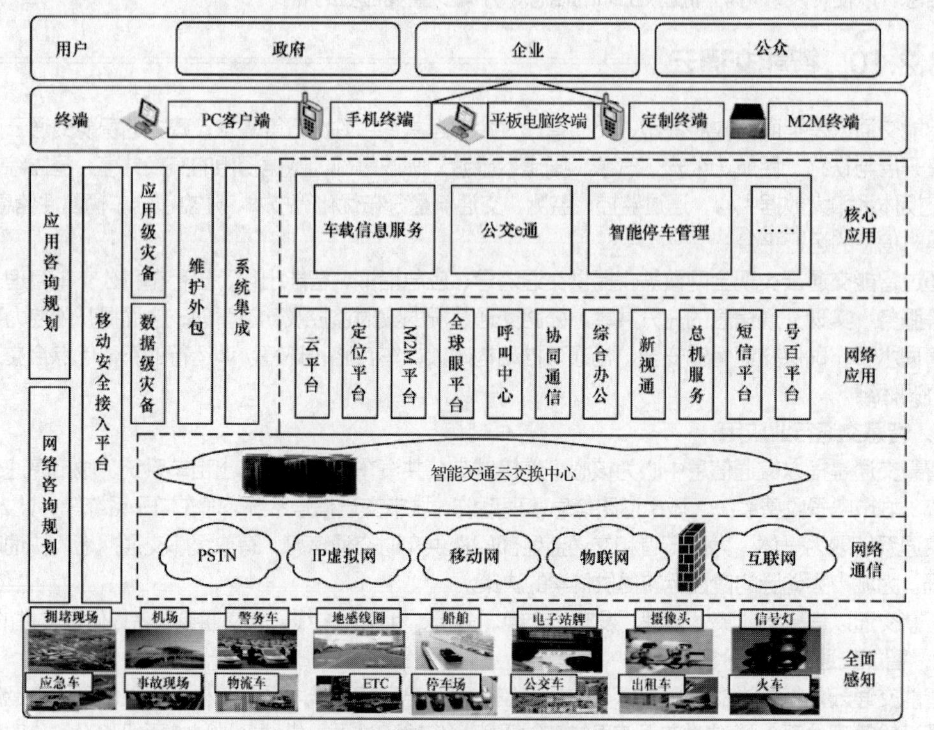

图 3.6　智能交通云总体架构示意

技能实践

任务3.1　华为云计算服务

V3-4　华为云计算服务

华为云计算服务包括弹性云服务器（ECS）、GPU 加速云服务器（GPU Accelerated Cloud Server，GACS）、FPGA 加速云服务器（FPGA Accelerated Cloud Server，FACS）、裸金属服务器（Bare Metal Server，BMS）、云手机、专属主机（Dedicated Host，DeH）、弹性伸缩（Auto Scaling，AS）、镜像服务（IMS）、函数工作流（FunctionGraph）等，如图3.7所示。

图3.7　华为云计算服务

（1）在界面右上角选择“登录”选项，进入华为云登录界面，如图3.8所示。输入华为账号和密码进行登录。

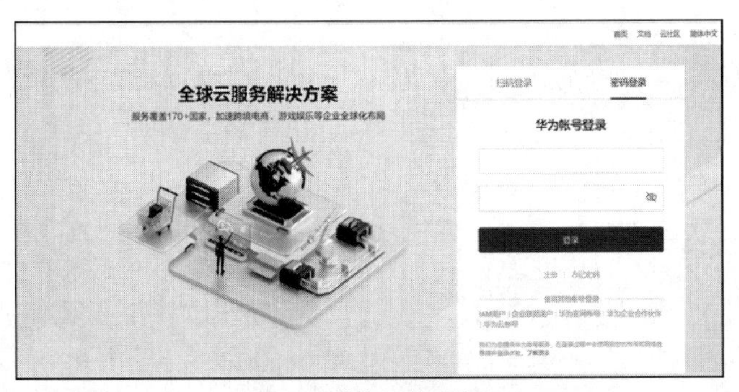

图3.8　华为云登录界面

（2）选择相应的华为云计算服务，如裸金属服务器，如图3.9所示。

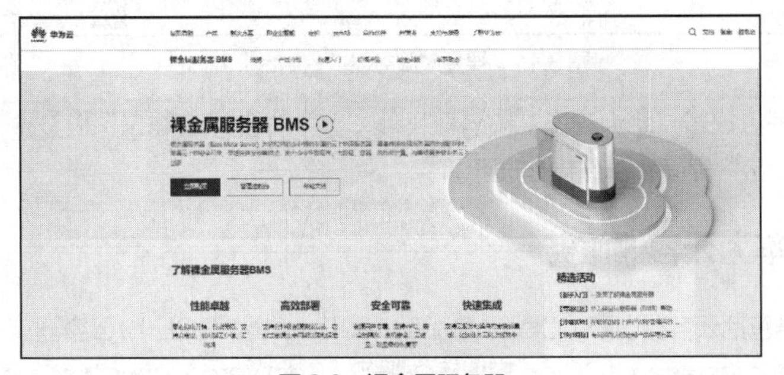

图3.9　裸金属服务器

（3）读者可以根据自身需要进行服务器的购买。单击“立即购买”按钮后，会进入图 3.10 所示的“裸金属服务器”界面，读者可在该界面中对服务器所在区域、可用区、规格、镜像、磁盘等相关信息进行具体配置。

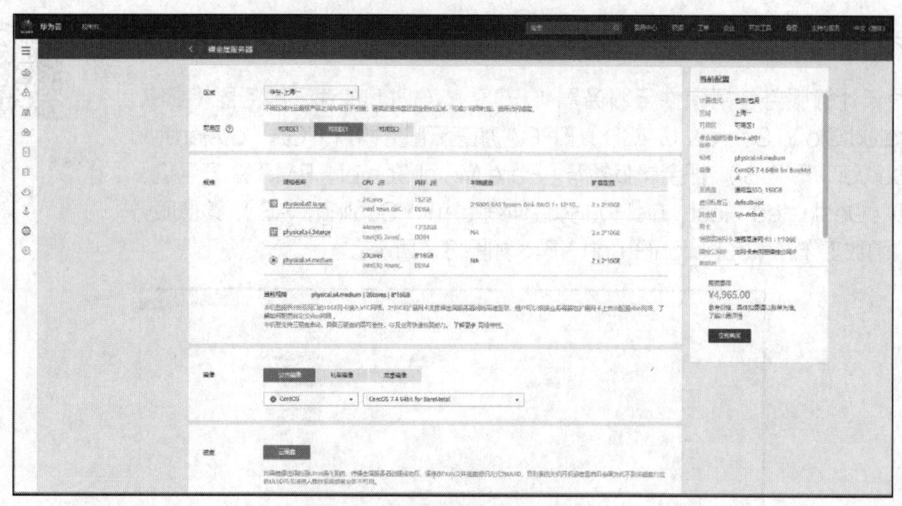

图 3.10 “裸金属服务器”界面

（4）完成裸金属服务器相关配置后，选择左上角的“控制台”选项，进入“控制台”界面，在其中可以进行产品管理、资源管理、自定义控制台等相关操作，如图 3.11 所示。

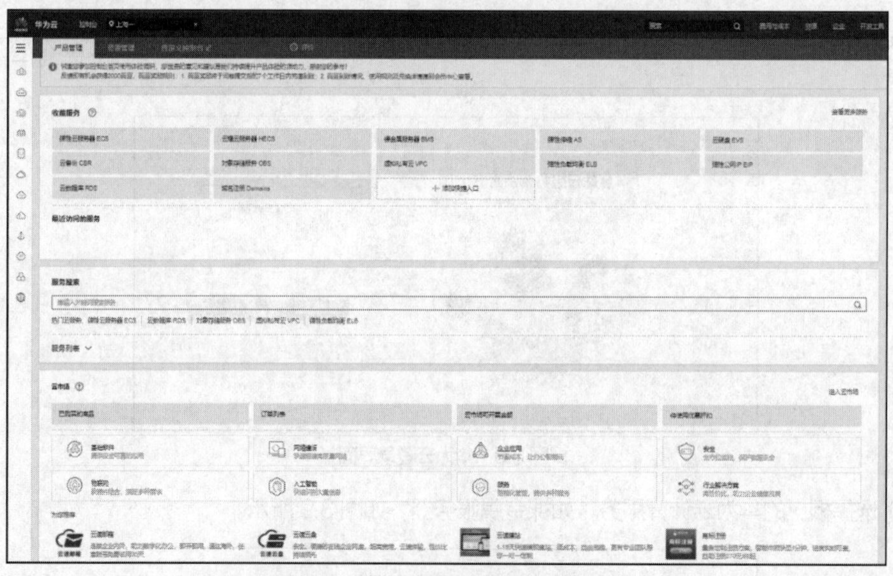

图 3.11 裸金属服务器“控制台”界面

读者可扫描二维码观看“华为云计算服务”技能实践的详细步骤演示，以及购买服务器后的“控制台”界面和具体操作展示。

V3-5 华为云容器服务

任务 3.2 华为云容器服务

华为云容器服务包括云容器引擎（Cloud Container Engine，CCE）、云容器实例（Cloud Container Instance，CCI）、容器镜像服务（SoftWare Repository for container，SWR）、应用编排服务（Application Orchestration Service，AOS）等，如图 3.12 所示。

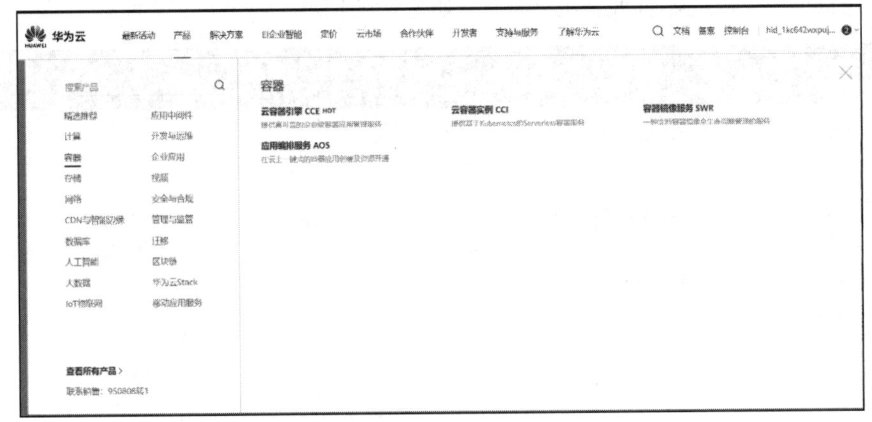

图 3.12　华为云容器服务

（1）选择相应的华为云容器服务，如云容器引擎，如图 3.13 所示。

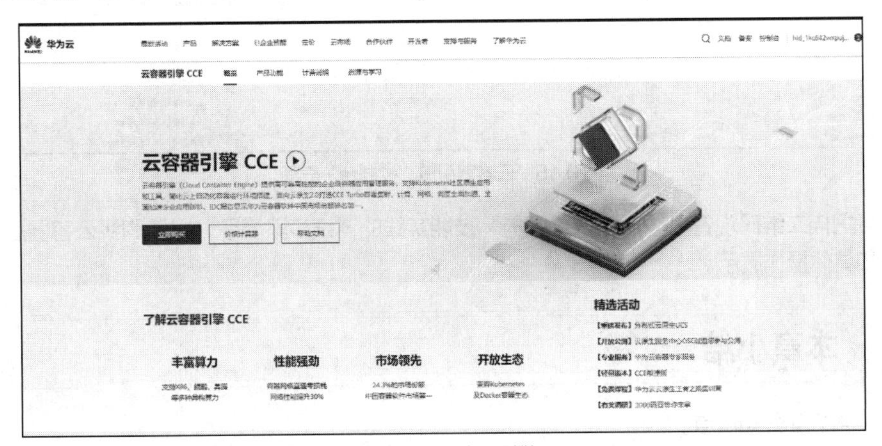

图 3.13　云容器引擎

（2）读者可以根据自身需要进行云容器的购买。单击“立即购买”按钮后，会进入图 3.14 所示的“云容器引擎”界面，读者可在该界面中选择创建“CCE Turbo 集群”或创建“CCE 集群”这两个选项。

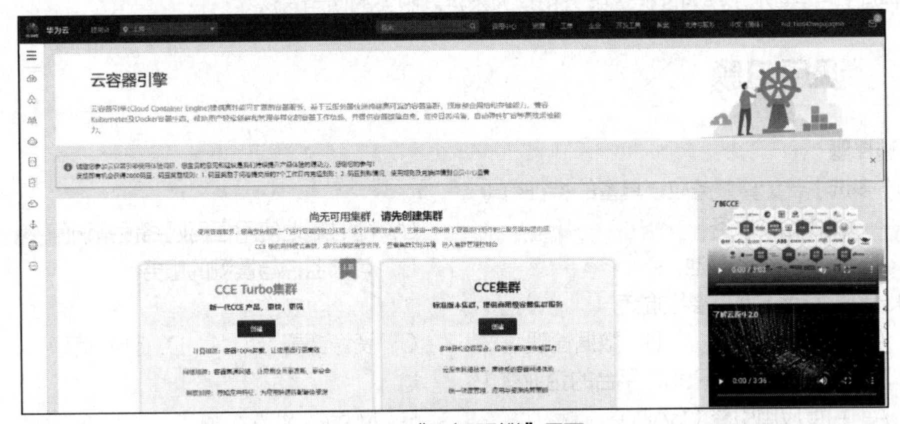

图 3.14　“云容器引擎”界面

（3）完成云容器引擎相关配置后，选择左上角的“控制台”选项，进入“控制台”界面，可以进行产品管理、资源管理、自定义控制台等相关操作，如图 3.15 所示。

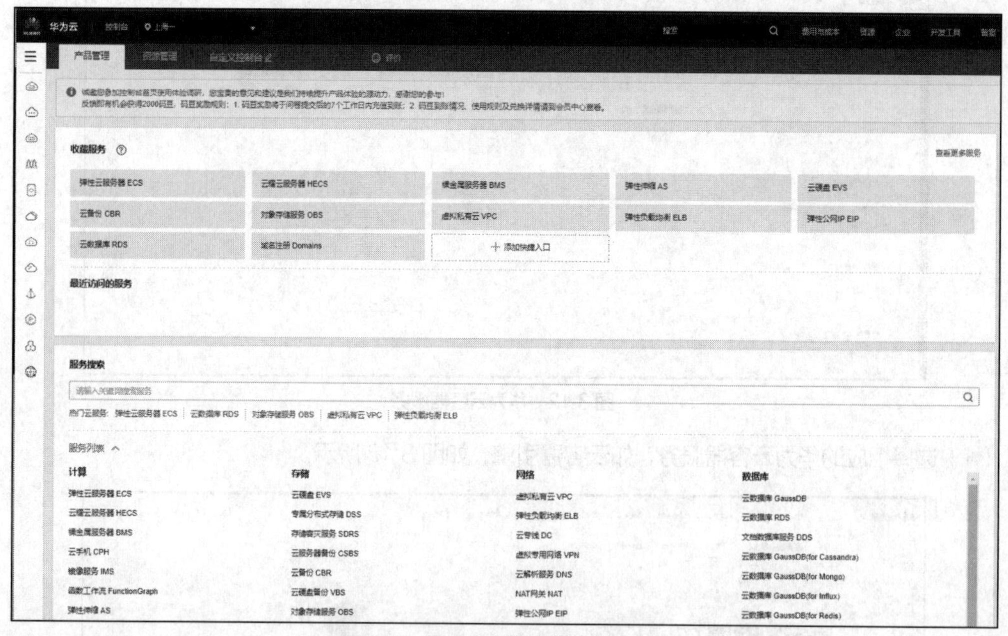

图 3.15　云容器引擎“控制台”界面

读者可扫描二维码观看“华为云容器服务”技能实践的详细步骤演示，以及购买云容器后的“控制台”界面和具体操作展示。

本章小结

本章包含 2 部分知识点。

3.1 云服务概述，主要讲解了云服务基础知识、IaaS、PaaS、SaaS。

3.2 云应用，主要讲解了 GAE、AWS、Microsoft Azure、百度智能云、阿里云、腾讯云、教育云、金融云、医疗健康云、智能交通云。

技能实践主要演示了华为云计算服务和华为云容器服务的使用方法。

课后习题

1. 选择题

（1）【多选】云计算服务应该具备的特征有（　　）。

A. 随需自助服务　　B. 随时随地使用任何网络设备访问

C. 多人共享资源池　　D. 可被监控与量测的服务

（2）【多选】IaaS 的主要功能有（　　）。

A. 负载管理　　B. 数据管理　　C. 资源部署　　D. 计费管理

（3）【多选】国内提供 PaaS 平台的企业有（　　）。

A. 百度应用引擎（BAE）　　B. Microsoft Azure

C. 腾讯云平台 Qcloud　　D. 阿里云 ACE

（4）【多选】企业提供 SaaS 的功能需求有（　　）。
A. 随时随地访问　B. 多用户　C. 安全保障　D. 支持公开协议
（5）【多选】亚马逊的优势有（　　）。
A. 用低廉的月成本替代前期基础设施投资
B. 持续成本低，缩减 IT 总成本
C. 速度和灵敏性更快地开发和部署应用程序
D. 全球性覆盖
（6）【多选】Microsoft Azure 的主要功能有（　　）。
A. 云服务　B. 移动应用服务　C. 大数据支持　D. 媒体支持

2. 简答题

（1）简述云服务特征。
（2）简述云服务层次架构。
（3）简述 IaaS 的主要功能。
（4）简述 PaaS 的特点。
（5）简述 SaaS 的功能。
（6）简述云应用技术概念的特性。
（7）简述 Microsoft Azure 的主要功能。
（8）简述医疗健康云的优点。

第4章 云互联架构技术

04

本章主要讲述计算机网络概述、认识交换机、VLAN通信、认识路由器、防火墙技术等知识点，包括计算机网络基础知识、计算机网络类别、网络拓扑、网络传输介质、交换机外形结构、交换机工作原理、交换机管理方式、网络设备命令行视图及使用方法、网络设备基本配置命令、VLAN技术概述、端口类型、端口链路聚合、路由器外形结构、路由器工作原理、路由选择、RIP动态路由、OSPF动态路由、防火墙概述、认识防火墙设备、防火墙端口区域及控制策略等相关内容。

【学习目标】

- 了解计算机网络的产生、发展和定义。
- 了解计算机网络的功能、网络类别、网络拓扑及网络传输介质。
- 掌握交换机管理方式。
- 掌握eNSP软件的使用方法。
- 掌握交换机、路由器及防火墙的工作原理。
- 掌握交换机、路由器及防火墙的相关配置。

【素质目标】

- 培养实践动手能力，解决工作中的实际问题，树立爱岗敬业精神。
- 激发求真求实意识。
- 树立团队互助、进取合作的意识。

4.1 计算机网络概述

计算机网络于 20 世纪 50 年代中期诞生；20 世纪 60 年代，广域网从无到有并迅速发展；20 世纪 80 年代，局域网技术得到了广泛的发展与应用，并日趋成熟；20 世纪 90 年代，计算机网络向综合化、高速化发展，局域网技术发展成熟，局域网与广域网的紧密结合使企业迅速发展，同时为 21 世纪网络信息化的发展奠定了基础。

4.1.1 计算机网络基础知识

随着网络技术的发展，网络技术的应用也已经渗透到社会生活的各个领域，计算机网络的发展经历了从简单到复杂的过程。

1. 计算机网络的形成与发展

计算机网络的形成与发展可分为以下4个阶段。

第1阶段（网络雏形阶段，20世纪50年代中期~20世纪60年代前期）：以单台计算机为中心的远程联机系统，构成面向终端的计算机网络，称为第一代计算机网络。

第2阶段（网络初级阶段，20世纪60年代中期~20世纪70年代中期）：开始进行主机互联，多个独立的主计算机通过线路互联构成计算机网络，没有网络操作系统，只形成了通信网；20世纪60年代后期，阿帕网（Advanced Research Projects Agency Network，ARPANET）出现，称为第二代计算机网络。

第3阶段（第三代计算机网络，20世纪70年代后期~20世纪80年代中期）：以太网产生，国际标准化组织（International Organization for Standardization，ISO）制定了网络互联标准，即开放系统互联（Open System Interconnection，OSI），这是全球统一的网络体系结构。在这一阶段遵循国际标准化协议的计算机网络开始迅猛发展。

第4阶段（第四代计算机网络，20世纪80年代后期至今）：计算机网络向综合化、高速化发展，同时出现了多媒体智能化网络，现在已经发展到第四代。局域网技术发展日益成熟，第四代计算机网络就是以吉比特/秒（Gbit/s）传输速率为主的多媒体智能化网络。

2. 计算机网络的定义

计算机网络是计算机技术与通信技术相结合的产物，是信息技术进步的象征。近年来，Internet的迅速发展证明了信息时代计算机网络的重要性。

那么，什么是计算机网络？其结构又是怎样的呢？

计算机网络是利用通信线路和设备将分散在不同地点、具有独立功能的多个计算机系统互联，按网络协议互相通信，由网络操作系统管理，能够实现相互通信和资源共享的系统。某公司的网络拓扑如图4.1所示。

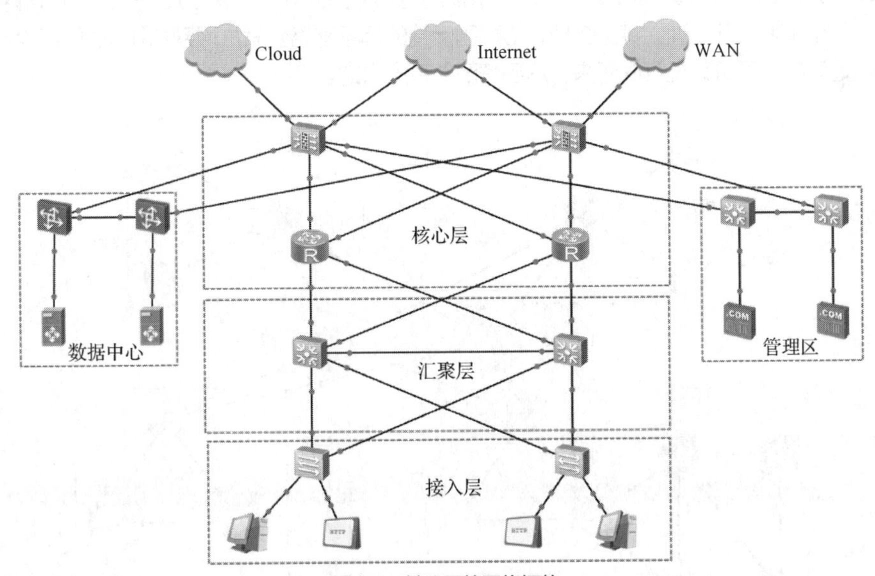

图4.1　某公司的网络拓扑

该公司将网络在逻辑上分为不同的区域，包括接入层、汇聚层、核心层、数据中心、管理区。将网络分为三层架构有诸多优点：每一层都有各自独立且特定的功能；使用模块化的设计，便于定位错误，可简化网络拓展和维护；可以隔离一个区域的拓扑变化，避免影响其他区域。此方案可以满足不同用户对网络可扩展性、可靠性、安全性、可管理性的需求。

3. 计算机网络的功能

计算机网络的主要功能是实现资源共享，它具有以下几方面的功能。

（1）数据通信。数据通信是计算机网络最基本的功能之一。计算机网络为分布在各地的用户提供强有力的通信手段。用户可以通过计算机网络传送电子邮件、发布新闻消息和进行电子商务活动等。

（2）资源共享。资源共享是计算机网络最重要的功能之一。"资源"是指构成系统的所有要素，包括软/硬件资源和数据资源，如计算处理能力、大容量磁盘、高速打印机、绘图仪、通信线路、数据库、文件和其他计算机中的有关信息等。"共享"指的是网络中的用户能够部分或全部地使用这些资源。受经济和其他因素的制约，所有用户并非（也不可能）都能独立拥有这些资源，所以网络中的计算机不仅可以使用自身的资源，还可以共享网络中的资源，从而增强网络中的计算机的处理能力，提高计算机软/硬件的利用率。

（3）集中管理。计算机网络可实现数据通信与资源共享的功能，使得在一台或多台服务器上管理与运行网络中的资源成为可能。计算机网络能实现数据的统一集中管理，这一功能在现实企业中尤为重要。

（4）分布式处理。随着网络技术的发展，分布式处理成为可能。分布式处理通过算法将大型的综合性问题交给不同的计算机同时进行处理，用户可以根据需要合理选择网络资源，以实现快速处理，大大提高了整个系统的性能。

4.1.2 计算机网络类别

根据需要，可以将计算机网络分为不同类别。按照覆盖的地理范围进行分类，可将计算机分为广域网、局域网、城域网等。

1. 广域网

广域网（Wide Area Network，WAN）覆盖的地理范围为几十千米到几千千米。广域网通常覆盖几个城市、几个国家、几个洲，甚至全球，形成国际性的远程网络。某广域网拓扑如图 4.2 所示。它将分布在不同地区的计算机系统互联起来，达到资源共享的目的。

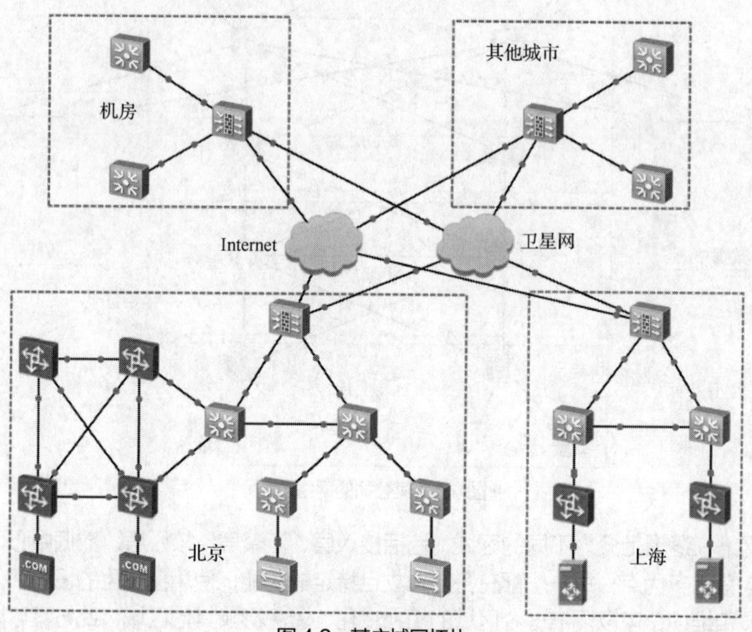

图4.2 某广域网拓扑

广域网的主要特点如下。

① 传输距离远，传输速率较慢，建设成本高。

② 广域网的通信子网主要使用分组交换技术，可以利用公用分组交换网、卫星通信网和无线分组交换网。

③ 广域网需要适应规范化的网络协议和完善通信服务与网络管理的要求。

2. 局域网

局域网（Local Area Network，LAN）是一种私有封闭型网络，在一定程度上能够防止信息泄露和外部网络病毒的攻击，具有较高的安全性。其特点就是分布范围有限、可大可小，大到一栋建筑楼与相邻建筑之间的连接，小到办公室之间的连接。某公司局域网拓扑如图 4.3 所示。局域网将一定区域内的各种计算机、外部设备和数据库连接起来形成计算机通信网；通过专用数据线路与其他地方的局域网或数据库连接，形成更大范围的信息处理系统。局域网通过网络传输介质将网络服务器、网络工作站、打印机等网络互联设备连接起来，实现系统管理文件，共享应用软件、办公设备，发送工作日程安排等通信服务。

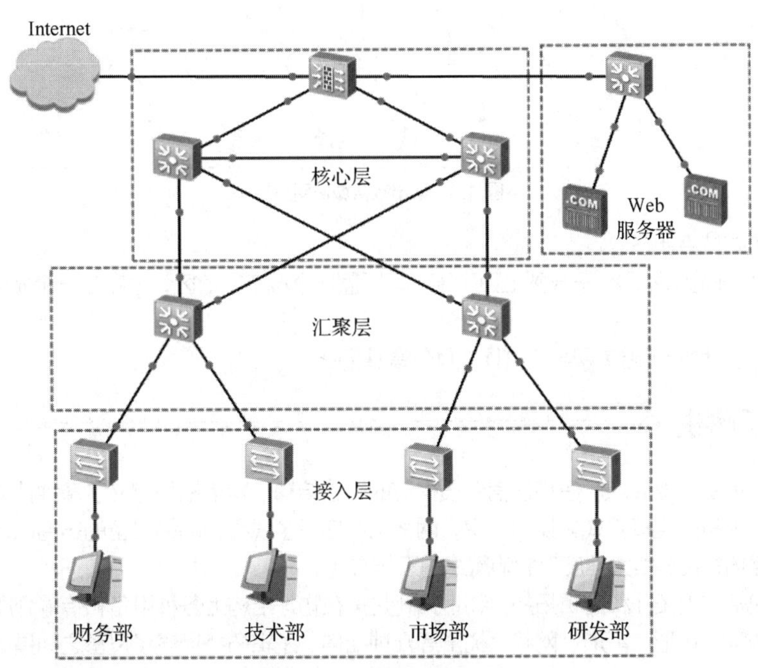

图 4.3　某公司局域网拓扑

局域网的主要特点如下。

① 局域网的组建简单、灵活，使用方便，传输速率快，传输速率可达到 100～1000Mbit/s，甚至可以达到 10Gbit/s。

② 局域网覆盖的地理范围有限，适用于一个公司，一般不超出方圆 1km。

③ 决定局域网特性的主要技术要素为网络拓扑、传输介质等。

3. 城域网

城域网（Metropolitan Area Network，MAN）是在一个城市范围内建立的计算机通信网络，它介于局域网与广域网之间，使用广域网技术进行组网。它的一个重要用途是用作骨干网，将位于同一城市内不同地点的主机、数据库，以及局域网等互相连接起来，以实现大量用户之间的数据、语音、图形与视频等多种信息的传输，这与广域网的作用有相似之处。某市教育城域网拓扑如图 4.4 所示。

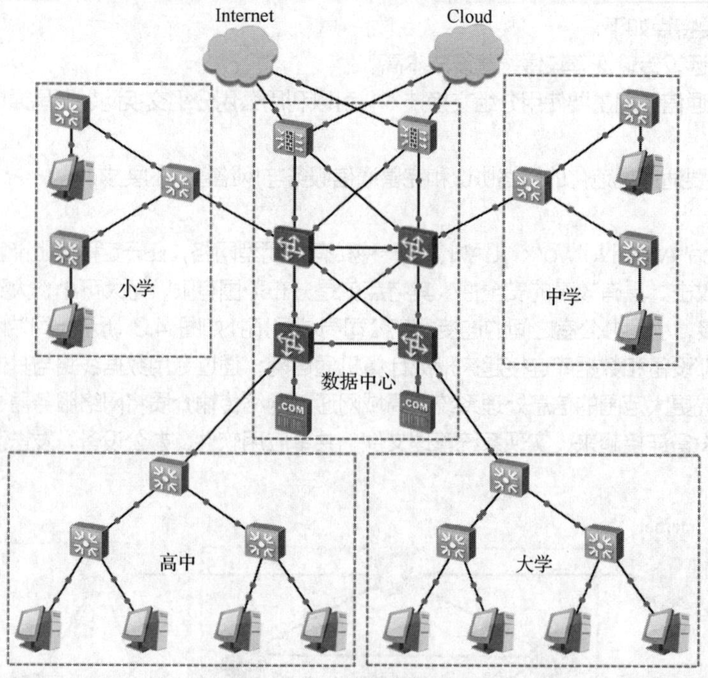

图 4.4　某市教育城域网拓扑

城域网的主要特点如下。

① 城域网地理范围为几十千米到上百千米，可覆盖一个城市或地区，分布在一个城市内，是一种中型网络。

② 城域网是一种介于局域网与广域网之间的高速网络。

4.1.3　网络拓扑

网络拓扑是指由网络节点设备和通信介质构成的网络结构。网络拓扑定义了各种计算机、打印机、网络设备和其他设备的连接方式。换句话说，网络拓扑描述了线缆和网络设备的布局以及数据传输时采用的路径。网络拓扑会在很大程度上影响网络的工作方式。

网络拓扑包括物理拓扑和逻辑拓扑。物理拓扑是指在物理结构上各种设备和传输介质的布局，物理拓扑通常有总线型、环形、星形、网状、树形等几种结构。逻辑拓扑描述了设备之间是如何通过物理拓扑进行通信的。

1. 总线型拓扑

总线型拓扑是被普遍采用的一种结构，它将所有的入网计算机均接入一条通信线，为防止信号反射，一般在总线两端接有终结器以匹配线路阻抗。

总线型拓扑的优点是信道利用率较高，结构简单，价格相对便宜；缺点是同一时刻只能有两个网络节点相互通信，网络延伸距离有限，网络容纳节点数有限。总线上只要有一个节点出现连接问题，就会影响整个网络的正常运行。目前，局域网中多采用此种结构，如图 4.5 所示。

2. 环形拓扑

环形拓扑将各台联网的计算机用通信线路连接成一个闭合的环。

环形拓扑是一种点到点的环形结构。每台设备都直接连接到环上，或通过一个端口设备和分支电缆连接到环上。在初始安装时，环形拓扑网络比较简单；但随着网络中节点的增加，重新配置的难度也会增加，它对环的最大长度和环上设备总数有限制。此结构可以很容易地找到电缆的故障点，受故障影响的设备范围大，在单环系统上出现的任何错误都会影响网络中的所有设备。环形拓扑如图 4.6 所示。

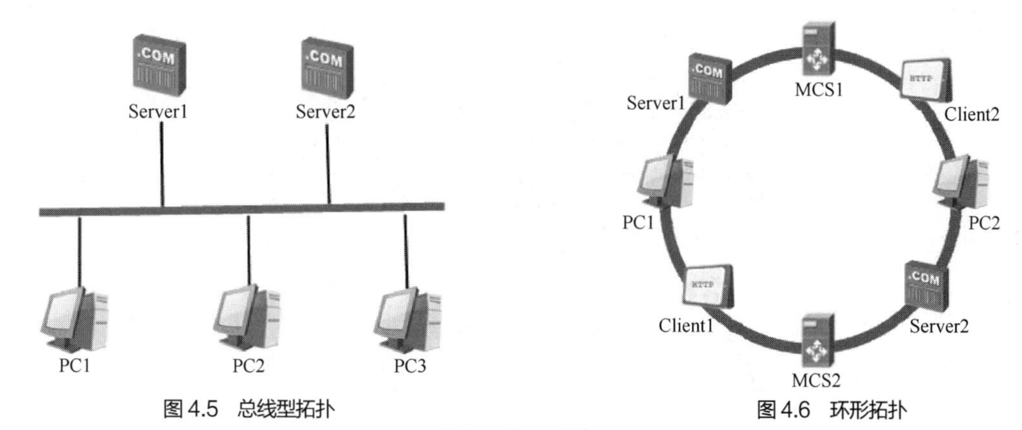

图 4.5　总线型拓扑　　图 4.6　环形拓扑

3. 星形拓扑

星形拓扑是以一个节点为中心的处理系统，各种类型的入网设备均与该中心节点以物理链路直接相连。

星形拓扑的优点是结构简单，建网容易，控制相对简单；缺点是属于集中控制，主节点负载过重，可靠性低，通信线路利用率低。星形拓扑如图 4.7 所示。

4. 网状拓扑

网状拓扑分为全连接网状结构和不完全连接网状结构两种形式。在全连接网状结构中，每一个节点和网络中其他节点均有链路连接。在不完全连接网状结构中，两个节点之间不一定有直接链路连接，它们之间的通信依靠其他节点转接。这种网络结构的优点是节点间路径多，碰撞和阻塞可大大减少，局部的故障不会影响整个网络的正常工作，可靠性高；网络扩充和主机入网比较灵活、简单。但这种网络结构关系复杂，不易建网，网络控制机制复杂。广域网中一般使用不完全连接网状结构。网状拓扑如图 4.8 所示。

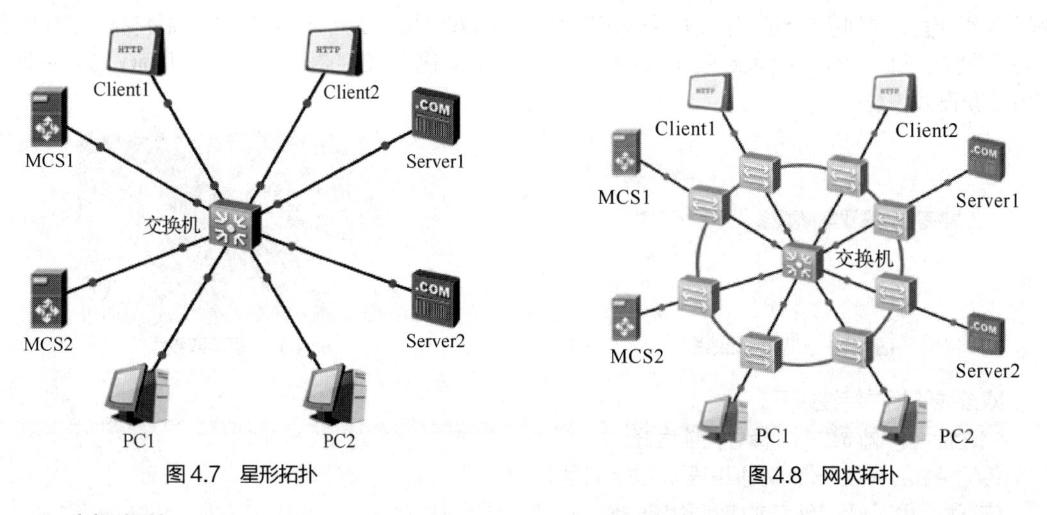

图 4.7　星形拓扑　　图 4.8　网状拓扑

5. 树形拓扑

树形拓扑由总线型拓扑演变而来。其形状像一棵倒置的树，顶端是树根，下面是树根分支，每个分支还可再带子分支，树根接收各节点发送的数据，并广播发送到全网。此结构扩展性好，容易诊断出错误，但对根节点要求较高。树形拓扑如图 4.9 所示。

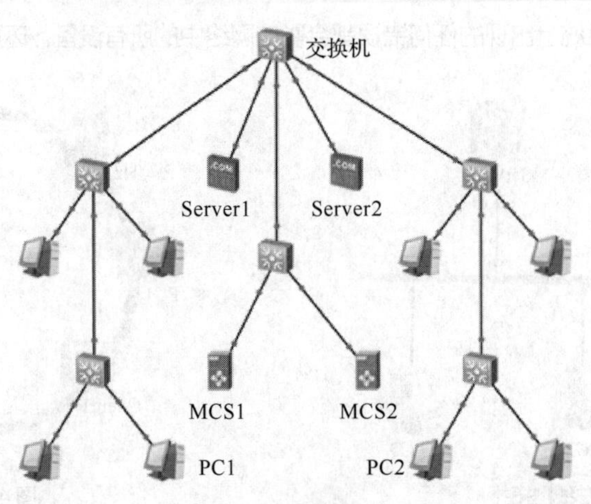

图 4.9 树形拓扑

4.1.4 网络传输介质

网络传输介质可分为有线传输介质（如双绞线、同轴电缆、光纤等）和无线传输介质（如无线电波、微波、红外线和激光等）两大类。网络传输介质是指在网络中传输信息的载体，不同的传输介质的特性各不相同，其特性对网络中的数据通信速率、通信质量有较大影响。

1. 有线传输介质

有线传输介质是指在两个通信设备之间实现信号传输的物理连接部分，它能将信号从一方传输到另一方。有线传输介质主要有双绞线、同轴电缆和光纤。双绞线和同轴电缆传输电信号，光纤传输光信号。

（1）双绞线。双绞线（Twisted Pair，TP）是计算机网络中最常见的传输介质之一，由两根互相绝缘的铜线组成，其典型直径为 1mm。将两根铜线拧在一起，就可以减少邻近线对电信号的干扰。双绞线既能用于传输模拟信号，又能用于传输数字信号，其带宽取决于铜线的直径和传输距离。双绞线性能较好且价格便宜，得到了广泛应用。双绞线可以分为非屏蔽双绞线（Unshielded Twisted Pair，UTP）和屏蔽双绞线（Shielded Twisted Pair，STP）两种，分别如图 4.10 和图 4.11 所示。屏蔽双绞线的性能优于非屏蔽双绞线。

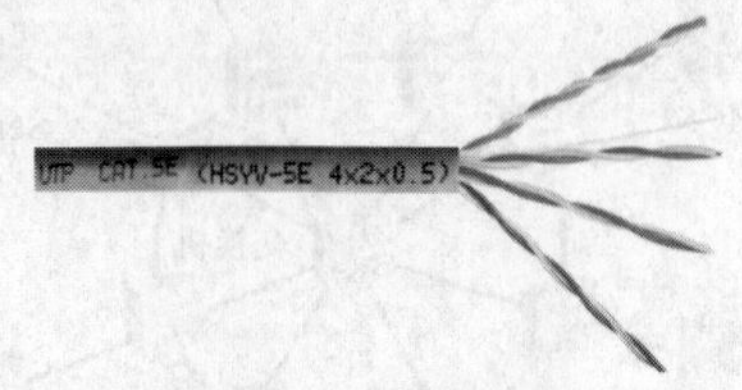

图 4.10 非屏蔽双绞线

图 4.11 屏蔽双绞线

双绞线的相关特性如下。

物理特性：铜质线芯，传导性能良好。

传输特性：可用于传输模拟信号和数字信号。

连通性：可用于点到点或点到多点连接。

地理范围：可传输 100m。

传输速率：传输速率可达 10～1000Mbit/s。

抗干扰性：低频（10kHz 以下）抗干扰性强于同轴电缆，高频（10～100kHz）抗干扰性弱于同轴电缆。

相对价格：比同轴电缆和光纤价格便宜得多。

在 EIA/TIA（美国电子工业协会/美国通信工业协会）布线标准中规定了两种双绞线的接线标准，即 EIA/TIA-568A 与 EIA/TIA-568B。

EIA/TIA-568A 标准：绿白-1，绿-2，橙白-3，蓝-4，蓝白-5，橙-6，棕白-7，棕-8。

EIA/TIA-568B 标准：橙白-1，橙-2，绿白-3，蓝-4，蓝白-5，绿-6，棕白-7，棕-8。

两端接线标准相同，都为 EIA/TIA-568A 或 EIA/TIA-568B 的双绞线叫作直接线；两端接线标准不相同，一端为 EIA/TIA-568A，另一端为 EIA/TIA-568B 的双绞线叫作交叉线。

目前，EIA/TIA 为双绞线定义了 6 种不同质量的型号，这 6 种型号如下。

① 1 类线：主要用于语音传输（如 20 世纪 20 年代初之前的电话线缆），不用于数据传输。

② 2 类线：传输频率为 1MHz，用于语音传输和最高传输速率为 4Mbit/s 的数据传输，常见于使用 4Mbit/s 规范令牌传输协议的令牌环网。

③ 3 类线：指目前在 ANSI 和 EIA/TIA-586 标准中指定的线缆，该类线缆的传输频率为 16MHz，用于语音传输及最高传输速率为 10Mbit/s 的数据传输，主要用于 10BASE-T 网络。

④ 4 类线：该类线缆的传输频率为 20MHz，用于语音传输和最高传输速率为 16Mbit/s 的数据传输，主要用于基于令牌的局域网和 10BASE-T/100BASE-T 网络。

⑤ 5 类线：该类线缆简称 CAT5，增加了绕线密度，外套是一种高质量的绝缘材料，传输频率为 100MHz，用于语音传输和最高传输速率为 10Mbit/s 的数据传输，主要用于 100BASE-T 和 10BASE-T 网络。

超 5 类线：超 5 类线衰减小，串扰小，有更小的延时误差，性能得到了极大提高，主要用于吉比特以太网。

⑥ 6 类线：该类线缆简称 CAT6，其传输频率为 1～250MHz。6 类布线系统的传输频率在 200MHz 时，综合衰减串扰比应该有较大的余量，它能提供 2 倍于超 5 类线的带宽。6 类布线的传输性能远远强于超 5 类线，适用于传输速率高于 1Gbit/s 的应用。6 类线与超 5 类线的一个重要不同点在于其改善了串扰及回波损耗方面的性能。对于新一代全双工的高速网络应用而言，优良的回波损耗性能是极为重要的。6 类线标准中取消了基本链路模型，布线标准采用星形拓扑，布线距离的要求如下：永久链路的长度不能超过 90m，信道长度不能超过 100m。

（2）同轴电缆。同轴电缆比双绞线的屏蔽性更好，因此可以将电信号传输得更远。它以硬铜线为芯（导体），外包一层绝缘材料（绝缘层），这层绝缘材料被密织的网状导体环绕构成屏蔽，其外又覆盖一层保护性材料（护套），如图 4.12 所示。同轴电缆的这种结构使它具有更高的带宽和极好的噪声抑制特性。同轴电缆可分为细同轴电缆和粗同轴电缆，常用的有 75Ω和 50Ω的同轴电缆，75Ω的同轴电缆用于有线电视（Cable Television，CATV），总线型结构的以太网用的是 50Ω的同轴电缆。

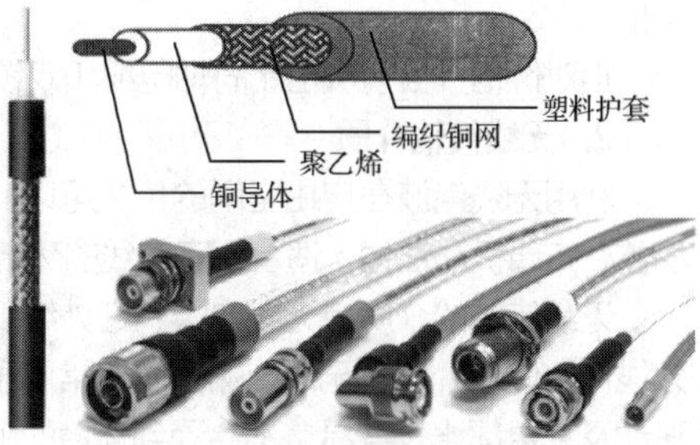

图 4.12　同轴电缆

同轴电缆的相关特性如下。

物理特性：单根同轴电缆直径为 1.02～2.54cm，可在较宽频率范围内工作。

传输特性：基带同轴电缆仅用于数字传输，并使用曼彻斯特编码，数据传输速率最高可达 10Mbit/s，基带同轴电缆被广泛用于局域网中。为保持同轴电缆的正确的电气特性，电缆必须接地，同时两头要有端接器来削弱信号的反射。宽带同轴电缆可用于模拟信号和数字信号的传输。

连通性：可用于点到点或点到多点的连接。

地理范围：基带同轴电缆的最大距离限制在 185m，网络的最大长度为 925m，每个网络支持的最大节点数为 30；宽带同轴电缆的最大距离可达 500m，网络的最大长度为 2500m，每个网络支持的最大节点数为 100。

抗干扰性：抗干扰性比双绞线强。

相对价格：比双绞线贵，比光纤便宜。

（3）光纤。光纤广泛应用于计算机网络的主干网中，通常可分为单模光纤和多模光纤，分别如图 4.13 和图 4.14 所示。单模光纤具有更大的通信容量和更远的传输距离。常用的多模光纤是 64.5μm 芯/125μm 外壳和 50μm 芯/125μm 外壳，它是由纯石英玻璃制成的，纤芯外面包裹着一层折射率比纤芯低的包层，包层外是一层塑料护套。光纤通常被扎成束，外面有外壳保护，光纤的传输速率可达 100Gbit/s。

图 4.13　单模光纤

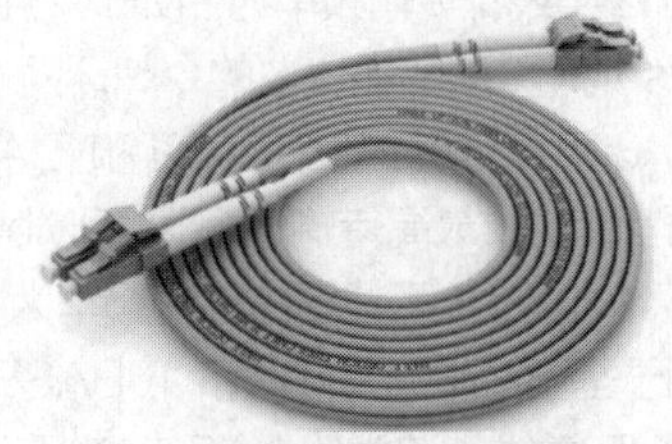

图 4.14　多模光纤

只要射到光纤截面的光线的入射角大于某一临界角度，就可以产生全反射。当有许多条从不同角度入射的光线在一根光纤中传输时，这种光纤就称为多模光纤。

当光纤的直径小到与光波的波长在同一数量级时，光以平行于光纤中的轴线的形式直线传播，这样的光纤称为单模光纤。

光纤通过内部的全反射来传输一束经过编码的光信号，实际上光纤此时是频率范围为 1014～1015Hz 的波导管，这一范围覆盖了可见光谱和部分红外光谱。光纤的数据传输速率可达吉比特/秒级，传输距离可达数十千米。

连通性：采用点到点或点到多点连接。

传输距离：可以在 6～8km 的距离内不用中继器传输，因此光纤适用于在几个建筑物之间通过点到点的链路连接局域网。

抗干扰性：不受噪声或电磁波影响，适合在长距离内保持高数据传输速率，而且能够提供良好的安全性。

相对价格：目前价格比同轴电缆和双绞线都贵。

2．无线传输介质

利用无线电波在自由空间的传播可以实现多种无线通信。无线传输突破了有线网的限制，能够穿透墙体，布局机动性强，适合不宜布线的环境（如酒店、宾馆等），为网络用户提供移动通信。

无线传输的介质有无线电波、红外线、微波、卫星和激光。在局域网中，通常只使用无线电波和红外线作为传输介质。无线传输介质通常用于广域互联网的广域链路的连接。无线传输的优点在于安装、移动及变更都比较容易，不会受到环境的限制；但信号在传输过程中容易受到干扰且易被窃取，其初期的安装费用比较高。

（1）无线电波

无线电波通信主要靠大气层的电离层反射，电离层会随季节、昼夜及太阳活动的情况而变化，这就会导致电离层不稳定，从而产生传输信号的衰弱现象。电离层反射会产生多径效应。多径效应是指同一个信号经不同的反射路径到达同一个接收点，其强度和时延都不相同，使得最后得到的信号失真很大。

利用无线电波电台进行数据通信在技术上是可行的，但短波信道的通信质量较差，一般利用短波无线电台进行几十到几百比特/秒的低速数据传输。

（2）微波

微波通信广泛用于长距离的电话干线（有些微波干线目前已被光纤代替）、移动电话通信和电视节目转播。

微波通信主要有两种方式：地面微波接力通信和卫星通信。

① 地面微波接力通信。地球表面是弯曲的，信号直线传输的距离有限，增加天线高度虽可以延长传输距离，但更远的距离必须通过微波中继站来“接力”。一般来说，微波中继站建在山顶上，两个中继站之间大约相隔 50km，中间不能有障碍物。

地面微波接力通信可有效地传输电报、电话、图像、数据等信息。微波波段频率高，频段范围很宽，因此其通信信道的容量很大且传输质量及可靠性较高。微波通信与相同容量和长度的电缆载波通信相比，建设投资少、见效快。

地面微波接力通信也存在一些缺点，如相邻站之间必须直视，不能有障碍物。有时一个天线发出的信号会通过几条略有差别的路径先后到达接收天线，造成一定的失真；微波的传播有时会受到恶劣气候环境的影响，如雨雪天气对微波产生的吸收损耗；与电缆通信相比较，微波通信可被窃听，安全性和保密性较差；另外，大量中继站的使用和维护要耗费一定的人力及物力，高可靠性的无人中继站目前还不容易实现。

② 卫星通信。卫星通信就是利用位于 36000km 高空的人造地球同步卫星作为太空无人值守的微波中继站的一种特殊形式的微波接力通信。

卫星通信可以突破地面微波接力通信的距离限制，其最大特点就是通信距离远，通信费用与通信距离无关。同步卫星发射出的电磁波可以辐射到地球 1/3 以上的表面。只要在地球赤道上空的同步轨道上等距离地放置 3 颗卫星，就能基本实现全球通信。卫星通信的频带比地面微波接力通信的更宽，通信容量更大，信号所受的干扰较小，误码率也较小，通信比较稳定、可靠。

（3）红外线和激光

红外线通信和激光通信就是把要传输的信号分别转换为红外线信号和激光信号，使它们直接在自由空间沿直线进行传播。红外线通信和激光通信比微波通信具有更强的方向性，难以窃听、不相互干扰，但红外线和激光对雨雾等环境干扰特别敏感。

红外线因对环境气候较为敏感，一般用于室内通信，如组建室内的无线局域网，用于便携机之间相互通信。但此时便携机和室内必须安装全方向性的红外发送和接收装置。

在建筑物顶上安装激光收发器，就可以利用激光连接两个建筑物中的局域网，但因激光硬件会发出少量射线，故必须经过特许才能安装。

4.2 认识交换机

不同厂商、不同型号的交换机的外形结构不同，但它们的功能、端口类型几乎差不多，具体可参考相应厂商的产品说明书。

4.2.1 交换机外形结构

常用的交换机有两种类型：二层交换机和三层交换机。这里主要介绍华为 S5700 系列以太网交换机产品。

（1）S5700 系列以太网交换机前面板如图 4.15 所示。

（2）对应端口。

① RJ45 端口：24 个 10/100BASE-TX，5 类 UTP 或 STP。

② SFP 端口：4 个 1000BASE-X SFP。

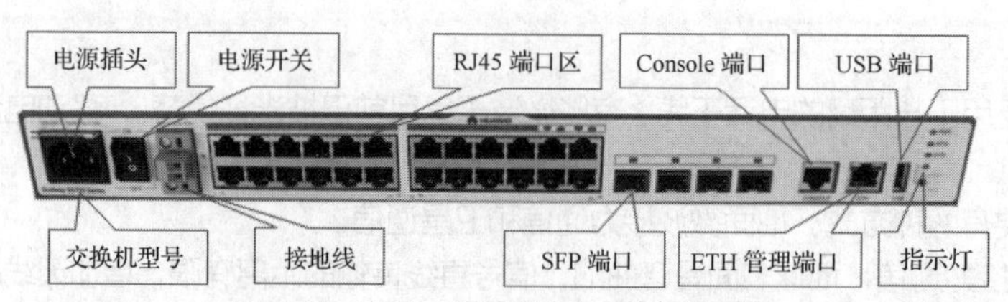

图 4.15　S5700 系列以太网交换机前面板

SFP 端口的主要作用是信号转换和数据传输，其端口符合 IEEE 802.3ab 标准（如 1000BASE-T），最大传输速率可达 1000Mbit/s（交换机的 SFP 端口支持 100/1000Mbit/s 的数据传输速率）。

SFP 端口对应的模块是 SFP 光模块——一种将电信号转换为光信号的端口器件，可插在交换机、路由器、媒体转换器等网络设备的 SFP 端口上，用来连接光或铜网络线缆进行数据传输，通常用在以太网交换机、路由器、防火墙和网络端口卡中。

吉比特交换机的 SFP 端口可以连接不同类型的光纤（如单模光纤和多模光纤）跳线和网络跳线（如 CAT5e 和 CAT6）来扩展整个网络的交换功能，但吉比特交换机的 SFP 端口在使用前必须先插入 SFP 光模块，再使用光纤跳线和网络跳线进行数据传输。

现如今市面上大多数交换机至少具备两个 SFP 端口，可通过光纤跳线和网络跳线等线缆的连接构建不同建筑物、楼层或区域之间的环形或星形网络拓扑。

③ Console 端口：用于配置、管理交换机，使用交叉线连接。

④ ETH 管理端口：用于配置、管理交换机，以及升级交换机操作系统。

⑤ USB 端口：1 个 USB 4.0 端口，用于 Mini-USB 控制台端口或串行辅助端口。

（3）计算机与交换机接线如图 4.16 所示。

图 4.16　计算机与交换机接线

4.2.2　交换机工作原理

交换机工作在数据链路层，拥有一条高带宽的背板总线和一个内部交换矩阵，交换机的端口都直接连接在这条背板总线上。前端 ASIC 芯片控制电路收到数据帧以后，会查找内存中的 MAC 地址表，确定目的 MAC 地址连接在哪个端口上，通过内部交换矩阵迅速将数据帧传送到目的端口。若目的 MAC 地址不存在，则将数据帧广播到剩余的所有端口。

一般来说，交换机的每个端口都用来连接一个独立的网段，相应的网段上发生的冲突不会影响其他网段。通过增加网段数量，减少每个网段中的用户数量，可以减少网络内部冲突，从而优化网络的传输环境。二层交换机通过源 MAC 地址表来获取与特定端口相连的设备的地址，并根据目的 MAC 地址来决定如何处理收到的数据帧，但是有时为了提供更快的接入速度，我们可以把一些重要网络的计算机直接连接到交换机的端口上。这样，网络的关键服务器和重要用户就能拥有更快的接入速度，以及更大的信息流量。

1．网络连接

像集线器一样，交换机提供了大量可供线缆连接的端口，可以采用星形拓扑进行连接，交换机在转发数据帧时，可能会重新产生一个不失真的方形电信号。交换机每个端口上都使用相同的转发或过滤逻辑，可以将局域网分为多个冲突域，每个冲突域都有独立的宽带，因此可大大提高局域网的带宽。除了具有网桥、集线器和中继器的功能以外，交换机还具有更先进的功能，如VLAN。

2. 地址自主学习

交换机通过查看接收到的每个帧的源MAC地址，来学习每个端口连接设备的MAC地址，再建立地址表到端口的映射关系，并将地址同相应的端口映射起来存放在交换机缓存的MAC地址表中，从而学习到整个网络的地址情况。

3. 转发过滤

当一个数据帧的目的MAC地址在MAC地址表中有映射时，它将被转发到连接目的节点的端口，而不是所有端口（如果该数据帧为广播帧或组播帧，则转发至所有端口）。

4. 消除回路

当交换机包括一个冗余回路时，以太网交换机通过生成树协议避免回路的产生，同时允许存在后备路径。

交换机除了能够连接同种类型的网络之外，还可以在不同类型的网络（如以太网和快速以太网）之间起到互联作用。如今许多交换机能够提供支持快速以太网或光纤分布式数据接口（Fiber Distributed Data Interface，FDDI）等的高速连接端口，用于连接网络中的其他交换机，或者为带宽占用量大的关键服务器提供附加带宽。

5. 交换机地址学习和转发过滤

（1）地址学习。由于交换机的MAC地址表存放在RAM中，在交换机刚通电启动时（冷启动），MAC地址表为空，如图4.17所示。初始化之前，交换机不知道主机连接的是哪个端口，交换机收到数据帧后，将数据帧广播到除了发送端口之外的所有端口，此过程称为泛洪。

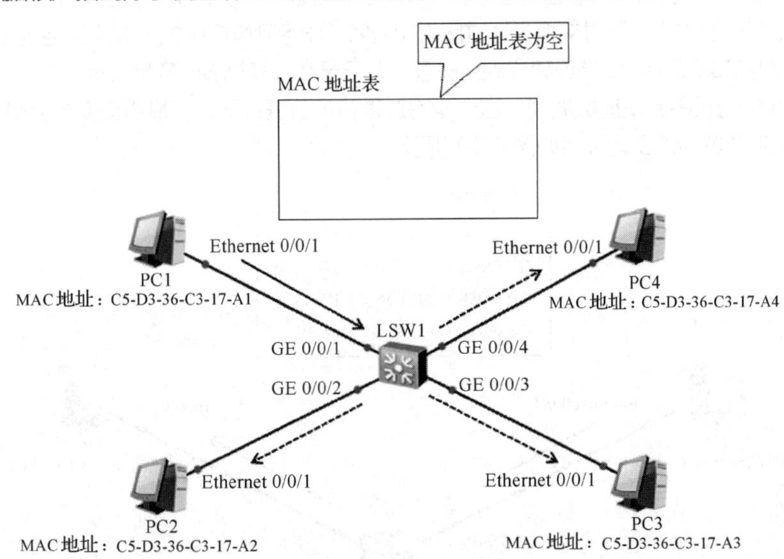

图4.17 MAC地址表初始化

当交换机从某端口收到一个数据帧后，首先取出该数据帧中的源MAC地址，然后查看交换机MAC地址表，确定MAC地址表中是否存在该MAC地址，如果MAC地址表中不存在该数据帧中的源MAC地址，则将该MAC地址及连接交换机的端口号写入MAC地址表，即交换机学习到一条MAC地址记录。通常将这一过程称为交换机的地址学习过程。

若主机PC1要给主机PC3发送数据帧，且数据帧的源MAC地址是主机PC1的MAC地址（C5-D3-36-C3-17-A1），目的MAC地址是主机PC3的MAC地址（C5-D3-36-C3-17-A3），初始化 MAC 地址表为空，因此交换机把收到的该数据帧通过广播方式泛洪到所有端口上；同时交换机通过解析数据帧获得这个数据帧的源 MAC 地址，对该 MAC 地址和发送端口建立映射关系，并记录在 MAC 地址表中，这样交换机就学习到主机 PC1 位于 GE 0/0/1 端口上，如图 4.18 所示。

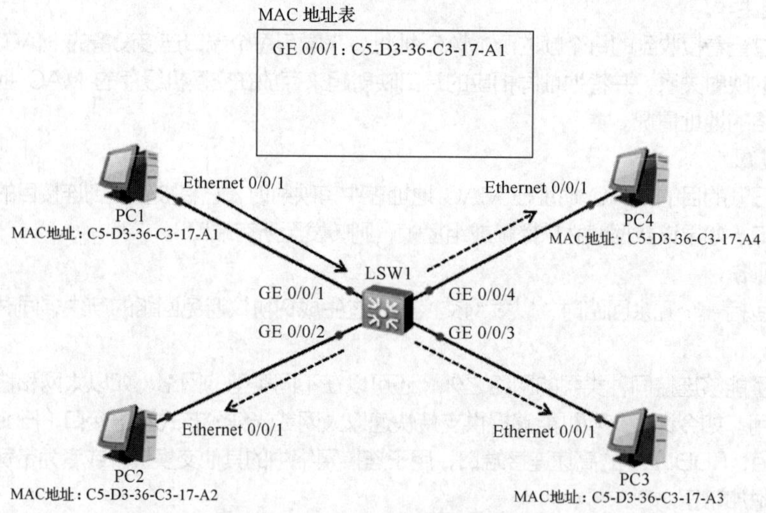

图 4.18　在 MAC 地址表中添加地址

网络中的其他主机通过广播也收到该数据帧，但会丢弃该数据帧，只有目的主机 PC3 才会响应这个数据帧，并按要求返回响应帧，响应帧的目的 MAC 地址为主机 PC1 的 MAC 地址。返回的响应帧到达交换机后，由于这个目的 MAC 地址已经记录在 MAC 地址表中，交换机就按照表中记录，将其由对应的 GE 0/0/1 端口转发出去；同时交换机通过解析响应帧，学习到响应帧的源 MAC 地址（主机 PC3 的 MAC 地址），对其和 GE 0/0/3 端口建立映射关系，并记录在交换机 MAC 地址表中。

随着网络中的主机不断发送数据帧，这个学习过程将不断进行下去，最终交换机会得到整个网络的 MAC 地址表，完整的 MAC 地址表如图 4.19 所示。

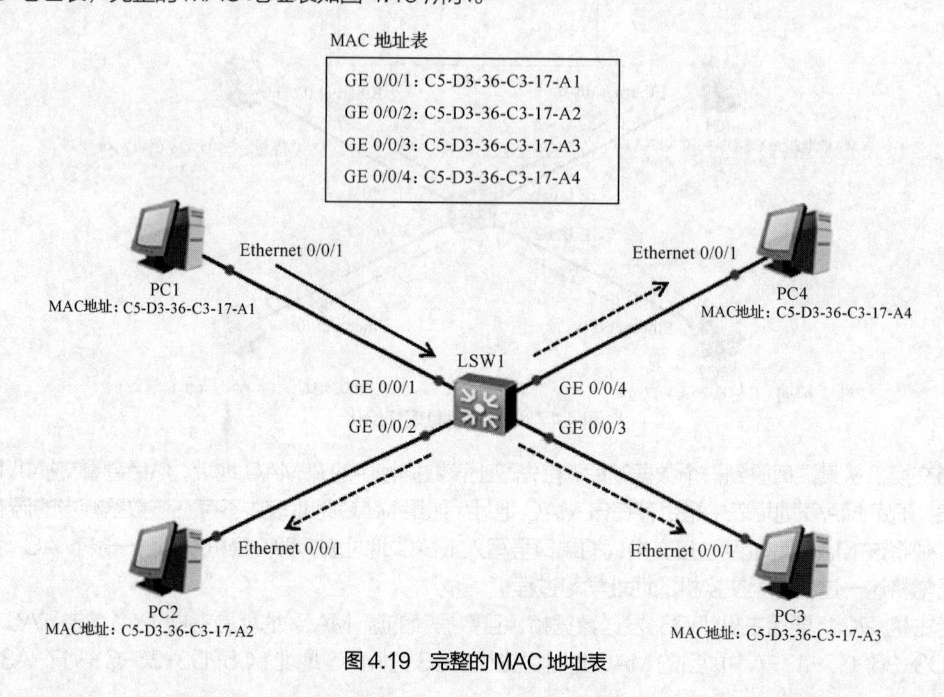

图 4.19　完整的 MAC 地址表

需要注意的是，交换机通过 MAC 地址表决定如何处理数据帧，由于 MAC 地址表中的条目有生命周期，如果交换机长时间没有从该端口收到具有相同源 MAC 地址的帧，则其会刷新 MAC 地址表，此时交换机会认为该主机已与这个端口断开连接，于是这个条目将从 MAC 地址表中删除。默认情况下，交换机的老化时间为 300s，超过这个时间交换机就会刷新 MAC 地址表。如果该端口收到的帧的源 MAC 地址发生了改变，则交换机会用新的源 MAC 地址改写 MAC 地址表中该端口对应的 MAC 地址。交换机中的 MAC 地址表将一直保持最新的记录，以提供更准确的转发策略。

（2）转发过滤。交换机收到目的 MAC 地址后，将按照记录在 MAC 地址表中的映射关系，把接收到的帧从相应端口转发出去。当主机 PC1 再次将帧发送给主机 PC3 时，主机的网卡会先封装数据帧（帧头+MAC-PC3+MAC-PC1+Data+校验位）。当该帧传输到交换机上时，交换机的 ASIC 芯片会解析帧，由于目的 MAC 地址（主机 PC3 的 MAC 地址为 C5-D3-36-C3-17-A3）记录在交换机的 MAC 地址表中，交换机将按照查找到的 MAC 地址直接将该帧从相应的端口转发出去，如图 4.20 所示。

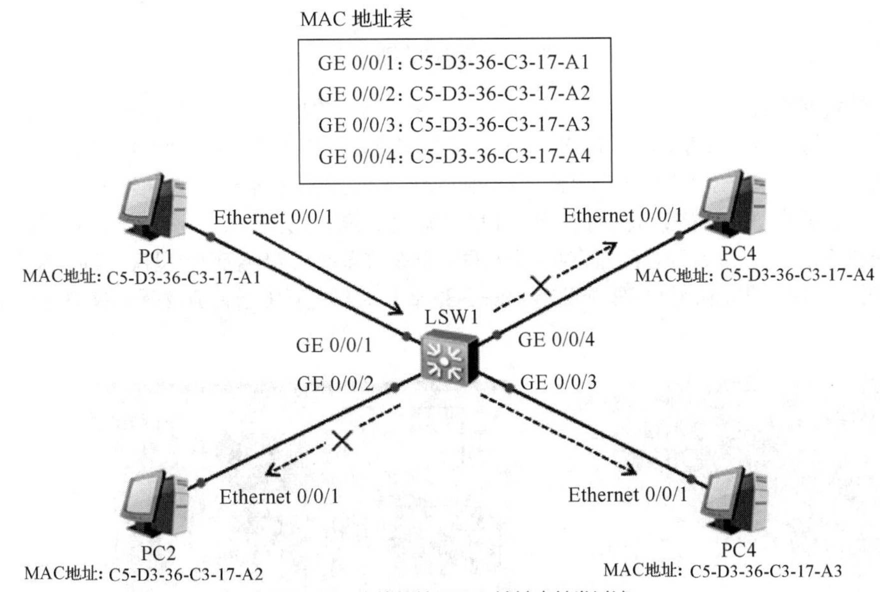

图 4.20 交换机按 MAC 地址表转发过滤

主机 PC1 向主机 PC3 发送帧的过程可以描述如下。

① 交换机将帧的目的 MAC 地址和 MAC 地址表中的条目进行比较。

② 发现帧可以通过 GE 0/0/3 端口到达目的主机，便将帧从该端口转发出去。

③ 通过交换机 MAC 地址表的过滤，交换机不会再将该帧广播到交换机的 GE 0/0/2 和 GE 0/0/4 端口中，这样就减少了网络中的传输流量，优化了带宽，这种操作被称为帧过滤。

4.2.3 交换机管理方式

通常情况下，交换机可以不经过任何配置就在加电后直接在局域网内使用，但这种方式浪费了可管理型交换机提供的智能网络管理功能；其在局域网内传输效率的优化、安全性、网络稳定性与可靠性等也都不能实现。因此，需要对交换机进行一定的配置和管理。

管理交换机的常用方式有两种：一种是超级终端带外管理方式，另一种是 Telnet 远程或 SSH2 远程带内管理方式。

交换机刚出厂时没有配置任何 IP 地址，因此第一次配置交换机时，只能使用 Console 端口来进行配置，这种配置方式使用专用的配置线缆连接交换机的 Console 端口，不占用网络带宽，因此被称为带外管理方式。其他方式会将网线与交换机端口相连，通过 IP 地址实现，因此被称为带内管理方式。交换机管理方式如图 4.21 所示。

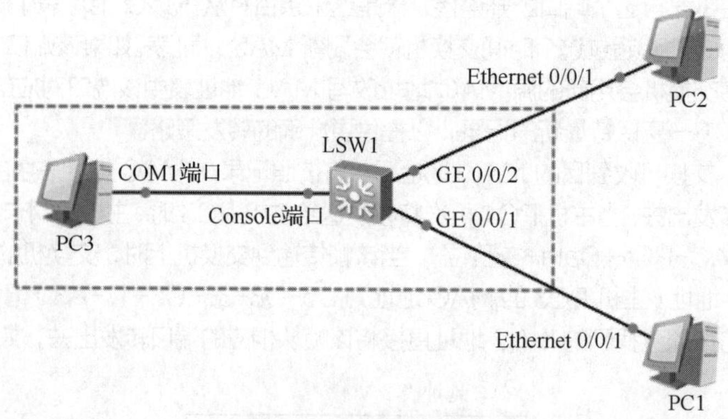

图 4.21　交换机管理方式

1. 带外管理方式

带外管理是通过将计算机串口（COM 端口，见图 4.22）与交换机的 Console 端口（见图 4.23）相连来管理交换机的。不同类型的交换机的 Console 端口所处的位置不同，但交换机面板上的 Console 端口都有“CONSOLE”字样标识。利用交换机的 Console 线缆（见图 4.24）即可将交换机的 Console 端口与计算机串口 COM 端口相连，以便进行管理。现在很多笔记本电脑已经没有 COM 端口，有时为了方便配置与管理，可以利用 USB 端口转 RS-232 端口线缆连接 Console 线缆进行配置、管理，如图 4.25 所示。

图 4.22　计算机串口 COM 端口

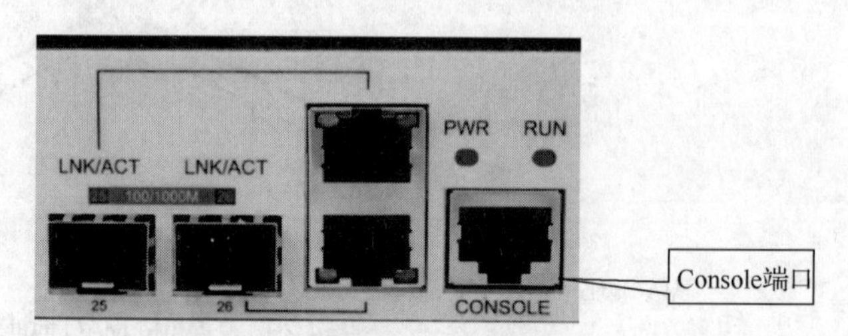

图 4.23　交换机的 Console 端口

图 4.24　交换机的 Console 线缆

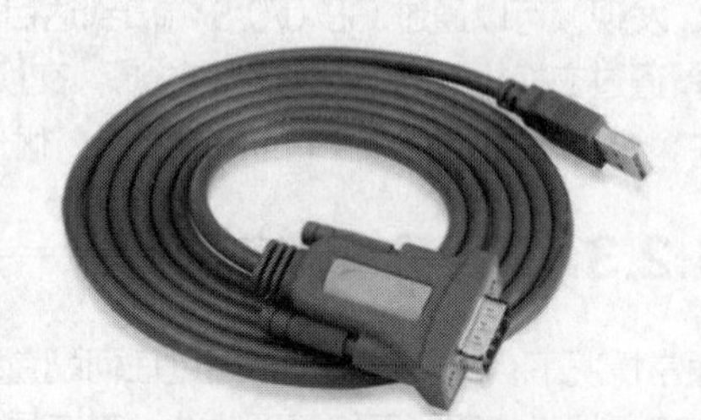

图 4.25　USB 端口转 RS-232 端口线缆

（1）进入超级终端程序。选择“开始”→“所有程序”→“附件”→“超级终端”选项，根据提示进行相关配置，设置超级终端的 COM 属性，如图 4.26 所示。正确设置之后进入交换机用户模式，如图 4.27 所示。

（2）进入 SecureCRT 终端仿真程序。SecureCRT 是一款支持 SSH（SSH1 和 SSH2）的终端

仿真程序，打开 SecureCRT 终端仿真程序，其主界面如图 4.28 所示。单击“连接”按钮，打开“连接”窗口，如图 4.29 所示。单击“属性”按钮，进行“会话”选项的设置。

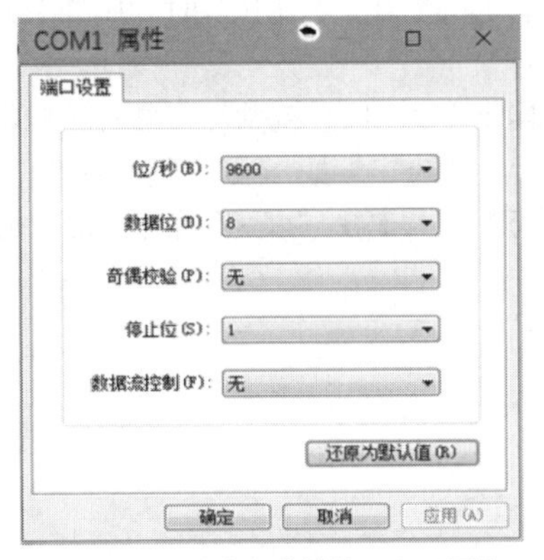

图 4.26　设置超级终端的 COM 属性

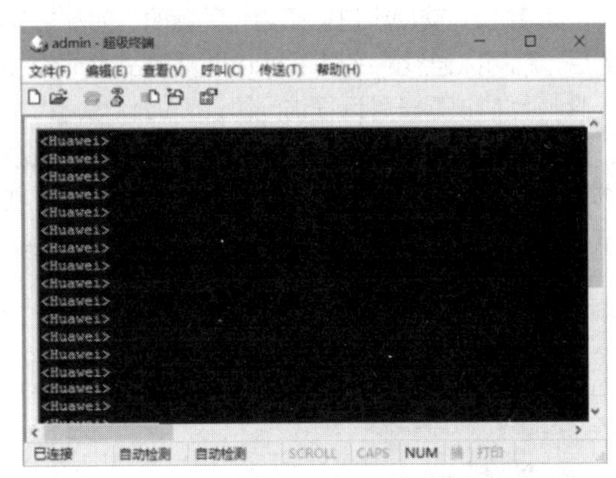

图 4.27　超级终端进入交换机用户模式

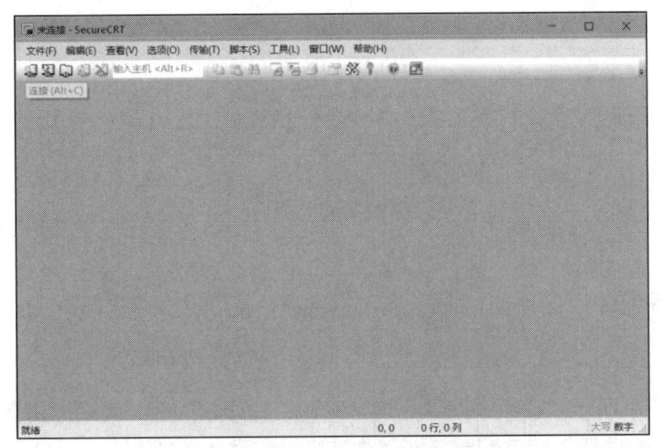

图 4.28　SecureCRT 主界面

图 4.29　“连接”窗口

可以在“协议”选项中选择相应协议进行连接，如 Serial、Telnet、SSH2 等。选择串口 Serial 协议，在“会话选项”对话框中选择“串行”选项，进行相应设置，如图 4.30 所示。正确设置后便可以进入交换机用户模式，如图 4.31 所示。

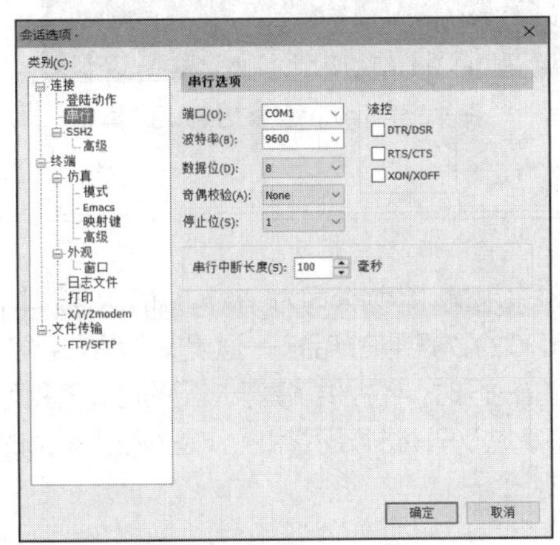

图 4.30　设置“串行”选项

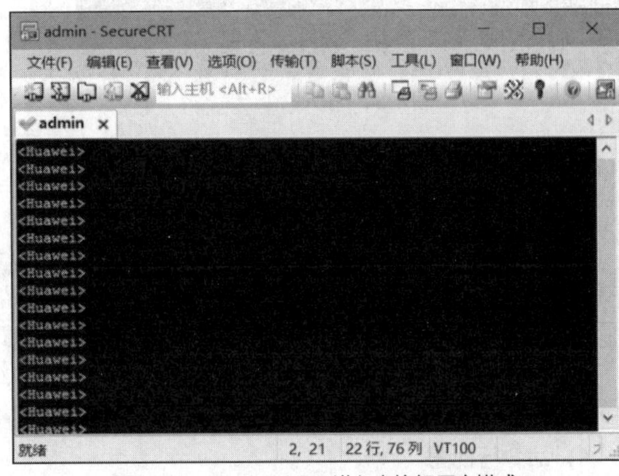

图 4.31　SecureCRT 进入交换机用户模式

2．带内管理方式

带内管理是先通过网线远程连接交换机，再通过 Telnet、SSH 等远程方式管理交换机的。在通过 Console 端口对交换机进行初始化配置时，如配置交换机管理 IP 地址、用户、密码等时，开启 Telnet 服务后，就可以通过网络以 Telnet 远程方式登录交换机。

Telnet 协议是一种远程访问协议，Windows 10 操作系统自带 Telnet 连接功能，需要用户自行开启：打开计算机控制面板，选择“程序”→“启动或关闭 Windows 功能”选项，勾选“Telnet 客户端”复选框，如图 4.32 所示。按 Windows+R 快捷键，弹出“运行”对话框，输入“cmd”命令，如图 4.33 所示，打开 DOS 命令提示符窗口。

图 4.32 勾选“Telnet 客户端”复选框

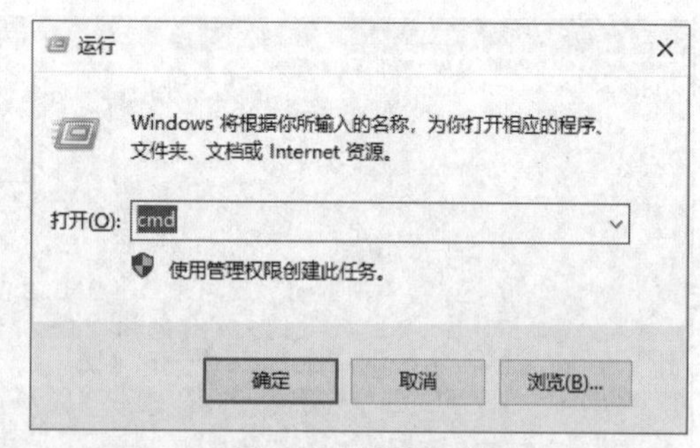

图 4.33 “运行”对话框

输入“telnet+IP 地址”命令，如图 4.34 所示。在系统确认用户、密码、登录权限后，就可以进入 Telnet 登录交换机用户模式，利用 DOS 命令提示符窗口配置及管理交换机，如图 4.35 所示。

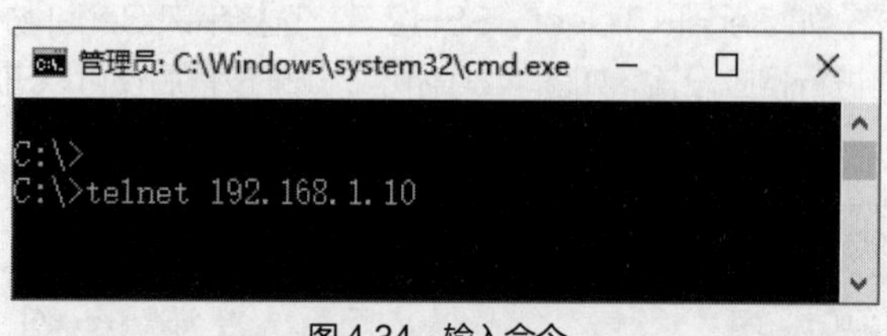

图 4.34 输入命令

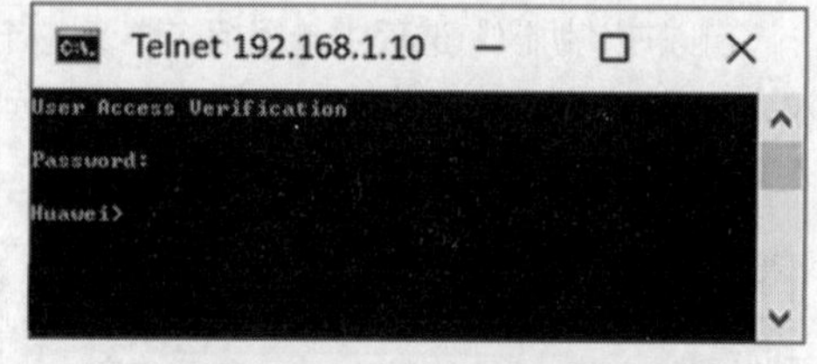

图 4.35 Telnet 登录交换机用户模式

4.2.4 网络设备命令行视图及使用方法

随着越来越多的终端设备接入网络，网络设备的负担也越来越重。华为公司为提高网络的运行效率，开发了基于通用路由平台（Versatile Routing Platform，VRP）的数据通信产品——通用操作系统平台。它以 IP 业务为核心，采用组件化的体系结构，在实现丰富功能的同时，还提供了基于应用的可裁剪和可扩展的功能，使得交换机和路由器的运行效率大大提高。熟练掌握 VRP 进行配置和操作是网络工程师的一项必备技能。

1．命令行视图

交换机的配置管理界面分为若干种模式，根据不同配置管理功能，VRP 分层的命令结构定义了多种命令行视图。每条命令只能在特定视图下执行，且都注册在一个或多个命令行视图下，用户只有先进入这个命令所在的视图，才能执行相应的命令。进入 VRP 系统的配置界面后，VRP 上最先出现的视图是用户视图，相关实例代码如下。

```
<Huawei>system-view              //用户视图
Enter system view, return user view with Ctrl+Z.
[Huawei]                         //系统视图
```

在该视图下，用户可以查看设备的运行状态和统计信息。若要修改系统参数，则用户必须进入系统视图。用户还可以通过系统视图进入其他的功能配置视图，如端口视图和协议视图，如图 4.36 所示。通过提示符可以判断当前所处的视图，例如，“<>”表示用户视图，“[ ]”表示除用户视图以外的其他视图。

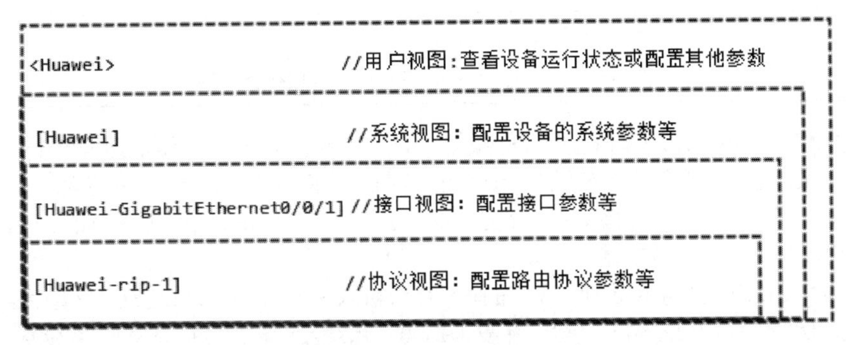

图 4.36　命令行视图

2. 命令行功能

为了简化操作，系统提供了快捷键，使用户能够快速执行相关操作。例如，按 Ctrl+Z 快捷键可以返回到用户视图，相关实例代码如下。

```
<Huawei>system-view
Enter system view, return user view with Ctrl+Z.
[Huawei]interface GigabitEthernet 0/0/6
[Huawei-GigabitEthernet0/0/6]^ z      //按 Ctrl+Z 快捷键返回用户视图
<Huawei>
```

其他快捷键及对应功能如表 4.1 所示。

表 4.1　其他快捷键及对应功能

快捷键	功能
Ctrl+A	把光标移动到当前命令行的最前端
Ctrl+B	将光标向左移动一个字符
Ctrl+C	停止当前命令的执行
Ctrl+D	删除当前光标所在位置右侧的一个字符
Ctrl+E	将光标移动到当前行的末尾
Ctrl+F	将光标向右移动一个字符
Ctrl+H	删除光标左侧的一个字符
Ctrl+N	显示历史命令缓冲区中的后一条命令

续表

快捷键	功能
Ctrl+P	显示历史命令缓冲区中的前一条命令
Ctrl+W	删除光标左侧的一个字符串
Ctrl+X	删除光标左侧的所有字符
Ctrl+Y	删除光标所在位置及其右侧的所有字符
Esc+B	将光标向左移动一个字符串
Esc+D	删除光标右侧的一个字符串
Esc+F	将光标向右移动一个字符串
Backspace	删除光标左侧的一个字符
Tab	输入一个不完整的命令并按 Tab 键，可以补全该命令

还有一些快捷键也可以用来执行类似的操作。例如，与 Ctrl+H 快捷键的功能一样，按退格键（Backspace 键）也可以删除光标左侧的一个字符；向左的方向键（←）与向右的方向键（→）具有与 Ctrl+B 和 Ctrl+F 快捷键相同的功能，向下的方向键（↓）具有与 Ctrl+N 快捷键相同的功能，向上的方向键（↑）可以替换 Ctrl+P 快捷键。

此外，若命令的前几个字母是独一无二的，则系统可以在输完该命令的前几个字母后自动将该命令补充完整。例如，用户只需输入“int”并按 Tab 键，系统自动将命令补充为 interface，相关实例代码如下。

```
<Huawei>sys
Enter system view, return user view with Ctrl+Z.
[Huawei]int        //按 Tab 键补全命令
[Huawei]interface
```

若命令并非独一无二的，则输入命令的前几个字母并按 Tab 键后将显示所有可能的命令。例如，在系统视图下输入“cl”并按 Tab 键，系统会按顺序显示以下命令：cluster、clear。

3. 命令行在线帮助

VRP 提供两种在线帮助功能，分别是部分帮助和完全帮助。

部分帮助指的是当用户输入命令时，如果只记得此命令开头的一个或几个字符，则可以使用命令行的部分帮助功能获取以该字符或字符串开头的所有关键字的提示。例如，在用户视图下输入“c?”，相关实例代码如下。

```
<Huawei>c?
  cd                          check
  clear                       clock
  cluster                     cluster-ftp
  compare                     configuration
  copy
<Huawei>c
```

完全帮助指的是在任一命令视图下，用户可以输入“?”来获取该命令视图下的所有命令及其简单描述。输入一条命令的部分关键字，后接以空格分隔的“?”，如果该位置为关键字，则系统将列出全部关键字及其描述。例如，在用户视图下输入“copy ?”，相关实例代码如下。

```
<Huawei>copy ?
```

```
  STRING<1-64>   [drive][path][file name]
  flash:         Device name
<Huawei>copy
```

4.2.5 网络设备基本配置命令

1. 配置设备名称

因为网络环境中设备众多，所以为了方便管理员管理，需要对这些设备进行统一配置。可以使用 sysname 命令修改设备名称，设备名称一旦设置会立刻生效，相关实例代码如下。

```
<Huawei>system-view
Enter system view, return user view with Ctrl+Z.
[Huawei]sysname SWA      //修改交换机的名称为 SWA
[SWA]
```

交换机名称长度不能超过 255 个字符。在系统视图下使用 undo 命令可将交换机名称恢复为默认名称，相关实例代码如下。

```
[SW1]undo sysname        //恢复交换机的默认名称
[Huawei]                 //交换机默认名称为 Huawei
```

2. 配置返回命令行

使用 quit 命令或 return 命令可以返回到上一级视图或用户视图。quit 命令用于返回到上一级视图，而 return 命令用于返回到用户视图，相关实例代码如下。

```
<Huawei>system-view
Enter system view, return user view with Ctrl+Z.
[Huawei]interface GigabitEthernet 0/0/10
[Huawei-GigabitEthernet0/0/10]quit              //返回到上一级视图
[Huawei]
[Huawei]interface GigabitEthernet 0/0/10
[Huawei-GigabitEthernet0/0/10]return            //返回到用户视图
<Huawei>
```

3. 配置系统时钟

系统时钟是设备上的系统时间戳。由于地域不同，用户可以根据当地规定设置系统时钟，用户必须正确设置系统时钟以确保其与其他设备保持同步。

协调世界时（Coordinated Universal Time，UTC）又称世界统一时间、世界标准时间、国际协调时间。由于系统默认采用 UTC，而北京在东八区，我国时间与 UTC 的时差均为 8h，也就是 UTC+8。在对系统时间和日期进行配置前要先设置时区，相关实例代码如下。

```
<Huawei>clock timezone CHINA-BJ add 08:00:00
<Huawei>clock datetime 9:00:00 2021-04-10
<Huawei>display clock
2021-04-10 09:00:15+08:00
Saturday
Time Zone(CHINA-BJ) : UTC+08:00
<Huawei>
```

通常情况下，系统时钟一旦设定，即使设备断电，设备时钟也可以继续运行，原则上不再修改，除非需要修正设备时间。

4．配置用户登录权限及用户级别

为了增强设备的安全性，系统对命令进行分级管理，不同的用户拥有不同的权限，且仅可使用对应级别的命令行。默认情况下命令级别分为0～3级，用户级别分为0～15级。用户0级为访问级别，对应网络诊断工具命令（如 ping、tracert）、从本设备出发访问外部设备的命令（Telnet 客户端）、部分display 命令等。用户1级为监控级别，对应命令0级和1级，包括用于系统维护的命令及display 命令等。用户2级是配置级别，包括向用户提供直接网络服务、路由、各个网络层次的命令。用户3～15级是管理级别，对应命令3级，该级别主要用于管理系统运行的命令，对业务提供支撑，包括文件系统、FTP 和 TFTP 下载、文件交换配置、电源供应控制、备份板控制、用户管理、命令级别设置、系统内部参数设置命令，以及用于业务故障诊断的 debugging 命令。

虚拟类型终端（Virtual Type Terminal，VTY）是一种虚拟线路端口，用户通过终端与设备建立 Telnet 或 SSH 连接后，也就建立了一条 VTY，即用户可以通过 VTY 方式登录设备。不同类型的 VTY 支持同时登录的用户数量不同，大多数设备最多支持 15 个用户同时登录。通过 VTY 方式登录设备后，使用 user-interface maximum-vty number 命令可以配置同时登录设备的VTY类型用户界面的最大个数，相关实例代码如下。

```
<Huawei>system-view
Enter system view, return user view with Ctrl+Z.
[Huawei]user-interface vty 04
[Huawei-ui-vty0-4]quit
[Huawei]
[Huawei]user-interface maximum-vty ?
  INTEGER<0-15>   The maximum number of VTY users, the default value is 5
[Huawei]user-interface maximum-vty 2   //配置同时在线人数最多为2个，默认值为5个
```

如果将最大登录用户数设为0，则任何用户都不能通过 Telnet 或者 SSH 登录设备，可以使用 display user-interface 命令来查看用户界面信息。

从设备安全的角度考虑，限制用户的访问和操作权限是很有必要的。规定用户权限和进行用户认证是提升终端安全的两种方式。用户权限要求规定用户的级别，只有特定级别的用户才能执行特定级别的命令。配置用户视图的用户认证方式后，在用户登录设备时，需要输入密码进行认证，这样就限制了用户访问设备的权限。在通过 VTY 进行 Telnet 连接时，所有接入设备的用户都必须经过认证，相关实例代码如下。

```
<Huawei>system-view
Enter system view, return user view with Ctrl+Z.
[Huawei]user-interface vty 0 4
[Huawei-ui-vty0-4]user privilege level ?
  INTEGER<0-15>   Set a priority                     //本地用户级别为0～15
[Huawei-ui-vty0-4]user privilege level 3             //配置本地用户级别
[Huawei-ui-vty0-4]set authentication password ?      //配置本地认证密码
  cipher   Set the password with cipher text         //密文密码
  simple   Set the password in plain text            //明文密码
[Huawei-ui-vty0-4]set authentication password cipher ?
  STRING<1-16>/<24>   Plain text/cipher text password
[Huawei-ui-vty0-4]set authentication password cipher lncc123   //配置密文密码：lncc123
[Huawei-ui-vty0-4]quit
[Huawei]
```

设备提供 3 种认证方式：AAA 认证方式、密码认证方式和不认证方式。AAA 认证方式具有很高的安全性，因为用户登录时必须输入用户名和密码。密码认证方式只需要输入登录密码，而所有用户使用的都是同一个密码。不认证方式就是不需要对用户进行认证，用户可直接登录设备。需要注意的是，Console 界面默认使用不认证方式。对于 Telnet 登录用户，授权是非常有必要的，最好设置用户名、密码和与指定账号相关联的权限。

用户可以设置 Console 界面和 VTY 界面的属性，以提高系统的安全性。如果一个连接上设备的用户一直处于空闲状态而不断开，则可能会给系统带来很大风险，所以在等待一个超时时间后，系统会自动中断与其的连接。这个闲置切断时间又称超时时间，默认为 10min，相关实例代码如下。

```
<Huawei>system-view
Enter system view, return user view with Ctrl+Z.
[Huawei]user-interface vty 0 4
[Huawei-ui-vty0-4]idle-timeout ?
  INTEGER<0-35791>    Set the number of minutes before a terminal user times
                      out(default: 10minutes)        //空闲时间为 0~35791min
[Huawei-ui-vty0-4]idle-timeout 3 ?
  INTEGER<0-59>    Set the number of seconds before a terminal user times
                   out(default: 0s)                  //空闲时间为 0~59s
<cr>
[Huawei-ui-vty0-4]idle-timeout 3 30                  //在 3min30s 中断连接，默认为 10min
[Huawei-ui-vty0-4]screen-length 20                   //一页输出 20 行
[Huawei-ui-vty0-4]history-command max-size 20        //历史命令缓存 20 条记录
```

当 display 命令输出的信息超过一页时，系统会对输出内容进行分页，按 Space 键可切换到下一页。如果一页输出的信息过少或过多，则用户可以执行 screen-length 命令修改信息输出时一页的行数；一页的默认行数为 24，最多支持 512 行。不建议将行数设置为 0，因为那样将不会显示任何输出内容。每条命令执行后，执行的记录都保存在历史命令缓存区中，用户可以利用↑、↓、Ctrl+P、Ctrl+N 等快捷键调用这些命令。历史命令缓存区中默认存储 10 条命令，可以执行 history-command max-size 命令改变可存储的命令数，最多可存储 256 条命令。

5. 配置标题信息

用户在登录网络设备时，可以设置终端上显示的标题信息。

header 命令用来设置用户登录设备时终端上显示的标题信息。

login 参数用于指定在用户登录设备认证过程中，激活终端连接时显示的标题信息。

shell 参数用于指定当用户成功登录设备后，已经建立了会话时显示的标题信息。

header 的内容可以是字符串或文件名。当 header 的内容为字符串时，标题信息以第一个英文字符作为起始符，以最后一个英文字符作为结束符。通常情况下，建议使用英文特殊符号，并确保信息中没有此符号，相关实例代码如下。

```
<Huawei>
<Huawei>system-view
Enter system view, return user view with Ctrl+Z.
[Huawei]header login information "You have logged in "
[Huawei]header shell information "Please configure the device correctly!"
[Huawei]
```

4.3 VLAN 通信

在传统共享介质的以太网和交换式的以太网中，所有的用户都在同一个广播域中，这严重制约了网络技术的发展。随着网络的发展，越来越多的用户需要接入网络，交换机提供的大量接入端口已经不能很好地满足这种需求。网络技术的发展不仅面临冲突域和广播域太大两大难题，还无法保障传输信息的安全，会造成网络性能下降，浪费带宽，同时对广播风暴的控制和网络安全只能在第三层的路由器上实现。因此，人们设想在物理局域网中构建多个逻辑局域网。

4.3.1 VLAN 技术概述

虚拟局域网（Virtual Local Area Network，VLAN）是指在一个物理网络中划分的逻辑网络。运用在逻辑上将一个广播域划分为多个广播域的技术，可按照功能、部门及应用等因素划分逻辑工作组，形成不同的虚拟网络，如图 4.37 所示。

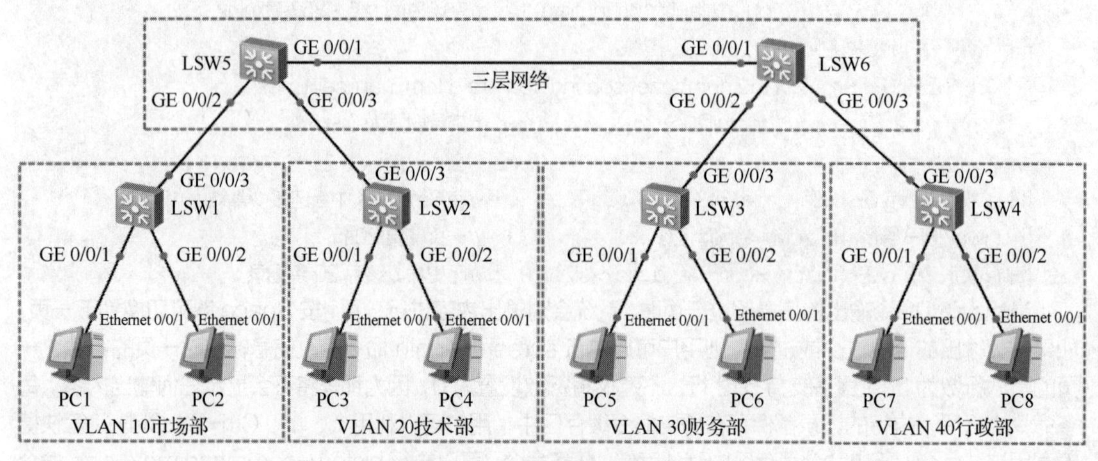

图 4.37 VLAN 逻辑工作组划分

使用 VLAN 技术的目的是将一个广播域网络划分成几个逻辑广播域网络，每个逻辑网络内的用户形成一个组，组内的成员间可以通信，组间的成员不允许通信。一个 VLAN 是一个广播域，二层的单播、广播和组播帧在同一 VLAN 内转发、扩散，而不会直接进入其他 VLAN，广播报文被限制在各个相应的 VLAN 内，这可提高网络安全性和交换机运行效率。VLAN 划分方式有很多，如基于端口、基于 MAC 地址、基于协议、基于 IP 子网、基于策略等，目前应用得最多的是基于端口划分，因为基于端口划分方式简单实用。

VLAN 建立在局域网交换机的基础上，既可保持局域网的低延迟、高吞吐量特点，又可解决单个广播域内广播包过多，使网络性能降低的问题。VLAN 技术是局域网组网时经常使用的主要技术之一。

1. VLAN 的优点

（1）限制广播域。默认状态下，一台交换机的所有交换机端口都在一个广播域内。而采用 VLAN 技术可以限制广播，减少干扰，将数据帧限制在同一个 VLAN 内，不会影响其他 VLAN，这在一定程度上能节省带宽，每个 VLAN 都是一个独立的广播域。

（2）网络管理简单，可以灵活划分虚拟工作组。从逻辑上将交换机划分为若干个 VLAN，可以动态组建网络环境，用户无论在哪儿都可以不做任何修改就接入网络。依据不同的 VLAN 划分方式，可以在一台交换机上提供多种网络应用服务，这提高了设备的利用率。

（3）提高了网络安全性。不同 VLAN 的用户在未经许可的情况下是不能相互访问的，一个 VLAN 内的广播帧不会发送到另一个 VLAN 中，这样可以保护用户不被其他用户窃听，从而保证网络的安全。

2. VLAN 的划分方式

（1）基于端口划分。根据交换机的端口编号来划分 VLAN，通过为交换机的每个端口配置不同的 PVID 来将不同端口划分到 VLAN 中。初始情况下，X7 系列交换机的端口处于 VLAN 1 中。此方式配置简单，但是当主机移动位置时，需要重新配置 VLAN。

（2）基于 MAC 地址划分。根据主机网卡的 MAC 地址划分 VLAN。此划分方式需要网络管理员提前配置好网络中的主机 MAC 地址和 VLAN ID 之间的映射关系。如果交换机接收到不带标签的数据帧，则会查找之前配置的 MAC 地址和 VLAN 映射表，再根据数据帧中携带的 MAC 地址来添加相应的 VLAN 标签。在使用此方式划分 VLAN 时，即使主机移动位置，也不需要重新配置 VLAN。

（3）基于 IP 子网划分。交换机在接收到不带标签的数据帧时，会根据报文携带的 IP 地址给数据帧添加 VLAN 标签。

（4）基于协议划分。根据数据帧的协议类型（或协议簇类型）、封装格式来分配 VLAN ID。网络管理员需要先配置好协议类型和 VLAN ID 之间的映射关系。

（5）基于策略划分。使用几个组合的条件来分配 VLAN 标签。这些条件包括 IP 子网、端口和 IP 地址等。只有当所有条件都匹配时，交换机才为数据帧添加 VLAN 标签。另外，每一条策略都是需要手动配置的。

3. VLAN 数据帧格式

要使交换机能够分辨不同 VLAN 的报文，需要在报文中添加标识 VLAN 信息的字段。IEEE 802.1Q 协议规定，在以太网数据帧的目的 MAC 地址和源 MAC 地址字段之后，协议类型字段之前加入 4 字节的 VLAN 标签（VLAN Tag，简称 Tag），用于标识数据帧所属的 VLAN。传统的以太网数据帧与 VLAN 数据帧格式如图 4.38 所示。

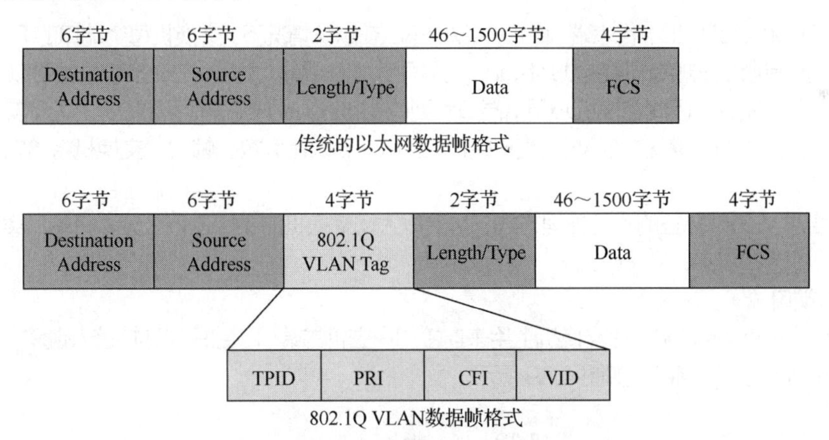

图 4.38 传统的以太网数据帧与 VLAN 数据帧格式

在一个 VLAN 交换网络中，以太网帧主要有以下两种形式。

（1）有标记（Tagged）帧：加入了 4 字节 VLAN 标签的帧。

（2）无标记（Untagged）帧：原始的、未加入 4 字节 VLAN 标签的帧。

以太网链路包括接入链路（Access Link）和干道链路（Trunk Link）。接入链路用于连接交换机和用户终端（如用户主机、服务器、交换机等），只可以承载 1 个 VLAN 的数据帧。干道链路用于交换机间的互联，或用于连接交换机与路由器，可以承载多个不同 VLAN 的数据帧。在接入链路上传输的数据帧都是 Untagged 帧，在干道链路上传输的数据帧都是 Tagged 帧。

交换机内部处理的数据帧都是 Tagged 帧。从用户终端接收无标记帧后，交换机会为无标记帧添加

VLAN 标签，重新计算帧校验序列（Frame Check Sequence，FCS），并通过干道链路发送帧；向用户终端发送帧前，交换机会去除 VLAN 标签，并通过接入链路向终端发送无标记帧。

VLAN 标签包含 4 个字段，各字段的含义如表 4.2 所示。

表 4.2　VLAN 标签各字段的含义

字段	长度	含义	取值
TPID	2 字节	Tag Protocol Identifier（标签协议标识符），表示数据帧类型	取值为 0x8100 时，表示 IEEE 802.1Q 的 VLAN 数据帧。如果不支持 IEEE 802.1Q 的设备收到这样的帧，则会将其丢弃。 各设备厂商可以自定义该字段的值。当邻居设备将 TPID 值配置为非 0x8100 时，为了能够识别这样的报文，实现互通，必须在本设备上修改 TPID 值，确保和邻居设备的 TPID 值一致
PRI	3 位	Priority，表示数据帧的 802.1p 优先级	取值为 0～7，值越大优先级越高。当网络阻塞时，交换机优先发送优先级高的数据帧
CFI	1 位	Canonical Format Indicator（标准格式指示位），表示 MAC 地址在不同的传输介质中是否以标准格式进行封装，用于兼容以太网和令牌环网	CFI 取值为 0 时，表示 MAC 地址以标准格式进行封装；CFI 取值为 1 时，表示以非标准格式封装。在以太网中，CFI 的值为 0
VID	12 位	表示该数据帧所属 VLAN 的 ID	VLAN ID 取值为 0～4095。0 和 4095 为协议保留取值，因此 VLAN ID 的有效取值为 1～4094

4.3.2 端口类型

PVID 即 Port VLAN ID，代表端口的默认 VLAN。在默认情况下，交换机每个端口的 PVID 都是 1。交换机从对端设备收到的帧有可能是 Untagged 数据帧，但所有以太网帧在交换机中都是以 Tagged 的形式来被处理和转发的，因此交换机必须给端口收到的 Untagged 数据帧添加标签。为了实现此目的，必须为交换机配置端口的默认 VLAN。当该端口收到 Untagged 数据帧时，交换机将给它加上该默认 VLAN 的标签。

基于链路对 VLAN 标签的不同处理方式，可对以太网交换机的端口进行区分，将端口类型大致分为以下 3 类。

1. 接入端口

接入端口（Access Port）是交换机上用来连接用户主机的端口，它只能连接接入链路，并且只允许唯一的 VLAN ID 通过本端口，如图 4.39 所示。

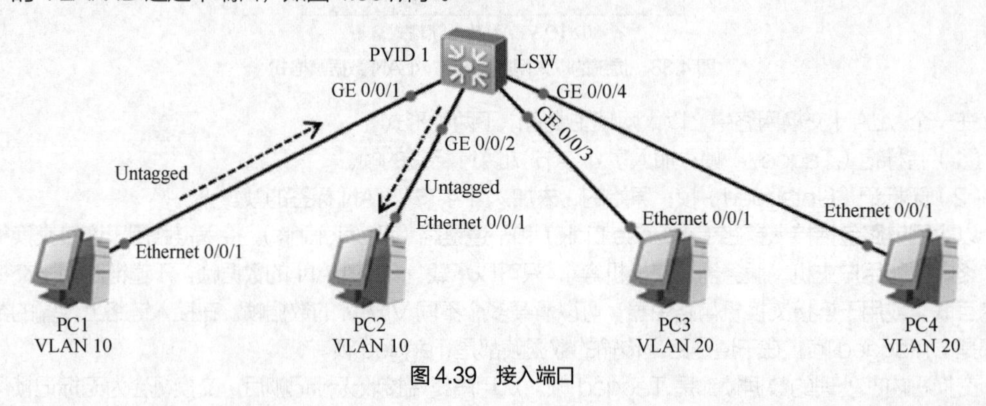

图 4.39　接入端口

接入端口收发数据帧的规则如下。

（1）如果该端口收到对端设备发送的帧是 Untagged 数据帧，则交换机将为其强制加上该端口的 PVID。如果该端口收到对端设备发送的帧是 Tagged 数据帧，则交换机会检查该标签内的 VLAN ID，当 VLAN ID 与该端口的 PVID 相同时，接收该报文；当 VLAN ID 与该端口的 PVID 不同时，丢弃该报文。

（2）接入端口发送数据帧时，总是先剥离帧的标签，再进行发送。接入端口发往对端设备的以太网帧永远是不带标签的帧。

如图 4.39 所示，交换机 LSW 的 GE 0/0/1、GE 0/0/2、GE 0/0/3 和 GE 0/0/4 端口分别连接 4 台主机 PC1、PC2、PC3 和 PC4，端口类型均为接入端口。主机 PC1 把数据帧（未加标签）发送到交换机 LSW 的 GE 0/0/1 端口，再由交换机发往目的地。收到数据帧之后，交换机 LSW 根据端口的 PVID 给数据帧添加 VLAN 标签 10，并决定从 GE 0/0/2 端口转发数据帧。GE 0/0/2 端口的 PVID 也是 10，与 VLAN 标签中的 VLAN ID 相同，所以交换机移除该标签，把数据帧发送到主机 PC2。连接主机 PC3 和主机PC4 的端口的PVID 是20，与VLAN 10 不属于同一个VLAN，因此这两个端口不会接收到VLAN 10 的数据帧。

2. 干道端口

干道端口（Trunk Port）是交换机上用来和其他交换机连接的端口，它只能连接干道链路。干道端口允许多个 VLAN 的帧（带标签）通过，如图 4.40 所示。

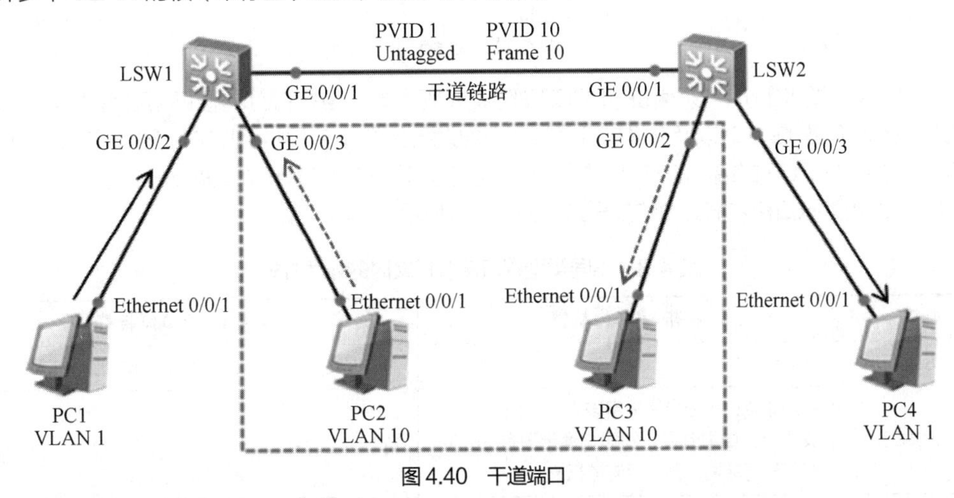

图 4.40　干道端口

干道端口收发数据帧的规则如下。

（1）当接收到对端设备发送的不带标签的数据帧时，会添加该端口的 PVID，如果 PVID 在端口允许通过的 VLAN ID 列表中，则接收该报文，否则丢弃该报文。当接收到对端设备发送的带标签的数据帧时，检查 VLAN ID 是否在允许通过的 VLAN ID 列表中，如果在，则接收该报文，否则丢弃该报文。

（2）端口发送数据帧时，当 VLAN ID 与端口的 PVID 相同，且是该端口允许通过的 VLAN ID 时，去掉标签，发送该报文。当 VLAN ID 与端口的 PVID 不同，且是该端口允许通过的 VLAN ID 时，保留原有标签，发送该报文。

如图 4.40 所示，交换机 LSW1 和交换机 LSW2 连接主机的端口均为接入端口，交换机 LSW1 端口 GE 0/0/1 和交换机 LSW2 端口 GE 0/0/1 的互联端口均为干道端口，本地 PVID 均为 1，此干道链路允许所有 VLAN 的流量通过。当交换机 LSW1 转发 VLAN 1 的数据帧时会去除 VLAN 标签，并发送到干道链路上。而在转发 VLAN 10 的数据帧时，不去除 VLAN 标签，直接转发到干道链路上。

3. 混合端口

接入端口发往其他设备的报文都是 Untagged 数据帧，而干道端口仅在一种特定情况下才能发出 Untagged 数据帧，其他情况下发出的都是 Tagged 数据帧。

混合端口（Hybrid Port）是交换机上既可以连接用户主机，又可以连接其他交换机的端口。它既可以连接接入链路，又可以连接干道链路。混合端口允许多个 VLAN 的帧通过，并可以在出端口方向将某些 VLAN 帧的标签去掉。华为设备的默认端口是混合端口，如图 4.41 所示。

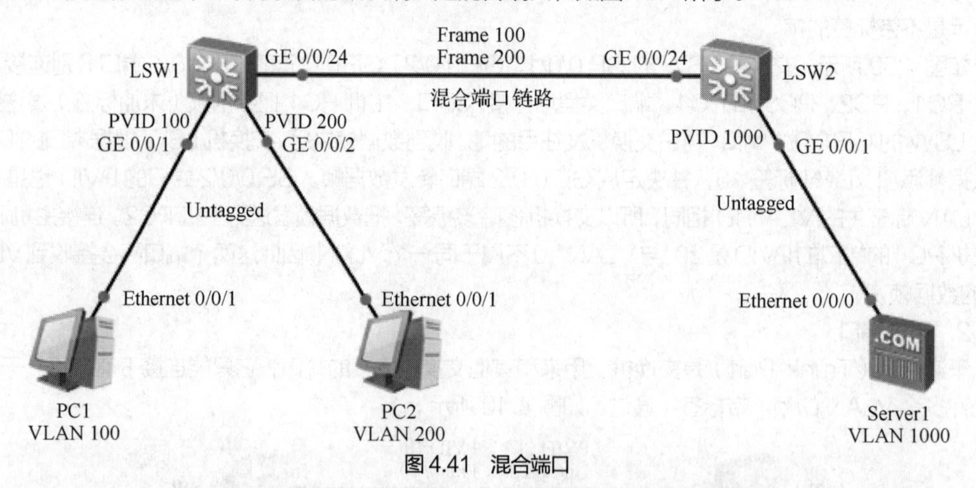

图 4.41　混合端口

图 4.41 中，要求主机 PC1 和主机 PC2 都能访问服务器，但是它们之间不能互相访问。此时交换机连接主机和服务器的端口，以及交换机互联的端口均为混合端口。交换机连接主机 PC1 的端口的 PVID 是 100，连接主机 PC2 的端口的 PVID 是 200，连接服务器的端口的 PVID 是 1000。

（1）不同类型端口接收报文时的处理方式如表 4.3 所示。

表 4.3　不同类型端口接收报文时的处理方式

端口	携带 VLAN 标签	不携带 VLAN 标签
接入端口	丢弃该报文	为该报文添加 VLAN 标签（为本端口的 PVID）
干道端口	判断本端口是否允许携带该 VLAN 标签的报文通过。如果允许，则报文携带原有 VLAN 标签进行转发，否则丢弃该报文	同上
混合端口	同上	同上

（2）不同类型端口发送报文时的处理方式如表 4.4 所示。

表 4.4　不同类型端口发送报文时的处理方式

端口	端口发送报文时的处理方式
接入端口	去掉报文携带的 VLAN 标签，并进行转发
干道端口	首先判断是否在允许列表中，其次判断报文携带的 VLAN 标签是否和端口的 PVID 相等。如果相等，则去掉报文携带的 VLAN 标签，并进行转发；否则报文将携带原有的 VLAN 标签进行转发
混合端口	首先判断是否在允许列表中，其次判断报文携带的 VLAN 标签在本端口需要做怎样的处理。如果是以 Untagged 方式转发的，则处理方式同接入端口；如果是以 Tagged 方式转发的，则处理方式同干道端口

4.3.3 端口链路聚合

随着网络规模的不断扩大，用户对网络带宽与网络可靠性的要求越来越高，采用端口链路聚合技术可以在不进行硬件升级的情况下，增加链路带宽和提高链路可靠性。端口链路聚合是指将两个或更多数据信道结合成一个信道，该信道以一个有更高的带宽逻辑链路的形式出现。端口链路聚合一般用来连接一个或多个带宽需求大的设备，以增加设备间的带宽，并且当其中一条链路出现故障时，可以快速地将流量转移到其他链路。这种切换为毫秒级，远远快于 STP 切换。总之，端口链路聚合的目标是扩展链路带宽，增强链路可靠性。

1. 端口链路聚合目的

在整个网络数据交换中，所有设备的流量在转发到其他网络前都会聚合到核心层，再由核心层设备转发到其他网络或者外网。因此，核心层设备在负责数据的高速交换时，容易发生拥塞。在核心层部署链路聚合，可以增加整个网络的数据吞吐量，解决拥塞问题。

（1）增加逻辑链路的带宽。端口链路聚合会把两台设备之间的多条物理链路聚合在一起，当作一条逻辑链路来使用。这两台设备可以是一对路由器、一对交换机，或者是一台路由器和一台交换机。一条聚合链路可以包含多条成员链路，在华为 X7 系列交换机上默认最多为 8 条。端口链路聚合能够增加链路带宽。理论上，通过聚合几条链路，一个聚合端口的带宽可以扩展为所有成员端口带宽的总和，这样就有效地增加了逻辑链路的带宽。

（2）提高网络的可靠性。配置了端口链路聚合之后，如果一个成员端口发生故障，则该成员端口的物理链路会把流量切换到另一条成员链路上。端口链路聚合还可以在聚合端口上实现负载均衡，聚合端口可以把流量分散到多个不同的成员端口上。通过成员链路把流量发送到同一个目的地，可将网络发生拥塞的可能性降到最低。

2. 端口链路聚合条件

执行 interface Eth-trunk <trunk-id>命令可以配置端口链路聚合。这条命令用于创建一个 Eth-Trunk 端口，并且进入该 Eth-Trunk 端口视图。trunk-id 用来唯一标识 Eth-Trunk 端口，该参数的取值可以是 0 到 63 中的任何一个整数。如果指定的 Eth-Trunk 端口已经存在，则执行 interface Eth-trunk 命令会直接进入该 Eth-Trunk 端口视图。

配置 Eth-Trunk 端口和成员端口时，需要遵守以下规则。

（1）把端口加入 Eth-Trunk 端口时，二层 Eth-Trunk 端口的成员端口必须是二层端口，三层 Eth-Trunk 端口的成员端口必须是三层端口。

（2）一个 Eth-Trunk 端口可以加入 8 个成员端口，加入 Eth-Trunk 端口的端口必须是混合端口（默认的端口类型）。

（3）一个以太网端口只能加入一个 Eth-Trunk 端口。如果要把一个以太网端口加入另一个 Eth-Trunk 端口，则必须先把该以太网端口从当前所属的 Eth-Trunk 端口中删除。

（4）一个 Eth-Trunk 端口的成员端口类型必须相同。例如，一个快速以太网端口（FE 端口）和一个吉比特以太网端口（GE 端口）不能加入同一个 Eth-Trunk 端口。

（5）成员端口的速率必须相同，如都为 100Mbit/s 或都为 1000Mbit/s。

3. 端口链路聚合模式

以太网端口链路聚合是指将多条以太网物理链路捆绑在一起成为一条逻辑链路，从而实现增加链路带宽的目的。一般交换机的一个负荷分担组可以支持 8 个端口进行聚合。端口链路聚合分为手动模式和链路聚合控制协议（Link Aggregation Control Protocol，LACP）模式。

（1）手动模式

手动负载分担模式简称手动模式，是一种基本的链路聚合方式，在该模式下，Eth-Trunk 端口的建立、成员端口的加入都完全是手动实现的，没有 LACP 的参与。该模式下所有成员端口（Selected）都参与数据的转发，负载分担流量，因此称为手动负载分担模式。手动聚合端口的 LACP 为关闭状态，即禁止用户使用手动聚合端口的 LACP。

在手动聚合组中，端口可能处于两种状态：Selected 或 Standby。处于 Selected 状态且端口号最小的端口为聚合组的主端口，其他处于 Selected 状态的端口为聚合组的成员端口。由于设备所能支持的聚合组中的最大端口数有限，如果处于 Selected 状态的端口数超过设备所能支持的聚合组中的最大端口数，则系统将按照端口号从小到大的顺序选择一些端口为 Selected 端口，其他则为 Standby 端口。

一般情况下，手动聚合对聚合前的端口速率和双工模式不做限制。但对于以下情况，系统会进行特殊处理：对于初始就处于 Down 状态的端口，在聚合时对该端口的速率和双工模式没有限制；对于曾经处于 Up 状态，并协商或强制指定过端口速率和双工模式，而当前处于 Down 状态的端口，在聚合时要求该端口的速率和双工模式一致；对于一个聚合组，当聚合组中某个端口的速率和双工模式发生改变时，系统不进行解聚合，聚合组中的端口也都处于正常工作状态，但如果是主端口出现速率降低和双工模式变化，则该端口在进行转发操作时可能会出现丢包现象。

（2）LACP 模式

LACP 是一种实现链路动态聚合与解聚合的协议。LACP 通过链路聚合控制协议数据单元（Link Aggregation Control Protocol Data Unit，LACPDU）与对端交互信息。某端口使用 LACP 后，该端口将通过发送 LACPDU 来告知对端自己的系统优先级、系统 MAC 地址、端口优先级、端口号和操作 Key。对端接收到这些信息后，将这些信息与其他端口保存的信息进行比较，以选择能够聚合的端口，从而使双方可以对端口加入或退出某个动态聚合组达成一致。

LACP 模式需要 LACP 的参与。当需要在两个直连设备间提供一个较大的链路带宽且设备支持 LACP 时，建议使用 LACP 模式。LACP 模式不仅可以达到增加带宽、提高网络可靠性、负载分担的目的，还可以提高 Eth-Trunk 端口的容错性、提供备份功能。

在 LACP 模式下，部分链路是活动链路，所有活动链路均参与数据转发。如果某条活动链路发生故障，则链路聚合组会自动在非活动链路中选择一条链路作为活动链路，使参与数据转发的链路数目不变。系统内的 LACP 优先级取值为 0～65535，数值越小，优先级越高，默认优先级数值为 32768。

4.4 认识路由器

路由器（Router）是连接两个或多个网络的硬件设备，在网络间起网关的作用，它是互联网的主要节点设备。路由器通过路由决定数据的转发，其最主要的功能可以理解为实现信息的转送。我们把这个过程称为寻址过程，因为虽然路由器处在不同网络之间，但并不一定是信息的最终接收地址，所以在路由器中通常存在着一张路由表，根据传送网络中传送信息的最终地址，寻找下一个转发地址；将最终地址在路由表中进行匹配，通过算法确定下一个转发地址，这个地址可能是中间地址，也可能是最终的目标地址。

4.4.1 路由器外形结构

不同厂商、不同型号的路由器设备的外形结构有所不同，但它们的功能、端口类型几乎差不多，具体可参考相应厂商的产品说明书。这里主要介绍华为 AR2240 系列路由器产品。

（1）AR2240 系列路由器的前面板与后面板外形结构如图 4.42 所示。

（2）对应端口。

① GE 端口：2 个 GE 端口，吉比特 RJ45 电口，用于连接以太网。

② Combo 端口：光电复用，2 个吉比特 Combo 端口（10/100/1000BASE-T 或 100/1000BASE-X）。

③ Console 端口：用于配置、管理交换机，使用交叉线连接。

④ USB 端口：2 个 USB 2.0 端口，一个用于 Mini-USB 控制台端口，另一个用于串行辅助/控制台端口。

⑤ Mini-USB 端口：1 个 Mini-USB 控制台端口，用于控制台 USB 端口。

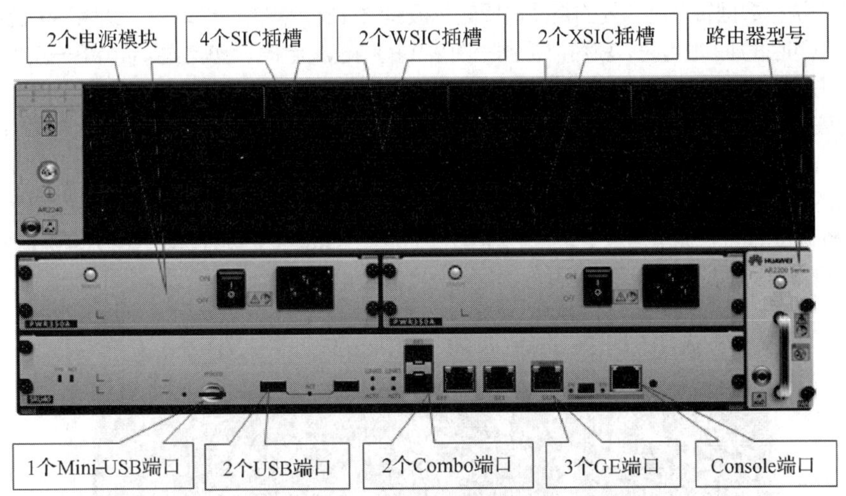

图 4.42　AR2240 系列路由器的前面板与后面板外形结构

4.4.2 路由器工作原理

路由器是连接 Internet 中各局域网、广域网的设备，它会根据信道的情况自动选择和设定路由，在最佳路径上按前后顺序发送数据。路由器是互联网中的枢纽，目前路由器已经广泛应用于各行各业，各种不同档次的路由器已成为实现各种骨干网内部连接、骨干网间互联和骨干网与互联网互联、互通的主力军。

路由器和交换机之间的主要区别是交换机作用在 OSI 参考模型的第二层（即数据链路层），而路由器作用在第三层（即网络层）。这一区别决定了路由器和交换机在移动信息的过程中需使用不同的控制信息，所以说两者实现各自功能的方式是不同的。

路由器是用于网络互联的计算机设备，路由器的核心作用是实现网络互联和数据转发。路由器是一种三层设备，使用 IP 地址寻址，实现从源 IP 地址到达目的 IP 地址的端到端服务。其工作原理如图 4.43 所示。

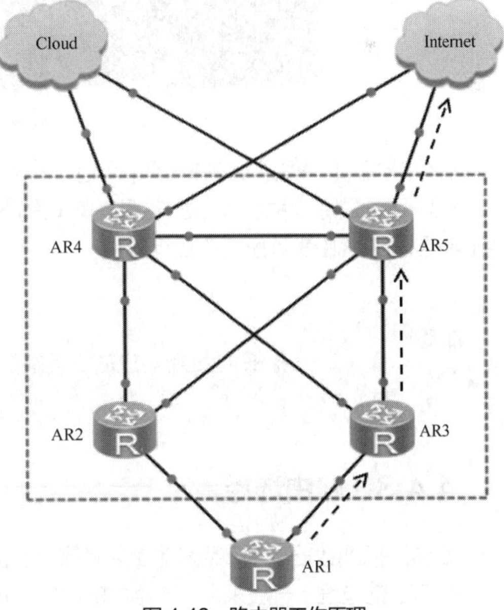

图 4.43　路由器工作原理

路由器接收到数据包，提取目的 IP 地址及其子网掩码来计算目标网络地址；根据目标网络地址查找路由表，如果找到目标网络地址，则按照相应的出口将数据包发送到下一跳地址；如果没有找到，则查找是否有默认路由，如果有则按照默认路由的出口将数据包发送给下一跳地址；如果没有找到，则给源IP 地址发送一个出错 ICMP 数据包以表明无法转发该数据包；如果是直连路由，则按照 MAC 地址将其发送给目标站点。

在网络通信中，路由是一个网络层的术语，它是指从某一网络设备出发去往某个目的地的路径。路由表则是若干条路由信息的集合。在路由表中，一条路由信息也被称为一个路由表项或一个路由条目。路由表只存在于终端计算机和路由器（及三层交换机）中，二层交换机中是不存在路由表的。

路由器为执行数据转发所需要的路径选择信息被包含在路由器的一个表中，此表称为路由表；当路由器检查到包的目的 IP 地址时，就可以根据路由表中的内容决定将该包转发到哪个下一跳地址，路由表被存放在路由器的 RAM 中。

在路由表中，每一行就是一条路由信息。通常情况下，一条路由信息由 3 个要素组成：目的地/掩码（Destination/Mask）、出端口、下一跳 IP 地址（NextHop），如图 4.44 所示。

（1）目的地/掩码。如果目的地/掩码中的掩码长度为 32，则目的地将是一个主机端口地址，否则目的地将是一个网络地址。通常情况下，一个路由表项的目的地是一个网络地址（目标网络地址），可把主机端口地址看作目的地的一种特殊情况。

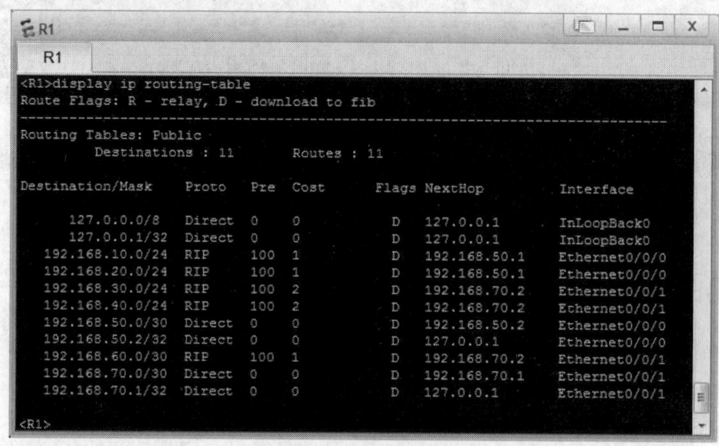

图 4.44　路由信息

（2）出端口。其指该路由表项中所包含的数据内容应该从哪个端口发送出去。

（3）下一跳 IP 地址。如果一个路由表项的下一跳 IP 地址与出端口的 IP 地址相同，则表示出端口已经直连到了该路由表项所指的目标网络。

注意

下一跳 IP 地址所对应的主机端口与出端口一定位于同一个二层网络（二层广播域）中。

4.4.3　路由选择

路由是指把数据从源节点转发到目的节点的过程，即根据数据包的目的地址对其进行定向并转发到另一个节点的过程。一般来说，网络中的路由数据会经过一个或多个中间节点，如图 4.45 所示。路由通常与桥接进行对比，它们的主要区别在于桥接发生在 OSI 参考模型的第二层（即数据链路层），而路由发生在第三层（即网络层）。这一区别使它们在传递信息的过程中使用不同的信息，从而以不同的方式来完成各自的任务。

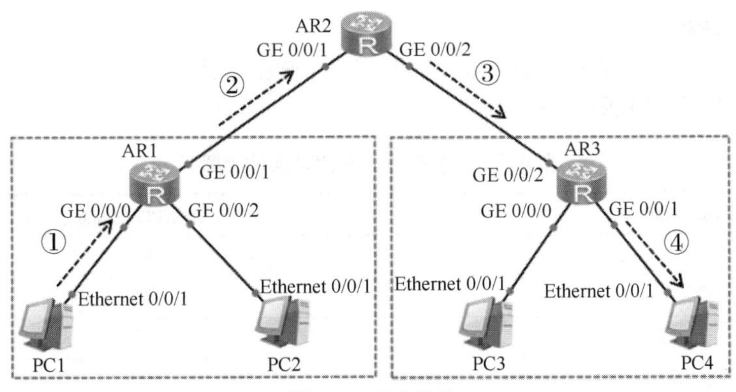

图 4.45　路由转发

1. 路由信息的生成

路由信息的生成方式有 3 种：设备自动发现、手动配置、通过动态路由协议生成。

（1）直连路由（Direct Routing）：设备自动发现的路由信息。在网络设备启动后，当设备端口的状态为 Up 时，设备会自动发现与自己的端口直接相连的网络的路由。某一网络与某台设备直接相连（直连），是指这个网络是与这个设备的某个端口直接相连的。当路由器端口配置了正确的 IP 地址，并且端口处于 Up 状态时，路由器将自动生成一条通过该端口去往直连网段的路由。直连路由的 Protocol 属性为 Direct，其 Cost 值总为 0。

（2）静态路由（Static Routing）：手动配置的路由信息。静态路由是由网络管理员在路由器上手动配置的固定路由。静态路由允许对路由行为进行精确的控制，其特点是可减少单向网络流量且配置简单。静态路由是在路由器中设置的固定路由表。除非网络管理员干预，否则静态路由不会发生变化。由于静态路由不能对网络的改变做出反应，一般用于规模不大、拓扑固定的网络中。静态路由的优点是简单、高效、可靠。在所有的路由中，静态路由优先级最高，当动态路由与静态路由发生冲突时，以静态路由为准。静态路由的缺点是不具备自适应性，当网络规模较大时，随着网络规模的扩大，网络管理员的维护工作量将大增，容易出错，不能实时变化。静态路由的 Protocol 属性为 Static，其 Cost 值可以人为设定。

（3）动态路由（Dynamic Routing）：网络设备通过运行动态路由协议而得到的路由信息。

动态路由减少了管理任务，网络设备可以自动发现与自己相连的网络的路由。动态路由是网络中的路由器之间根据实时网络拓扑变化相互传递路由信息，再利用收到的路由信息选择相应的协议进行计算，从而更新路由表的过程。动态路由比较适用于大型网络。

一台路由器可以同时运行多种路由协议，而每种路由协议都会存在专门的路由表来存放该协议下发现的路由表项，最后通过一些优先筛选法，某些路由协议的路由表中的某些路由表项会被加入 IP 路由表，而路由器最终会根据 IP 路由表来进行 IP 报文的转发。

2. 默认路由

默认路由：目的地/掩码为 0.0.0.0/0 的路由。

（1）动态默认路由：默认路由是由路由协议产生的。

（2）静态默认路由：默认路由是手动配置的。

默认路由是一种非常特殊的路由，任何一个待发送或待转发的 IP 报文都可以和默认路由匹配。

计算机或路由器的 IP 路由表中可能存在默认路由，也可能不存在默认路由。若网络设备的 IP 路由表中存在默认路由，则当一个待发送或待转发的 IP 报文不能匹配 IP 路由表中的任何非默认路由时，它会根据默认路由来进行发送或转发；若网络设备的 IP 路由表中不存在默认路由，则当一个待发送或待转发的 IP 报文不能匹配 IP 路由表中的任何路由时，它会将该 IP 报文丢弃。

3. 路由的优先级

（1）不同来源的路由规定了不同的优先级，并规定优先级的值越小，对应路由的优先级越高。路由来源及其默认管理距离值如表 4.5 所示。

表 4.5　路由来源及其默认管理距离值

路由来源	默认管理距离值
直连路由（DIRECT）	0
OSPF	10
IS-IS	15
静态路由（STATIC）	60
RIP	100
OSPF ASE	150
OSPF NSSA	150
不可达路由（UNKNOWN）	255

（2）当存在多条目的地/掩码相同，但来源不同的路由时，具有最高优先级的路由会成为最优路由，被加入 IP 路由表；其他路由则处于未激活状态，不会显示在 IP 路由表中。

4. 路由的开销

（1）一条路由的开销：到达这条路由的目的地/掩码需要付出的代价；同一种路由协议发现多条路由可以到达同一目的地/掩码时，将优选开销值最小的路由，即只把开销值最小的路由加入本协议的路由表。

（2）不同的路由协议对开销的具体定义是不同的。例如，RIP 只将“跳数”作为开销。“跳数”是指到达目的地/掩码需要经过路由器的个数。

（3）等价路由：同一种路由协议发现的两条可以到达同一目的地/掩码的，且开销相等的路由。

（4）负载分担：如果两条等价路由都被加入路由器的路由表，那么在进行流量转发的时候，一部分流量会根据第一条路由进行转发，另一部分流量会根据第二条路由进行转发。

如果一台路由器同时运行了多种路由协议，并且对于同一目的地/掩码，每一种路由协议都发现了一条或多条路由，则在这种情况下，每一种路由协议都会根据开销值的比较情况在自己发现的若干条路由中确定出最优路由，并将最优路由放入本协议的路由表。此后，不同的路由协议确定出的最优路由之间会进行路由优先级的比较，优先级最高的路由才能成为去往目的地/掩码的路由，加入该路由器的 IP 路由表。如果该路由上还存在去往目的地/掩码的直连路由或静态路由，则会在优先级比较的时候将它们考虑进去，以选出优先级最高的路由加入 IP 路由表。

4.4.4　RIP 动态路由

路由信息协议（Routing Information Protocol，RIP）是一种内部网关协议（Interior Gateway Protocol，IGP），也是一种动态路由协议，用于自治系统（Autonomous System，AS）内的路由信息的传递。RIP 基于距离矢量算法（Distance Vector Algorithm，DVA），使用“跳数”（Metric）来衡量到达目的地址的路由距离。使用这种协议的路由器只关心自己周围的世界，只与自己相邻的路由器交换信息，并将范围限制在 15 跳之内，即如果大于或等于 16 跳就认为网络不可达。

RIP 应用于 OSI 参考模型的应用层，各厂家定义的管理距离（优先级）有所不同。例如，华为设备定义的优先级是 100，思科设备定义的优先级是 120，它在带宽、配置和管理方面的要求较低，主要适用于规模较小的网络，如图 4.46 所示。RIP 中定义的相关参数比较少，它既不支持可变长子网掩码

（Variable Length Subnet Masking，VLSM）和无类别域间路由选择（Classless Inter-Domain Routing，CIDR），又不支持认证功能。

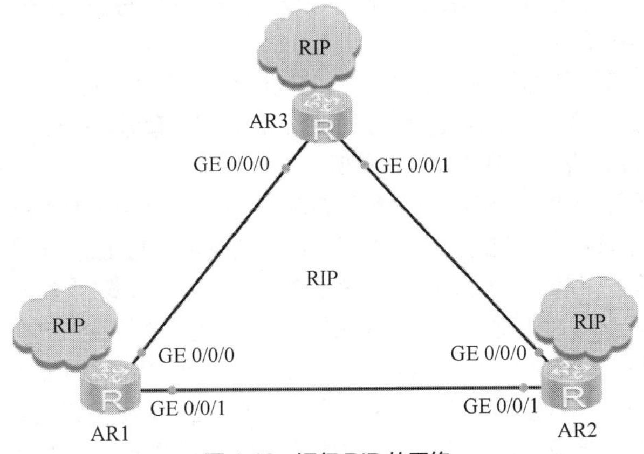

图 4.46　运行 RIP 的网络

1. 工作原理

路由器启动时，路由表中只会包含直连路由。运行 RIP 之后，路由器会发送 Request 报文，以请求邻居路由器的 RIP 路由。运行 RIP 的邻居路由器收到该 Request 报文后，会根据自己的路由表生成 Response 报文进行回复。路由器在收到 Response 报文后，会将相应的路由添加到自己的路由表中。

在 RIP 网络稳定以后，每台路由器都会周期性地向邻居路由器通告自己的整张路由表中的路由信息（以 RIP 应答的方式广播出去），默认周期为 30s，邻居路由器根据收到的路由信息刷新自己的路由表。针对某一条路由信息，如果 180s 以后没有接收到新的关于它的路由信息，那么将其标记为失效，即将其 Metric 值标记为 16。在重新计时的 120s 以后，如果仍然没有收到关于它的更新信息，则该条失效信息会被删除，如图 4.47 所示。

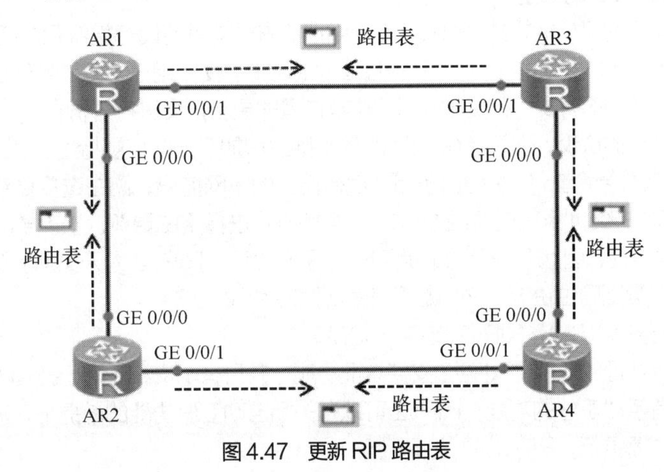

图 4.47　更新 RIP 路由表

2. RIP 版本

RIP 分为 3 个版本：RIPv1、RIPv2 和 RIPng。前两者用于 IPv4，RIPng 用于 IPv6。

（1）RIPv1 为有类别路由协议，不支持 VLSM 和 CIDR；RIPv1 以广播形式发送路由信息，目的 IP 地址为广播地址 255.255.255.255；不支持认证功能；RIPv1 通过 UDP 交换路由信息，端口号为 520。

一个 RIPv1 路由更新消息中可包含 25 个路由表项，每个路由表项都携带目标网络的地址和度量值。整个 RIP 报文应不超过 504 字节。如果整个路由表的更新消息超过该大小，则需要发送多个 RIPv1 报文。

（2）RIPv2 为无类别路由协议，支持 VLSM，支持路由聚合与 CIDR；支持以广播或组播（224.0.0.9）方式发送报文；支持明文认证和 MD5 密文认证。RIPv2 在 RIPv1 的基础上进行了扩展，但 RIPv2 的报文格式仍然与 RIPv1 类似。

RIPv1 提出得较早，有许多缺陷。为了弥补 RIPv1 的不足，在 RFC1388 文件中提出了改进的 RIPv2，并在 RFC1723 和 RFC2453 文件中进行了修订。RIPv2 定义了一套有效的改进方案，RIPv2 支持子网路由选择，支持 CIDR，支持组播，并提供了认证机制。

随着 OSPF 和中间系统到中间系统（Intermediate System-to-Intermediate System，IS-IS）协议的出现，许多人认为 RIP 已经过时了。但事实上 RIP 也有自己的优点。对于小型网络，RIP 所占带宽开销小，易于配置、管理和实现。但 RIP 也有明显的不足，即当有多个网络时会出现环路问题。为了解决环路问题，IETF 提出了分割范围方法，即路由器不可以通过它得知路由的端口去宣告路由。分割范围方法能解决两台路由器之间的路由环路问题，但不能防止 3 个或 3 个以上的路由器形成路由环路。触发更新是解决环路问题的另一种方法，它要求路由器在链路发生变化时立即传输它的路由表，这能加速网络的聚合，但容易产生广播泛滥。总之，环路问题的解决需要消耗一定的时间和带宽。若采用 RIP，则其网络内部所经过的链路数不能超过 15，这使得 RIP 不适用于大型网络。

3. RIP 的局限性

（1）RIP 中规定，一条有效的路由信息的度量不能超过 15，这就使得该协议不能应用于大型的网络，应该说正是因为设计者考虑到该协议只适用于小型网络才进行了这一限制，对 Metric 为 16 的目标网络来说，认为其不可到达。

（2）收敛速度慢。RIP 在实际应用时很容易出现"计数到无穷大"的现象，这使得路由收敛速度很慢，在网络拓扑变化很久以后，路由信息才能稳定下来。

（3）根据跳数选择的路由不一定是最优路由。RIP 以跳数，即报文经过的路由器个数为衡量标准，并以此来选择路由，这一操作欠缺合理性，因为没有考虑网络时延、可靠性、线路负荷等因素对传输质量和速度的影响。

4. RIPv1 与 RIPv2 的区别

RIPv1 路由更新用的是广播方式。RIPv2 使用组播的方式向其他设备宣告 RIPv2 的路由器发出更新报文，它使用的组播地址是保留的 D 类 IP 地址 224.0.0.9。使用组播方式的好处在于：本地网络中和 RIP 路由选择无关的设备不需要再花费时间对路由器广播的更新报文进行解析。

RIPv2 不是一个新的协议，它只是在 RIPv1 的基础上增加了一些扩展特性，以适用于现代网络的路由选择环境。这些扩展特性有：每个路由条目都携带自己的子网掩码；路由选择更新具有认证功能；每个路由条目都携带下一跳地址和外部路由标志；以组播方式进行路由更新。最重要的一项是路由更新条目增加了子网掩码的字段，因此 RIP 可以使用可变长子网掩码。RIPv2 为无类别的路由选择协议。

（1）RIPv1 是有类别路由协议，RIPv2 是无类别路由协议。

（2）RIPv1 不支持 VLSM，RIPv2 支持 VLSM。

（3）RIPv1 没有认证的功能，RIPv2 支持认证功能，并且有明文和 MD5 密文两种认证方式。

（4）RIPv1 没有手动汇总的功能，RIPv2 可以在关闭自动汇总功能的前提下，进行手动汇总。

（5）RIPv1 是广播更新，RIPv2 是组播更新。

（6）RIPv1 路由没有标记的功能，RIPv2 可以对路由打标记，用于过滤和做策略。

（7）RIPv1 发送的 Update 包中可以携带 25 条路由条目，而 RIPv2 在有认证的情况下只能携带 24 条路由。

（8）RIPv1 发送的 Update 包中没有 next-hop 属性，而 RIPv2 有 next-hop 属性，可以用于路由更新的重定向。

4.4.5 OSPF 动态路由

开放最短路径优先（Open Shortest Path First，OSPF）协议是目前广泛使用的一种动态路由协议，它属于链路状态路由协议，具有路由变化收敛速度快、无路由环路、支持 VLSM 和汇总、层次区域划分等优点。在网络中使用 OSPF 后，大部分路由将由 OSPF 自行计算和生成，无须网络管理员手动配置。当网络拓扑发生变化时，此协议可以自动计算、更正路由，极大地方便了网络管理。RIP 是一种基于距离矢量算法的路由协议，存在收敛慢、易产生路由环路、可扩展性差等问题，目前已逐渐被 OSPF 所取代。

1. OSPF 简介

OSPF 是一种链路状态协议。各路由器负责发现、维护与邻居的关系，会描述已知的邻居列表和链路状态更新（Link State Update，LSU）报文，通过可靠的泛洪及与 AS 内其他路由器的周期性交互，学习到整个 AS 的网络拓扑，并通过 AS 边界的路由器注入其他 AS 的路由信息得到整个网络的路由信息。每隔一个特定时间或当链路状态发生变化时，重新生成链路状态广播（Link State Advertisement，LSA）数据包，路由器通过泛洪机制将新 LSA 数据包通告出去，以便实现路由实时更新。

OSPF 是一个内部网关协议，用于在单一 AS 内决策路由，它是基于链路状态的路由协议。链路状态是指路由器端口或链路的参数，这些参数是端口物理条件，包括端口是 Up 还是 Down 状态、端口的 IP 地址、分配给端口的子网掩码、端口所连接的网络及路由器进行网络连接的相关费用等。OSPF 与其他路由器交换信息，但交换的不是路由而是链路状态，OSPF 路由器不是告知其他路由器可以到达哪些网络及距离为多少，而是告知它们网络链路的状态、这些端口所连接的网络及使用这些端口的费用等。各路由器都有其自身的链路状态，称为本地链路状态，这些本地链路状态在 OSPF 路由域内传播，直到所有的 OSPF 路由器都有完整而等同的链路状态数据库为止。一旦每台路由器都接收到所有的链路状态，每台路由器就可以构造一棵“树”，以它自已为“根”，而分支表示到 AS 中所有网络最短的或费用最低的路由。

OSPF 通常将规模较大的网络划分成多个 OSPF 区域，要求路由器与同一区域内的路由器交换链路状态，并要求在区域边界路由器上交换区域内的汇总链路状态，这样可以减少传播的信息量，且可使最短路径计算强度减小。在划分区域时，必须要有一个骨干区域（区域 0），其他非 0 或非骨干区域与骨干区域必须要有物理或者逻辑连接。当有物理连接时，必须有一台路由器的一个端口在骨干区域，而另一个端口在非骨干区域。当非骨干区域不能物理连接到骨干区域时，必须定义一条逻辑或虚拟链路。虚拟链路由两个端点和一个传输区来定义，其中一个端点是路由器端口，属于骨干区域的一部分，另一个端点也是一个路由器端口，但在与骨干区域没有物理连接的非骨干区域中；传输区是一个区域，介于骨干区域与非骨干区域之间。

OSPF 协议号为 89，采用组播方式进行 OSPF 包交换，组播地址为 224.0.0.5（全部 OSPF 路由器）和 224.0.0.6（指定路由器）。

2. OSPF 的特点

（1）无环路。OSPF 是一种基于链路状态的路由协议，它从设计上就保证了无路由环路。OSPF 支持区域的划分，区域内部的路由器使用最短路径优先（Shortest Path First，SPF）算法保证区域内部无环路。OSPF 还利用区域间的连接规则保证区域之间无路由环路。

（2）收敛速度快。OSPF 支持触发更新，能够快速检测并通告 AS 内的拓扑变化。

（3）扩展性好。OSPF 可以解决网络扩容带来的问题。当网络中的路由器越来越多，路由信息流量急剧增长的时候，OSPF 可以将每个 AS 划分为多个区域，并限制每个区域的范围。OSPF 这种分区域的特点使得其特别适用于大中型网络。

（4）提供认证功能。OSPF 路由器之间的报文可以配置为必须经过认证才能进行交换。

（5）具有更高的优先级和可信度。在 RIP 中，路由的管理距离是 100，而 OSPF 具有更高的优先级和可信度，其管理距离为 10。

3. OSPF 的工作原理

（1）邻居与邻接状态关系。邻居和邻接关系建立的过程如图 4.48 所示。

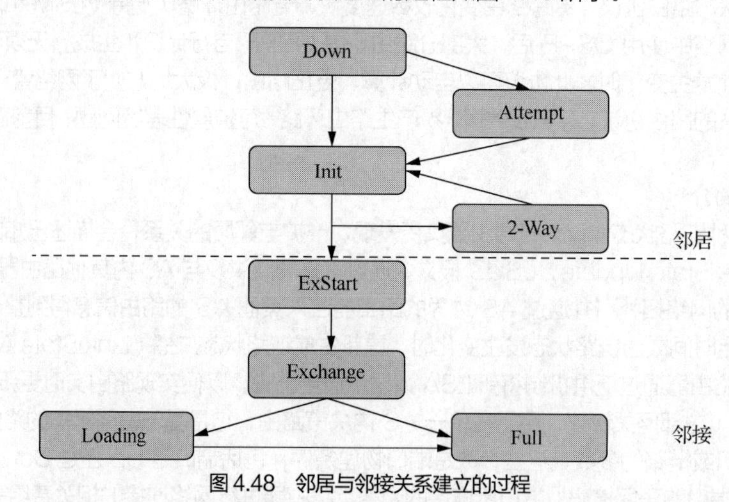

图 4.48 邻居与邻接关系建立的过程

① Down：这是邻居的初始状态，表示没有在邻居失效时间内收到来自邻居路由器的 Hello 数据包。

② Attempt：此状态只在 NBMA 网络中存在，表示没有收到邻居的任何信息，但是已经周期性地向邻居发送报文，发送间隔为 HelloInterval；如果在 RouterDeadInterval 间隔内未收到邻居的 Hello 报文，则转为 Down 状态。

③ Init：在此状态下，路由器已经从邻居处收到了 Hello 报文，但是自己不在所收到的 Hello 报文的邻居列表中，尚未与邻居建立双向通信关系。

④ 2-Way：在此状态下，双向通信已经建立，但是没有与邻居建立邻接关系；这是建立邻接关系以前的最高级状态。

⑤ ExStart：这是形成邻接关系的第一个状态，邻居状态变为此状态以后，路由器开始向邻居发送数据库描述（Database Description，DD）报文；主从关系是在此状态下形成的，初始 DD 序列号也是在此状态下决定的，在此状态下发送的 DD 报文不包含链路状态描述。

⑥ Exchange：此状态下路由器相互发送包含链路状态信息摘要的 DD 报文，以描述本地链路状态数据库（Link State Database，LSDB）的内容。

⑦ Loading：相互发送 LSR 报文请求 LSA，发送 LSU 报文通告 LSA。

⑧ Full：路由器的 LSDB 已经同步。

Router ID 是一个 32 位的值，它唯一标识 AS 内的路由器，管理员可以为每台运行 OSPF 的路由器手动配置一个 Router ID。如果未手动指定，则设备会按照以下规则自动选择 Router ID：如果设备存在多个逻辑端口地址，则路由器使用逻辑端口中最大的 IP 地址作为 Router ID；如果没有配置逻辑端口，则路由器使用物理端口中最大的 IP 地址作为 Router ID。在为一台运行 OSPF 的路由器配置新的 Router ID 后，可以在路由器上通过重置 OSPF 进程来更新 Router ID。通常建议手动配置 Router ID，以防止 Router ID 因为端口地址的变化而改变。

运行 OSPF 协议的路由器之间需要交换链路状态信息和路由信息，在交换这些信息之前路由器之间需要建立邻接关系。

① 邻居（Neighbor）：OSPF 路由器启动后，便会通过 OSPF 端口向外发送 Hello 报文来发现邻居。收到 Hello 报文的 OSPF 路由器会检查报文中定义的一些参数，如果双方的参数一致，则会彼此形

成邻居关系，状态到达 2-Way 即可称为建立了邻居关系。

② 邻接：形成邻居关系的双方不一定都能形成邻接关系，这要根据网络类型而定；只有当双方成功交换 DD 报文，并同步 LSDB 后，才能形成真正意义上的邻接关系。

（2）OSPF 协议的工作原理。

OSPF 协议要求每台运行 OSPF 的路由器都了解整个网络的链路状态信息，这样才能计算出到达目的地的最优路径。OSPF 协议的收敛过程由 LSA 泛洪开始，LSA 中包含路由器已知的端口 IP 地址、子网掩码、开销和网络类型等信息。收到 LSA 的路由器可以根据 LSA 提供的信息建立自己的 LSDB，并在 LSDB 的基础上使用 SPF 算法进行运算，建立起到达每个网络的最短路径树。最后，通过最短路径树得出到达目标网络的最优路由，并将其加入 IP 路由表，如图 4.49 所示。

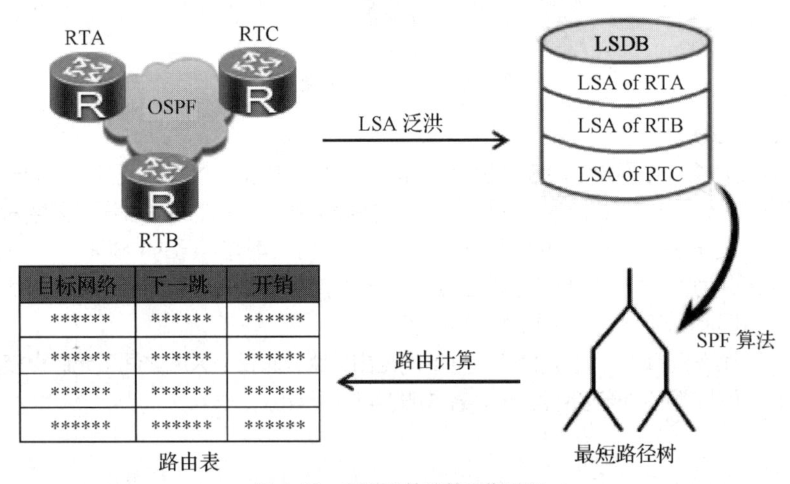

图 4.49　OSPF 协议的工作原理

4. DR 与 BDR 选择

每一个含有至少两台路由器的广播型网络和 NBMA 网络中都有指定路由器（Designated Route，DR）和备份指定路由器（Backup Designated Route，BDR），DR 和 BDR 可以减少邻接关系的数量，从而减少链路状态信息及路由信息的交换次数，这样可以节省带宽，缓解路由器处理的压力。

一台既不是 DR 也不是 BDR 的路由器，只与 DR 和 BDR 形成邻接关系并交换链路状态信息及路由信息，这样就大大减少了大型广播型网络和 NBMA 网络中的邻接关系数量。在没有 DR 的广播网络中，邻接关系的数量可以根据公式 $n(n-1)\div2$ 计算得出，n 代表 OSPF 协议的路由器端口的数量。

当指定了 DR 后，所有的路由器都会与 DR 建立起邻接关系，DR 成为该广播网络中的中心点。BDR 在 DR 发生故障时接管其业务，一个广播型网络中的所有路由器都必须同 BDR 建立邻接关系。

在邻居发现完成之后，路由器会根据网段类型进行 DR 选择。在广播型网络和 NBMA 网络中，路由器会根据参与选择的每个端口的优先级进行 DR 选择。端口优先级的取值为 0～255，值越大表示端口越优先。默认情况下，端口优先级为 1。如果一个端口优先级为 0，那么该端口将不会参与 DR 或者 BDR 的选择。如果端口的优先级相同，则比较 Router ID，值越大表示端口越优先。为了给 DR 做备份，每个广播型网络和 NBMA 网络中还要选择一个 BDR。BDR 也会与网络中的所有路由器建立邻接关系。为了维护网络中邻接关系的稳定性，如果网络中已经存在 DR 和 BDR，则新添加进该网络的路由器不会成为 DR 和 BDR，不管该路由器的优先级是否最高。如果当前 DR 发生故障，则当前 BDR 自动成为新的 DR，并在网络中重新选择 BDR；如果当前 BDR 发生故障，则 DR 不变，重新选择 BDR。DR 与 BDR 选择如图 4.50 所示。这种选择机制的目的是保持邻接关系的稳定，使拓扑的改变对邻接关系的影响尽量小。

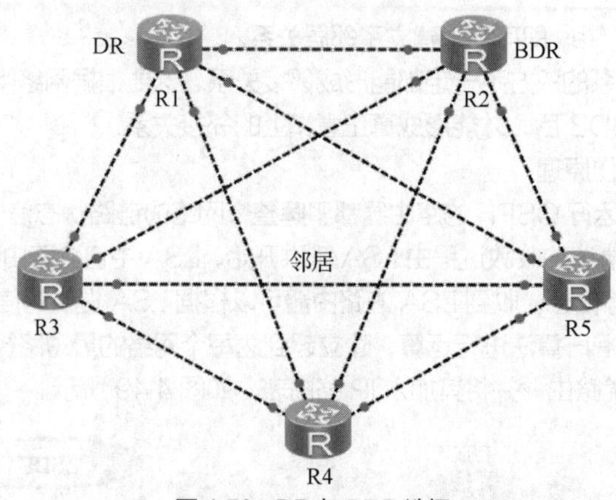

图 4.50　DR 与 BDR 选择

5. OSPF 区域划分

OSPF 协议支持将一组网段组合在一起，这样的一个组合称为一个区域。划分 OSPF 区域可以缩小路由器的 LSDB 规模，减少网络流量。区域内的详细拓扑信息不向其他区域发送，区域间传递的是抽象的路由信息，而不是详细的描述拓扑的链路状态信息。每个区域都有自己的 LSDB，不同区域的 LSDB 是不同的。路由器会为每一个连接到自己的区域维护一个单独的 LSDB。由于详细链路状态信息不会被发布到区域以外，因此 LSDB 的规模被大大缩小了。

通常 Area 0 为骨干区域，为了避免产生区域间路由环路，非骨干区域之间不允许直接相互发布路由信息。因此，每个区域都必须连接到骨干区域，如图 4.51 所示。

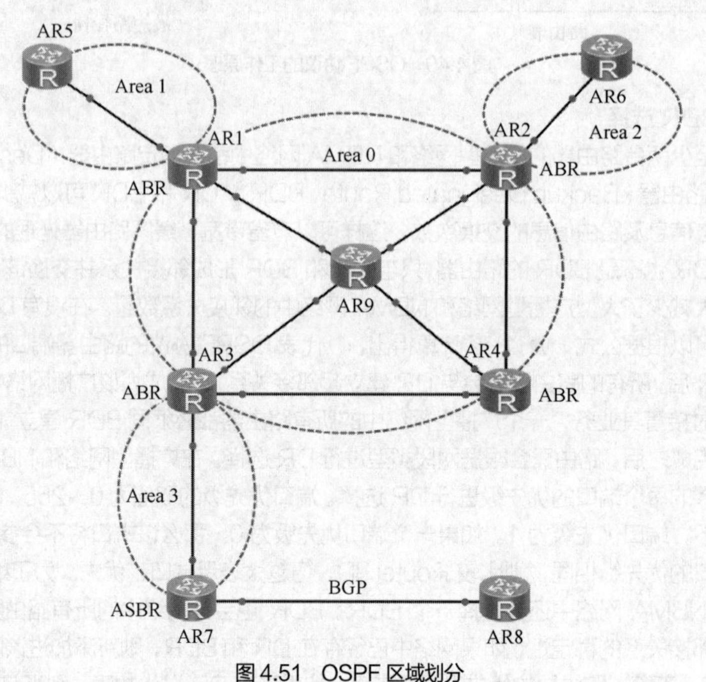

图 4.51　OSPF 区域划分

运行在区域之间的路由器叫作区域边界路由器（Area Border Router，ABR），它包含所有相连区域的 LSDB。自治系统边界路由器（Autonomous System Boundary Router，ASBR）是指和其他 AS 中的路由器交换路由信息的路由器，这种路由器会向整个 AS 通告 AS 外部路由信息。

在规模较小的公司网络中，可以把所有路由器划分到同一个区域中，同一个 OSPF 区域的路由器中的 LSDB 是完全一致的。OSPF 区域号可以手动配置，为了便于将来的网络扩展，推荐将该区域号设置为 0，即骨干区域。

4.5 防火墙技术

古时候，人们常在寓所之间砌起一道砖墙，一旦发生火灾，它能够防止火势蔓延到别处。如果一个网络连接到了 Internet，那么它的用户就可以访问外部网络并与之通信。但同时外部网络可以访问该网络并与之交互。为安全起见，可以在该网络和 Internet 之间插入一个中介系统，建立一道安全屏障。这道屏障用于阻断外部网络对本网络的威胁和入侵，作为扼守本网络安全的关卡，它的作用与古时候的防火砖墙有类似之处，因此人们将这个屏障叫作“防火墙”。

4.5.1 防火墙概述

防火墙是由计算机硬件和软件组成的系统，部署于网络边界，是内部网络和外部网络之间的桥梁，会对进出内部网络的数据进行保护，以防止恶意入侵、恶意代码的传播等，保障内部网络数据的安全。

1. 防火墙简介

防火墙技术是建立在网络技术和信息安全技术基础上的应用性安全技术，几乎所有企业都会在内部网络与外部网络（如 Internet）相连接的边界放置防火墙。防火墙能够起到安全过滤和安全隔离外网攻击、入侵等有害的网络安全信息和行为的作用，它是不同网络或网络安全域之间信息的唯一出入口，如图 4.52 所示。

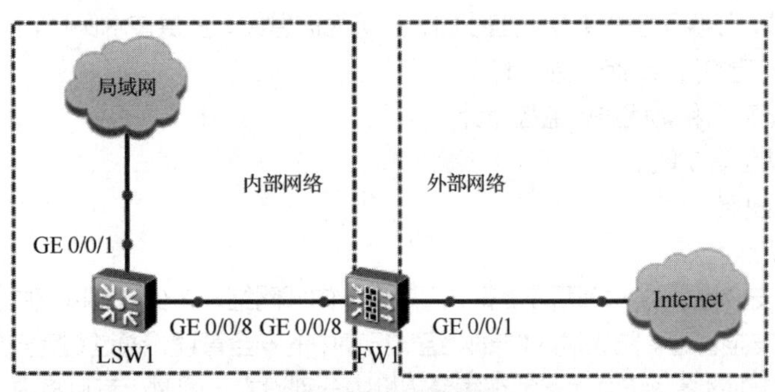

图 4.52 防火墙部署

防火墙遵循的基本准则有两条。第一，它会拒绝所有未经允许的命令。防火墙的审查是基础的逐项审查，任何一个服务请求和应用操作都将被逐一审查，只有符合允许条件的命令才可能被执行，这为保证内部计算机安全提供了切实可行的办法。反言之，用户可以申请的服务和服务数量是有限的，防火墙在提高了安全性的同时减弱了可用性。第二，它会允许所有未拒绝的命令。防火墙在传递信息的时候都是按照约定的命令执行的，也就是在逐项审查后会拒绝存在潜在危害的命令，因为可用性优于安全性，从而导致安全性难以把控。

2. 防火墙的功能

防火墙是“木桶”理论在网络安全中的应用。网络安全概念中有一个“木桶”理论：一个桶能装的水量不取决于桶有多高，而取决于组成该桶的最短的那块木板的高度。在一个没有防火墙的网络环境中，网络的安全性只能体现为每台主机的功能，所有主机必须通力合作，才能使网络具有较高程度的安全性。而防火墙能够简化安全管理，使得网络的安全性可在防火墙上得到提高，而不是分布在内部网络的所有主机上。

在逻辑上，防火墙是分离器，也是限制器，更是一个分析器。它可有效地监控内部网络和外部网络之间的任何活动，保证内部网络的安全。典型的防火墙具有以下 3 个方面的基本特性。

（1）内部网络和外部网络之间的所有数据流都必须经过防火墙。防火墙安装在信任网络（内部网络）和非信任网络（外部网络）之间，它可以隔离非信任网络（一般指的是 Internet）与信任网络（一般指的是内部局域网）的连接，同时不会妨碍用户对非信任网络的访问。内部网络和外部网络之间的所有数据流都必须经过防火墙，因为只有防火墙是内部网络和外部网络之间的唯一通信通道，可以全面、有效地保护企业内部网络不受侵害。

（2）只有符合安全策略的数据流才能通过防火墙。部署防火墙的目的就是在网络连接之间建立一个安全控制屏障，通过允许、拒绝或重新定向经过防火墙的数据流，实现对进、出内部网络的服务和访问的审计及控制。防火墙的基本功能是根据企业的安全规则控制（允许、拒绝、监测）出入网络的信息流，确保网络流量的合法性，并在此前提下将网络流量快速地从一条链路转发到另一条链路上。

（3）防火墙自身具有非常强的抗攻击能力。防火墙处于网络边界，就像一个边界卫士一样，每时每刻都要抵御系统入侵，因此要求防火墙自身具有非常强的抗攻击入侵的能力，它承担了企业内部网络安全防护重任。

防火墙除了具备上述 3 个方面的基本特性外，一般来说，还具有以下几个方面的功能。

（1）支持 NAT。防火墙可以作为部署 NAT 的逻辑地址，因此防火墙可以用来解决地址空间不足的问题，并避免机构在变换 ISP 时带来的需要重新编址的麻烦。

（2）支持虚拟专用网络（Virtual Private Network，VPN）。防火墙还支持具有 Internet 服务特性的企业内部网络技术体系 VPN。通过 VPN 可将企业在地域上分布在全世界各地的局域网或专用子网有机地互联成一个整体，不仅可省去专用通信线路，还可为信息共享提供技术保障。

（3）支持用户制定的各种访问控制策略。

（4）支持对网络存取和访问进行监控审计。

（5）支持身份认证等功能。

3. 防火墙的优缺点

（1）防火墙的优点

① 可增强网络安全性。防火墙可防止非法用户进入内部网络，减少内部网络中主机面临的风险。

② 提供集中的安全管理。防火墙对内部网络实行集中的安全管理，通过制定安全策略，其安全防护措施可运行于整个内部网络系统中而无须在每台主机中分别设立。同时，其可将内部网络中需改动的程序都存于防火墙中而不是分散到每台主机中，便于集中保护。

③ 可增强保密性。防火墙可阻止攻击者获取攻击网络系统的有用信息。

④ 提供对系统的访问控制。防火墙可提供对系统的访问控制。例如，允许外部用户访问某些主机，同时禁止外部用户访问其他主机；允许内部用户使用某些资源而不能使用其他资源等。

⑤ 能有效地记录网络访问情况。因为所有进出信息都必须通过防火墙，所以非常便于收集关于系统和网络使用或误用的信息。

（2）防火墙的缺点

① 防火墙不能防范来自内部的攻击。防火墙对内部用户偷窃数据、破坏硬件和软件等行为无能为力。

② 防火墙不能防范未经过防火墙的攻击。对于没有经过防火墙的数据，防火墙无法检查，如个别内部网络用户绕过防火墙进行拨号访问等。

③ 防火墙不能防范策略配置不当或错误配置带来的安全威胁。防火墙是一个被动的安全策略执行设

备，要根据相关规定来执行安全防护操作，而不能自作主张。

④ 防火墙不能防范未知的威胁。防火墙能较好地防范已知的威胁，但不能自动防范未知的威胁。

4. 防火墙技术分类

（1）包过滤防火墙。第一代防火墙技术几乎与路由器同时出现，采用包过滤技术。其工作流程如图 4.53 所示。大多数路由器中本身就支持分组过滤功能，因此网络访问控制可通过路由控制来实现，从而使具有分组过滤功能的路由器成为第一代防火墙。

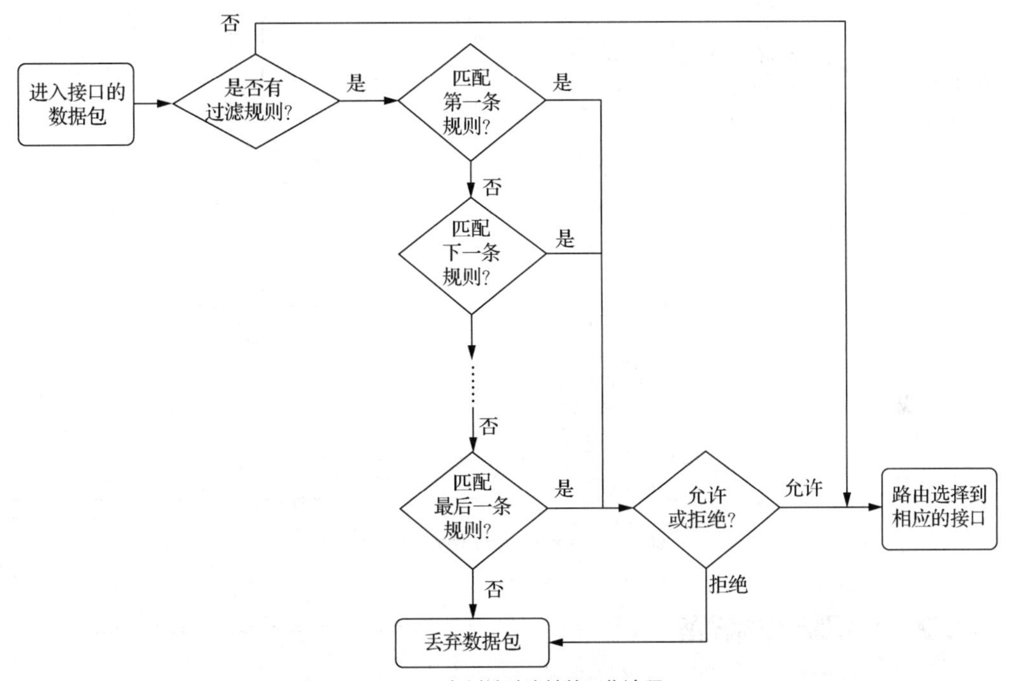

图 4.53　包过滤防火墙的工作流程

（2）代理防火墙。它也称为应用网关防火墙。第二代防火墙工作在应用层上，能够根据具体的应用对数据进行过滤或者转发，也就是人们常说的代理服务器、应用网关。这样的防火墙彻底隔断了内部网络与外部网络的直接通信，内部网络用户对外部网络的访问变成防火墙对外部网络的访问，再由防火墙把访问的结果转发给内部网络用户。

（3）状态检测防火墙。它是基于动态包过滤技术的防火墙。对于 TCP 连接，每个可靠连接的建立都需要经过 3 次握手，此时的数据包并不是独立的，它们前后之间有着密切的状态联系。状态检测防火墙将基于这种连接过程，根据数据包状态变化来决定访问控制的策略。其工作流程如图 4.54 所示。

（4）复合型防火墙。复合型防火墙结合了代理防火墙的安全性和包过滤防火墙的高速等优点，实现了 OSI 参考模型中第 3 层～第 7 层自适应的数据转发。

（5）下一代防火墙。随着网络应用的高速增多和移动应用的爆发式出现，发生在应用网络中的安全事件越来越多，过去简单的网络攻击也完全转变为以混合攻击为主，单一的安全防护措施已经无法有效地解决企业面临的网络安全问题。随着网络带宽的增加，网络流量变得越来越大，要对大流量进行应用层的精确识别，防火墙的性能必须更高，下一代防火墙就是在这种背景下出现的。为应对当前与未来的网络安全威胁，防火墙必须具备一些新的功能，如具有基于用户的高性能并行处理引擎。一些企业把具有多种功能的防火墙称为下一代防火墙。

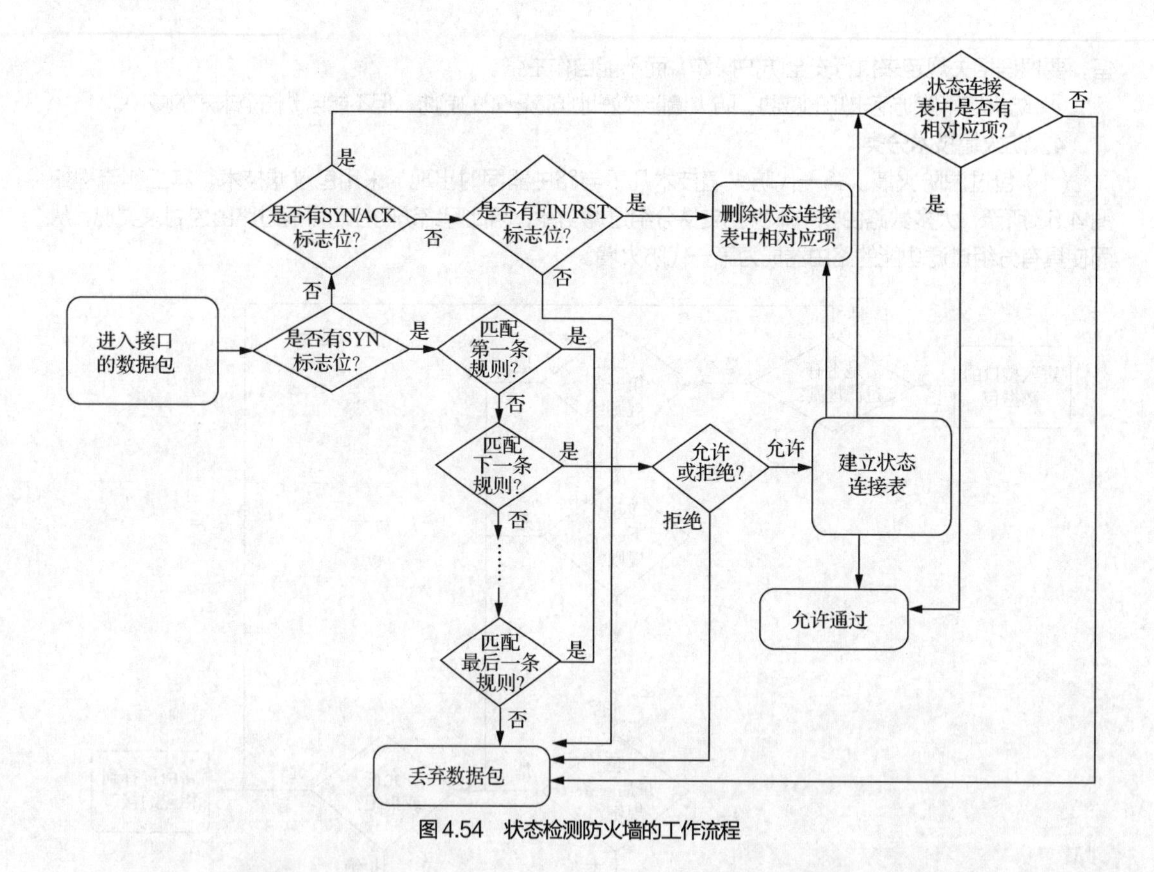

图 4.54　状态检测防火墙的工作流程

4.5.2　认识防火墙设备

不同厂商、不同型号的防火墙设备的外形结构不同，但它们的功能、端口类型几乎差不多，具体可参考相应厂商的产品说明书。

1．防火墙设备外形

这里主要介绍华为 USG6500E 系列防火墙设备，其前、后面板如图 4.55 所示。

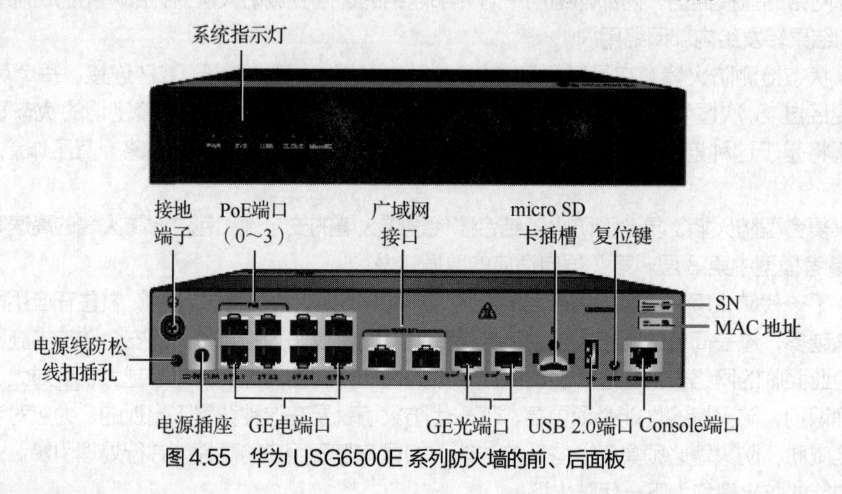

图 4.55　华为 USG6500E 系列防火墙的前、后面板

2．防火墙设备连接

如图 4.56 所示，连接防火墙的各线缆，并连接好电源适配器，给设备通电。设备没有电源开关，通

电后会立即启动。若防火墙前面板上的 SYS 指示灯每两秒闪一次，则表明设备已进入正常运行状态，可以登录设备进行配置。PoE 供电设备与防火墙之间必须通过网线直连。

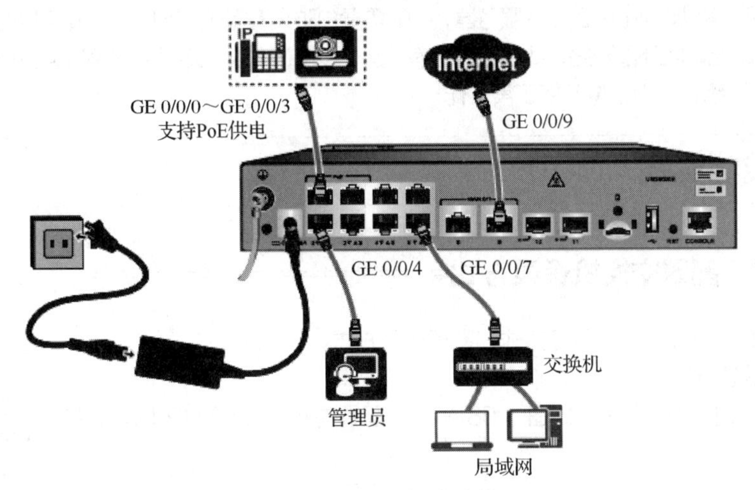

图 4.56　防火墙设备连接

4.5.3　防火墙端口区域及控制策略

防火墙端口区域及控制策略如下。

1．防火墙端口区域

（1）Trust（内部，局域网），连接内部网络。

（2）Untrust（外部，Internet），连接外部网络，一般指的是 Internet。

（3）非军事区（Demilitarized Zone，DMZ），DMZ 中的系统通常为提供对外服务的系统，如 Web 服务器、FTP 服务器、电子邮件服务器等；可增强 Trust 区域中设备的安全性；有特殊的访问策略；Trust 区域中的设备也会对 DMZ 中的系统进行访问。防火墙通用部署方式如图 4.57 所示。

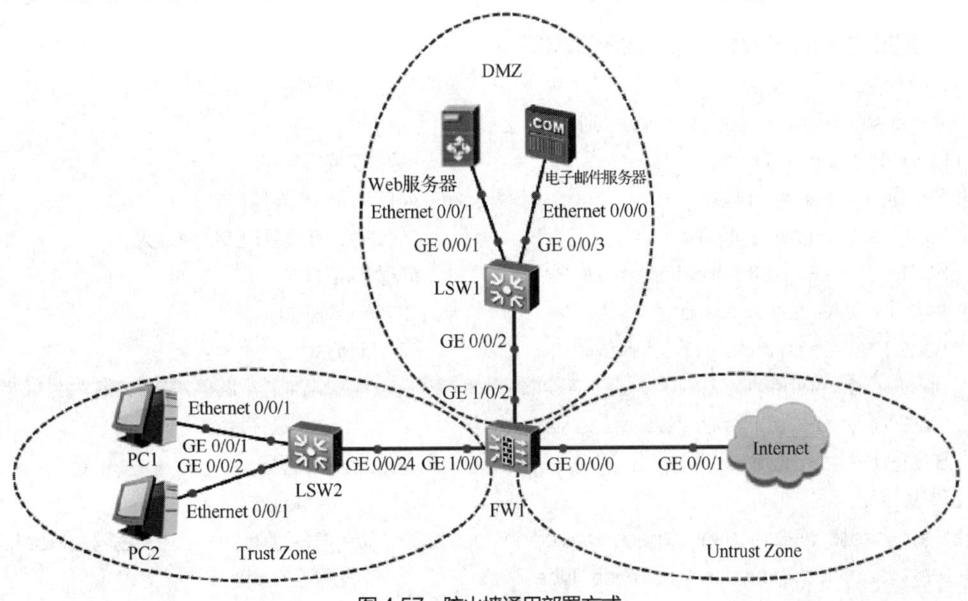

图 4.57　防火墙通用部署方式

2. DMZ 常规访问控制策略

（1）内部网络可以访问 DMZ，方便用户使用和管理 DMZ 中的服务器。

（2）外部网络可以访问 DMZ 中的服务器，同时需要由防火墙完成外部地址到服务器实际地址的转换。

（3）DMZ 不能访问外部网络。此条策略也有例外。例如，如果 DMZ 中放置了电子邮件服务器，则其需要访问外部网络，否则它将不能正常工作。

技能实践

任务 4.1 配置交换机登录方式

V4-1 配置交换机登录方式——AAA 认证方式

交换机登录方式分为 AAA 认证方式和密码认证方式。

1. AAA 认证方式

（1）配置交换机登录方式，如图 4.58 所示。配置主机 PC1 的 IP 地址，如图 4.59 所示。

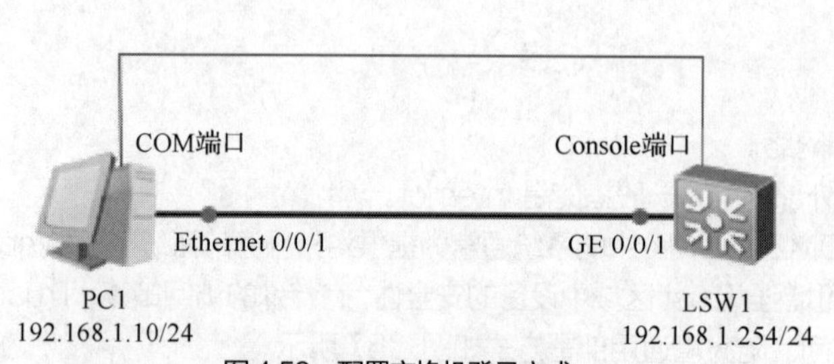

图 4.58 配置交换机登录方式

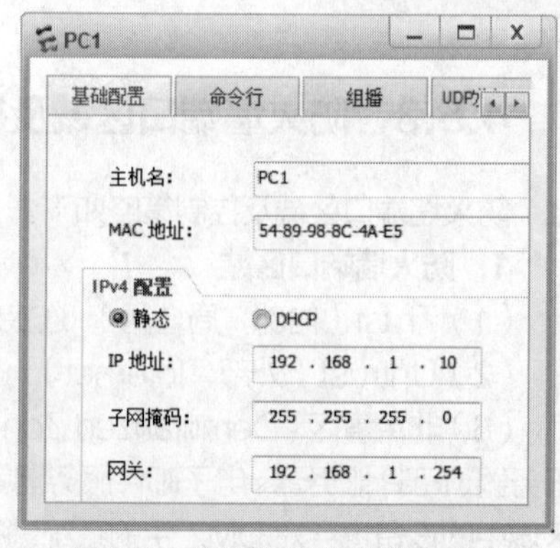

图 4.59 配置主机 PC1 的 IP 地址

（2）配置交换机 LSW1，相关实例代码如下。

```
<Huawei>system-view                                   //进入系统视图
Enter system view, return user view with Ctrl+Z.
[Huawei]sysname LSW1                                  //更改交换机名称
[LSW1]telnet server enable                            //开启 Telnet 服务
[LSW1]user-interface vty 0 4                          //允许同时在线管理人员为 5 人
[LSW1-ui-vty0-4]authentication-mode ?                 //配置认证方式
aaa         AAA authentication                        //AAA 认证方式
  none        Login without checking                  //不认证方式
  password   Authentication through the password of a user terminal interface //密码认证方式
[LSW1-ui-vty0-4]authentication-mode aaa               //配置为 AAA 认证方式
[LSW1-ui-vty0-4]quit                                  //返回上一级视图
[LSW1]aaa                                             //开启 AAA 认证方式
[LSW1-aaa]local-user user01 password cipher lncc123        //用户名为 user01，密文密码为 lncc123
[LSW1-aaa]local-user user01 service-type ?                 //配置服务类型
  8021x          804.1x user
```

```
  bind            Bind authentication user
  ftp             FTP user
  http            Http user
  ppp             PPP user
  ssh             SSH user
  telnet          Telnet  user
  terminal        Terminal user
  web             Web authentication user
  x25-pad     X25-pad user
[LSW1-aaa]local-user user01 service-type telnet ssh web       //开启服务类型：telnet ssh web
[LSW1-aaa]local-user user01 privilege level 3                 //配置用户管理等级为 3 级
[LSW1-aaa]quit                                                //返回上一级视图
[LSW1]interface vlanif 1                                      //配置 VLANIF 1 虚拟端口
[LSW1-Vlanif1]ip address 192.168.1.254 24                     //配置 VLANIF 1 虚拟端口的 IP 地址
[LSW1-Vlanif1]quit                                            //返回上一级视图
[LSW1]
```

（3）显示交换机 LSW1 的配置信息，相关实例代码如下。

```
<LSW1>display current-configuration
#
sysname LSW1
#
aaa
 authentication-scheme default
 authorization-scheme default
 accounting-scheme default
 domain default
 domain default_admin
 local-user admin password simple admin
 local-user admin service-type http
 local-user user01 password cipher X)-@C4Ca/.)NZPO3JBXBHA!!   //为密文密码
 local-user user01 privilege level 3
 local-user user01 service-type telnet ssh web
#
interface vlanif1
 ip address 192.168.1.254 255.255.255.0
#
user-interface con 0
user-interface vty 0 4
 authentication-mode aaa
#
return
<LSW1>
```

（4）在 AAA 认证方式下，测试 Telnet 连接交换机 LSW1 的结果，用户名为 user01，密码为 lncc123，交换机 VLANIF 1 虚拟端口的 IP 地址为 192.168.1.254，如图 4.60 所示。

（5）主机 PC1 访问交换机 LSW1，使用 ping 命令进行结果测试，如图 4.61 所示。

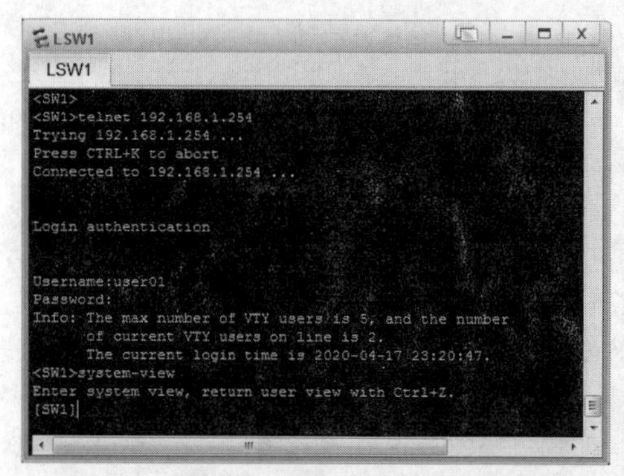

图 4.60　测试 Telnet 连接交换机 LSW1 的结果

```
PC>ping 192.168.1.254

Ping 192.168.1.254: 32 data bytes, Press Ctrl_C to break
From 192.168.1.254: bytes=32 seq=1 ttl=255 time=16 ms
From 192.168.1.254: bytes=32 seq=2 ttl=255 time=16 ms
From 192.168.1.254: bytes=32 seq=3 ttl=255 time=32 ms
From 192.168.1.254: bytes=32 seq=4 ttl=255 time=16 ms
From 192.168.1.254: bytes=32 seq=5 ttl=255 time=16 ms

--- 192.168.1.254 ping statistics ---
  5 packet(s) transmitted
  5 packet(s) received
  0.00% packet loss
  round-trip min/avg/max = 16/19/32 ms

PC>
```

图 4.61　主机 PC1 访问交换机 LSW1

2. 密码认证方式

V4-2　配置交换机登录方式——密码认证方式

（1）配置交换机登录方式，如图 4.58 所示。配置主机 PC1 的 IP 地址，如图 4.59 所示。

（2）配置交换机 LSW1，相关实例代码如下。

```
<Huawei>system-view                                   //进入系统视图
Enter system view, return user view with Ctrl+Z.
[Huawei]sysname LSW1                                  //更改交换机名称
[LSW1]telnet server enable                            //开启 Telnet 服务
[LSW1]user-interface vty 0 4                          //允许同时在线管理人员为 5 人
[LSW1-ui-vty0-4]set authentication password ?         //配置密码认证方式
  cipher   Set the password with cipher text          //密文方式，加密
  simple   Set the password in plain text             //明文方式，不加密
[LSW1-ui-vty0-4]set authentication password cipher lncc123   //配置密文密码为 lncc123
[LSW1-ui-vty0-4]user privilege level 3                //配置用户管理等级为 3 级
[LSW1-ui-vty0-4]quit                                  //返回上一级视图
[LSW1]interface vlanif 1                              //配置 VLANIF 1 虚拟端口
[LSW1-Vlanif1]ip address 192.168.1.254 24             //配置 VLANIF 1 虚拟端口的 IP 地址
[LSW1-Vlanif1]quit                                    //返回上一级视图
[LSW1]
```

（3）显示交换机 LSW1 的配置信息，相关实例代码如下。

```
<LSW1>display current-configuration
#
sysname LSW1
#
interface vlanif1
 ip address 192.168.1.254 255.255.255.0
#
user-interface con 0
user-interface vty 0 4
```

```
  user privilege level 3
  set authentication password cipher -oH4A}bg:5sPddVIN=17-fZ#   //为密文密码
#
return
<LSW1>
```

（4）在密码认证方式下，测试 Telnet 连接交换机 LSW1 的结果，密码为 lncc123，交换机 VLANIF 1 虚拟端口的 IP 地址为 192.168.1.254，如图 4.62 所示。主机 PC1 访问交换机 LSW1，使用 ping 命令进行结果测试，如图 4.61 所示。

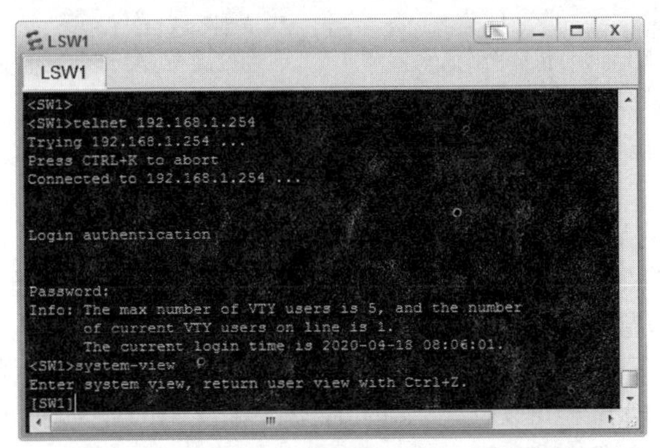

图 4.62　测试 Telnet 连接交换机 LSW1 的结果

任务 4.2　VLAN 内通信基本配置

V4-3　VLAN 内通信基本配置

交换机在支持多种 VLAN 划分方式时，一般情况下，会按照基于策略、MAC 地址、IP 子网、协议、端口方式的优先级顺序选择为数据添加 VLAN 的方式。基于端口划分 VLAN 的优先级最低，但也是目前定义 VLAN 时使用得最广泛的方式。这种方式只要将端口定义一次即可，缺点是某个 VLAN 中的用户离开原来的端口，移动到一个新的端口时必须重新定义端口所在的 VLAN 区域。VLAN 基本配置如图 4.63 所示。

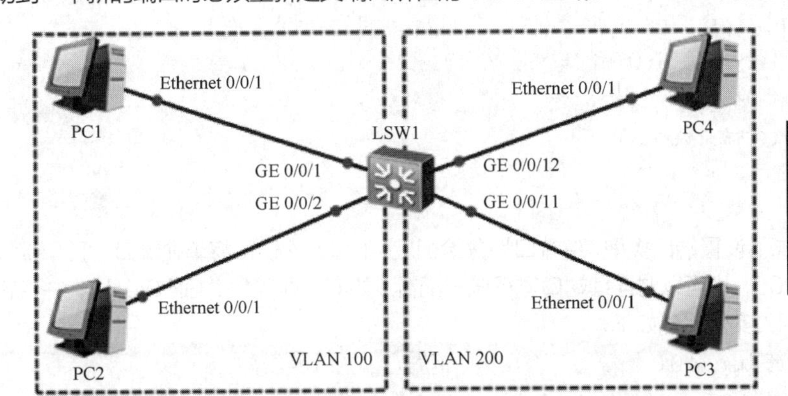

VLAN	端口
VLAN 100	GE 0/0/1
VLAN 100	GE 0/0/2
VLAN 200	GE 0/0/11
VLAN 200	GE 0/0/12

图 4.63　VLAN 基本配置

1. 创建 VLAN

用户首次登录用户视图（<Huawei>）后，输入“system-view”命令并按 Enter 键，进入系统视图（[Huawei]）。在系统视图下执行 vlan 命令进入 VLAN 配置模式，创建或者修改一个 VLAN 即可，相关实例代码如下。

```
<Huawei>                                          //用户视图
<Huawei>system-view                               //进入系统视图
[Huawei]                                          //系统视图
[Huawei]sysname LSW1                              //修改交换机的名称
[ LSW1]vlan batch 100 200                         //创建 VLAN 100、VLAN 200
[ LSW1]vlan 100                                   //配置 VLAN 100
[ LSW1-vlan100]description user-group-100         //修改 VLAN 100 组的描述
[LSW1-vlan100]quit
[LSW1]vlan 200                                    //配置 VLAN 200
[ LSW1-vlan200]description user-group-200         //修改 VLAN 200 组的描述
[ LSW1-vlan200]quit                               //返回到上一级视图
[ LSW1-vlan200]return                             //返回到用户视图
< LSW1>
```

2. 划分端口给相应的 VLAN

将端口划分给相应的 VLAN 有两种方式。因为华为设备默认的端口类型是混合端口，所以将端口划分给相应 VLAN 时需要设置端口类型。

方式一：在端口模式下设置端口类型，将端口划分给相应 VLAN。例如，将单独端口 GE 0/0/1、GE 0/0/2 划分给 VLAN 100，也可以对连续端口进行统一配置（如 GE 0/0/11、GE 0/0/12，并将它们划分给 VLAN 200），相关实例代码如下。

```
[LSW1]interface GigabitEthernet 0/0/1                     //配置 GE 0/0/1 端口
[LSW1-GigabitEthernet0/0/1]port link-type access          //设置端口类型为接入端口
[LSW1-GigabitEthernet0/0/1]port default vlan 100          //将端口划分给 VLAN 100
[LSW1-GigabitEthernet0/0/1]quit                           //返回上一级视图
[LSW1]interface GigabitEthernet 0/0/2
[LSW1-GigabitEthernet0/0/2]port link-type access
[LSW1-GigabitEthernet0/0/2]port default vlan 100
[LSW1-GigabitEthernet0/0/2]quit
[LSW1]port-group group-member  GigabitEthernet 0/0/11 to GigabitEthernet 0/0/12
                         //统一配置 GE 0/0/11 与 GE 0/0/12 端口
[LSW1-port-group]port link-type access
[LSW1-port-group]port default vlan 200
[LSW1-port-group]quit
[LSW1]
```

方式二：在 VLAN 模式下设置端口类型，将端口划分给相应 VLAN。例如，将单独端口 GE 0/0/1、GE 0/0/2 划分给 VLAN 100，也可以对连续端口进行统一配置（如 GE 0/0/11、GE 0/0/12，并将它们划分给 VLAN 200），相关实例代码如下。

```
[LSW1]interface GigabitEthernet 0/0/1                 //配置 GE 0/0/1 端口
[LSW1-GigabitEthernet0/0/1]port link-type access      //设置端口类型为接入端口
[LSW1-GigabitEthernet0/0/1]quit                       //返回上一级视图
[LSW1]interface GigabitEthernet 0/0/2
[LSW1-GigabitEthernet0/0/2]port link-type access
[LSW1-GigabitEthernet0/0/2]quit
[LSW1]vlan 100                                            //配置 VLAN 100
```

```
[LSW1-vlan100]port  GigabitEthernet 0/0/1                      //将端口划分给 VLAN 100
[LSW1-vlan100]port  GigabitEthernet 0/0/2                      //将端口划分给 VLAN 100
[LSW1]port-group group-member  GigabitEthernet 0/0/11 to GigabitEthernet 0/0/12
                               //统一配置 GE 0/0/11 与 GE 0/0/12 端口
[LSW1-port-group]port link-type access
[LSW1]vlan 200                                                 //配置 VLAN 200
[LSW1-vlan200]port GigabitEthernet 0/0/11 to 0/0/12            //将端口划分给 VLAN 200
[LSW1-vlan200]quit
[LSW1]
```

3. 查看并保存配置文件

（1）查看当前配置信息，主要相关实例代码如下。

```
<LSW1>display current-configuration
#
sysname LSW1
#
vlan batch 100 200
#
vlan 100
 description user-group-100
vlan 200
 description user-group-200
#
interface GigabitEthernet0/0/1
 port link-type access
 port default vlan 100
#
interface GigabitEthernet0/0/2
 port link-type access
 port default vlan 100
#
interface GigabitEthernet0/0/11
 port link-type access
 port default vlan 200
#
interface GigabitEthernet0/0/12
 port link-type access
 port default vlan 200
#
user-interface con 0
user-interface vty 0 4
#
return
<LSW1>
```

（2）查看端口配置信息，主要相关实例代码如下。

```
<LSW1>display current-configuration | begin interface
interface vlanif1                    // 查看显示结果，"|"表示从 interface 开始显示
#
interface MEth0/0/1
#
interface GigabitEthernet0/0/1
 port link-type access
 port default vlan 100
#
interface GigabitEthernet0/0/2
 port link-type access
 port default vlan 100
#
interface GigabitEthernet0/0/11
 port link-type access
 port default vlan 200
#
interface GigabitEthernet0/0/12
 port link-type access
 port default vlan 200
#
return
<LSW1>
```

（3）查看 VLAN 配置信息，执行 display vlan 命令即可显示结果，如图 4.64 所示。

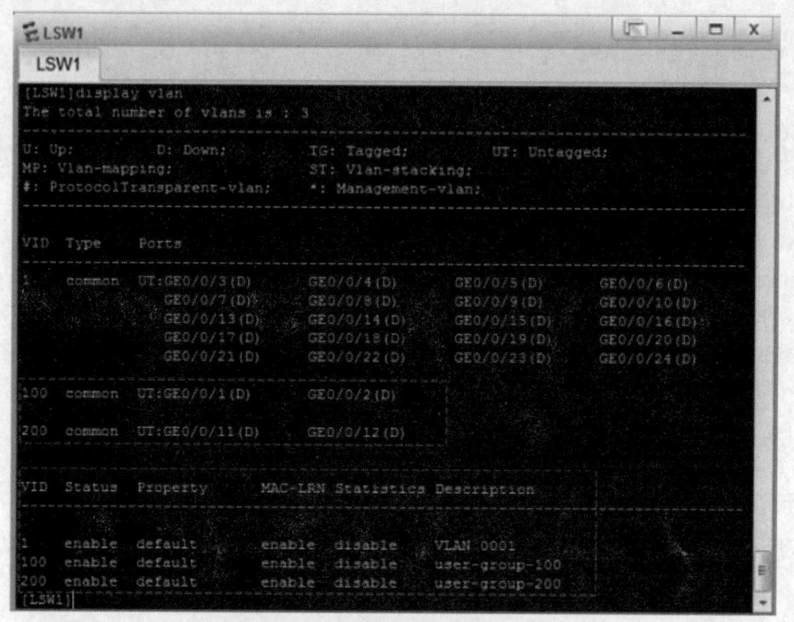

图 4.64 查看 VLAN 配置信息

（4）保存当前配置信息，相关实例代码如下。

```
<LSW1>save                                    //保存当前配置结果
The current configuration will be written to the device.
Are you sure to continue?[Y/N]y               //提示是否继续保存，输入“y”表示保存
Now saving the current configuration to the slot 0.
Apr 21 2022 12:18:12-08:00 LSW1 %%01CFM/4/SAVE(l)[1]:The user chose Y when decid
ing whether to save the configuration to the device.
Save the configuration successfully.          //提示保存成功
<LSW1>
```

（5）查看版本信息，相关实例代码如下。

```
<LSW1>display version
Huawei Versatile Routing Platform Software
VRP (R) software, Version 5.110 (S5700 V200R001C00)
Copyright (c) 2000-2011 HUAWEI TECH CO., LTD
Quidway S5700-28C-HI Routing Switch uptime is 0 week, 0 day, 0 hour, 16 minutes
<LSW1>
```

任务 4.3 配置交换机干道端口实现 VLAN 内通信

V4-4 配置交换机干道端口实现 VLAN 内通信

（1）交换机 LSW1 与交换机 LSW2 使用干道端口互联，相同 VLAN 的主机之间可以相互访问，不同 VLAN 的主机之间不能相互访问，如图 4.65 所示。

（2）配置交换机 LSW1、LSW2。以交换机 LSW1 为例，设置 GE 0/0/1、GE 0/0/2、GE 0/0/3 端口类型为接入端口，GE 0/0/24 端口类型为干道端口，相关实例代码如下。

```
<Huawei>system-view
Enter system view, return user view with Ctrl+Z.
[Huawei]sysname LSW1
[LSW1] vlan batch 100 200
[LSW1]int g 0/0/24                                        //简写 GE 0/0/24 端口
[LSW1-GigabitEthernet0/0/24]port link-type trunk          //设置端口类型为干道端口
[LSW1-GigabitEthernet0/0/24]port trunk allow-pass vlan all //允许所有 VLAN 数据通过
[LSW1-GigabitEthernet0/0/24]quit
[LSW1]port-group group-member GigabitEthernet 0/0/1 to GigabitEthernet 0/0/3
                           //统一设置 GE 0/0/1 到 GE 0/0/3 端口
[LSW1-port-group] port link-type access
[LSW1-port-group]quit
[LSW1]int g 0/0/1
[LSW1-GigabitEthernet0/0/1]port default vlan 100
[LSW1-GigabitEthernet0/0/1]int g 0/0/2
[LSW1-GigabitEthernet0/0/2]port default vlan 200
[LSW1-GigabitEthernet0/0/2]quit
[LSW1]
```

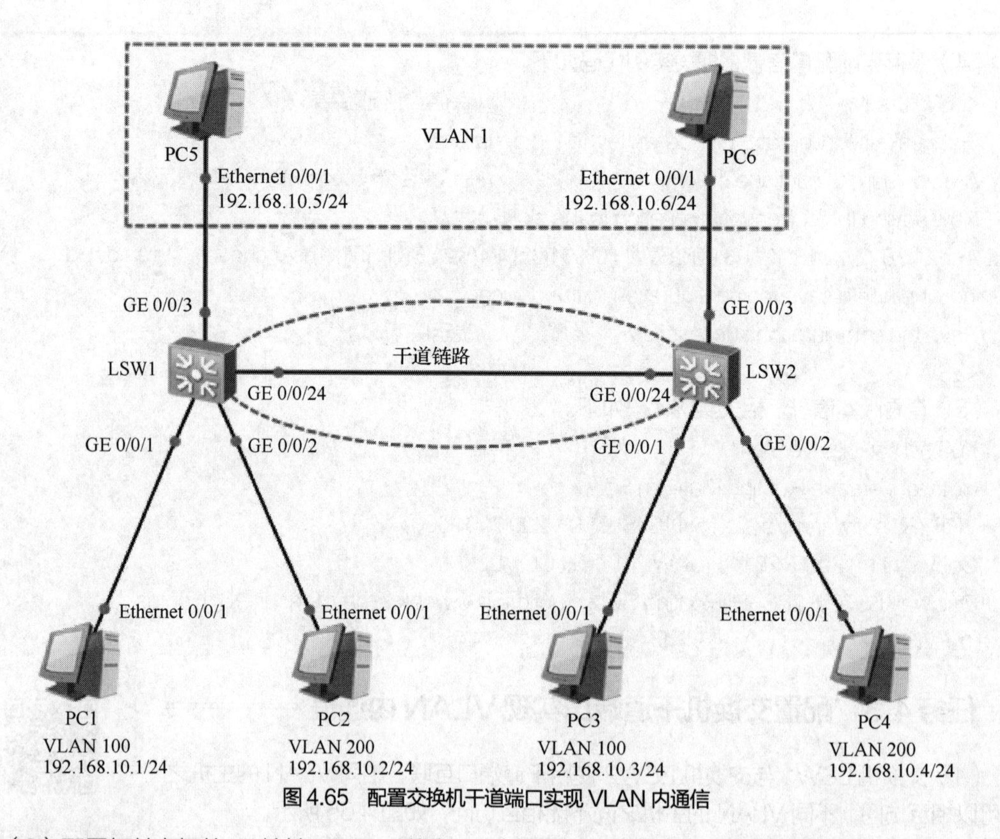

图 4.65　配置交换机干道端口实现 VLAN 内通信

（3）配置相关主机的 IP 地址、VLAN 信息。主机 PC1 与主机 PC3 属于 VLAN 100，主机 PC2 与主机 PC4 属于 VLAN 200，主机 PC5 与主机 PC6 属于默认 VLAN 1，所有设备配置信息均在华为 eNSP 软件下进行模拟测试。设置主机 PC1 与主机 PC2 的 IP 地址，如图 4.66 所示。

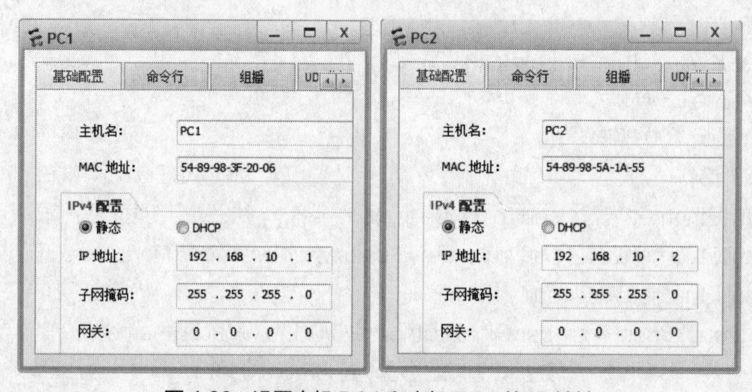

图 4.66　设置主机 PC1 和主机 PC2 的 IP 地址

（4）显示交换机 LSW1、LSW2 的配置信息。以交换机 LSW1 为例，主要相关实例代码如下。

```
[LSW1]display current-configuration
#
sysname LSW1
#
vlan batch 100 200
#
```

```
interface GigabitEthernet0/0/1
 port link-type access
 port default vlan 100
#
interface GigabitEthernet0/0/2
 port link-type access
 port default vlan 200
#

interface GigabitEthernet0/0/24
 port link-type trunk
 port trunk allow-pass vlan 2 to 4094
#
interface NULL0
#
user-interface con 0
user-interface vty 0 4
#
return
[LSW1]
```

（5）使主机间相互访问，测试相关结果。

主机 PC1 与主机 PC2 分别属于 VLAN 100 与 VLAN 200，虽然它们在同一台交换机 LSW1 上，但仍然无法相互访问，如图 4.67 所示。

主机 PC1 与主机 PC3 属于同一个 VLAN 100，虽然它们分别在交换机 LSW1 与交换机 LSW2 上，但其主干链路为干道链路，故仍然可以相互访问，如图 4.68 所示。

```
PC1
基础配置 命令行 组播 UDP发包工具 串口
Welcome to use PC Simulator!

PC>ping 192.168.10.2

Ping 192.168.10.2: 32 data bytes, Press Ctrl_C to break
From 192.168.10.1: Destination host unreachable
From 192.168.10.1: Destination host unreachable
From 192.168.10.1: Destination host unreachable
From 192.168.10.1: Destination host unreachable
From 192.168.10.1: Destination host unreachable

--- 192.168.10.2 ping statistics ---
  5 packet(s) transmitted
  0 packet(s) received
  100.00% packet loss

PC>
```

图 4.67　主机 PC1 与主机 PC2 无法相互访问

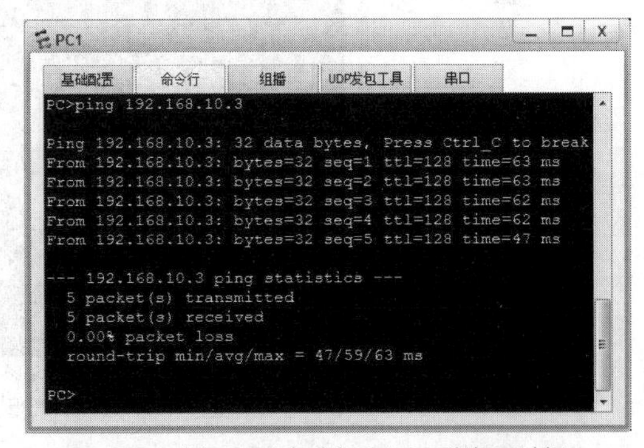

图 4.68　主机 PC1 与主机 PC3 可以相互访问

主机 PC1 与主机 PC4 分别属于 VLAN 100 与 VLAN 200，分别在交换机 LSW1 与交换机 LSW2 上，无法相互访问，如图 4.69 所示。

主机 PC5 与主机 PC6 同属于 VLAN 1，虽然交换机 LSW2 只允许 VLAN 100、VLAN 200 数据通过，但默认 VLAN 1 的数据仍然可以通过，故 PC5 与 PC6 可以相互访问，如图 4.70 所示。交换机 LSW2 的 GE 0/0/24 相关实例代码如下。

```
[LSW2]int g 0/0/24                                  //简写 GE 0/0/24 端口
[LSW2-GigabitEthernet0/0/24]port link-type trunk    //设置端口类型为干道端口
```

```
[LSW2-GigabitEthernet0/0/24]port trunk allow-pass vlan 100 200
                                        //只允许 VLAN 100、VLAN 200 数据通过
```

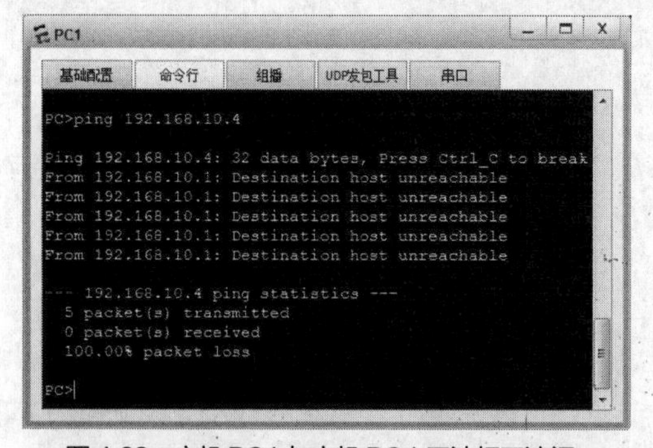

图 4.69　主机 PC1 与主机 PC4 无法相互访问

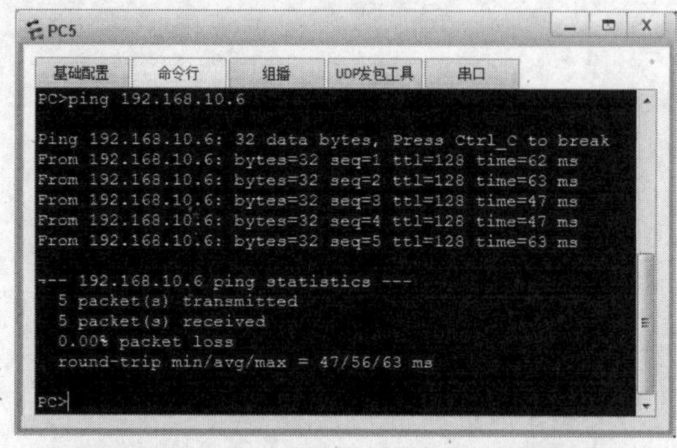

图 4.70　主机 PC5 与主机 PC6 可以相互访问

（6）如何配置才能使默认 VLAN 1 的数据不在干道链路上进行转发呢？也就是说，虽然主机 PC5 与主机 PC6 都在默认 VLAN 1 中，但是它们之间不可以相互访问。

有两种方式可以实现这种效果，一种方式是在干道链路上改变本地默认 PVID，使用其他的 PVID，相关实例代码如下。

```
[LSW1]int g 0/0/24
[LSW1-GigabitEthernet0/0/24]port trunk pvid vlan 100
[LSW1-GigabitEthernet0/0/24]quit
[LSW1]
```

设置交换机 LSW1 的 GE 0/0/24 端口干道链路的 PVID 为 100 后，主机 PC5 无法访问主机 PC6，如图 4.71 所示。

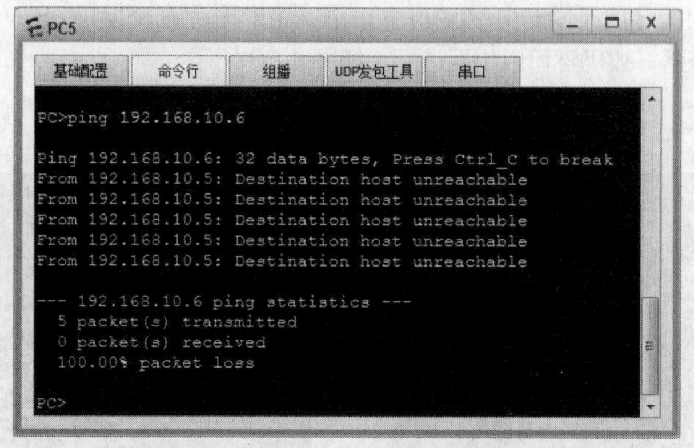

图 4.71　主机 PC5 无法访问主机 PC6

另一种方式是在干道链路上不转发默认 VLAN 1 的数据，相关实例代码如下。

```
[LSW1]int g 0/0/24
[LSW1-GigabitEthernet0/0/24]undo port trunk pvid vlan            //恢复默认 VLAN 1 的 PVID
[LSW1-GigabitEthernet0/0/24]undo port trunk allow-pass vlan 1  //拒绝 VLAN 1 数据通过
[LSW1-GigabitEthernet0/0/24]quit
[LSW1]
```

设置交换机 LSW1 的 GE 0/0/24 端口干道链路不转发默认 VLAN 1 的数据，也可以使主机 PC5 无法访问主机 PC6，如图 4.71 所示。

任务 4.4　配置混合端口实现 VLAN 内通信

V4-5　配置混合端口实现 VLAN 内通信

华为交换机默认的端口类型为混合端口，这在现实中有很大意义。一般用户希望组内可以相互访问，而组间不可以相互访问；有时候需要组与组之间不可以相互访问，但可以访问同一台服务器，二层交换机可以很好地解决这样的问题，而不需要通过三层交换机来实现。

服务器 Server1 属于 VLAN 100，连接在交换机 LSW1 上；主机 PC1、主机 PC2 分别属于 VLAN 10、VLAN 20，连接在交换机 LSW2 上，主机的 IP 地址、端口信息等如图 4.72 所示。

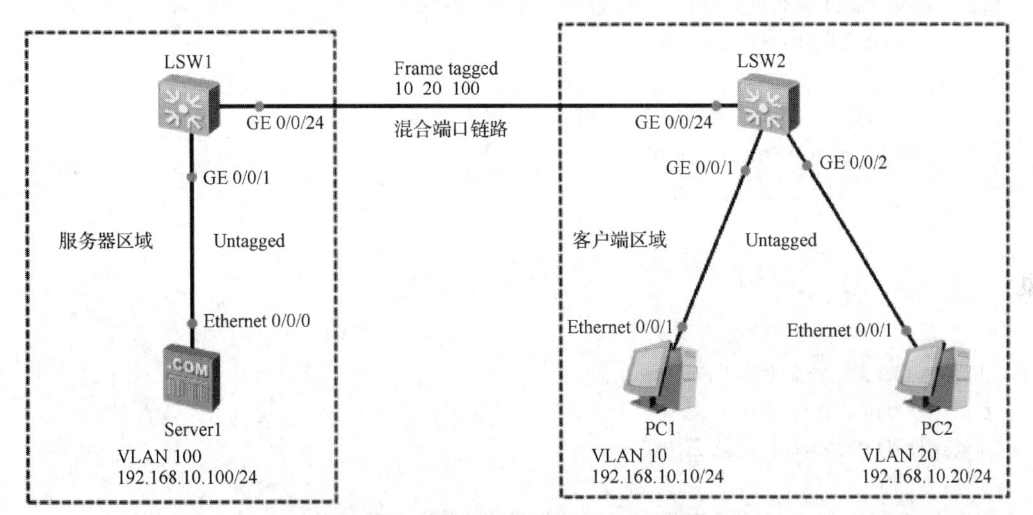

图 4.72　配置混合端口实现 VLAN 内通信

（1）配置交换机 LSW1，相关实例代码如下。

```
[Huawei]sysname LSW1
[LSW1]vlan batch 10 20 100
[LSW1]interface GigabitEthernet 0/0/1
[LSW1-GigabitEthernet0/0/1]port link-type hybrid
[LSW1-GigabitEthernet0/0/1]port hybrid pvid vlan 100
                //配置本地 VLAN 为 VLAN 100
[LSW1-GigabitEthernet0/0/1]port hybrid untagged vlan 10 20 100
                //在 GE 0/0/1 端口允许 Untagged VLAN 10 20 100 数据通过
[LSW1-GigabitEthernet0/0/1]quit
[LSW1]interface GigabitEthernet 0/0/24
[LSW1-GigabitEthernet0/0/24]port hybrid tagged vlan 10 20 100
                //在 GE 0/0/24 端口允许 Tagged VLAN 10 20 100 数据通过
[LSW1-GigabitEthernet0/0/24]quit
[LSW1]
```

（2）配置交换机 LSW2，相关实例代码如下。

```
[Huawei]sysname LSW2
[LSW2]vlan batch 10 20 100
```

```
[LSW2]interface GigabitEthernet 0/0/1
[LSW2-GigabitEthernet0/0/1]port hybrid pvid vlan 10
[LSW2-GigabitEthernet0/0/1]port hybrid untagged vlan 10 100
[LSW2-GigabitEthernet0/0/1]quit
[LSW2]interface GigabitEthernet 0/0/2
[LSW2-GigabitEthernet0/0/2]port hybrid pvid vlan 20
[LSW2-GigabitEthernet0/0/2]port hybrid untagged vlan 20 100
[LSW2-GigabitEthernet0/0/2]quit
[LSW2]interface GigabitEthernet 0/0/24
[LSW2-GigabitEthernet0/0/24]port hybrid tagged vlan 10 20 100
[LSW2-GigabitEthernet0/0/24]quit
[LSW2]
```

（3）显示交换机 LSW1 的配置信息，主要相关实例代码如下。

```
[LSW1]display current-configuration
#
sysname LSW1
#
vlan batch 10 20 100
#
interface GigabitEthernet0/0/1
 port hybrid pvid vlan 100
 port hybrid untagged vlan 10 20 100
#
interface GigabitEthernet0/0/24
 port hybrid tagged vlan 10 20 100
#
user-interface con 0
user-interface vty 0 4
#
return
[LSW1]
```

（4）显示交换机 LSW2 的配置信息，主要相关实例代码如下。

```
[LSW2]display current-configuration
#
sysname LSW2
#
vlan batch 10 20 100
#
interface GigabitEthernet0/0/1
 port hybrid pvid vlan 10
 port hybrid untagged vlan 10 100
#
interface GigabitEthernet0/0/2
```

```
 port hybrid pvid vlan 20
 port hybrid untagged vlan 20 100
#
interface GigabitEthernet0/0/24
 port hybrid tagged vlan 10 20 100
#
user-interface con 0
user-interface vty 0 4
#
return
[LSW2]
```

（5）测试相关结果。VLAN 10 中的主机 PC1 访问 VLAN 100 中的服务器 Server1 时，可以相互访问，访问 VLAN 20 中的主机 PC2 时，无法访问，如图 4.73 所示。

VLAN 20 中的主机 PC2 访问 VLAN 100 中的服务器 Server1 时，可以相互访问，访问 VLAN 10 中的主机 PC1 时，无法访问，如图 4.74 所示。

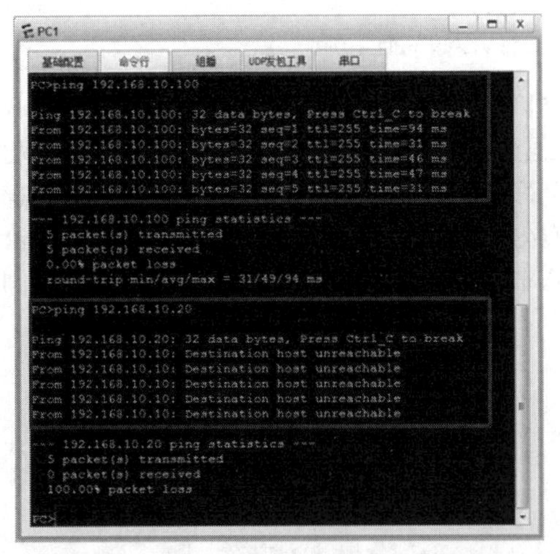

图 4.73　VLAN 10 中的主机 PC1 访问测试结果

图 4.74　VLAN 20 中的主机 PC2 访问测试结果

任务 4.5　三层交换机实现 VLAN 间通信

V4-6　三层交换机实现 VLAN 间通信

VLAN 隔离了二层广播域，也严格隔离了各个 VLAN 之间的任何二层流量，属于不同 VLAN 的用户之间不能进行二层通信。因为不同 VLAN 之间的主机无法实现二层通信，所以只有通过三层路由才能将报文从一个 VLAN 转发到另一个 VLAN。

解决 VLAN 间通信问题的第一种方法是在路由器上为每个 VLAN 分配一个单独的端口，并使用一条物理链路连接到二层交换机上。当 VLAN 间的主机需要通信时，数据会经由路由器进行三层路由，并被转发到目的 VLAN 内的主机上，这样就可以实现 VLAN 之间的相互通信。然而，随着每个交换机上 VLAN 数量的增加，必然需要大量的路由器端口，而路由器的端口数量是极其有限的；此外，某些 VLAN 之间的主机可能不需要频繁地进行通信，按以上方法配置会导致路由器的端口利用率很低。因此，在实际应用中一般不会采用这种方法来解决 VLAN 间的通信问题。

解决 VLAN 间通信问题的第二种方法是在三层交换机上配置 VLANIF 端口来实现 VLAN 间路由。如果网络中有多个 VLAN，则需要给每个 VLAN 配置一个 VLANIF 端口，并给每个 VLANIF 端口配置一个 IP 地址。用户设置的默认网关就是三层交换机中 VLANIF 端口的 IP 地址。

（1）三层交换机逻辑端口 Interface VLAN 简称 VLANIF，通常将这个端口的 IP 地址作为该 VLAN 用户的网关，利用 VLANIF 可以实现 VLAN 之间的通信。用三层交换机实现 VLAN 间相互访问如图 4.75 所示。

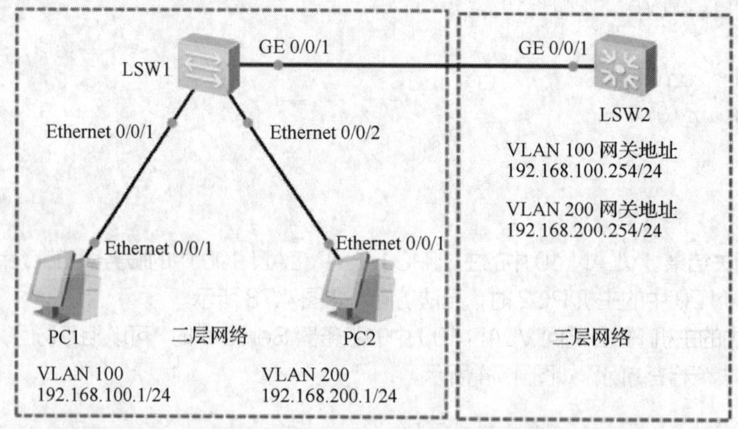

图 4.75　用三层交换机实现 VLAN 间相互访问

主机 PC1 向主机 PC2 发送一个数据包，由于主机 PC1 和主机 PC2 不在同一网段中，主机 PC1 要先将数据包发送至网关地址 192.168.100.254；三层交换机 LSW2 接收到这个数据包以后，取出目的 IP 地址，确定要去往的目标网络地址为 192.168.200.0/24 网段，查询三层交换机 LSW2 路由表，得知去往目标网络需要从 192.168.200.254 端口发送数据包；逻辑端口 VLANIF（192.168.100.254）和逻辑端口 VLANIF（192.168.200.254）分别是 VLAN 100 和 VLAN 200 的路由端口，即 VLAN 100 和 VLAN 200 网段中主机的网关地址。

（2）配置交换机 LSW1，相关实例代码如下。

```
<Huawei>system-view
[Huawei]sysname LSW1
[LSW1]vlan batch 100 200
[LSW1]interface Ethernet 0/0/1
[LSW1-Ethernet0/0/1]port link-type access
[LSW1-Ethernet0/0/1]port default vlan 100
[LSW1-Ethernet0/0/1]int e 0/0/2
[LSW1-Ethernet0/0/2]port link-type access
[LSW1-Ethernet0/0/2]port default vlan 200
[LSW1-Ethernet0/0/2]int g 0/0/1
[LSW1-GigabitEthernet0/0/1]port link-type trunk
[LSW1-GigabitEthernet0/0/1]port trunk allow-pass vlan 100 200
[LSW1-GigabitEthernet0/0/1]quit
[LSW1]
```

（3）配置交换机 LSW2，相关实例代码如下。

```
<Huawei>system-view
[Huawei]sysname LSW2
[LSW2]vlan batch 100 200
[LSW2]interface GigabitEthernet 0/0/1
```

```
[LSW2-GigabitEthernet0/0/1]port link-type trunk
quit port trunk allow-pass vlan 100 200
[LSW2]interface vlanif 100
[LSW2-Vlanif100]ip address 192.168.100.254 24
[LSW2-Vlanif100]int vlan 200
[LSW2-Vlanif200]ip address 192.168.200.254 24
[LSW2-Vlanif200]quit
[LSW2]
```

（4）显示交换机 LSW1 的配置信息，主要相关实例代码如下。

```
<LSW1>display current-configuration
#
sysname LSW1
#
vlan batch 100 200
#
interface Ethernet0/0/1
 port link-type access
 port default vlan 100
#
interface Ethernet0/0/2
 port link-type access
 port default vlan 200
#
interface GigabitEthernet0/0/1
 port link-type trunk
 port trunk allow-pass vlan 100 200
#
user-interface con 0
user-interface vty 0 4
#
return
<LSW1>
```

（5）显示交换机 LSW2 的配置信息，主要相关实例代码如下。

```
<LSW2>display current-configuration
#
sysname LSW2
#
vlan batch 100 200
#
interface vlanif100
 ip address 192.168.100.254 255.255.255.0
#
interface vlanif200
```

```
 ip address 192.168.200.254 255.255.255.0
#
interface MEth0/0/1
#
interface GigabitEthernet0/0/1
 port link-type trunk
 port trunk allow-pass vlan 100 200
#
user-interface con 0
user-interface vty 0 4
#
return
<LSW2>
```

（6）测试相关结果。VLAN 100 中的主机 PC1 访问 VLAN 200 中的主机 PC2 时，可以相互访问，如图 4.76 所示。

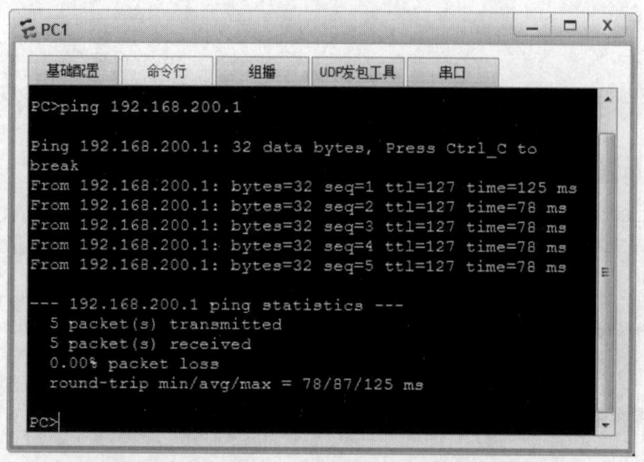

图 4.76　主机 PC1 和主机 PC2 可以相互访问

任务 4.6　单臂路由实现 VLAN 间通信

解决 VLAN 间通信问题的第三种方法是在交换机和路由器之间仅用一条物理链路连接。在交换机上需要把连接到路由器的端口配置为干道端口，并允许相关 VLAN 的帧通过。在路由器上需要创建子端口，从逻辑上把连接路由器的物理链路分成了多条。一个子端口代表一条属于某个 VLAN 的逻辑链路。配置子端口时，需要注意以下几点。

V4-7　单臂路由实现 VLAN 间通信

（1）必须为每个子端口分配一个 IP 地址。该 IP 地址与子端口所属 VLAN 位于同一网段。

（2）需在子端口上配置 IEEE 802.1Q 封装，以去掉和添加 VLAN 标签，从而实现 VLAN 间互通。

（3）在子端口上执行 arp broadcast enable 命令，启用子端口的 ARP 广播功能。

主机 PC1 发送数据给主机 PC2 时，路由器 AR1 会通过 GE 0/0/1.1 子端口收到此数据，并查找路由表，将数据从 GE 0/0/1.2 子端口发送给主机 PC2，这样就实现了 VLAN 100 和 VLAN 200 之间的主机通信，如图 4.77 所示。

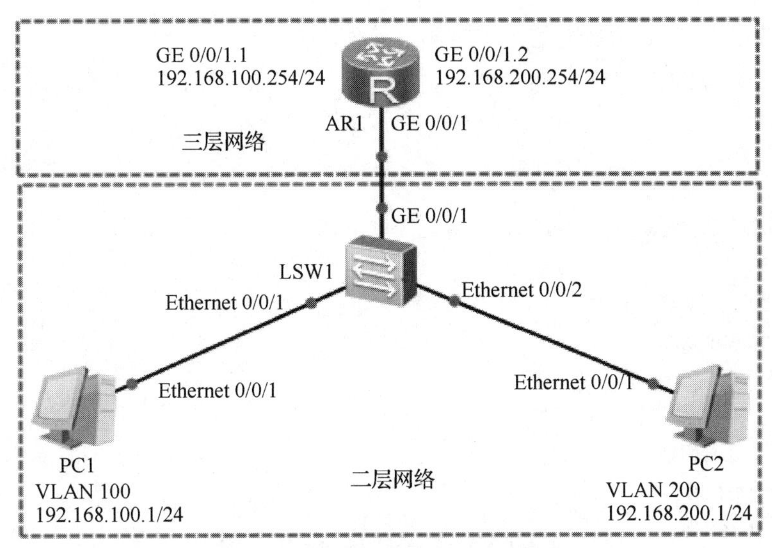

图 4.77　用单臂路由实现 VLAN 间通信

（1）配置交换机 LSW1 的相关信息，相关实例代码如下。

```
[Huawei]sysname LSW1
[LSW1]vlan batch 100 200
[LSW1]interface Ethernet 0/0/1
[LSW1-Ethernet0/0/1]port link-type access
[LSW1-Ethernet0/0/1]port default vlan 100
[LSW1-Ethernet0/0/1]interface Ethernet0/0/2
[LSW1-Ethernet0/0/2]port link-type access
[LSW1-Ethernet0/0/2]port default vlan 200
[LSW1-Ethernet0/0/2]interface GigabitEthernet0/0/1
[LSW1- GigabitEthernet0/0/1]port link-type trunk
[LSW1- GigabitEthernet0/0/1]port trunk allow-pass vlan 100 200
[LSW1- GigabitEthernet0/0/1]undo port trunk pvid vlan       //禁止本地 VLAN 1 数据通行
[LSW1- GigabitEthernet0/0/1]quit
[LSW1]
```

（2）配置路由器 AR1 的相关信息，相关实例代码如下。

```
[Huawei]sysname AR1
[AR1]interface GigabitEthernet 0/0/1.1                        //配置 GE 0/0/1 端口的子端口
[AR1-GigabitEthernet0/0/1.1]dot1q termination vid 100         //封装 IEEE 802.1Q，关联 VLAN 100
[AR1-GigabitEthernet0/0/1.1]ip address 192.168.100.254 24         //配置 IP 地址
[AR1-GigabitEthernet0/0/1.1]arp broadcast enable                  //启用子端口的 ARP 广播功能
[AR1-GigabitEthernet0/0/1.1]interface GigabitEthernet 0/0/1.2
[AR1-GigabitEthernet0/0/1.2]dot1q termination vid 200    //封装 IEEE 802.1Q，关联 VLAN 200
[AR1-GigabitEthernet0/0/1.2]ip address 192.168.200.254 255.255.255.0
[AR1-GigabitEthernet0/0/1.2]arp broadcast enable
[AR1-GigabitEthernet0/0/1.2]quit
[AR1]
```

（3）显示交换机 LSW1 的配置信息，主要相关实例代码如下。

```
[LSW1]display current-configuration
#
sysname LSW1
#
vlan batch 100 200
#
interface Ethernet0/0/1
 port link-type access
 port default vlan 100
#
interface Ethernet0/0/2
 port link-type access
 port default vlan 200
#
Interface GigabitEthernet0/0/1
 port link-type trunk
 port trunk allow-pass vlan 100 200
#
user-interface con 0
user-interface vty 0 4
#
return
[LSW1]
```

（4）显示路由器 AR1 的配置信息，主要相关实例代码如下。

```
[AR1]display current-configuration
#
 sysname AR1
#
interface GigabitEthernet0/0/0
#
interface GigabitEthernet0/0/1
#
interface GigabitEthernet0/0/1.1
 dot1q termination vid 100
 ip address 192.168.100.254 255.255.255.0
 arp broadcast enable
#
interface GigabitEthernet0/0/1.2
 dot1q termination vid 200
 ip address 192.168.200.254 255.255.255.0
 arp broadcast enable
#
```

```
interface GigabitEthernet0/0/2
#
return
[AR1]
```

（5）测试相关结果。VLAN 100 中的主机 PC1 访问 VLAN 200 中的主机 PC2，可以相互访问，如图 4.78 所示。

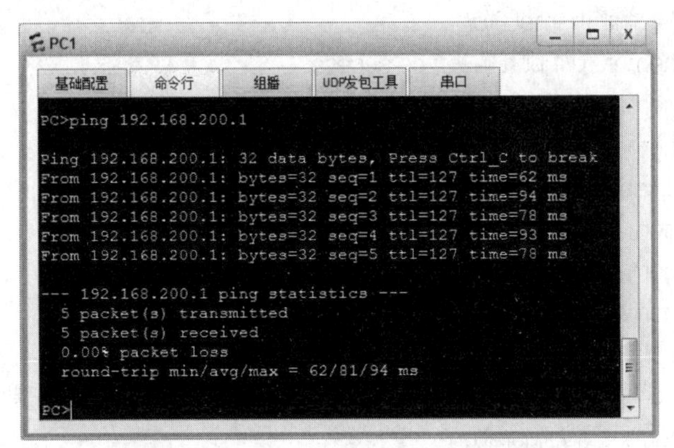

图 4.78　主机 PC1 和主机 PC2 可以相互访问

任务 4.7　配置手动模式的链路聚合

对交换机 LSW1 与交换机 LSW2 的端口 GE 0/0/23、GE 0/0/24 进行手动模式配置的链路聚合，如图 4.79 所示。

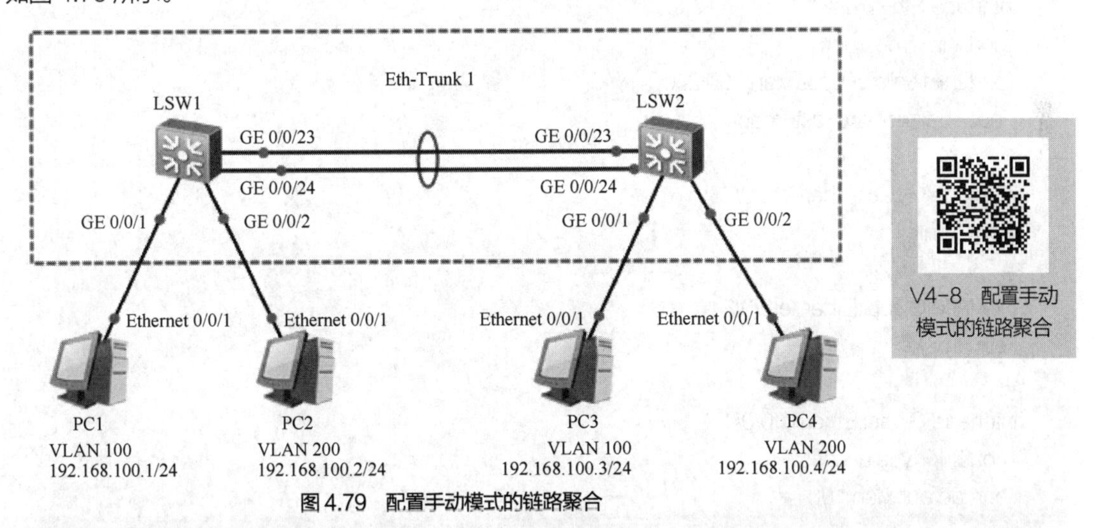

图 4.79　配置手动模式的链路聚合

V4-8　配置手动模式的链路聚合

（1）在交换机 LSW1 上创建干道端口，并加入成员端口。交换机 LSW2 与交换机 LSW1 的配置类似，此处不再一一介绍。以交换机 LSW1 为例，相关实例代码如下。

```
<Huawei>system-view
[Huawei]sysname LSW1
[LSW1]vlan batch 100 200                    //创建 VLAN 100、VLAN 200
[LSW1]interface Eth-Trunk 1                 //创建 Eth-Trunk 1 端口
```

```
[LSW1-Eth-Trunk1]trunkport GigabitEthernet 0/0/23 to 0/0/24      //加入成员端口
[LSW1-Eth-Trunk1]port link-type trunk
[LSW1-Eth-Trunk1]port trunk allow-pass vlan 100 200
[LSW1-Eth-Trunk1]undo port trunk pvid vlan                        //禁止本地 VLAN 1 数据转发
[LSW1-Eth-Trunk1]load-balance src-dst-mac                         //配置负载均衡方式
[LSW1-Eth-Trunk1]quit
[LSW1]interface GigabitEthernet 0/0/1
[LSW1-GigabitEthernet0/0/1]port link-type access
[LSW1-GigabitEthernet0/0/1]port default vlan 100
[LSW1-GigabitEthernet0/0/1]quit
[LSW1]interface GigabitEthernet 0/0/2
[LSW1-GigabitEthernet0/0/2]port link-type access
[LSW1-GigabitEthernet0/0/2]port default vlan 200
[LSW1-GigabitEthernet0/0/2]quit
[LSW1]
```

（2）显示交换机 LSW1 和 LSW2 的配置信息。以交换机 LSW1 为例，主要相关实例代码如下。

```
<LSW1>display current-configuration
#
sysname LSW1
#
vlan batch 100 200
#
interface Eth-Trunk1
 port link-type trunk
 port trunk allow-pass vlan 100 200
 load-balance src-dst-mac
#
interface GigabitEthernet0/0/23
 eth-trunk 1
#
interface GigabitEthernet0/0/24
 eth-trunk 1
#
interface GigabitEthernet0/0/1
 port link-type access
 port default vlan 100
#
interface GigabitEthernet0/0/2
 port link-type access
 port default vlan 200
#
return
<LSW1>
```

（3）查看交换机 LSW1 和交换机 LSW2 的配置结果。以交换机 LSW1 为例，执行 display eth-trunk 1 命令，查看链路聚合结果，如图 4.80 所示。

（4）测试相关结果。交换机 LSW1 中 VLAN 100 的主机 PC1 访问交换机 LSW2 中 VLAN 100 的主机 PC3 时，可以相互访问，如图 4.81 所示。

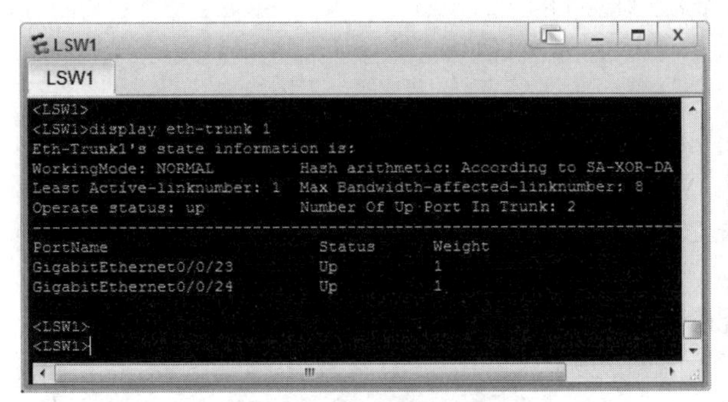

图 4.80　查看链路聚合结果

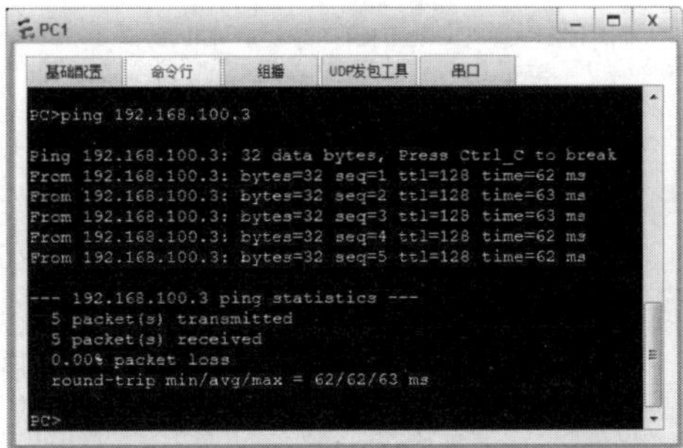

图 4.81　主机 PC1 和主机 PC3 可以相互访问

任务 4.8　配置静态路由

（1）配置静态路由，进行网络拓扑连接，其相关端口与 IP 地址配置如图 4.82 所示。

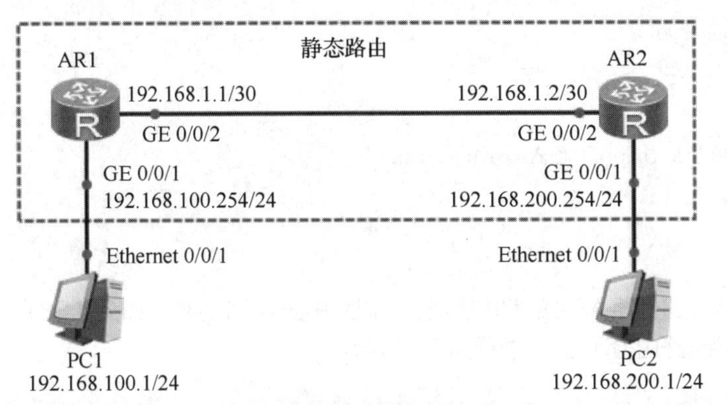

V4-9　配置静态路由

图 4.82　配置静态路由

（2）配置路由器 AR1，相关实例代码如下。

```
<Huawei>system-view
[Huawei]sysname AR1
[AR1]interface GigabitEthernet 0/0/1
[AR1-GigabitEthernet0/0/1]ip address 192.168.100.254 24
[AR1-GigabitEthernet0/0/1]quit
[AR1]interface GigabitEthernet 0/0/2
[AR1-GigabitEthernet0/0/2]ip address 192.168.1.1 30
[AR1-GigabitEthernet0/0/2]quit
[AR1]ip route-static 192.168.200.0 255.255.255.0 192.168.1.2    //静态路由
 //设置静态路由    目的地址    子网掩码    下一跳地址
[AR1]quit
```

（3）配置路由器 AR2，相关实例代码如下。

```
<Huawei>system-view
[Huawei]sysname AR2
[AR2]interface GigabitEthernet 0/0/1
[AR2-GigabitEthernet0/0/1]ip address 192.168.200.254 24
[AR2-GigabitEthernet0/0/1]quit
[AR2]interface GigabitEthernet 0/0/2
[AR2-GigabitEthernet0/0/2]ip address 192.168.1.2 30
[AR2-GigabitEthernet0/0/2]quit
[AR2]ip route-static 192.168.100.0 255.255.255.0 192.168.1.1    //静态路由
[AR2]quit
```

（4）显示路由器 AR1 和路由器 AR2 的配置信息。以路由器 AR1 为例，主要相关实例代码如下。

```
<AR1>display current-configuration
#
 sysname AR1
#
interface GigabitEthernet0/0/1
 ip address 192.168.100.254 255.255.255.0
#
interface GigabitEthernet0/0/2
 ip address 192.168.1.1 255.255.255.252
#
ip route-static 192.168.200.0 255.255.255.0 192.168.1.2
#
return
<AR1>
```

（5）查看路由器 AR1 和路由器 AR2 的路由表信息。以路由器 AR1 为例，如图 4.83 所示。

（6）使用主机 PC1 测试路由验证结果，如图 4.84 所示。

```
AR1
<AR1>display ip routing-table
Route Flags: R - relay, D - download to fib
------------------------------------------------------------------------------
Routing Tables: Public
         Destinations : 11       Routes : 11

Destination/Mask    Proto   Pre  Cost      Flags NextHop         Interface

      127.0.0.0/8   Direct  0    0           D   127.0.0.1       InLoopBack0
      127.0.0.1/32  Direct  0    0           D   127.0.0.1       InLoopBack0
127.255.255.255/32  Direct  0    0           D   127.0.0.1       InLoopBack0
    192.168.1.0/30  Direct  0    0           D   192.168.1.1     GigabitEthernet
0/0/2
    192.168.1.1/32  Direct  0    0           D   127.0.0.1       GigabitEthernet
0/0/2
    192.168.1.3/32  Direct  0    0           D   127.0.0.1       GigabitEthernet
0/0/2
  192.168.100.0/24  Direct  0    0           D   192.168.100.254 GigabitEthernet
0/0/1
192.168.100.254/32  Direct  0    0           D   127.0.0.1       GigabitEthernet
0/0/1
192.168.100.255/32  Direct  0    0           D   127.0.0.1       GigabitEthernet
0/0/1
  192.168.200.0/24  Static  60   0          RD   192.168.1.2     GigabitEthernet
0/0/2
255.255.255.255/32  Direct  0    0           D   127.0.0.1       InLoopBack0

<AR1>
```

图 4.83　路由器 AR1 的路由表信息

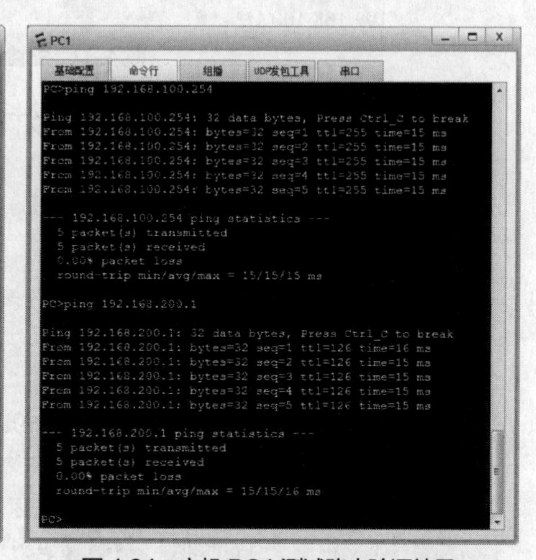

图 4.84　主机 PC1 测试路由验证结果

任务 4.9　配置默认路由

（1）配置默认路由，进行网络拓扑连接，其相关端口与 IP 地址配置如图 4.85 所示。

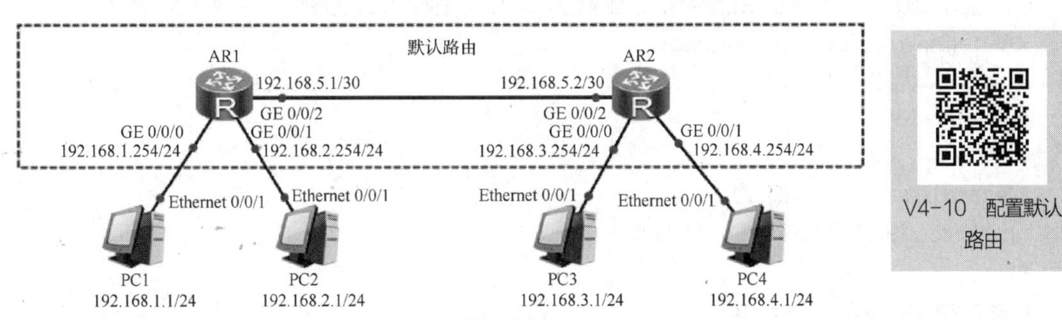

V4-10　配置默认路由

图 4.85　配置默认路由

（2）配置路由器 AR1，相关实例代码如下。

```
<Huawei>system-view
Enter system view, return user view with Ctrl+Z.
[Huawei]sysname AR1
[AR1]interface GigabitEthernet 0/0/0
[AR1-GigabitEthernet0/0/0]ip address 192.168.1.254 24
[AR1-GigabitEthernet0/0/0]quit
[AR1]interface GigabitEthernet 0/0/1
[AR1-GigabitEthernet0/0/1]ip address 192.168.2.254 24
[AR1-GigabitEthernet0/0/1]quit
[AR1]interface GigabitEthernet 0/0/2
[AR1-GigabitEthernet0/0/2]ip address 192.168.5.1 30
[AR1-GigabitEthernet0/0/2]quit
[AR1]ip route-static 0.0.0.0 0.0.0.0 192.168.5.2            //默认路由
//设置默认路由     目的地址     子网掩码     下一跳地址
[AR1]
```

（3）配置路由器 AR2，相关实例代码如下。

```
<Huawei>system-view
Enter system view, return user view with Ctrl+Z.
[Huawei]sysname AR2
[AR2]interface GigabitEthernet 0/0/0
[AR2-GigabitEthernet0/0/0]ip address 192.168.3.254 24
[AR2-GigabitEthernet0/0/0]quit
[AR2]interface GigabitEthernet 0/0/1
[AR2-GigabitEthernet0/0/1]ip address 192.168.4.254 24
[AR2-GigabitEthernet0/0/1]quit
[AR2]interface GigabitEthernet 0/0/2
[AR2-GigabitEthernet0/0/2]ip address 192.168.5.2 30
[AR2-GigabitEthernet0/0/2]quit
```

```
[AR2] ip route-static 0.0.0.0 0.0.0.0 192.168.5.1          //默认路由
//设置默认路由    目的地址    子网掩码    下一跳地址
[AR2]
```

（4）显示路由器 AR1 和路由器 AR2 的配置信息。以路由器 AR1 为例，主要相关实例代码如下。

```
<AR1>display current-configuration
#
sysname AR1
#
interface GigabitEthernet0/0/0
 ip address 192.168.1.254 255.255.255.0
#
interface GigabitEthernet0/0/1
 ip address 192.168.2.254 255.255.255.0
#
interface GigabitEthernet0/0/2
 ip address 192.168.5.1 255.255.255.252
#
ip route-static 0.0.0.0 0.0.0.0 192.168.5.2
#
return
<AR1>
```

（5）查看路由器 AR1 和路由器 AR2 的路由表信息。以路由器 AR1 为例，如图 4.86 所示。

（6）使用主机 PC1 测试路由验证结果。使用主机 PC1 分别访问主机 PC3 与主机 PC4，如图 4.87 所示。

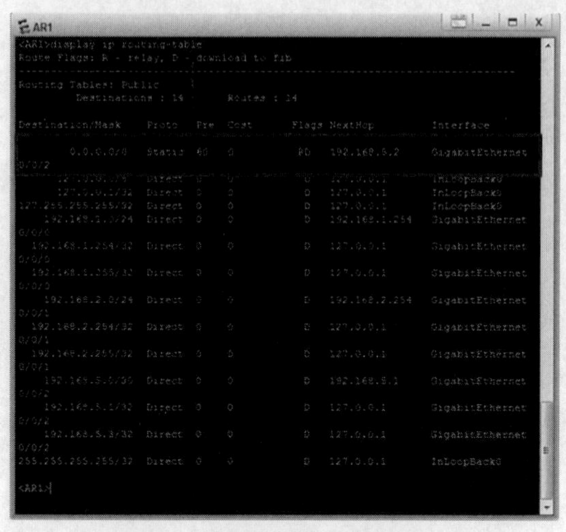

图 4.86　路由器 AR1 的路由表信息

图 4.87　主机 PC1 测试路由验证结果

任务 4.10　配置 RIP 路由

（1）配置 RIP 路由，进行网络拓扑连接，其相关端口与 IP 地址配置如图 4.88 所示。

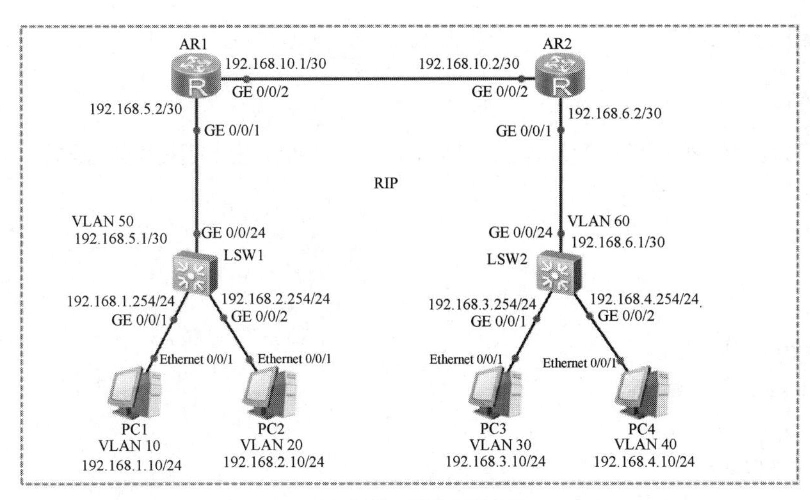

图 4.88　配置 RIP 路由

（2）配置路由器 AR1，相关实例代码如下。

```
<Huawei>system-view
[Huawei]sysname AR1
[AR1]interface GigabitEthernet 0/0/1
[AR1-GigabitEthernet0/0/1] ip address 192.168.5.2 30
[AR1-GigabitEthernet0/0/1]quit
[AR1]interface GigabitEthernet 0/0/2
[AR1-GigabitEthernet0/0/2] ip address 192.168.10.1 30
[AR1-GigabitEthernet0/0/2]quit
[AR1]rip                                    //配置 RIP
[AR1-rip-1]version 2                        //配置 v2 版本
[AR1-rip-1]network 192.168.5.0              //路由通告
[AR1-rip-1]network 192.168.10.0
[AR1-rip-1]quit
[AR1]
```

（3）配置路由器 AR2，相关实例代码如下。

```
<Huawei>system-view
[Huawei]sysname AR2
[AR2]interface GigabitEthernet 0/0/1
[AR2-GigabitEthernet0/0/1] ip address 192.168.6.2 30
[AR2-GigabitEthernet0/0/1]quit
[AR2]interface GigabitEthernet 0/0/2
[AR2-GigabitEthernet0/0/2] ip address 192.168.10.2 30
[AR2-GigabitEthernet0/0/2]quit
[AR2]rip                                    //配置 RIP
[AR2-rip-1]version 2                        //配置 v2 版本
[AR2-rip-1]network 192.168.6.0              //路由通告
```

```
[AR2-rip-1]network 192.168.10.0
[AR2-rip-1]quit
[AR2]
```

（4）显示路由器 AR1 和路由器 AR2 的配置信息。以路由器 AR1 为例，主要相关实例代码如下。

```
<AR1>display current-configuration
#
 sysname AR1
#
interface GigabitEthernet0/0/1
 ip address 192.168.5.2 255.255.255.252
#
interface GigabitEthernet0/0/2
 ip address 192.168.10.1 255.255.255.252
#
rip 1
 network 192.168.5.0
 network 192.168.10.0
#
return
<AR1>
```

（5）配置交换机 LSW1，相关实例代码如下。

```
<Huawei>system-view
[Huawei]sysname LSW1
[LSW1]vlan batch 10 20 30 40 50 60
[LSW1]interface vlanif 10
[LSW1-Vlanif10]ip address 192.168.1.254 24
[LSW1-Vlanif10]quit
[LSW1]interface vlanif 20
[LSW1-Vlanif20]ip address 192.168.2.254 24
[LSW1-Vlanif20]quit
[LSW1]interface vlanif 50
[LSW1-Vlanif50]ip address 192.168.5.1 30
[LSW1-Vlanif50]quit
[LSW1]interface GigabitEthernet 0/0/24
[LSW1-GigabitEthernet0/0/24]port link-type access
[LSW1-GigabitEthernet0/0/24]port default vlan 50
[LSW1-GigabitEthernet0/0/24]quit
[LSW1]interface GigabitEthernet 0/0/1
[LSW1-GigabitEthernet0/0/1]port link-type access
[LSW1-GigabitEthernet0/0/1]port default vlan 10
[LSW1]interface GigabitEthernet 0/0/2
```

```
[LSW1-GigabitEthernet0/0/2]port link-type access
[LSW1-GigabitEthernet0/0/2]port default vlan 20
[LSW1-GigabitEthernet0/0/2]quit
[LSW1]rip
[LSW1-rip-1]version 2
[LSW1-rip-1]network 192.168.1.0
[LSW1-rip-1]network 192.168.2.0
[LSW1-rip-1]network 192.168.5.0
[LSW1-rip-1]quit
[LSW1]
```

（6）配置交换机 LSW2，相关实例代码如下。

```
<Huawei>system-view
[Huawei]sysname LSW2
[LSW2]vlan batch 10 20 30 40 50 60
[LSW2]interface vlanif 30
[LSW2-Vlanif30]ip address 192.168.3.254 24
[LSW2-Vlanif30]quit
[LSW2]interface vlanif 40
[LSW2-Vlanif40]ip address 192.168.4.254 24
[LSW2-Vlanif40]quit
[LSW2]interface vlanif 60
[LSW2-Vlanif60]ip address 192.168.6.1 30
[LSW2-Vlanif60]quit
[LSW2]interface GigabitEthernet 0/0/24
[LSW2-GigabitEthernet0/0/24]port link-type access
[LSW2-GigabitEthernet0/0/24]port default vlan 60
[LSW2-GigabitEthernet0/0/24]quit
[LSW2]interface GigabitEthernet 0/0/1
[LSW2-GigabitEthernet0/0/1]port link-type access
[LSW2-GigabitEthernet0/0/1]port default vlan 30
[LSW2]interface GigabitEthernet 0/0/2
[LSW2-GigabitEthernet0/0/2]port link-type access
[LSW2-GigabitEthernet0/0/2]port default vlan 40
[LSW2-GigabitEthernet0/0/2]quit
[LSW2]rip
[LSW2-rip-1]version 2
[LSW2-rip-1]network 192.168.3.0
[LSW2-rip-1]network 192.168.4.0
[LSW2-rip-1]network 192.168.6.0
[LSW2-rip-1]quit
[LSW2]
```

（7）显示交换机 LSW1 和交换机 LSW2 的配置信息。以交换机 LSW1 为例，主要相关实例代码如下。

```
<LSW1>display current-configuration
#
sysname LSW1
#
vlan batch 10 20 30 40 50 60
#
interface vlanif10
 ip address 192.168.1.254 255.255.255.0
#
interface vlanif20
 ip address 192.168.2.254 255.255.255.0
#
interface vlanif50
 ip address 192.168.5.1 255.255.255.252
#
interface MEth0/0/1
#
interface GigabitEthernet0/0/1
 port link-type access
 port default vlan 10
#
interface GigabitEthernet0/0/2
 port link-type access
 port default vlan 20
#
interface GigabitEthernet0/0/24
 port link-type access
 port default vlan 50
#
rip 1
 network 192.168.1.0
 network 192.168.2.0
 network 192.168.5.0
#
return
<LSW1>
```

（8）查看路由器 AR1 的路由表信息，执行 display ip routing-table 命令进行查看，如图 4.89 所示。

（9）测试主机 PC1 的连通性，使用主机 PC1 分别访问主机 PC3 和主机 PC4，如图 4.90 所示。

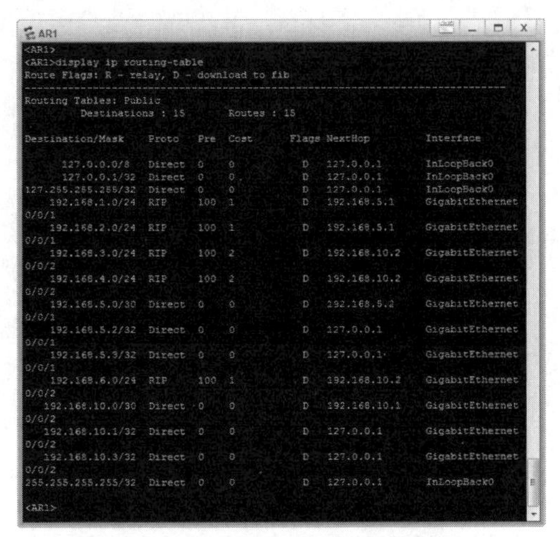

图 4.89　查看路由器 AR1 的路由表信息

图 4.90　测试主机 PC1 的连通性

任务 4.11　配置多区域 OSPF 路由

V4-13　配置多区域 OSPF 路由

（1）配置多区域 OSPF 路由，进行网络拓扑连接，其相关端口与 IP 地址配置如图 4.91 所示。配置路由器 AR1 和路由器 AR2，使得路由器 AR1 为 DR，路由器 AR2 为 BDR，并且路由器 AR1 和路由器 AR2 为骨干区域 Area 0，其他区域为非骨干区域。

V4-14　配置多区域 OSPF 路由——结果测试

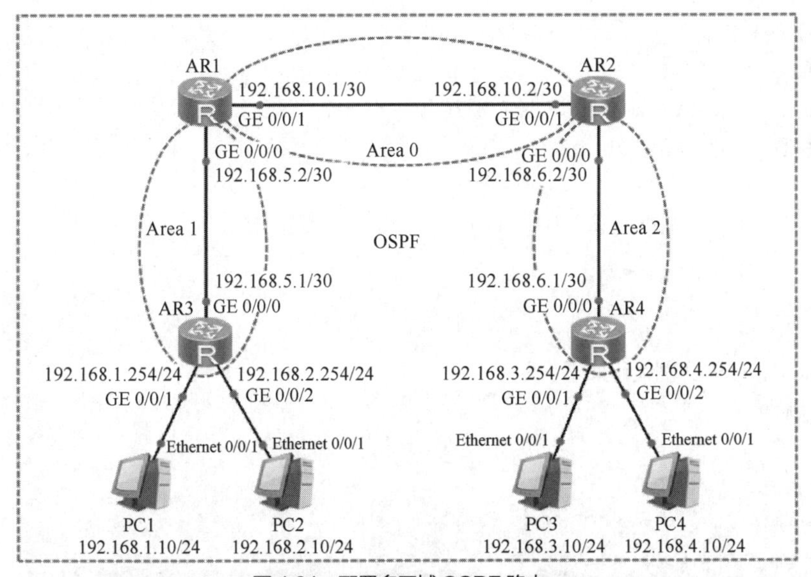

图 4.91　配置多区域 OSPF 路由

（2）配置路由器 AR1，相关实例代码如下。

```
<Huawei>system-view
[Huawei]sysname AR1
[AR1]interface GigabitEthernet 0/0/0
[AR1-GigabitEthernet0/0/0]ip address 192.168.5.2 30
[AR1-GigabitEthernet0/0/0]quit
```

```
[AR1]interface GigabitEthernet 0/0/1
[AR1-GigabitEthernet0/0/1]ip address 192.168.10.1 30
[AR1-GigabitEthernet0/0/1]quit
[AR1]ospf router-id 10.10.10.10                       //配置 RID
[AR1-ospf-1]area 0                                    //配置骨干区域
[AR1-ospf-1-area-0.0.0.0]network 192.168.10.0 0.0.0.3 //通告网段
[AR1-ospf-1-area-0.0.0.0]quit
[AR1-ospf-1]area 1                                    //配置非骨干区域
[AR1-ospf-1-area-0.0.0.1]network 192.168.5.0 0.0.0.3  //通告网段
[AR1-ospf-1-area-0.0.0.1]quit
[AR1-ospf-1]quit
[AR1]
```

（3）配置路由器 AR2，相关实例代码如下。

```
<Huawei>system-view
[Huawei]sysname AR2
[AR2]interface GigabitEthernet 0/0/0
[AR2-GigabitEthernet0/0/0]ip address 192.168.6.2 30
[AR2-GigabitEthernet0/0/0]quit
[AR2]interface GigabitEthernet 0/0/1
[AR2-GigabitEthernet0/0/1]ip address 192.168.10.2 30
[AR2-GigabitEthernet0/0/1]quit
[AR2]ospf router-id 9.9.9.9
[AR2-ospf-1]area 0
[AR2-ospf-1-area-0.0.0.0]network 192.168.10.0 0.0.0.3
[AR2-ospf-1-area-0.0.0.0]quit
[AR2-ospf-1]area 2
[AR2-ospf-1-area-0.0.0.2]network 192.168.6.0 0.0.0.3
[AR2-ospf-1-area-0.0.0.2]quit
[AR2-ospf-1]quit
[AR2]
```

（4）配置路由器 AR3，相关实例代码如下。

```
<Huawei>system-view
[Huawei]sysname AR3
[AR3]interface GigabitEthernet 0/0/0
[AR3-GigabitEthernet0/0/0]ip address 192.168.5.1 30
[AR3-GigabitEthernet0/0/0]quit
[AR3]interface GigabitEthernet 0/0/1
[AR3-GigabitEthernet0/0/1]ip address 192.168.1.254 24
[AR3-GigabitEthernet0/0/1]quit
[AR3]interface GigabitEthernet 0/0/2
[AR3-GigabitEthernet0/0/2]ip address 192.168.2.254 24
[AR3-GigabitEthernet0/0/2]quit
[AR3]ospf router-id 8.8.8.8
```

```
[AR3-ospf-1]area 1
[AR3-ospf-1-area-0.0.0.1]network 192.168.1.0 0.0.0.255
[AR3-ospf-1-area-0.0.0.1]network 192.168.2.0 0.0.0.255
[AR3-ospf-1-area-0.0.0.1]network 192.168.5.0 0.0.0.3
[AR3-ospf-1-area-0.0.0.1]quit
[AR3-ospf-1]quit
[AR3]
```

（5）配置路由器 AR4，相关实例代码如下。

```
<Huawei>system-view
[Huawei]sysname AR4
[AR4]interface GigabitEthernet 0/0/0
[AR4-GigabitEthernet0/0/0]ip address 192.168.6.1 30
[AR4-GigabitEthernet0/0/0]quit
[AR4]interface GigabitEthernet 0/0/1
[AR4-GigabitEthernet0/0/1]ip address 192.168.3.254 24
[AR4-GigabitEthernet0/0/1]quit
[AR4]interface GigabitEthernet 0/0/2
[AR4-GigabitEthernet0/0/2]ip address 192.168.4.254 24
[AR4-GigabitEthernet0/0/2]quit
[AR4]ospf router-id 7.7.7.7
[AR4-ospf-1]area 2
[AR4-ospf-1-area-0.0.0.2]network 192.168.3.0 0.0.0.255
[AR4-ospf-1-area-0.0.0.2]network 192.168.4.0 0.0.0.255
[AR4-ospf-1-area-0.0.0.2]network 192.168.6.0 0.0.0.3
[AR4-ospf-1-area-0.0.0.2]quit
[AR4-ospf-1]quit
[AR4]
```

（6）显示路由器 AR1、路由器 AR2、路由器 AR3 和路由器 AR4 的配置信息。以路由器 AR1 为例，主要相关实例代码如下。

```
<AR1>display current-configuration
#
 sysname AR1
#
interface GigabitEthernet0/0/0
 ip address 192.168.5.2 255.255.255.252
#
interface GigabitEthernet0/0/1
 ip address 192.168.10.1 255.255.255.252
#
interface GigabitEthernet0/0/2
#
ospf 1 router-id 10.10.10.10
 area 0.0.0.0
```

```
    network 192.168.10.0 0.0.0.3
  area 0.0.0.1
    network 192.168.5.0 0.0.0.3
#
return
<AR1>
```

（7）查看路由器 AR1、路由器 AR2、路由器 AR3 和路由器 AR4 的路由表信息，以路由器 AR1 为例，执行 display ip routing-table 命令进行查看，如图 4.92 所示。

（8）测试主机 PC2 的连通性，使用主机 PC2 分别访问主机 PC3 和主机 PC4，如图 4.93 所示。

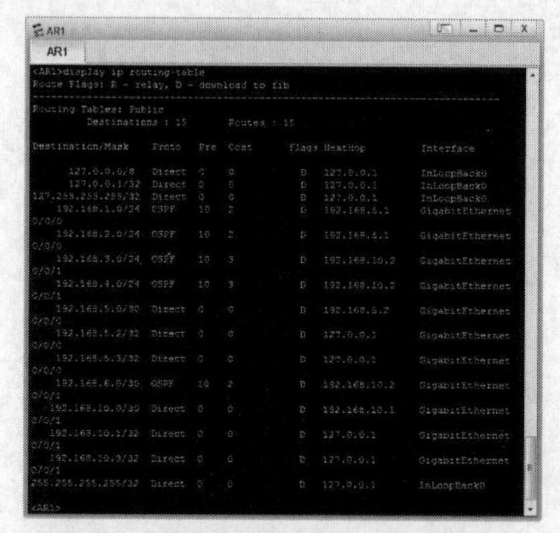

图 4.92 查看路由器 AR1 的路由表信息

图 4.93 测试主机 PC2 的连通性

任务 4.12 防火墙接入 Internet 配置

（1）配置防火墙接入 Internet，进行网络拓扑连接其相关端口与 IP 地址配置如图 4.94 所示。

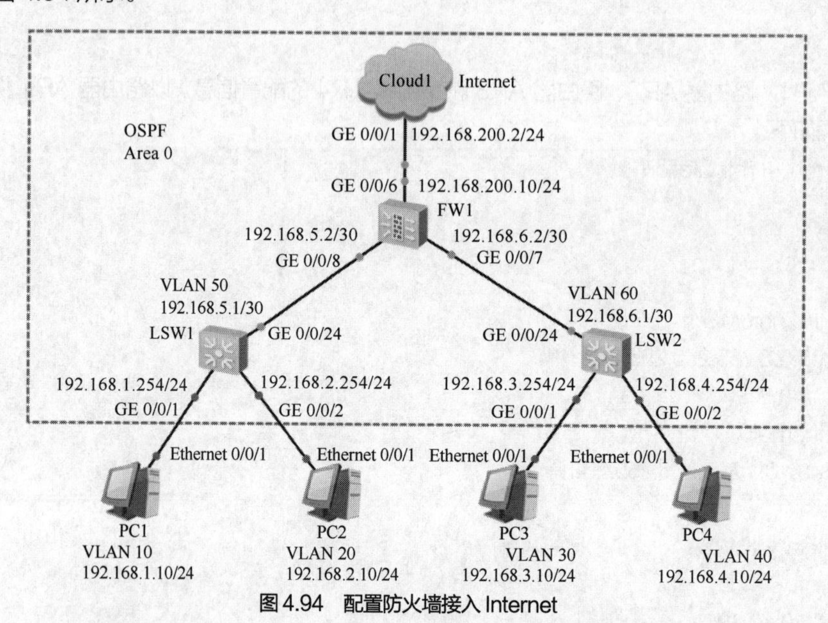

图 4.94 配置防火墙接入 Internet

（2）配置本地虚拟机 VMware 的 IP 地址，如图 4.95 所示。

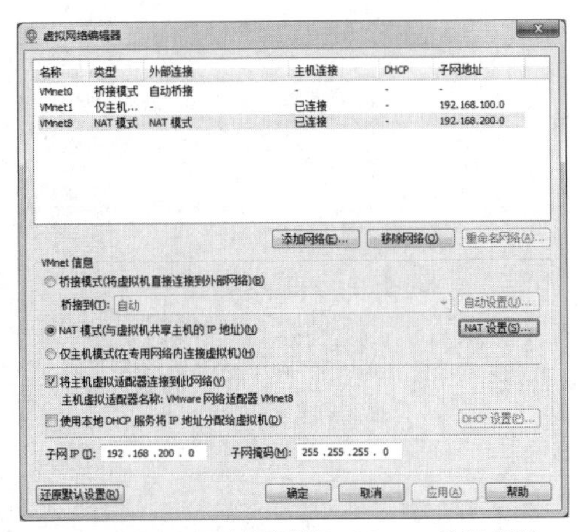

图 4.95　配置本地虚拟机 VMware 的 IP 地址

（3）配置本机 VMnet8 网络，进行 NAT 设置，网关 IP 地址为 192.168.200.2，此地址为 Cloud1 的入口地址，如图 4.96 所示。

（4）配置 Cloud1 端口的相关信息，如图 4.97 所示。

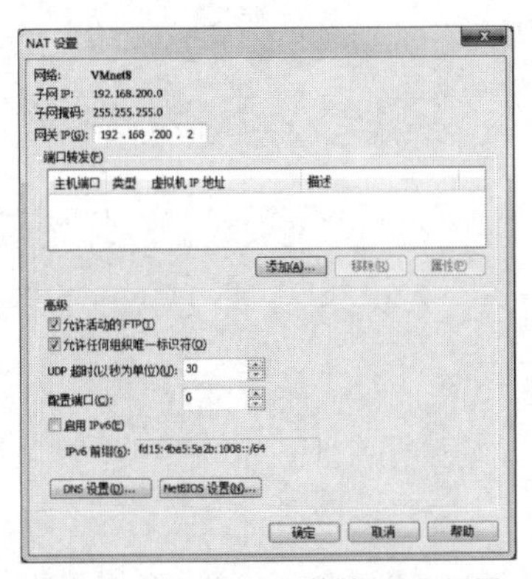

图 4.96　VMnet8 网络的 NAT 设置

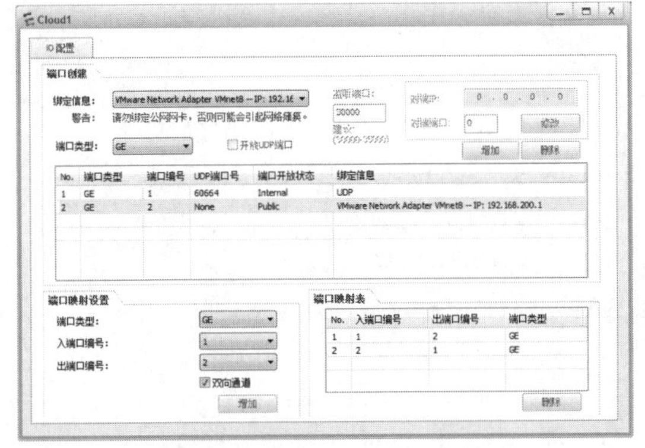

图 4.97　配置 Cloud1 端口相关信息

（5）配置交换机 LSW1，相关实例代码如下。

```
<Huawei>system-view
[Huawei]sysname LSW1
[LSW1]vlan batch 10 20 50
[LSW1]interface GigabitEthernet 0/0/1
[LSW1-GigabitEthernet0/0/1]port link-type access
[LSW1-GigabitEthernet0/0/1]port default vlan 10
[LSW1-GigabitEthernet0/0/1]quit
[LSW1]interface GigabitEthernet 0/0/2
[LSW1-GigabitEthernet0/0/2]port link-type access
[LSW1-GigabitEthernet0/0/2]port default vlan 20
[LSW1-GigabitEthernet0/0/2]quit
[LSW1]interface GigabitEthernet 0/0/24
[LSW1-GigabitEthernet0/0/24]port link-type access
```

```
[LSW1-GigabitEthernet0/0/24]port default vlan 50
[LSW1-GigabitEthernet0/0/24]quit
[LSW1]interface vlanif 10
[LSW1-Vlanif10]ip address 192.168.1.254 24
[LSW1-Vlanif10]quit
[LSW1]interface vlanif 20
[LSW1-Vlanif20]ip address 192.168.2.254 24
[LSW1-Vlanif20]quit
[LSW1]interface vlanif 50
[LSW1-Vlanif50]ip address 192.168.5.1 30
[LSW1-Vlanif50]quit
[LSW1]router id 1.1.1.1
[LSW1]ospf 1
[LSW1-ospf-1]area 0
[LSW1-ospf-1-area-0.0.0.0]network 192.168.5.0 0.0.0.3          //路由通告
[LSW1-ospf-1-area-0.0.0.0]network 192.168.1.0 0.0.0.255        //路由通告
[LSW1-ospf-1-area-0.0.0.0]network 192.168.2.0 0.0.0.255        //路由通告
[LSW1-ospf-1-area-0.0.0.0]quit
[LSW1-ospf-1]quit
[LSW1]
```

（6）配置交换机 LSW2，相关实例代码如下。

```
<Huawei>system-view
[Huawei]sysname LSW2
[LSW2]vlan batch 30 40 60
[LSW2]interface GigabitEthernet 0/0/1
[LSW2-GigabitEthernet0/0/1]port link-type access
[LSW2-GigabitEthernet0/0/1]port default vlan 30
[LSW2-GigabitEthernet0/0/1]quit
[LSW2]interface GigabitEthernet 0/0/2
[LSW2-GigabitEthernet0/0/2]port link-type access
[LSW2-GigabitEthernet0/0/2]port default vlan 40
[LSW2-GigabitEthernet0/0/2]quit
[LSW2]interface GigabitEthernet 0/0/24
[LSW2-GigabitEthernet0/0/24]port link-type access
[LSW2-GigabitEthernet0/0/24]port default vlan 60
[LSW2-GigabitEthernet0/0/24]quit
[LSW2]interface vlanif 30
[LSW2-Vlanif30]ip address 192.168.3.254 24
[LSW2-Vlanif30]quit
[LSW2]interface vlanif 40
[LSW2-Vlanif40]ip address 192.168.4.254 24
[LSW2-Vlanif40]quit
[LSW2]interface vlanif 60
```

```
[LSW2-Vlanif60]ip address 192.168.6.1 30
[LSW2-Vlanif60]quit
[LSW2]router id 2.2.2.2
[LSW2]ospf 1
[LSW2-ospf-1]area 0
[LSW2-ospf-1-area-0.0.0.0]network 192.168.6.0 0.0.0.3              //路由通告
[LSW2-ospf-1-area-0.0.0.0]network 192.168.3.0 0.0.0.255            //路由通告
[LSW2-ospf-1-area-0.0.0.0]network 192.168.4.0 0.0.0.255            //路由通告
[LSW2-ospf-1-area-0.0.0.0]quit
[LSW2-ospf-1]quit
[LSW2]
```

（7）显示交换机 LSW1 和交换机 LSW2 的配置信息。以交换机 LSW1 为例，主要相关实例代码如下。

```
<LSW1>display current-configuration
#
sysname LSW1
#
router id 1.1.1.1
#
vlan batch 10 20 50
#
interface vlanif10
 ip address 192.168.1.254 255.255.255.0
#
interface vlanif20
 ip address 192.168.2.254 255.255.255.0
#
interface vlanif50
 ip address 192.168.5.1 255.255.255.252
#
interface GigabitEthernet0/0/1
 port link-type access
 port default vlan 10
#
interface GigabitEthernet0/0/2
 port link-type access
 port default vlan 20
#
interface GigabitEthernet0/0/24
 port link-type access
 port default vlan 50
#
ospf 1
 area 0.0.0.0
```

```
   network 192.168.1.0 0.0.0.255
   network 192.168.2.0 0.0.0.255
   network 192.168.5.0 0.0.0.3
#
return
<LSW1>
```

（8）配置防火墙 FW1，相关实例代码如下。

```
<SRG>system-view
[SRG]sysname FW1
[FW1]interface GigabitEthernet 0/0/6
[FW1-GigabitEthernet0/0/6]ip address 192.168.200.10 24
[FW1-GigabitEthernet0/0/6]quit
[FW1]interface GigabitEthernet 0/0/7
[FW1-GigabitEthernet0/0/7]ip address 192.168.6.2 30
[FW1-GigabitEthernet0/0/7]quit
[FW1]interface GigabitEthernet 0/0/8
[FW1-GigabitEthernet0/0/8]ip address 192.168.5.2 30
[FW1-GigabitEthernet0/0/8]quit
[FW1]firewall zone untrust
[FW1-zone-untrust]add interface GigabitEthernet 0/0/6
[FW1-zone-untrust]quit
[FW1]firewall zone trust
[FW1-zone-trust]add interface GigabitEthernet 0/0/7
[FW1-zone-trust]add interface GigabitEthernet 0/0/8
[FW1-zone-trust]quit
[FW1]policy interzone trust untrust outbound
[FW1-policy-interzone-trust-untrust-outbound]policy 0
[FW1-policy-interzone-trust-untrust-outbound-0]action permit
[FW1-policy-interzone-trust-untrust-outbound-0]policy source 192.168.0.0 0.0.255.255
[FW1-policy-interzone-trust-untrust-outbound-0]quit
[FW1-policy-interzone-trust-untrust-outbound]quit
[FW1]nat-policy interzone trust untrust outbound
[FW1-nat-policy-interzone-trust-untrust-outbound]policy 1
[FW1-nat-policy-interzone-trust-untrust-outbound-1]action source-nat
[FW1-nat-policy-interzone-trust-untrust-outbound-1]policy source 192.168.0.0 0.0.255.255
[FW1-nat-policy-interzone-trust-untrust-outbound-1]quit
[FW1-nat-policy-interzone-trust-untrust-outbound]quit
[FW1]router id 3.3.3.3
[FW1]ospf 1
[FW1-ospf-1]default-route-advertise always cost 200 type 1
[FW1-ospf-1]area 0
[FW1-ospf-1-area-0.0.0.0]network 192.168.5.0 0.0.0.3
[FW1-ospf-1-area-0.0.0.0]network 192.168.6.0 0.0.0.3
```

```
[FW1-ospf-1-area-0.0.0.0]network 192.168.200.0 0.0.0.255
[FW1-ospf-1-area-0.0.0.0]quit
[FW1-ospf-1]quit
[FW1]ip route-static 0.0.0.0 0.0.0.0 192.168.200.2
```

（9）显示防火墙 FW1 的配置信息，主要相关实例代码如下。

```
<FW1>display current-configuration
#
interface GigabitEthernet0/0/0
ip address 192.168.0.1 255.255.255.0
 dhcp select interface
 dhcp server gateway-list 192.168.0.1
#
interface GigabitEthernet0/0/6
 ip address 192.168.200.10 255.255.255.0
#
interface GigabitEthernet0/0/7
 ip address 192.168.6.2 255.255.255.252
#
interface GigabitEthernet0/0/8
 ip address 192.168.5.2 255.255.255.252
#
firewall zone trust
 set priority 85                          // Trust 区域默认优先级
 add interface GigabitEthernet0/0/0
 add interface GigabitEthernet0/0/7
 add interface GigabitEthernet0/0/8
#
firewall zone untrust
 set priority 5                           // Untrust 区域默认优先级
 add interface GigabitEthernet0/0/6
#
firewall zone dmz
 set priority 50                          // DMZ 默认优先级
#
ospf 1
 default-route-advertise always cost 200 type 1
 area 0.0.0.0
  network 192.168.5.0 0.0.0.3
  network 192.168.6.0 0.0.0.3
  network 192.168.200.0 0.0.0.255
#
 ip route-static 0.0.0.0 0.0.0.0 192.168.200.2
#
```

```
 sysname FW1
#
 router id 3.3.3.3
#
policy interzone trust untrust outbound
 policy 0
  action permit
  policy source 192.168.0.0 0.0.255.255
#
nat-policy interzone trust untrust outbound
 policy 1
  action source-nat
  policy source 192.168.0.0 0.0.255.255
  easy-ip GigabitEthernet0/0/6
#
return
<FW1>
```

（10）查看主机 PC1 访问主机 PC3 的结果，如图 4.98 所示。

（11）查看本地主机访问 Internet（网易域名地址为 www.163.com）的结果，可以看出网易的 IP 地址为 111.32.151.14，如图 4.99 所示。

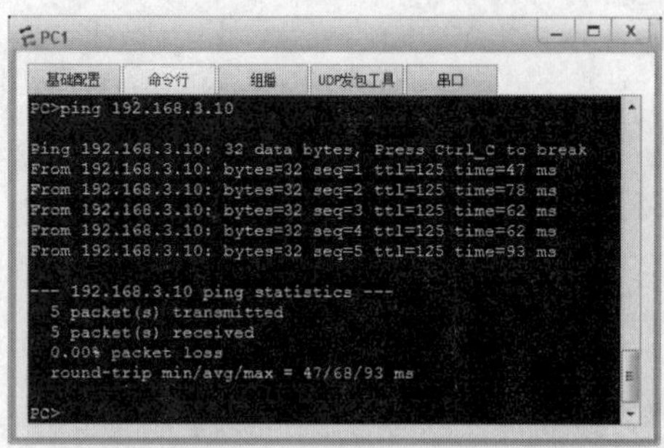

图 4.98　查看主机 PC1 访问主机 PC3 的结果

```
管理员: C:\Windows\system32\cmd.exe
C:\>ping -4 www.163.com

正在 Ping z163ipv6.v.bsgslb.cn [111.32.151.14] 具有 32 字节的数据:
来自 111.32.151.14 的回复: 字节=32 时间=31ms TTL=54
来自 111.32.151.14 的回复: 字节=32 时间=29ms TTL=54
来自 111.32.151.14 的回复: 字节=32 时间=30ms TTL=54
来自 111.32.151.14 的回复: 字节=32 时间=29ms TTL=54

111.32.151.14 的 Ping 统计信息:
    数据包: 已发送 = 4，已接收 = 4，丢失 = 0 (0% 丢失)，
往返行程的估计时间(以毫秒为单位):
    最短 = 29ms，最长 = 31ms，平均 = 29ms

C:\>
```

图 4.99　查看本地主机访问 Internet 的结果

（12）查看主机 PC1 访问网易 IP 地址 111.32.151.14 的结果，如图 4.100 所示。

（13）查看主机 PC3 访问网易 IP 地址 111.32.151.14 的结果，如图 4.101 所示。

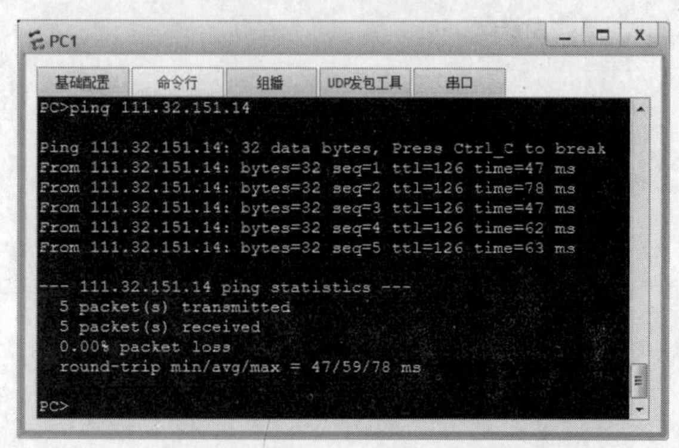

图 4.100　查看主机 PC1 访问网易 IP 地址的结果

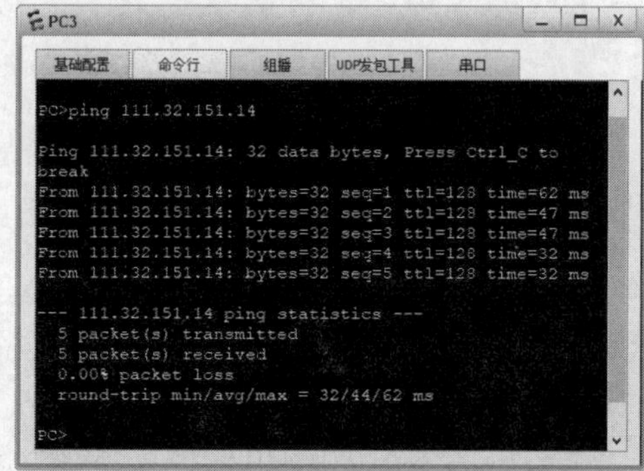

图 4.101　查看主机 PC3 访问网易 IP 地址的结果

本章小结

本章包含 5 部分知识点。

4.1 计算机网络概述，主要讲解了计算机网络基础知识、计算机网络类别、网络拓扑、网络传输介质。

4.2 认识交换机，主要讲解了交换机外形结构、交换机工作原理、交换机管理方式、网络设备命令行视图及使用方法、网络设备基本配置命令。

4.3 VLAN 通信，主要讲解了 VLAN 技术概述、端口类型、端口链路聚合。

4.4 认识路由器，主要讲解了路由器外形结构、路由器工作原理、路由选择、RIP 动态路由、OSPF 动态路由。

4.5 防火墙技术，主要讲解了防火墙概述、认识防火墙设备、防火墙端口区域及控制策略。

技能实践主要演示了配置交换机登录方式、VLAN 内通信基本配置、配置交换机干道端口实现 VLAN 内通信、配置混合端口实现 VLAN 内通信、三层交换机实现 VLAN 间通信、单臂路由实现 VLAN 间通信、配置手动模式的链路聚合、配置静态路由、配置默认路由、配置 RIP 路由、配置多区域 OSPF 路由、防火墙接入 Internet 配置等操作。

课后习题

1. 选择题

（1）学校办公室网络类型是（　　）。

A. 局域网　　B. 城域网　　C. 广域网　　D. 互联网

（2）以下（　　）结构可提供最高的可靠性保证。

A. 总线型拓扑　　B. 星形拓扑　　C. 网状拓扑　　D. 环形拓扑

（3）下列传输介质中，（　　）传输速率最快。

A. 无线传输介质　　B. 双绞线　　C. 同轴电缆　　D. 光纤

（4）华为交换机默认端口类型为（　　）。

A. shutdown　　B. Access　　C. Trunk　　D. Hybrid

（5）关于 IEEE 802.1Q 帧格式，应通过（　　）为以太网帧封装 VLAN 标签。

A. 在以太网帧的源地址和长度/类型字段之间插入 4 字节的标签

B. 在以太网帧的前面插入 4 字节的标签

C. 在以太网帧的尾部插入 4 字节的标签

D. 在以太网帧的外部加入 IEEE 802.1Q 封装

（6）一个 Access 类型端口可以属于（　　）。

A. 32 个 VLAN　　B. 仅属于一个 VLAN

C. 4094 个 VLAN　　D. 依据管理员配置结果确定

（7）华为交换机有（　　）个端口可以进行端口链路聚合。

A. 2　　B. 4　　C. 8　　D. 16

（8）静态路由默认管理距离值为（　　）。

A. 0　　B. 1　　C. 60　　D. 100

（9）RIP 网络中允许最大的跳数为（　　）。

A. 8　　B. 15　　C. 32　　D. 64

（10）路由表中的 0.0.0.0 代表（　　）。

A. 默认路由　　B. 动态路由　　C. RIP　　D. OSPF

（11）华为设备中，定义 RIP 网络的默认管理距离为（　　）。

A．1　　B．60　　C．100　　D．120

（12）在 RIP 网络中，每个路由器会周期性地向邻居路由器通告自己的整张路由表中的路由信息，默认周期为（　　）。

A．30s　　B．60s　　C．120s　　D．150s

（13）在 RIP 网络中，为防止产生路由环路，路由器不会把从邻居路由器处学到的路由再发回去，这种技术被称为（　　）。

A．定义最大值　　B．水平分割　　C．控制更新时间　　D．触发更新

（14）路由器在转发数据包时，依靠数据包的（　　）寻找下一跳地址。

A．数据帧中的目的 MAC 地址　　B．UDP 头中的目的地址

C．TCP 头中的目的地址　　D．IP 头中的目的 IP 地址

（15）网络中有 6 台路由器，可以形成邻接关系的最大数量为（　　）。

A．8　　B．10　　C．15　　D．30

（16）OSPF 协议号为（　　）。

A．68　　B．69　　C．88　　D．89

（17）属于路由表产生的方式是（　　）。

A．通过运行动态路由协议自动学习产生　　B．路由器的直连网段自动生成

C．通过手动配置产生　　D．以上都是

（18）华为防火墙 DMZ 的默认优先级为（　　）。

A．5　　B．50　　C．85　　D．100

（19）华为防火墙 Trust 区域的默认优先级为（　　）。

A．5　　B．50　　C．85　　D．100

（20）华为防火墙 Untrust 区域的默认优先级为（　　）。

A．5　　B．50　　C．85　　D．100

2. 简答题

（1）简述计算机网络的产生与发展。

（2）简述计算机网络的功能。

（3）简述计算机网络的类别。

（4）简述网络拓扑。

（5）简述网络传输介质。

（6）简述交换机工作原理。

（7）简述交换机管理方式。

（8）简述 VLAN 的优点。

（9）简述 VLAN 的划分方式。

（10）简述端口链路聚合。

（11）简述路由器工作原理。

（12）简述 RIP 动态路由。

（13）简述 OSPF 的工作原理。

（14）简述防火墙的功能。

（15）简述防火墙技术的类别。

（16）简述防火墙端口区域及控制策略。

第5章 云计算管理平台

05

本章主要讲述Linux操作系统、OpenStack云计算平台管理、Docker容器技术等知识点，包括Linux概述、熟悉Ubuntu桌面环境、常用的图形界面应用程序、Ubuntu个性化设置、Ubuntu命令行终端管理、Shell概述、OpenStack概述、OpenStack认证服务、OpenStack镜像服务、OpenStack网络服务、OpenStack计算服务、OpenStack存储服务、Docker技术概述、Docker架构与应用等相关内容。

【学习目标】

- 掌握Linux的发展历史、Linux的体系结构、Linux的版本及Linux的特性。
- 掌握VMware虚拟机及Ubuntu操作系统的安装方法。
- 熟悉Ubuntu桌面环境。
- 掌握常用的图形界面应用程序的使用方法。
- 掌握Ubuntu个性化设置。
- 掌握Ubuntu命令行终端管理方法。
- 掌握SecureCRT与SecureFX远程连接管理Ubuntu操作系统的方法。
- 掌握系统克隆与快照管理的方法。
- 掌握Vi、Vim编辑器的使用方法。
- 掌握OpenStack认证服务、镜像服务、网络服务、计算服务、存储服务相关知识。
- 掌握Docker容器技术相关内容。

【素质目标】

- 培养自我学习的能力和习惯。
- 培养解决实际问题的能力，树立团队协助、团队互助等意识。
- 培养工匠精神，要求做事严谨、精益求精、着眼细节、爱岗敬业。

5.1 Linux 操作系统

回顾 Linux 的历史，可以说它是“踩着巨人的肩膀”逐步发展起来的，Linux 在很大程度上借鉴了 UNIX 操作系统的成功经验，继承并发展了 UNIX 的优良传统。由于 Linux 具有开源的特性，因此一经推出便得到了广大操作系统开发爱好者的积极响应和支持，这也是 Linux 得以迅速发展的关键因素之一。

5.1.1 Linux 概述

Linux 操作系统是一种类 UNIX 的操作系统。UNIX 是一种主流、经典的操作系统，Linux 操作系统来源于 UNIX，是 UNIX 在计算机上的完整实现。UNIX 操作系统是 1969 年由肯·汤普森（Ken Thompson）工程师在美国贝尔实验室开发的一种操作系统，1972 年，其与丹尼斯·里奇（Dennis. Ritchie）工程师一起用 C 语言重写了 UNIX 操作系统，大幅增加了可移植性。由于 UNIX 具有良好而稳定的性能，因此在计算机领域中得到了广泛应用。

1. Linux 简介

V5-1 Linux 简介

由于美国电话电报公司的政策改变，在 UNIX Version 7 推出之后，其发布了新的使用条款，将 UNIX 源代码私有化，在大学中不能再使用 UNIX 源代码。1987 年，荷兰的阿姆斯特丹自由大学计算机科学系的安德鲁·塔嫩鲍姆（Andrew. Tanenbaum）教授为了能在课堂上教授学生操作系统运作的实务细节，决定在不使用任何美国电话电报公司的源代码的前提下，自行开发与 UNIX 兼容的操作系统，以避免版权上的争议。他以小型 UNIX（Mini-UNIX）之意将此操作系统命名为 MINIX。MINIX 是基于微内核架构的类 UNIX 计算机操作系统，除了启动的部分用汇编语言编写以外，其他大部分是用 C 语言编写的，其内核系统分为内核、内存管理及文件管理 3 部分。

MINIX 最有名的学生用户是莱纳斯·托尔瓦兹（Linus. Torvalds），他在芬兰的赫尔辛基大学用 MINIX 操作系统搭建了一个新的内核与 MINIX 兼容的操作系统。1991 年 10 月 5 日，他在一台 FTP 服务器上发布了这个消息，将此操作系统命名为 Linux，标志着 Linux 操作系统的诞生。在设计原则上，Linux 和 MINIX 大相径庭，MINIX 在内核设计上采用了微内核的原则，但 Linux 和原始的 UNIX 都采用了宏内核的设计。

Linux 操作系统增加了很多功能，被完善并发布到互联网上，所有人都可以免费下载、使用它的源代码。Linux 的早期版本并没有考虑用户的使用情况，只提供了最核心的框架，使得 Linux 编程人员可以享受编写内核的乐趣，这也促成了 Linux 操作系统内核的强大与稳定。随着互联网的发展与兴起，Linux 操作系统迅速发展，许多优秀的程序员都加入了 Linux 操作系统的编写行列，随着编程人员的扩充和完整的操作系统基本软件的出现，Linux 操作系统开发人员认识到 Linux 已经逐渐变成一个成熟的操作系统平台。1994 年 3 月，其内核 1.0 的推出，标志着 Linux 第一个版本的诞生。

Linux 一开始要求所有的源代码必须公开，且任何人均不得从 Linux 交易中获利。然而，这种纯粹的自由软件的理想对于 Linux 的普及和发展是不利的，于是 Linux 开始转向通用公共许可证（General Public License，GPL）项目，成为 GNU（GNU's Not UNIX）阵营中的主要一员。GNU 项目是由理查德·斯托曼（Richard. Stallman）于 1983 年提出的，他建立了自由软件基金会，并提出 GNU 项目的目的是开发一种完全自由的、与 UNIX 类似但功能更强大的操作系统，以便为所有计算机用户提供一种功能齐全、性能良好的基本系统。

Linux 诞生之后，发展迅速，一些机构和公司将 Linux 内核、源代码以及相关应用软件集成为一个完整的操作系统，便于用户安装和使用，从而形成 Linux 发行版本，这些发行版本不仅包括完整的 Linux 操作系统，还包括文本编辑器、高级语言编译器等应用软件，以及 X-Windows 图形用户界面等。Linux 在桌面应用、服务器平台、嵌入式应用等领域得到了良好发展，并形成了自己的产业环境，包括芯片制造商、硬件厂商、软件提供商等。Linux 具有完善的网络功能和较高的安全性，继承了 UNIX 操作系统卓越的稳定性表现，在全球各地服务器平台上的市场份额不断增加。在高性能计算集群中，Linux 处于无可争议的“霸主”地位，在全球排名前 500 名的高性能计算机系统中，Linux 占了 90%

以上的份额。

云计算、大数据作为基于开源软件的平台，Linux 在其中发挥了核心优势。2013 年，Linux 基金会的研究结果表明，85%以上的企业在使用 Linux 操作系统进行云计算、大数据平台的构建。在物联网、嵌入式系统、移动终端等市场，Linux 也占据着很大的份额。在桌面领域，Windows 仍然是“霸主”，但是 Ubuntu、CentOS 等注重于桌面体验的发行版本的不断进步，使得 Linux 在桌面领域的市场份额也在逐步提升。Linux 凭借优秀的设计、不凡的性能，加上 IBM、Intel、CA、Core、Oracle 等国际知名企业的大力支持，市场份额逐步扩大，逐渐成为主流操作系统之一。

2. Linux 的体系结构

Windows 操作系统采用微内核结构，模块化设计，将对象分为用户模式层和内核模式层。用户模式层由组件（子系统）构成，将与内核模式组件有关的必要信息与其最终用户和应用程序隔离开来。内核模式层有权访问系统数据和硬件，能直接访问内存，并在被保护的内存区域中执行相关操作。

Linux 操作系统是采用单内核模式的操作系统，内核代码结构紧凑、执行速度快。内核是 Linux 操作系统的主要部分，它可实现进程管理、内存管理、文件管理、设备驱动和网络管理等功能，为核外的所有程序提供运行环境。

Linux 采用分层设计，其分层结构如图 5.1 所示，它包括 4 层。每层只能与相邻的层通信，层间具有从上到下的依赖关系，靠上的层依赖靠下的层，但靠下的层并不依赖于靠上的层，各层系统功能如下。

（1）用户应用程序。其位于整个系统的顶层，是 Linux 操作系统上运行的应用程序的集合，常见的用户应用程序有多媒体处理应用程序、文字处理应用程序、网络应用程序等。

（2）操作系统服务。其位于用户应用程序与 Linux 内核之间，主要是指那些为用户提供服务且执行操作系统部分功能的程序，为用户应用程序提供系统内核的调用接口。窗口系统、Shell 命令解释系统、内核编程接口等就属于操作系统服务的子系统，这一部分也称为系统程序。

（3）Linux 内核。其为靠近硬件的内核，即 Linux 操作系统常驻内存部分。Linux 内核是整个操作系统的核心，由它实现对硬件的抽象和访问调度。它为上层调用提供统一的虚拟机接口，在编写上层程序的时候不需要考虑计算机使用何种类型的硬件，也不需要考虑临界资源问题。每个上层进程执行时就像它是计算机上的唯一进程，独占了系统的所有内存和其他硬件资源，但实际上系统可以同时运行多个进程，由 Linux 内核保证各进程对临界资源的安全使用。所有运行在内核之上的程序可分为系统程序和用户程序两大类，但它们统统运行在用户模式之下，内核之外的所有程序必须通过系统调用才能进入操作系统的内核。

（4）硬件系统。其包含 Linux 使用的所有物理设备，如 CPU、内存、硬盘和网络设备等。

V5-2　Linux 的版本

3. Linux 的版本

Linux 操作系统的标志是一只可爱的小企鹅，如图 5.2 所示。它寓意着开放和自由，这也是 Linux 操作系统的精髓。

图 5.1　Linux 操作系统的分层结构

图 5.2　Linux 操作系统的标志

Linux 是一种诞生于网络、成长于网络且成熟于网络的操作系统，Linux 操作系统具有开源的特性，是基于 Copyleft（无版权）的软件模式发布的。其实，Copyleft 是与 Copyright（版权所有）相对立的新名称，这造就了 Linux 操作系统发行版本多样化的格局。目前，Linux 操作系统已经有超过 300 个发行版本被开发出来，被普遍使用的有以下几个。

（1）Red Hat Linux。Red Hat Linux（红帽 Linux）是现在非常著名的 Linux 版本，其不但创造了自己的品牌，而且有越来越多的用户使用。2014 年年底，Red Hat 公司推出了当时最新的企业版 Linux 操作系统，即 Red Hat Enterprise Linux 7，简称 RHEL 7。

RHEL 7 创新地集成了 Docker 虚拟化技术，支持 XFS，兼容微软的身份管理，其性能和兼容性相较之前的版本都有了很大的改善，是一款非常优秀的操作系统。虽然 RHEL 7 的变化较大，几乎之前所有的运维自动化脚本都需要修改，但是旧版本有更大的概率存在安全漏洞或者功能缺陷，而新版本出现漏洞的概率小，即使出现漏洞，也会很快得到众多开源社区和企业的响应及修复，所以建议用户升级到 RHEL 8。

（2）CentOS。社区企业操作系统（Community Enterprise Operating System，CentOS）是 Linux 发行版之一，它是基于 Red Hat Enterprise Linux，依照开放源代码规定释出的源代码编译而成的。由于出自同样的源代码，有些要求稳定性强的服务器以 CentOS 代替 Red Hat Enterprise Linux。两者的不同之处在于，CentOS 并不包含封闭源代码软件。

CentOS 完全免费，不存在 Red Hat Enterprise Linux 需要序列号的问题；CentOS 独有的 yum 命令支持在线升级，可以即时更新系统，不像 Red Hat Enterprise Linux 需要购买支持服务；CentOS 修正了许多 Red Hat Enterprise Linux 的漏洞；CentOS 在大规模的系统下也能够发挥很好的性能，能够提供可靠稳定的运行环境。

（3）Fedora。Fedora 是由 Fedora 项目社区开发并由 Red Hat 赞助的 Linux 发行版。Fedora 包含在各种免费和开源许可下分发的软件。Fedora 是 Red Hat Enterprise Linux 发行版的上游源。Fedora 作为开放的、创新的、具有前瞻性的操作系统和平台，允许任何人自由使用、修改和重新发布，它由一个强大的社群开发，无论是现在还是将来，Fedora 社群的成员都将以自己的不懈努力，提供并维护自由、开放源代码的软件和开放的标准。

（4）Mandrake。Mandrake 于 1998 年由一个推崇 Linux 的小组创立，它的目标是尽量让工作变得更简单。Mandrake 提供了一个优秀的图形安装界面，它的最新版本中包含了许多 Linux 软件包。

作为 Red Hat Linux 的一个分支，Mandrake 将自己定位为桌面市场的最佳 Linux 版本，但其也支持在服务器上安装，且成绩还不错。Mandrake 的安装非常简单明了，为初级用户设置了简单的安装选项，还为磁盘分区制作了一个适合各类用户的简单图形用户界面。其软件包的选择非常标准，还有对软件组和单个工具包的选项。安装完毕后，用户只需重启系统并登录即可。

（5）Debian。Debian 诞生于 1993 年 8 月 13 日，它的目标是提供一个稳定容错的 Linux 版本。支持 Debian 的不是某家公司，而是许多在其改进过程中投入了大量时间的开发人员，这种改进吸取了早期 Linux 的经验。

Debian 以其稳定性著称，虽然它的早期版本 Slink 有一些问题，但是它的现有版本 Potato 已经相当稳定了。这个版本更多地使用了可插拔认证模块（Pluggable Authentication Modules，PAM），综合了一些更易于处理的需要认证的软件（如 winbind for Samba）。

Debian 的安装完全是基于文本的，对于其本身来说这不是一件坏事，但对于初级用户来说却并非这样。因为它仅仅使用 fdisk 作为分区工具而没有自动分区功能，所以它的磁盘分区过程对于初级用户来说非常复杂。磁盘设置完毕后，软件工具包的选择通过一个名为 dselect 的工具实现，但它不向用户提供安装基本工具组（如开发工具）的简易设置步骤。此外，其需要使用 anXious 工具配置 Windows，这个过程与其他版本的 Windows 配置过程类似，完成这些配置后，即可使用 Debian。

（6）Ubuntu。Ubuntu是一个以桌面应用为主的Linux操作系统，其名称来自非洲南部祖鲁语或豪萨语的“ubuntu”一词（可译为乌班图），意思是“人性”“我的存在是因为大家的存在”，是非洲一种传统的价值观，类似于我国的“仁爱”思想。Ubuntu基于Debian发行版和Unity桌面环境，与Debian的不同之处在于，其每6个月会发布一个新版本。Ubuntu的目标是为一般用户提供一个最新的、同时相当稳定的主要由自由软件构建而成的操作系统。Ubuntu具有庞大的社区力量，用户可以方便地从社区获得帮助。随着云计算的流行，Ubuntu推出了一个云计算环境搭建的解决方案，可以在其官方网站找到相关信息。

本书以Ubuntu的20.04.5.0版本为平台介绍Linux的使用方法。书中出现的各种操作，如无特别说明，均以Ubuntu为实现平台，所有案例都经过编者的完整实现。

4. Linux的特性

Linux操作系统是目前发展最快的操作系统之一，这与Linux具有的良好特性是分不开的。它包含了UNIX的全部功能和特性。Linux操作系统作为一款免费、自由、开放的操作系统，发展势不可当。它高效、安全、稳定，支持多种硬件平台，用户界面友好，网络功能强大，支持多任务、多用户。

V5-3　Linux的特性

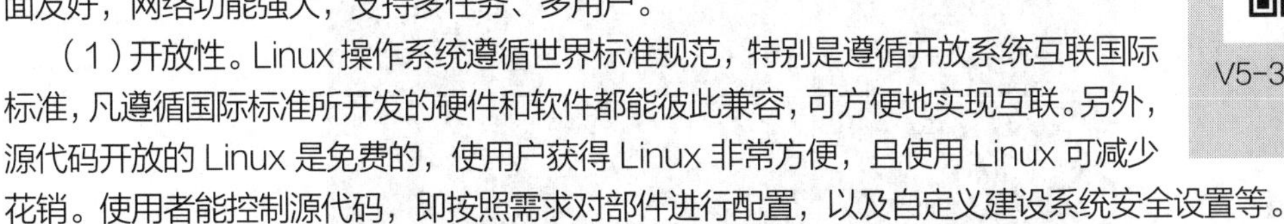

（1）开放性。Linux操作系统遵循世界标准规范，特别是遵循开放系统互联国际标准，凡遵循国际标准所开发的硬件和软件都能彼此兼容，可方便地实现互联。另外，源代码开放的Linux是免费的，使用户获得Linux非常方便，且使用Linux可减少花销。使用者能控制源代码，即按照需求对部件进行配置，以及自定义建设系统安全设置等。

（2）多用户。Linux操作系统资源可以被不同用户使用，每个用户对自己的资源（如文件、设备）有特定的权限，互不影响。

（3）多任务。使用Linux操作系统的计算机可同时执行多个程序，而各个程序的运行互相独立。

（4）良好的用户界面。Linux操作系统为用户提供了图形用户界面。它利用鼠标、菜单、窗口、滚动条等元素，给用户呈现一个直观、易操作、交互性强的友好的图形化界面。

（5）设备独立性强。Linux操作系统将所有外部设备统一当作文件来看待，只要安装它们的驱动程序，任何用户都可以像使用文件一样操作、使用这些设备，而不必知道它们的具体存在形式。Linux是具有设备独立性的操作系统，它的内核具有高度适应能力。

（6）丰富的网络功能。Linux操作系统是在Internet基础上产生并发展起来的，因此，完善的内置网络是Linux的一大特点，Linux操作系统支持Internet、文件传输和远程访问等。

（7）可靠的安全系统。Linux操作系统采取了许多安全技术措施，包括读写控制、带保护的子系统、审计跟踪、核心授权等，这为网络多用户环境中的用户提供了必要的安全保障。

（8）良好的可移植性。Linux操作系统从一个平台转移到另一个平台时仍然能用其自身的方式运行。Linux是一种可移植的操作系统，能够在微型计算机到大型计算机的任何环境和任何平台上运行。

（9）支持多文件系统。Linux操作系统可以把许多不同的文件系统以挂载形式连接到本地主机上，包括Ext2/Ext3、FAT32、NTFS、OS/2等文件系统，以及网络中其他计算机共享的文件系统等，是数据备份、同步等的良好平台。

5.1.2 熟悉Ubuntu桌面环境

使用Ubuntu Linux操作系统之前用户必须登录，才能使用系统中的各种资源。登录的目的就是使系统能够识别出当前的用户身份，当用户访问资源时就可以判断该用户是否具有相应的访问权限。登录Linux操作系统是使用系统的第一步。用户应该先拥有一个系统账户，作为登录凭证，不再进行其他相关操作。

1. 系统登录、注销与关机

初次使用Ubuntu操作系统时，无法使用root（超级管理员）账户登录系统。其他Linux操作系统发行版一般在安装过程中就可以设置 root 密码，用户可以直接用 root 账户登录，或者使用 su 命令转换到 root 超级用户身份。与之相反，Ubuntu 操作系统默认安装时，并没有用 root 账户登录，也没有启用 root 账户，而是让安装系统时设置的第一个用户通过 sudo 命令获得超级用户的所有权限。在图形界面中执行系统配置管理操作时，会提示输入管理员密码，类似于 Windows 中的用户账户控制。

首次登录 Ubuntu 操作系统时，选择用户并输入密码进行登录，界面中会显示 Ubuntu 的新特性。登录 Ubuntu 桌面环境，如图 5.3 所示。

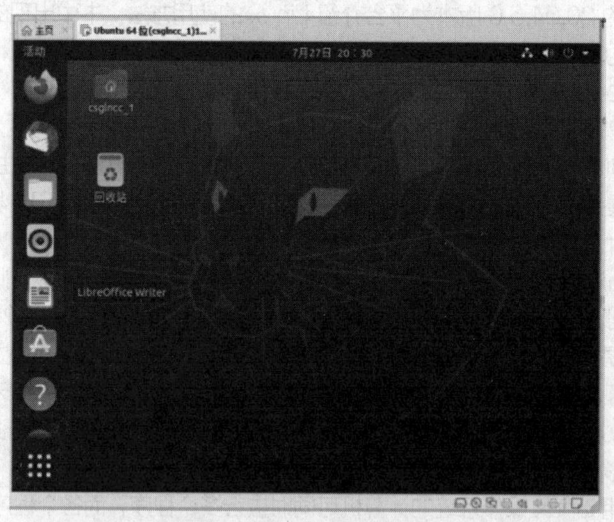

图 5.3　登录 Ubuntu 桌面环境

注销就是退出某个用户的会话，是登录操作的反向操作。注销会结束当前用户的所有进程，但是不会关闭系统，也不影响系统中其他用户的工作。注销当前登录的用户的目的是以其他用户身份登录系统。单击窗口右上角任一图标弹出状态菜单，再单击“关机/注销”右侧的 ▸ 图标，如图 5.4 所示。选择“注销”选项，弹出“注销”对话框，如图 5.5 所示。若选择“关机”选项，则弹出“关机”对话框，如图 5.6 所示。

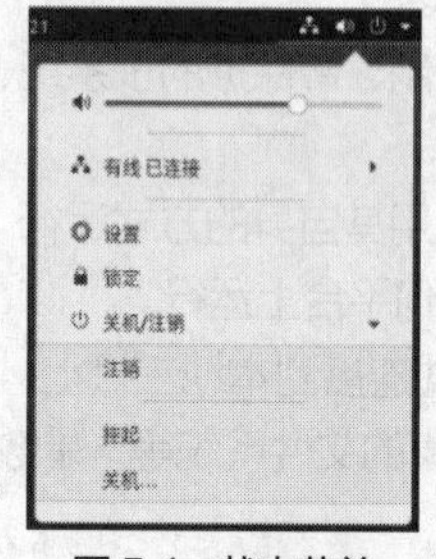

图 5.4　状态菜单

图 5.5　“注销”对话框

图 5.6　“关机”对话框

2．活动概览视图

熟悉 Ubuntu 操作系统桌面环境的基本操作，首先要了解活动概览视图。Ubuntu 操作系统默认处于普通视图，单击屏幕左上角的“活动”按钮或者按 Windows 键，可在普通视图和活动概览视图之间切换。如图 5.7 所示，活动概览视图是一种全屏模式，它提供从一个活动切换到另一个活动的多种途径。它会显示所有已打开的预览，以及收藏的应用程序和正在运行的应用程序的图标。另外，它还集成了搜索与浏览功能。

处于活动概览视图时，顶部面板中左上角的“活动”按钮自动加上下画线。在视图的左边可以看到

Dash 面板，它就是一个收藏夹，放置了常用的程序和当前正在运行的程序，单击其中的图标可以打开相应的程序，如果程序已经运行了，则其会高亮显示，单击图标会显示最近使用的窗口。也可以从 Dash 面板中拖动图标到视图中，或者拖动到右边的任一工作区中。

切换到活动概览视图时，桌面显示的是窗口概览视图，显示了当前工作区中所有窗口的实时缩略图，其中只有一个是处于活动状态的窗口。每个窗口代表一个正在运行的图形界面应用程序。其上部有一个搜索框，可用于查找主目录中的应用程序、设置和文件等。工作区选择器位于活动概览视图右侧，可用于切换到不同的工作区。

3. 启动应用程序

启动并运行应用程序的方法有很多，列举如下。

（1）从 Dash 面板中选择要运行的应用程序。对于经常使用的程序，可以将其添加到 Dash 面板中。常用应用程序即使没有处于运行状态，也会位于该面板中，以便快速访问。在 Dash 面板图标上右键单击，会弹出一个菜单，如图 5.8 所示，允许选择所有窗口，或者新建窗口，或者从收藏夹中移除，或者退出等。

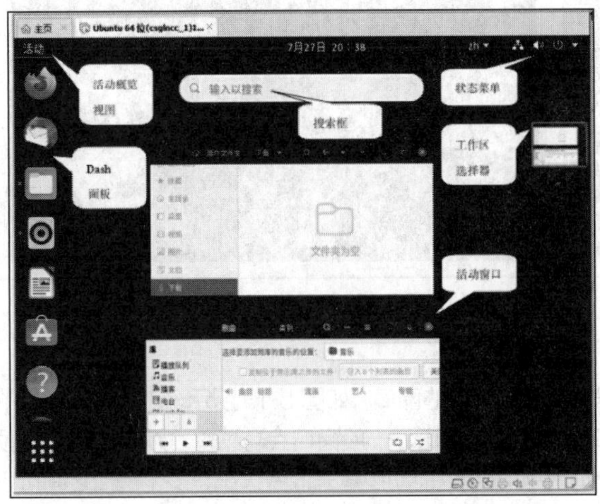

图 5.7　活动概览视图

图 5.8　右键菜单

（2）单击 Dash 面板底部的“网格”按钮，会显示应用程序概览视图，也就是应用程序列表，可以选择常用列表，如图 5.9 所示，也可以选择全部列表，如图 5.10 所示。单击其中要运行的程序，或者将应用程序拖动到活动概览视图或工作区缩略图上即可启动相应的应用程序。

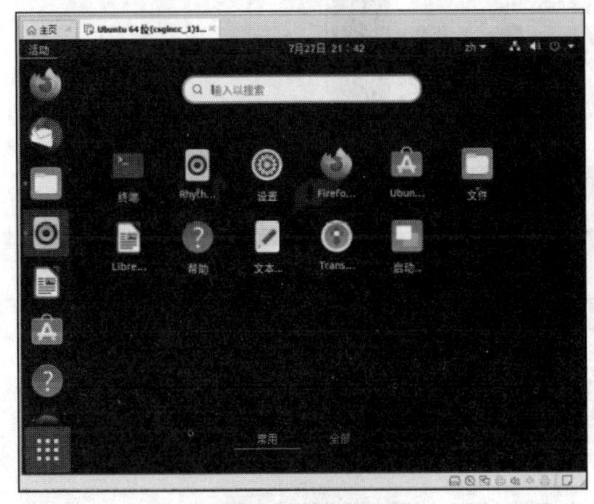

图 5.9　常用列表

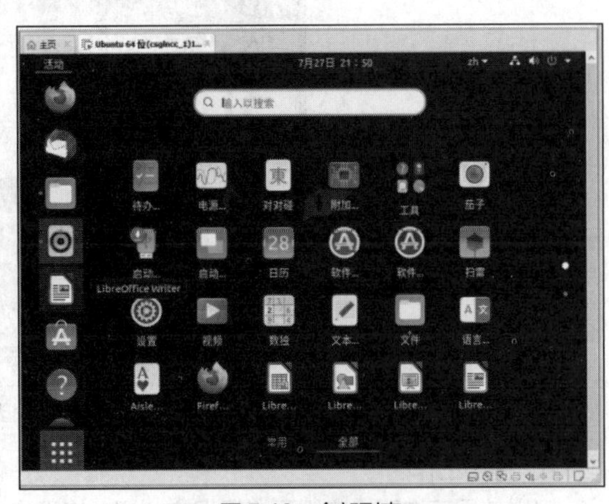

图 5.10　全部列表

（3）打开活动概览视图后，直接在搜索框中输入程序的名称，系统会自动搜索该应用程序，并显示相应的应用程序图标，单击该图标即可运行，如在搜索框中输入“Ai”，即可自动搜索到应用程序 AisleRiot（接龙游戏），如图 5.11 所示。

（4）在终端窗口中执行命令以运行图形化应用程序。

4. 将应用程序添加到 Dash 面板中

进入活动概览视图，单击 Dash 面板底部的“网格”按钮，右键单击要添加的应用程序，在弹出的快捷菜单中选择“添加到收藏夹”选项，或者直接拖动其图标到 Dash 面板中，如将“终端”添加到 Dash 面板中，如图 5.12 所示。要从 Dash 面板中删除应用程序，右键单击该应用程序，在弹出的快捷菜单中选择“从收藏夹中移除”选项即可。

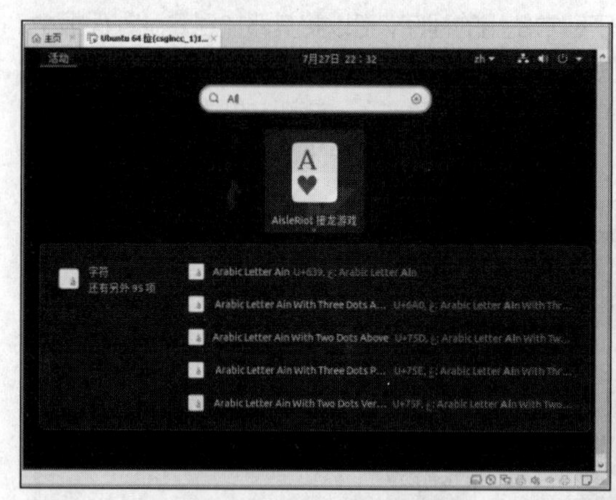

图 5.11 搜索应用程序

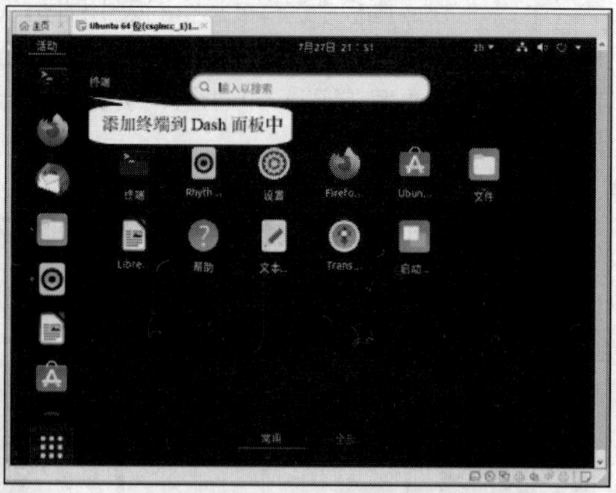

图 5.12 添加终端到 Dash 面板中

5. 窗口操作

在 Ubuntu 操作系统中运行图形界面应用程序会打开相应的窗口，如图 5.13 所示。应用程序窗口的标题栏右上角通常提供窗口关闭、窗口最小化和窗口最大化按钮；一般窗口会有菜单，默认菜单位于顶部面板左侧的菜单栏（要弹出下拉菜单）；一般窗口也可以通过拖动边缘来改变大小；多个窗口之间可以按 Alt+Tab 快捷键进行切换。

图 5.13 窗口操作

6. 使用工作区

可以使用工作区将应用程序组织在一起，将程序放在不同的工作区中是组织和归类窗口的一种有效的方法。

在工作区之间切换可以使用鼠标或键盘。进入活动概览视图之后，屏幕右侧显示工作区选择器，单击要进入的工作区，或者按 Page Up 或 Page Down 键在工作区选择器中进行上下切换。

在普通视图中启动的应用程序位于当前工作区。在活动概览视图中，可以通过以下方式使用工作区。

（1）将 Dash 面板中的应用程序拖动到右侧某工作区中，以在该工作区中运行该程序。

（2）将当前工作区中某窗口的实时缩略图拖动到右侧的某工作区中，使得该窗口切换到该工作区。

（3）在工作区选择器中，可以将一个工作区中的应用程序窗口缩略图拖动到另一个工作区中，使该应用程序切换到目标工作区中运行。

7. 用户管理

以用户身份登录系统，单击窗口右上角任一图标，弹出状态菜单，如图 5.14 所示，选择“设置”→“用户”选项即可进行用户管理，如图 5.15 所示。

图 5.14　状态菜单

图 5.15　用户管理

在“用户”界面中添加用户需要先解锁，在该界面右上侧单击“解锁”按钮，弹出“需要认证”对话框，如图 5.16 所示。单击“认证”按钮，弹出“添加用户”按钮，如图 5.17 所示。

图 5.16　“需要认证”对话框

图 5.17　添加用户

单击“添加用户”按钮，弹出“添加用户”对话框，可以添加标准用户与管理员用户。添加标准用户 user01，输入用户名和密码，如图 5.18 所示。同时，添加管理员账户 admin，单击“添加”按钮，完成用户账户添加。用户账户列表如图 5.19 所示。

图 5.18　完成用户添加

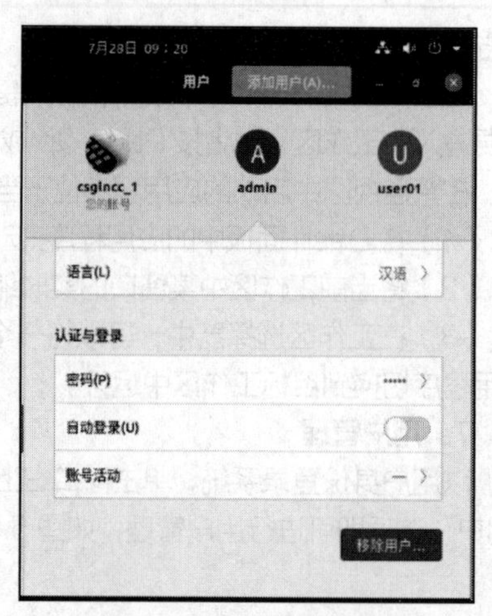

图 5.19　用户账户列表

在用户账户列表中，选择相应的用户，单击“移除用户”按钮，可以进行移除用户操作，如图 5.20 所示。

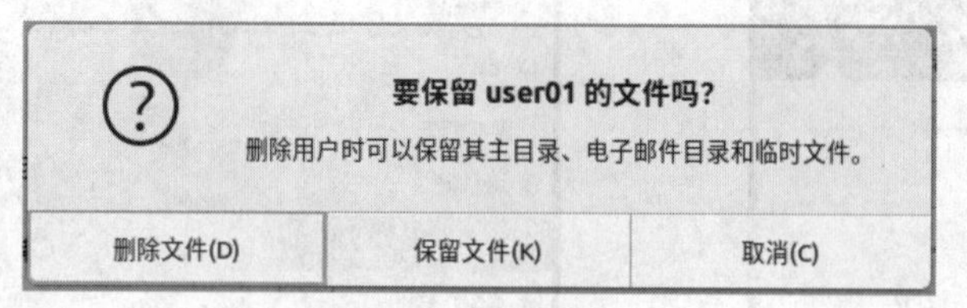

图 5.20　移除用户

5.1.3　常用的图形界面应用程序

Ubuntu 操作系统的图形界面应用程序非常多，方便实用。

1. Firefox 浏览器

Linux 一直将 Mozilla Firefox 作为默认的 Web 浏览器，Ubuntu 也不例外，单击 Dash 面板中的图标，打 Firefox 开浏览器，如图 5.21 所示。

图 5.21　Firefox 浏览器

2. Thunderbird 邮件/新闻

单击 Dash 面板中的图标，打开 Thunderbird，如图 5.22 所示，可以选择电子邮件，设置现有的电子邮件地址，如图 5.23 所示。

图 5.22　Thunderbird

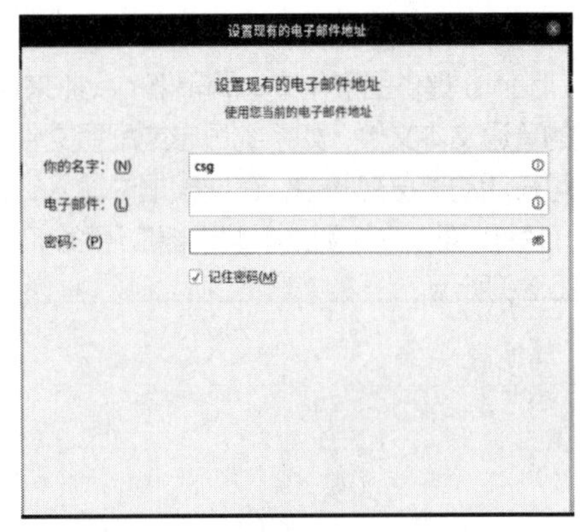

图 5.23　设置现有的电子邮件地址

3. 文件管理器

单击 Dash 面板中的图标，打开文件管理器，如图 5.24 所示。文件管理器类似于 Windows 中的资源管理器，用于访问本地文件和文件夹以及网络资源等。在文件管理器窗口空白处右键单击，在弹出的快捷菜单中选择“属性”选项，可以查看当前目录属性，如图 5.25 所示。目录属性默认以图标方式显示，也可以切换到列表方式，还可以指定排序方式。

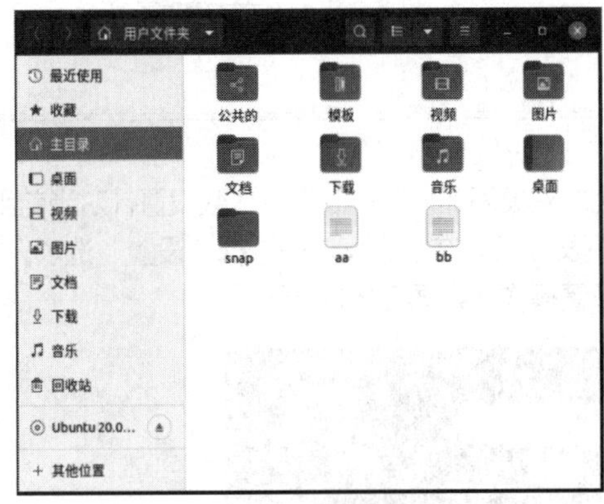

图 5.24　文件管理器

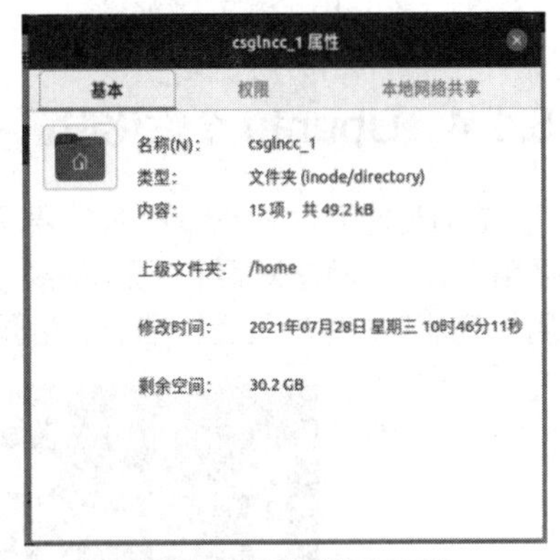

图 5.25　查看当前目录属性

在文件管理器中选择“其他位置”选项，如图 5.26 所示，可以选择“位于本机”以查看计算机中的所有资源，如图 5.27 所示，或选择“网络”以浏览网络资源。

图 5.26　其他位置

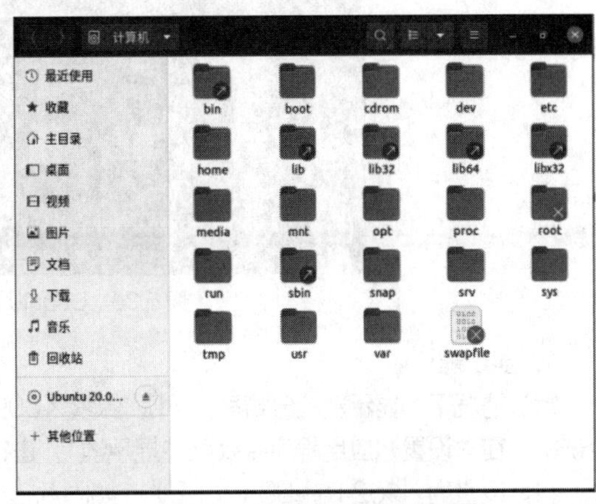

图 5.27　计算机中的所有资源

4．文本编辑器

Ubuntu 提供图形化文本编辑器 gedit 来查看和编辑纯文本文件。纯文本文件是没有应用字体或风格格式的普通文本文件，如系统日志或配置文件等。

可在活动概览视图中，在搜索框中输入“gedit”或“文本编辑器”进行查找，如图 5.28 所示，或者在 Dash 面板中找到文本编辑器应用程序，或者在应用程序中选择“全部”选项，打开文本编辑器，如图 5.29 所示。

图 5.28　查找文本编辑器

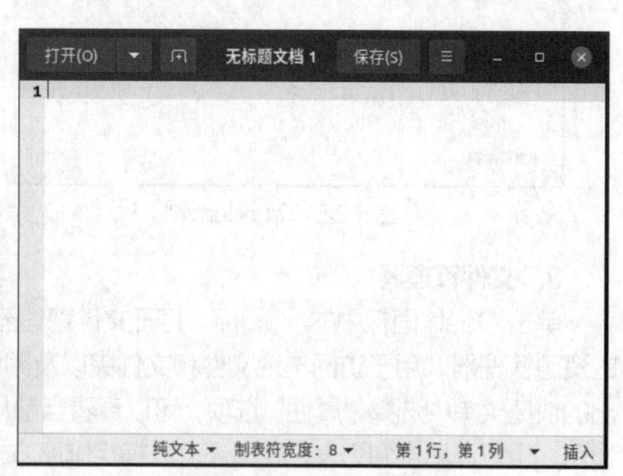

图 5.29　打开文本编辑器

5.1.4　Ubuntu 个性化设置

用户在开始使用 Ubuntu 时，往往要根据自己的需求对桌面环境进行制定。多数设置针对当前用户，不需要用户认证，而有关系统的设置需要拥有超级管理员权限。在状态菜单中选择“设置”选项，或者在应用程序列表中单击“设置”图标，可以执行各类设置操作，如图 5.30 所示。

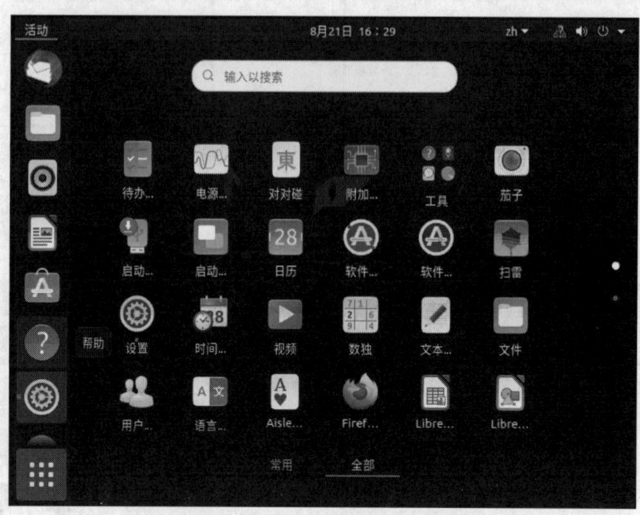

图 5.30　Ubuntu 操作系统设置操作

1．显示器设置

默认情况下，显示器的分辨率为 800 像素×600 像素，一般不能满足实际需要，所以需要修改屏幕分辨率，在“设置”应用程序中找到“显示器”，进行显示器设置，如图 5.31 所示，选择“分辨率”选项，将其设置为“1024×768（4：3）”，如图 5.32 所示。单击“应用”按钮完成设置。

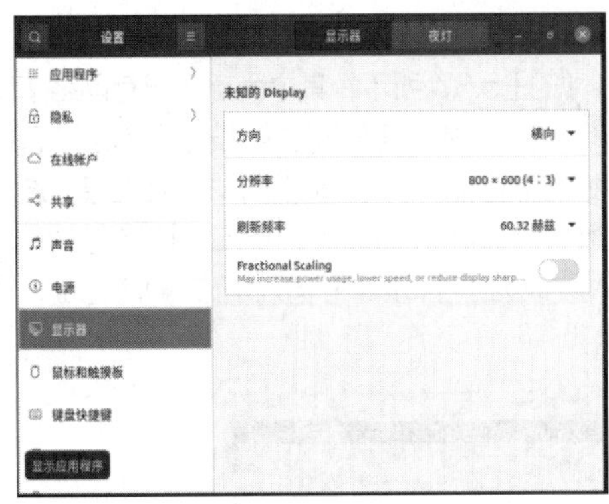

图 5.31　显示器设置

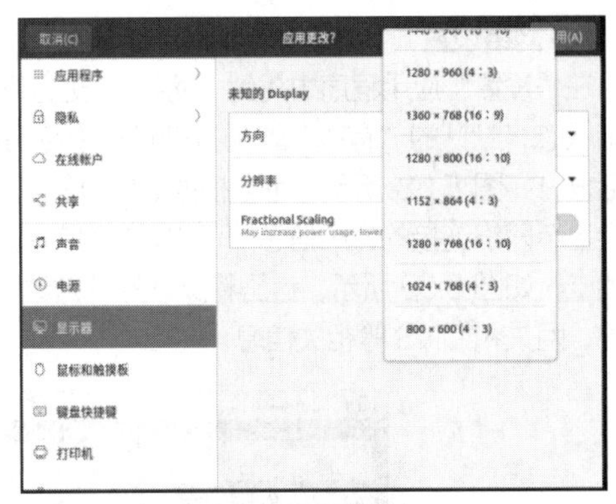

图 5.32　设置分辨率

2. 背景设置

在“设置”应用程序中找到“背景”，进行背景设置，如图 5.33 所示。双击相应的背景图片，将其设置为系统背景，关闭窗口，返回系统界面，如图 5.34 所示。

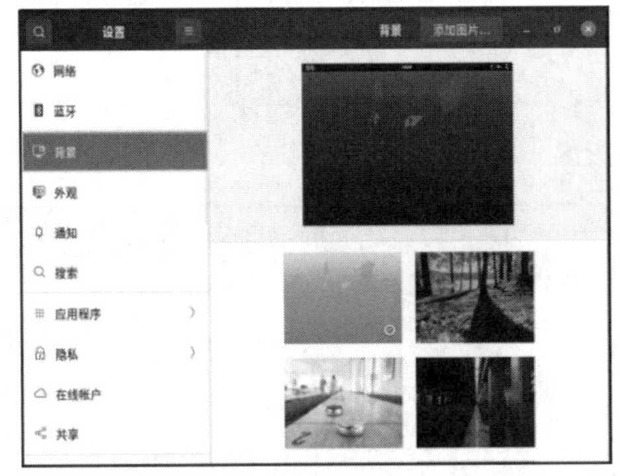

图 5.33　背景设置

图 5.34　完成桌面背景设置

3. 外观设置

在“设置”应用程序中找到“外观”，进行外观设置，如图 5.35 所示，可以设置窗口的颜色，在 Dock 下，可以自动隐藏 Dock，设置图标大小、在屏幕上的位置等相关信息。

4. 键盘快捷键

桌面应用中经常要用到快捷键，在“设置”应用程序中找到“键盘快捷键”，进行键盘快捷键设置，如图 5.36 所示，可以查看系统默认设置的各类快捷键，也可以根据需要进行编辑或修改。

图 5.35　外观设置

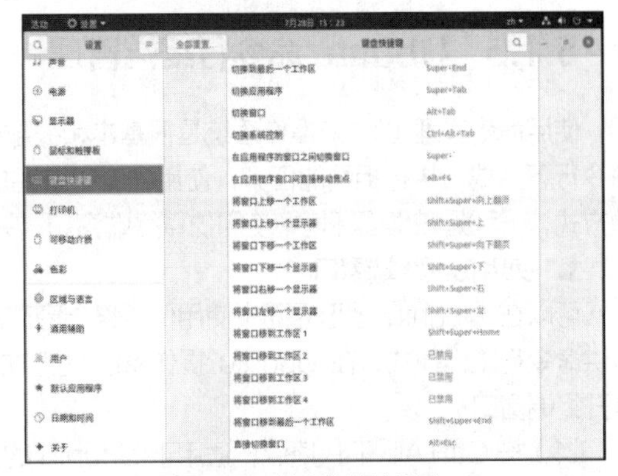

图 5.36　键盘快捷键设置

5. 网络设置

在“设置”应用程序中找到“网络”，进行网络设置，如图 5.37 所示，其中列出了已有网络接口的当前状态，默认的“有线”处于打开状态（可切换为关闭状态），单击其右侧的⚙按钮，弹出“有线”对话框，如图 5.38 所示，可以根据需要查看或修改该网络连接设置。默认情况下，“详细信息”选项卡中会显示网络连接的详细信息。可以切换到其他选项卡查看和修改相应的设置，例如，切换到“IPv4”选项卡，如图 5.39 所示。这里将默认的“自动（DHCP）”改为“手动”，并输入相应的 IP 地址、子网掩码、网关和 DNS 等相关信息。

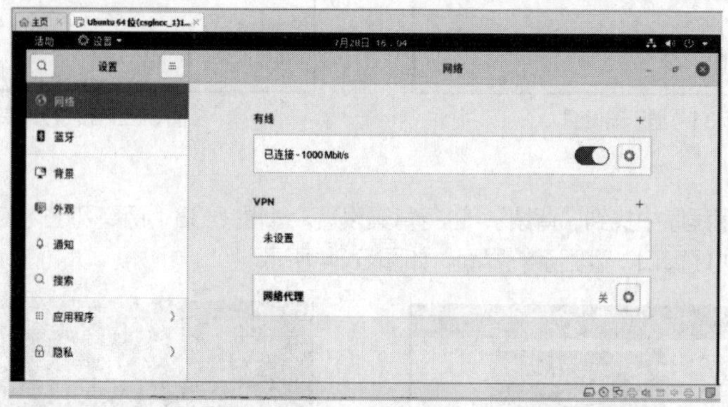

图 5.37　网络设置

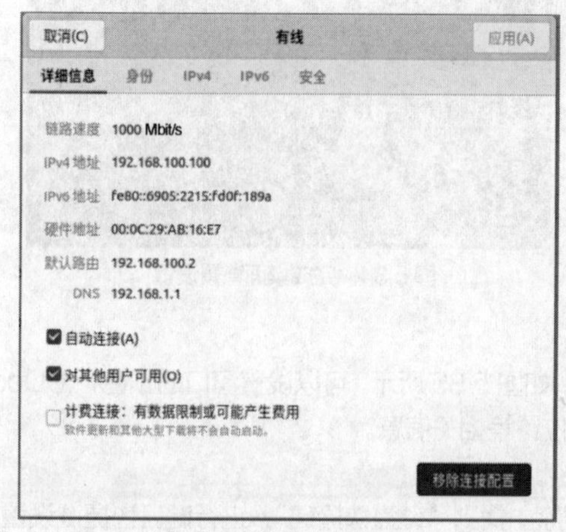

图 5.38　“有线”对话框

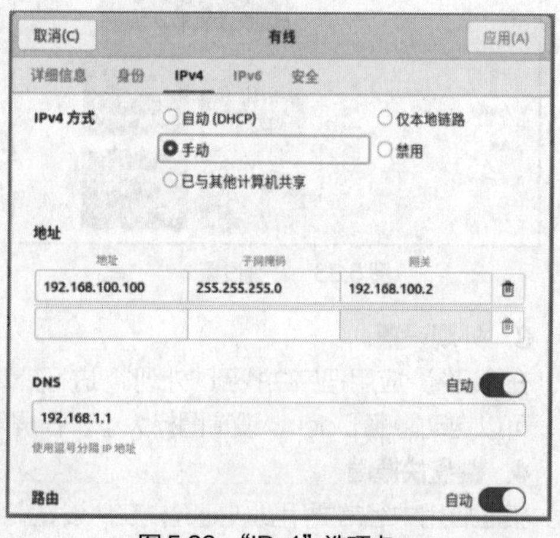

图 5.39　“IPv4”选项卡

5.1.5　Ubuntu 命令行终端管理

使用命令管理 Linux 操作系统是很基本和很重要的方式。到目前为止，很多重要的任务依然必须在命令行下完成，执行相同的任务，使用命令行来完成比使用图形界面要简捷高效得多。使用命令行有两种方式，一种是在桌面环境中使用仿真终端窗口，另一种是进入文本模式后登录终端。

1. 使用仿真终端窗口

可以在 Ubuntu 图形界面中使用仿真终端窗口来执行命令操作。该终端是一个终端仿真应用程序，提供命令行工作模式，在 Ubuntu 操作系统快捷方式中默认是没有终端图标的，可以使用以下几种方法打开终端窗口。

（1）按 Ctrl+Alt+T 快捷键，适用于 Ubuntu 的各种版本。

（2）在应用程序概览视图中找到“Terminal”程序并运行它。

（3）进入活动概览视图，输入“gnome-terminal”或“终端”就可以搜索到“Terminal”程序，按 Enter 键即可运行它。

建议将终端应用程序添加到 Dash 面板中，以便今后通过快捷方式运行。仿真终端窗口如图 5.40 所示。其中将显示一串提示符，它由 4 部分组成，命令格式如下。

```
当前用户名@主机名 当前目录  命令提示符
```

普通用户登录后，命令提示符为“$”；超级管理员 root 用户登录后，命令提示符为“#”。在命令提示符之后输入命令并按 Enter 键即可执行相应的操作，执行的结果也显示在该窗口中。

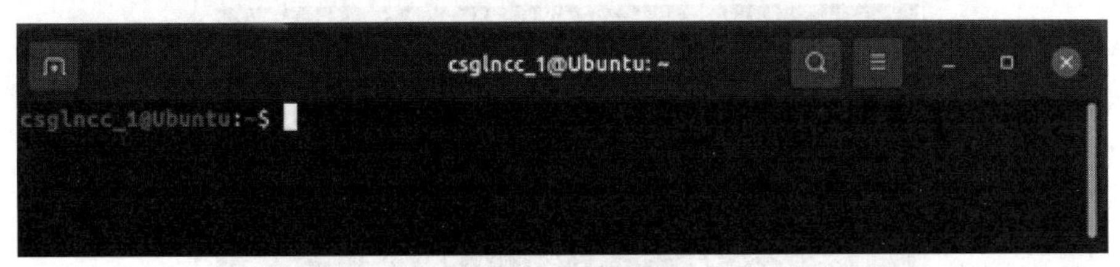

图 5.40 仿真终端窗口

由于这是一个图形界面的仿真终端工具，用户可以通过相应的菜单很方便地修改终端的设置，如字体颜色、背景颜色等。在终端窗口中，单击 ☰ 图标，即在“编辑”菜单中选择“配置文件首选项”选项，如图 5.41 所示，打开“首选项-常规”窗口，如图 5.42 所示，可以进行相应的设置。

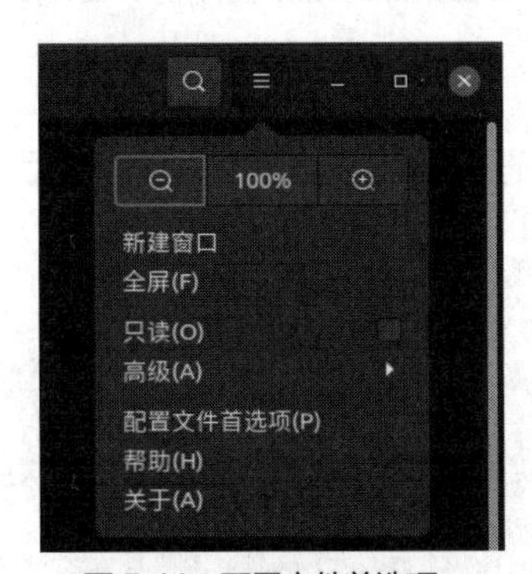

图 5.41 配置文件首选项

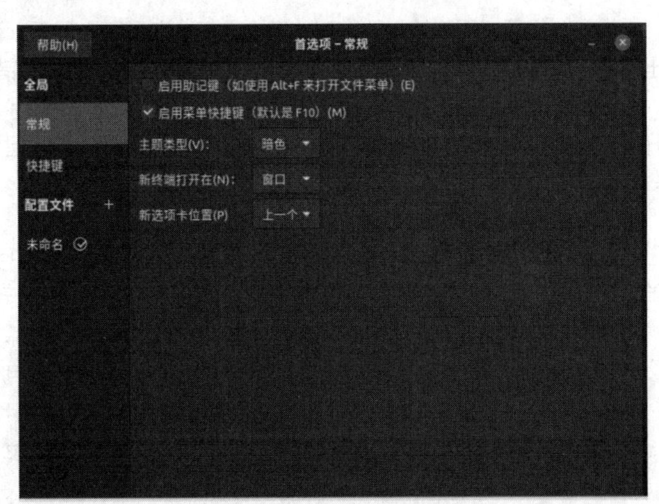

图 5.42 “首选项-常规”窗口

可根据需要打开多个终端窗口，可以使用图形操作按钮关闭终端窗口，也可在终端命令行中执行 exit 命令关闭终端窗口。

2. 使用文本模式

Ubuntu 桌面版启动之后直接进入图形界面，如果需要切换到文本模式（又称为字符界面），则需要登录 Linux 操作系统。

Linux 是一个多用户操作系统，可以接受多个用户同时登录，而且允许一个用户进行多次登录，因为 Linux 与 UNIX 一样，提供虚拟控制台（Virtual Console）的访问方式，允许用户在同一时间从不同的控制台进行多次登录。直接在装有 Linux 的计算机上的登录称为从控制台登录，使用 SSH、Telnet 等工具通过网络登录 Linux 主机的称为远程登录，在文本模式下从控制台登录的模式称为终端 tty。

终端是一种字符型设备，它有多种类型，通常使用 tty 来简称各种类型的终端设备。tty 是 Teletype

的缩写。Teletype 是最早出现的一种终端设备，很像电传打字机，是由 Teletype 公司生产的，设备名放在特殊文件目录/dev 下。

默认情况下，Linux 会提供 6 个 Terminal（终端）来给用户登录，切换的方式为按 Ctrl+Alt+F1～F6 快捷键。此外，系统将这 6 个终端界面以 tty1、tty2、tty3、tty4、tty5、tty6 的方式进行命名。安装完图形化终端界面后，若想进入纯文本模式，则可以通过按以上快捷键进行切换。例如，按 Ctrl+Alt+F3 快捷键，进入 tty3 控制台并登录文本模式终端界面，如图 5.43 所示。需要注意的是，一共只有 6 个 tty，因而按 Ctrl+Alt+F7 快捷键不会返回到图形界面，而是黑屏。

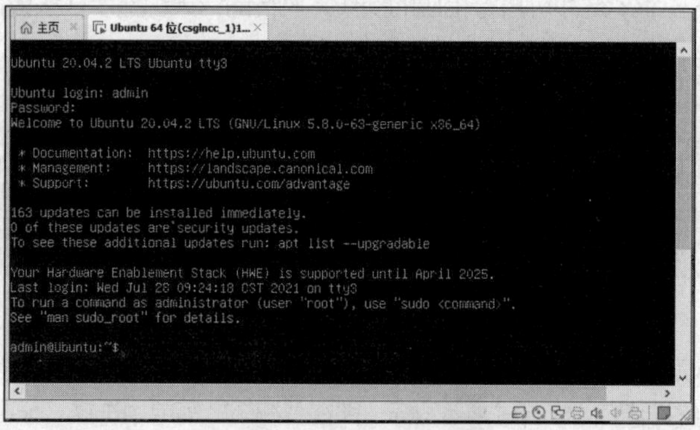

```
Ubuntu 20.04.2 LTS Ubuntu tty3

Ubuntu login: admin
Password:
Welcome to Ubuntu 20.04.2 LTS (GNU/Linux 5.8.0-63-generic x86_64)

 * Documentation:  https://help.ubuntu.com
 * Management:     https://landscape.canonical.com
 * Support:        https://ubuntu.com/advantage

163 updates can be installed immediately.
0 of these updates are security updates.
To see these additional updates run: apt list --upgradable

Your Hardware Enablement Stack (HWE) is supported until April 2025.
Last login: Wed Jul 28 09:24:18 CST 2021 on tty3
To run a command as administrator (user "root"), use "sudo <command>".
See "man sudo_root" for details.

admin@Ubuntu:~$
```

图 5.43　tty3 仿真终端界面

为安全起见，用户输入的密码（口令）不会在屏幕上显示，而用户名和密码输入错误时，也只会给出“login incorrect”进行提示，不会明确地提示究竟是用户名错误还是密码错误。

在图形环境下的仿真终端窗口中使用命令行操作比直接使用 Linux 文本模式要方便一些，既可以打开多个终端窗口，又可以借助图形界面来处理各种配置文件。建议初学者在桌面环境中使用仿真终端命令行，本书的操作实例均在仿真终端窗口中完成。

3. 配置超级管理员 root

Ubuntu 在安装过程中，并没有设置超级管理员 root 的用户名和密码，因此需要在用户登录系统后，单独配置用户 root 及其密码。打开终端，设置管理员密码，执行命令如下。

```
csglncc_1@Ubuntu:~$ sudo   passwd   root
[sudo] csglncc_1 的密码:                    #输入当前用户密码
新的 密码:                                  #输入 root 用户密码
重新输入新的 密码:                          #再次确认输入 root 用户密码
passwd：已成功更新密码
csglncc_1@Ubuntu:~$
```

使用超级管理员 root 用户登录，执行命令如下。

```
csglncc_1@Ubuntu:~$ su   root               #以超级管理员 root 用户登录
密码:                                       #输入 root 用户密码
root@Ubuntu:/home/csglncc_1# exit           #超级管理员 root 用户登录后提示符为“#”
exit
csglncc_1@Ubuntu:~$                         #普通用户登录后提示符为“$”
```

4. 使用命令关闭和重启系统

通过直接关掉电源来关机是很不安全的做法，正确的方法是使用命令关闭和重启系统。

在 Linux 中，reboot 命令用于重新启动系统，shutdown -r now 命令用于立即停止并重新启动系统，二者都为重启系统命令，但在使用上是有区别的。

（1）shutdown 命令可以安全地关闭或重启 Linux 操作系统，它在系统关闭之前给系统中的所有登录用户发送一条警告信息。该命令允许用户指定一个时间参数，用于指定什么时间关闭，时间参数可以是一个精确的时间，也可以是从现在开始的一个时间段。

精确时间的格式是 hh:mm，hh 和 mm 分别表示小时和分钟，时间段由小时和分钟数表示。系统执行该命令后会自动进行数据同步的工作。

该命令的一般格式如下。

```
shutdown  [选项]  [时间]  [警告信息]
```

shutdown 命令的各选项及功能说明如表 5.1 所示。

表 5.1　shutdown 命令的各选项及功能说明

选项	功能说明
-k	并不真正关机，而只是发出警告信息给所有用户
-r	关机后立即重新启动系统
-h	关机后不重新启动系统
-f	快速关机重启动时跳过文件系统检查
-n	快速关机且不经过 init 程序
-c	取消一个已经运行的 shutdown 操作

（2）halt 是最简单的关机命令，其实际上是调用 shutdown -h 命令。执行 halt 命令时，会结束应用进程，文件系统写操作完成后会停止内核。

```
csglncc_1@Ubuntu:~$ shutdown  -h  now              #立刻关闭系统
```

（3）reboot 的工作过程与 halt 类似，但其作用是重新启动系统，而 halt 是关机。其选项也与 halt 类似，reboot 命令重启系统时是删除所有进程，而不是平稳地终止它们。因此，使用 reboot 命令可以快速地关闭系统，但当还有其他用户在该系统中工作时，会导致数据的丢失，所以使用 reboot 命令的场合主要是单用户模式。

```
csglncc_1@Ubuntu:~$ reboot                         #立刻重启系统
csglncc_1@Ubuntu:~$ shutdown  -r  00:05            #5 min 后重启系统
csglncc_1@Ubuntu:~$ shutdown  -c                   #取消 shutdown 操作
```

（4）退出终端窗口命令 exit。

```
csglncc_1@Ubuntu:~$ exit                           #退出终端窗口
```

5.1.6 Shell 概述

Linux 操作系统的 Shell 作为操作系统的外壳，为用户提供使用操作系统的接口。它是命令语言、命令解释程序及程序设计语言的统称。

1. Shell 简介

Shell 是用户和 Linux 内核之间的接口程序，如果把 Linux 内核想象成一个球体的中心，Shell 就是围绕内核的外层。当从 Shell 或其他程序向 Linux 传递命令时，内核会做出相应的反应。

V5-4　Shell 简介

Shell 是一个命令语言解释器，它拥有自己内建的 Shell 命令集，Shell 也能被系统中的其他应用程序所调用。用户在提示符下输入的命令都先由 Shell 解释再传给 Linux 内核。

有一些命令，如改变工作目录命令 cd，是包含在 Shell 内部的；还有一些命令，如复制命令 cp 和移动命令 mv 是存在于文件系统中某个目录下的单独程序。对于用户而言，不必关心一个命令是建立在 Shell 内部还是一个单独的程序。

Shell 会先检查命令是否为内部命令，若不是，则检查其是否为应用程序（这里的应用程序可以是 Linux 本身的实用程序，如 ls 和 rm；也可以是购买的商业程序，如 xv；或者是自由软件，如 Emacs）。此后，Shell 在搜索路径中寻找这些应用程序（搜索路径就是能找到可执行程序的目录列表）。如果输入的命令不是一个内部命令，且在路径中没有找到这个可执行文件，则会显示一条错误信息。如果能够成功找到命令，则该内部命令或应用程序将被分解为系统调用并传给 Linux 内核。

Shell 的一个重要特性是它自身就是一种解释型的程序设计语言，Shell 语言支持绝大多数在高级语言中能见到的程序元素，如函数、变量、数组和程序控制结构等。Shell 语言具有普通编程语言的很多特点，如循环结构和分支结构等，用这种编程语言编写的 Shell 程序与其他应用程序具有同样的效果。Shell 语言简单易学，任何在提示符中能输入的命令都能放到一个可执行的 Shell 程序中。

Shell 是使用 Linux 操作系统的主要环境，Shell 的学习和使用是学习 Linux 不可或缺的一部分。Linux 操作系统提供的图形用户界面 X-Windows 就像 Windows 一样，也有窗口、菜单和图标，可以通过鼠标进行相关的管理操作。在图形化界面中，按 Ctrl+Alt+T 快捷键或者在应用程序的菜单中打开虚拟终端，即可启动 Shell，如图 5.44 所示，在终端中输入的命令就是依靠 Shell 来解释执行完成的。一般的 Linux 操作系统不仅有图形化界面，还有文本模式，在没有安装图形化界面的 Linux 操作系统中，开机会自动进入文本模式，此时就启动了 Shell，在该模式下可以输入命令和系统进行交互。

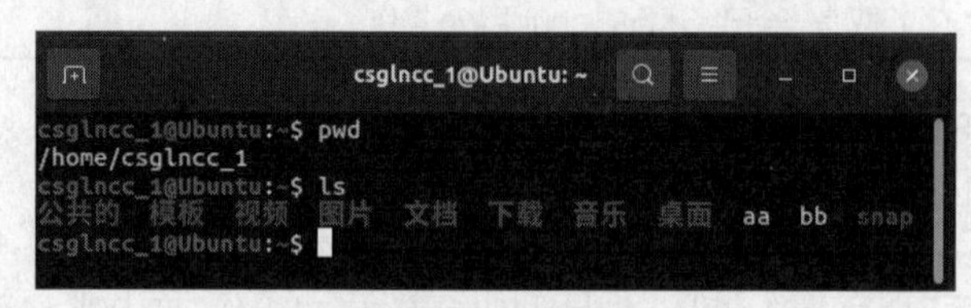

图 5.44 启动 Shell

当用户成功登录后，系统将执行 Shell 程序，并提供命令提示符，对于普通用户，用“$”作为提示符，对于超级管理员，用“#”作为提示符。一旦出现命令提示符，用户就可以输入命令和所需的参数，系统将执行这些命令。若要中止命令的执行，则可以按 Ctrl+C 快捷键；若用户想退出登录，则可以输入 exit、logout 命令或按文件结束符（Ctrl+D 快捷键）。

在 Linux 操作系统中看到的命令其实就是 Shell 命令。下面介绍 Shell 命令的基本操作。

2. Shell 命令的基本格式

Shell 命令的基本格式如下。

```
command [选项] [参数]
```

（1）command 为命令名称，例如，查看当前文件夹下的文件或文件夹的命令是 ls。

（2）[选项]表示可选，是对命令的特别定义，以连接符“-”开始，多个选项可以用连接符“-”连接起来，例如，ls -l -a 与 ls -la 的作用是相同的。有些命令不写选项和参数也能执行，有些命令在必要的时候可以附带选项和参数。

ls 是常用的一个命令，属于目录操作命令，用来列出当前目录下的文件和文件夹。ls 命令后可以加选项，也可以不加选项，不加选项的写法如下。

```
root@Ubuntu:~# ls
snap
root@Ubuntu:~#
```

ls 命令之后不加选项和参数也能执行，但只能执行最基本的功能，即显示当前目录下的文件名。那么，当为其加入一个选项后，会出现什么结果呢？

```
root@Ubuntu:~# ls   -l
总用量 4
drwxr-xr-x 3 root root 4096 7 月   26 01:55 snap
root@Ubuntu:~#
```

如果加入-l 选项，则可以看到显示的内容明显增多了。-l 是长格式（long list）的意思，即显示文件的详细信息。

可以看到，选项的作用是调整命令功能。如果没有选项，那么命令只能执行最基本的功能；而一旦有选项，就能执行更多功能，或者显示更加丰富的数据。

Linux 的选项又分为短格式选项和长格式选项两类。

短格式选项用一个“-”和一个字母表示，如 ls -l。

长格式选项用两个“-”和一个单词表示，如 ls --all。

一般情况下，短格式选项是长格式选项的缩写，即一个短格式选项会有对应的长格式选项。但也有例外，例如，ls 命令的短格式选项-l 就没有对应的长格式选项，所以具体的命令选项需要通过帮助手册来查询。

（3）[参数]为跟在选项后的参数，或者是 command 的参数。参数可以是文件，也可以是目录；可以没有，也可以有多个。有些命令必须使用多个参数，例如，cp 命令必须指定源操作对象和目标对象。

（4）command [选项] [参数]等项目之间以空格隔开，无论有几个空格，Shell 都视其为一个空格。

3. 输入命令时键盘操作的一般规律

（1）命令、文件名、参数等都要区分英文大小写，例如，md 与 MD 是不同的。

（2）命令、选项、参数之间必须有一个或多个空格。

```
root@Ubuntu:~# hostnamectl   set-hostname   test01            #修改主机名为 test01
root@Ubuntu:~# bash                                           #/bash 执行命令
root@test01:~#
```

（3）按 Enter 键以后，该命令才会被执行。

4. 显示系统信息的命令

可以使用 Linux 操作系统命令查看系统信息，列举命令如下。

（1）who 命令

who 命令主要用于查看当前登录的用户信息，执行命令如下。

```
root@Ubuntu:~# who   -a                                  #显示所有用户的信息
           系统引导 2021-07-29 06:08
           运行级别 5 2021-07-29 06:09
csglncc_1 + pts/0          2021-07-29 06:18   .          1801 (195.168.100.1)
csglncc_1 ? :0             2021-07-29 08:58   ?          4756 (:0)
root@Ubuntu:~#
```

（2）whoami 命令

whoami 命令用于显示当前操作用户的用户名，执行命令如下。

```
root@Ubuntu:~# whoami
root
root@Ubuntu:~#
```

（3）hostname/hostnamectl 命令

hostname 命令用于显示当前系统的主机名，执行命令如下。

```
root@Ubuntu:~# hostname                                  #显示当前系统的主机名
```

```
Ubuntu                                              #主机名为 Ubuntu
root@Ubuntu:~#
```

hostnamectl 命令用于设置当前系统的主机名，执行命令如下。

```
root@Ubuntu:~# hostnamectl set-hostname  lncc01        #修改主机名为 lncc01
root@Ubuntu:~# bash                                  #执行命令
root@lncc01:~#
```

（4）date 命令

date 命令用于显示当前时间/日期，执行命令如下。

```
root@Ubuntu:~# date
2021 年 07 月 29 日 星期四 09:44:10 CST
root@Ubuntu:~#
```

（5）cal 命令

cal 命令用于显示当前日历，执行命令如下。

```
root@Ubuntu:~# cal
      七月 2021
日 一 二 三 四 五 六
             1  2  3
 4  5  6  7  8  9 10
11 12 13 14 15 16 17
18 19 20 21 22 23 24
25 26 27 28 29 30 31
root@Ubuntu:~#
```

（6）clear 命令

clear 命令相当于 DOS 下的 cls 命令，用于清除屏幕，执行命令如下。

```
root@Ubuntu:~# clear
root@Ubuntu:~#
```

5. Shell 使用技巧

Shell 有许多实用的功能，下面分别来介绍一下。

（1）命令和文件名的自动补齐功能。在命令行模式下，输入字符后，按两次 Tab 键，Shell 就会列出以这些字符开始的所有可用命令。如果只有一个命令被匹配到，则按一次 Tab 键会自动将其补全。当然，除了补全命令外，其还可以补全路径和文件名。

```
root@Ubuntu:~# mk<Tab>
mkdir           mkfs.cramfs     mkfs.vfat          mkntfs
mkdosfs         mkfs.ext2       mkhomedir_helper   mksquashfs
mke2fs          mkfs.ext3       mkinitramfs        mkswap
mkfifo          mkfs.ext4       mkisofs            mktemp
mkfontdir       mkfs.fat        mklost+found       mkzftree
mkfontscale     mkfs.minix      mkmanifest
mkfs            mkfs.msdos      mk_modmap
mkfs.bfs        mkfs.ntfs       mknod
root@Ubuntu:~# mk
```

这里 Shell 将列出所有以字符串 mk 开头的已知命令，被称为“命令行自动补齐”，这种功能在实际应用中是经常使用的。

在命令行模式下进行操作时，一定要经常使用 Tab 键，这样可以避免因拼写导致的输入错误。

（2）历史命令。若要查看最近使用过的命令，则可以在终端执行 history 命令。

执行历史命令最简单的方法就是利用上下方向键，可以找回最近执行过的命令，减少输入命令的次数，在需要使用重复执行的命令时非常方便。例如，每按动一次上方向键，就会把上一次执行的命令行显示出来，可以按 Enter 键执行该命令。

当用某账号登录系统后，历史命令列表将根据历史命令文件进行初始化，历史命令文件的文件名由环境变量 HISTFILE 指定。历史命令文件的默认名称是.bash_history（以“.”开头的文件是隐藏文件），该文件通常在用户主目录下。root 用户的历史命令文件为/root/.bash_history，普通用户的历史命令文件为/home/*/.bash_history。

```
root@Ubuntu:~# cat /root/.bash_history
exit
cd ..
ll
lsb_release  -a
pwd
exit
exit
root@Ubuntu:~#
```

bash 通过历史命令文件保留了一定数目的已经在 Shell 中输入过的命令，这个数目取决于环境变量 HISTSIZE（默认保存 1000 条命令，此值可以更改）。但是 bash 执行命令时，不会立刻将命令写入历史命令文件，而是先存放在内存的缓冲区中，该缓冲区被称为历史命令列表，等 bash 退出后再将历史命令列表写入历史命令文件。也可以执行 history -w 命令，即要求 bash 立刻将历史命令列表写入历史命令文件。这里要分清楚两个概念——历史命令文件与历史命令列表。

history 命令可以用来显示和编辑历史命令，其命令格式如下。

语法 1：

```
history     [n]
```

功能：当 history 命令没有参数时，将显示整个历史命令列表的内容，如果使用参数 n，则将显示最近 *n* 条历史命令。

例如，显示最近 2 条历史命令，命令如下。

```
root@Ubuntu:~# history  2
   11  cat /root/.bash_history
   12  history  2
root@Ubuntu:~#
```

执行历史命令时，可以使用 history 命令显示历史命令列表，也可以在 history 命令后加一个整数表示希望显示的命令条数，每条命令前都有一个序号，可以按照表 5.2 所示的格式快速执行历史命令。

表 5.2 快速执行历史命令的格式

格式	功能
!*n*	*n* 表示序号（执行 history 命令后可以看到），重新执行第 *n* 条命令
!!	重新执行上一条命令
!string	执行最近用到的以 string 开头的历史命令
!?string[?]	执行最近用到的包含 string 的历史命令
<Ctrl+R>	在历史命令列表中查询某条历史命令

例如，对于序号为8的历史命令ifconfig，输入"!8"并执行，执行命令如下。

```
root@Ubuntu:~# !8                                    #输入"!8"并执行
cal
      七月 2021
日 一 二 三 四 五 六
             1  2  3
 4  5  6  7  8  9 10
11 12 13 14 15 16 17
18 19 20 21 22 23 24
25 26 27 28 29 30 31
root@Ubuntu:~#
```

语法2：

```
history    [选项][filename]
```

history命令的各选项及功能说明如表5.3所示。

表5.3 history命令的各选项及功能说明

选项	功能说明
-a	将当前的历史命令记录追加到历史文件中
-c	清空历史命令列表
-n	将历史命令文件中的内容追加到当前历史命令列表中
-r	将历史命令文件中的内容更新（替换）到当前历史命令列表中
-w	将历史命令列表中的内容写入到历史命令文件中，并覆盖历史命令文件原来的内容
filename	如果filename选项没有被指定，则history命令将使用环境变量HISTFILE指定的文件名

例如，自定义历史命令列表的操作如下。

① 新建一个文件（如/root/history.txt），用来存储自己的常用命令，每条命令占一行，执行命令如下。

```
root@Ubuntu:~# pwd                                  #查看当前目录路径
/root
root@Ubuntu:~# touch   history.txt                  #新建history.txt文件
root@Ubuntu:~# cat   history.txt                    #显示文件内容，内容不为空
root@Ubuntu:~#
```

② 清空历史命令列表，执行命令如下。

```
root@Ubuntu:~# history   -c
root@Ubuntu:~#
```

③ 将历史命令列表中的内容写入到历史命令文件中，并覆盖历史命令文件的原来内容，执行命令如下。

```
root@Ubuntu:~# dir
history.txt   snap
root@Ubuntu:~# ll
总用量 44
drwx------  5 root root 4096 7月  29 10:16 ./
drwxr-xr-x 20 root root 4096 7月  26 01:48 ../
-rw-------  1 root root  526 7月  28 23:27 .bash_history
```

```
-rw-r--r--   1 root root 3106 12月  5   2019 .bashrc
......
-rw-------   1 root root 9443 7月   29 07:11 .viminfo
root@Ubuntu:~# history  -w  /root/history.txt          #写入并覆盖原有历史命令文件的内容
root@Ubuntu:~# cat  /root/history.txt                  #显示 history.txt 文件的内容
dir
ll
history  -w  /root/history.txt
root@Ubuntu:~#
```

（3）命令别名。用户可以为某一个复杂的命令创建一个简单的别名，当用户使用这个别名时，系统就会自动地找到并执行这个别名对应的真实命令，从而提高工作效率。

可以使用 alias 命令查询当前已经定义的 alias 列表。使用 alias 命令可以创建别名，使用 unalias 命令可以取消一条别名记录。alias 命令的格式如下。

```
alias    [别名]=[命令名称]
```

功能：设置命令的别名，如果不加任何参数，仅输入 alias 命令，则将列出当前所有的别名设置。alias 命令仅对该次登录系统有效，如果希望每次登录系统都能够使用该命令别名，则需要编辑该用户的.bashrc 文件（root 用户的文件为/root/.bashrc，普通用户的文件为/home/*/.bashrc），并按照如下格式添加一行命令。

```
alias    别名='需要替换的命令名称'
```

保存.bashrc 文件，以后每次登录系统后，均可使用该命令别名。

注意

在定义别名时，等号两边不能有空格，等号右边的命令一般会包含空格或特殊字符，此时需要使用单引号。

显示 root 用户的.bashrc 文件内容的命令如下。

```
root@Ubuntu:~# cat   /root/.bashrc                  #显示 root 用户的.bashrc 文件的内容
# ~/.bashrc: executed by bash(1) for non-login shells.
# see /usr/share/doc/bash/examples/startup-files (in the package bash-doc)
# for examples
......
    alias ls='ls --color=auto'
    #alias dir='dir --color=auto'
    #alias vdir='vdir --color=auto'
    alias grep='grep --color=auto'
    alias fgrep='fgrep --color=auto'
    alias egrep='egrep --color=auto'
......
root@Ubuntu:~#
```

例如，设置命令别名，执行不加任何参数的 alias 命令，将列出当前所有的别名设置，具体如下。

```
root@Ubuntu:~# alias                       #执行不加任何参数的 alias 命令
alias egrep='egrep --color=auto'
alias fgrep='fgrep --color=auto'
alias grep='grep --color=auto'
```

```
alias l='ls -CF'
alias la='ls -A'
alias ll='ls -alF'
alias ls='ls --color=auto'
root@Ubuntu:~#
```

例如，为 ls -l /home 命令设置别名 displayhome，即可使用 displayhome 命令。若执行 unalias displayhome 命令取消别名设置，则 displayhome 不再是命令。设置命令别名的命令如下。

```
root@Ubuntu:~# alias displayhome='ls   -l /home'
root@Ubuntu:~# displayhome
总用量 12
drwxr-xr-x   5 admin       admin       4096 7月   28 09:24 admin
drwxr-xr-x 18 csglncc_1 csglncc_1 4096 7月   29 06:53 csglncc_1
drwxr-xr-x   2 user01      user01      4096 7月   28 19:34 user01
root@Ubuntu:~#
```

查看当前别名配置信息，执行命令如下。

```
root@Ubuntu:~# alias
alias displayhome='ls   -l /home'
alias egrep='egrep --color=auto'
alias fgrep='fgrep --color=auto'
alias grep='grep --color=auto'
alias l='ls -CF'
alias la='ls -A'
alias ll='ls -alF'
alias ls='ls --color=auto'
root@Ubuntu:~#
```

取消别名设置的命令如下，此时 displayhome 已经不是命令。

```
root@Ubuntu:~# unalias   displayhome
root@Ubuntu:~# displayhome
displayhome：未找到命令
root@Ubuntu:~#
```

（4）命令帮助。

由于 Linux 操作系统的命令以及选项和参数太多，因此建议用户不要去费力记住所有命令，且也不可能全部记住，借助 Linux 操作系统提供的各种帮助工具，可以很好地解决此类问题。

① 使用 whatis 命令查询命令。

```
root@Ubuntu:~# whatis   ls
ls (1)                    - list directory contents
root@Ubuntu:~#
```

② 使用--help 选项查询命令。

```
root@Ubuntu:~# ls   --help
用法：ls [选项]... [文件]...
列出给定文件（默认为当前目录）的信息。
如果不指定 -cftuvSUX 中任意一个或--sort 选项，则根据字母大小排序。
必选参数对长短选项同时适用。
```

```
  -a, --all                    不隐藏任何以 . 开始的项目
  -A, --almost-all             列出除 . 及 .. 以外的任何项目
      --author                 与 -l 同时使用时，列出每个文件的作者
  -b, --escape                 以 C 风格的转义序列表示不可打印的字符
      --block-size=大小        与 -l 同时使用时，将文件大小以此处给定的大小为
                               单位进行缩放；例如，"--block-size=M"；
                               请参考下文的大小格式说明
……
root@Ubuntu:~#
```

③ 使用 man 命令查询命令。

```
root@Ubuntu:~# man  ls
LS(1)                     General Commands Manual                     LS(1)
NAME
        ls, dir, vdir - 列出目录内容
提要
        ls [选项] [文件名...]
        POSIX 标准选项: [-CFRacdilqrtu1]
GNU 选项 (短格式):
        [-1abcdfgiklmnopqrstuxABCDFGLNQRSUX] [-w cols] [-T cols] [-I pattern] [--full-time]
[--format={long,ver -
        bose,commas,across,vertical,single-column}]      [--sort={none,time,size,extension}]
        [--time={atime,access,use,ctime,status}] [--color[={none,auto,always}]] [--help] [--version] [--]
描述（ DESCRIPTION ）
       程序 ls 先列出非目录的文件项，再列出每一个目录中的"可显示"文件。如果
       没有选项之外的参数（即文件名部分为空）出现，则默认为"."（当前目录）。
      ……
```

④ 使用 info 命令查询命令。

```
root@Ubuntu:~# info  ls
Next: dir invocation,   Up: Directory listing
10.1 'ls': List directory contents
==================================
The 'ls' program lists information about files (of any type, including
directories).  Options and file arguments can be intermixed arbitrarily,
as usual.
……
root@Ubuntu:~#
```

⑤ 其他获取帮助的方法。

查询系统中的帮助文档、通过官网获取 Linux 操作系统文档。

5.2 OpenStack 云计算平台管理

OpenStack 是一个云操作系统，用于部署云计算管理平台。学习 OpenStack 首先需要了解云计算的基础知识，理解相关概念与理论。2021 年 10 月，OpenStack 发布了第 24 个版本，即 Xena，而距

OpenStack 发布第 1 个版本 Austin 仅约 12 年，可见 OpenStack 的发展是非常迅速的，当然，它的发展离不开各大厂商的支持，也得益于当前社会经济发展的推动。下面开始揭开 OpenStack 的神秘面纱。

5.2.1 OpenStack 概述

OpenStack 是一个旨在为公有云及私有云的建设与管理提供软件的开源项目。它的社区拥有众多企业及个人开发者，这些企业与个人将 OpenStack 作为基础设施即服务的通用前端。OpenStack 项目的首要任务是简化云的部署过程并为其带来良好的可扩展性。

OpenStack 为私有云和公有云提供可扩展的、弹性的云计算服务，项目目标是提供实施简单、丰富、标准统一、可大规模扩展的云计算管理平台。

1. OpenStack 的起源

V5-5 OpenStack 的起源

OpenStack 是一个开源的云计算管理平台项目，是一系列软件开源项目的组合，是美国国家航空航天局（National Aeronautics and Space Administration，NASA）和 Rackspace（美国的一家云计算厂商）在 2010 年 7 月共同发起的一个项目，旨在为公有云和私有云提供软件的开源项目，由 Rackspace 贡献存储源代码（Swift）、NASA 贡献计算源代码（Nova）。经过几年的发展，OpenStack 已成为一个广泛使用的业内领先的开源项目，提供部署私有云及公有云的操作平台和工具集，并且在许多大型企业支撑核心生产业务。

OpenStack 示意如图 5.45 所示。OpenStack 项目用于提供开源的云计算解决方案以简化云的部署过程，其实现类似于 Amazon EC2 和 Amazon S3 的 IaaS。其主要应用场景包括 Web 应用、大数据、电子商务、视频处理与内容分发、大吞吐量计算、容器优化、主机托管、公有云和数据库等。

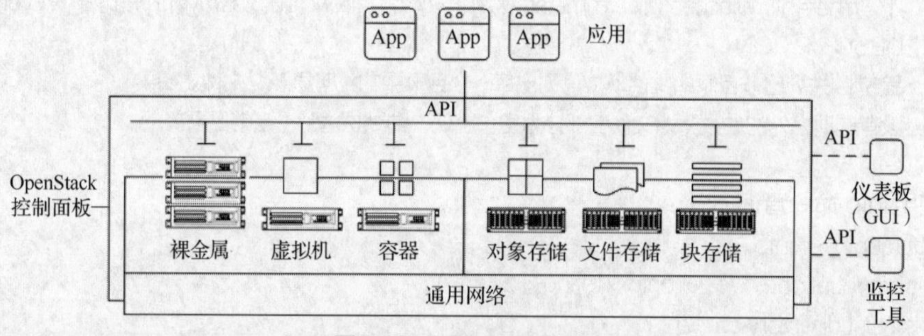

图 5.45 OpenStack 示意

Open 意为开放，Stack 意为堆栈或堆叠，OpenStack 是一系列软件开源项目的组合，包括若干项目，每个项目都有自己的代号（名称）；包括不同的组件，每个组件又包括若干服务，一个服务意味着运行的一个进程。这些组件部署灵活，支持水平扩展，具有伸缩性，支持不同规模的云计算管理平台。

OpenStack 最初仅包括 Nova 和 Swift 两个项目，现在已经有数十个项目。其主要项目如表 5.4 所示。这些项目相互关联，协同管理各类计算、存储和网络资源，提供云计算服务。

表 5.4 OpenStack 的主要项目

项目名称	服务	功能
Horizon	仪表板（Dashboard）	提供一个与 OpenStack 服务交互的基于 Web 的自服务网站，让最终用户和运维人员都可以完成大多数的操作。例如，启动虚拟机、分配 IP 地址、动态迁移等

续表

项目名称	服务	功能
Nova	计算 （Compute）	部署与管理虚拟机并为用户提供虚拟机服务，管理 OpenStack 环境中计算实例的生命周期，按需响应，包括生成、调试、回收虚拟机等操作
Neutron	网络 （Networking）	为 OpenStack 其他服务提供网络连接服务，为用户提供 API 定义网络和接入网络，允许用户创建自己的虚拟网络并连接各种网络设备接口。它提供基于插件的架构，支持众多的网络提供商和技术
Swift	对象存储 （Object Storage）	一套用于在大规模可扩展系统中通过内置冗余及高容错机制实现对象存储的系统，允许进行存储或者检索文件。可为 Glance 提供镜像存储，为 Cinder 提供卷备份服务
Cinder	块存储 （Block Storage）	为运行实例提供稳定的数据块存储服务，它的插件驱动架构有利于块设备的创建和管理，如创建卷、删除卷，在实例上挂载和卸载卷等
Keystone	身份服务 （Identity Service）	为 OpenStack 其他服务提供身份验证、服务规则和服务令牌的功能，管理 Domains、Projects、Users、Groups、Roles
Glance	镜像服务 （Image Service）	一套虚拟机镜像查找及检索系统，支持多种虚拟机镜像格式（AKI、AMI、ARI、ISO、QCOW2、RAW、VDI、VHD、VMDK），有创建镜像、上传镜像、删除镜像、编辑镜像基本信息的功能
Ceilometer	测量 （Metering）	像漏斗一样，能把 OpenStack 内部发生的几乎所有的事件都收集起来，并为计费和监控以及其他服务提供数据支撑
Heat	部署编排 （Orchestration）	提供一种通过模板定义的协同部署方式，实现云基础设施软件运行环境（计算、存储和网络资源）的自动化部署
Trove	数据库 （Database）	为用户在 OpenStack 的环境中提供可扩展和可靠的关系及非关系数据库引擎服务
Sahara	数据处理 （Data Processing）	为用户提供简单部署 Hadoop 集群的能力，如通过简单配置迅速将 Hadoop 集群部署起来

作为免费的开源软件项目，OpenStack 由一个名为 OpenStack Community 的社区开发和维护，来自世界各地的云计算开发人员和技术人员共同开发、维护 OpenStack 项目。与其他开源的云计算软件相比，OpenStack 在控制性、兼容性、可扩展性、灵活性方面具备优势，它有可能成为云计算领域的行业标准。

（1）控制性。作为完全开源的平台，OpenStack 为模块化的设计，提供相应的 API，方便与第三方技术集成，从而满足自身业务需求。

（2）兼容性。OpenStack 兼容其他公有云，方便用户进行数据迁移。

（3）可扩展性。OpenStack 采用了模块化的设计，支持各主流发行版本的 Linux，可以通过横向扩展增加节点、添加资源等。

（4）灵活性。用户可以根据自己的需要建立基础设施，也可以轻松地为自己的集群扩大规模。OpenStack 项目采用 Apache2 许可，意味着第三方厂商可以重新发布源代码。

（5）行业标准。众多 IT 领军企业加入了 OpenStack 项目，意味着 OpenStack 在未来可能成为云计算行业标准。

2. OpenStack 版本演变

2010 年 10 月，OpenStack 第 1 个正式版本发布，其代号为 Austin。第 1 个正式版本仅有 Swift 和

Nova（对象存储和计算）两个项目。其起初计划每隔几个月发布一个版本，并且以 26 个英文字母为首字母，以从 A 到 Z 的顺序命名后续版本。2011 年 9 月，其第 4 个版本 Diablo 发布时，定为约每半年发布一个版本，分别在当年的春秋两季。每个版本不断改进，吸收新技术，实现新概念。

2021 年 10 月 8 日，其发布了第 24 个版本，即 Xena，如今该版本已经更加稳定、更加强健。近几年，Docker、Kubernetes、Serverless 等新技术兴起，而 OpenStack 的关注点不再是"谁是龙头"，而是"谁才是最受欢迎的技术"。

OpenStack 不受任何一家厂商的绑定，灵活自由。当前可以认为它是云解决方案的首选方案。当前多数私有云用户转向 OpenStack，因为它使用户摆脱了对单个公有云的过多依赖。实际上，OpenStack 用户经常依赖于公有云，例如，对于 Microsoft Azure 或 Google Compute Engine，多数用户的基础架构是由 OpenStack 驱动的。

尽管 OpenStack 从诞生到现在已经日渐成熟，基本上能够满足云计算用户的大部分需求，但随着云计算技术的发展，OpenStack 必然需要不断完善。OpenStack 已经逐渐成为市场上一个主流的云计算管理平台解决方案。

3. OpenStack 的架构

在学习 OpenStack 的部署和运维之前，应当熟悉其架构和运行机制。OpenStack 作为一个开源、可扩展、富有弹性的云操作系统，其架构设计主要参考了 AWS 云计算产品，通过模块的划分和模块的功能进行协作，设计的基本原则如下。

① 按照不同的功能和通用性划分为不同的项目，拆分子系统。

② 按照逻辑设计、规范子系统之间的通信。

③ 通过分层设计整个系统架构。

④ 不同功能子系统间提供统一的 API。

（1）OpenStack 的逻辑架构。OpenStack 的逻辑架构如图 5.46 所示。此图展示了 OpenStack 云计算管理平台各模块（仅给出主要服务）协同工作的机制和流程。

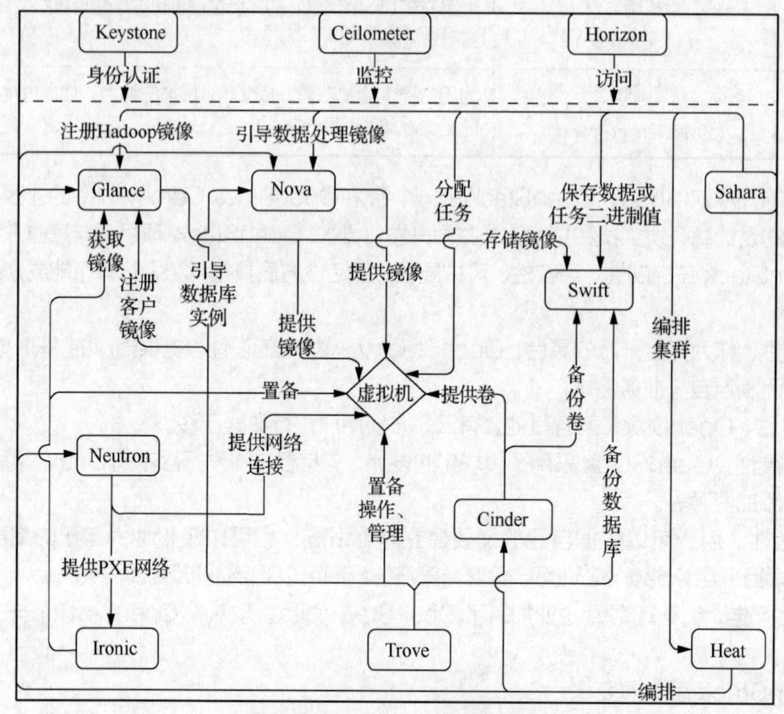

图 5.46　OpenStack 的逻辑架构

OpenStack通过一组相关的服务提供一个基础设施即服务的解决方案，这些服务以虚拟机为中心。虚拟机主要是由Nova、Glance、Cinder和Neutron这4个核心模块进行交互的结果。Nova为虚拟机提供计算资源，包括vCPU、内存等；Glance为虚拟机提供镜像服务，安装操作系统的运行环境；Cinder提供存储资源，类似传统计算机的磁盘或卷；Neutron为虚拟机提供网络配置以及访问云计算管理平台的网络通道。

云计算管理平台用户在经过Keystone认证授权后，通过Horizon创建虚拟机服务。创建过程包括利用Nova服务创建虚拟机实例，虚拟机实例采用Glance提供的镜像服务，使用Neutron为新建的虚拟机分配IP地址，并将其纳入虚拟网络，之后通过Cinder创建的卷为虚拟机挂载存储块。整个过程都在Ceilometer的监控下，Cinder产生的卷（Volume）和Glance提供的镜像可以通过Swift的对象存储机制进行保存。

Horizon、Ceilometer、Keystone分别提供访问、监控、身份认证（权限）等功能，Swift提供对象存储功能，Heat实现应用系统的自动化部署，Trove用于部署和管理各种数据库，Sahara提供大数据处理框架，而Ironic提供裸金属云服务。

云计算管理平台用户通过nova-api等来与其他OpenStack服务交互，而这些OpenStack服务守护进程通过消息总线（动作）和数据库（信息）来执行API请示。

消息队列为所有守护进程提供一个中心的消息机制，消息的发送者和接收者相互交换任务或数据进行通信，协同完成各种云计算管理平台功能。消息队列对各个服务进程解耦，所有进程都可以任意地进行分布式部署，协同工作。

（2）OpenStack的物理架构。OpenStack是分布式系统，必须从逻辑架构映射到具体的物理架构，将各个项目和组件以一定的方式安装到实际服务器节点上，部署到实际的存储设备上，并通过网络将它们连接起来。这就形成了OpenStack的物理架构。

OpenStack的部署分为单节点部署和多节点部署两种类型。单节点部署就是将所有的服务和组件都部署在一个物理节点上，通常用于学习、验证、测试或者开发；多节点部署就是将服务和组件分别部署在不同的物理节点上。OpenStack的多节点部署如图5.47所示。常见的节点类型有控制节点（Control Node）、网络节点（Network Node）、计算节点（Compute Node）和存储节点（Storage Node）。

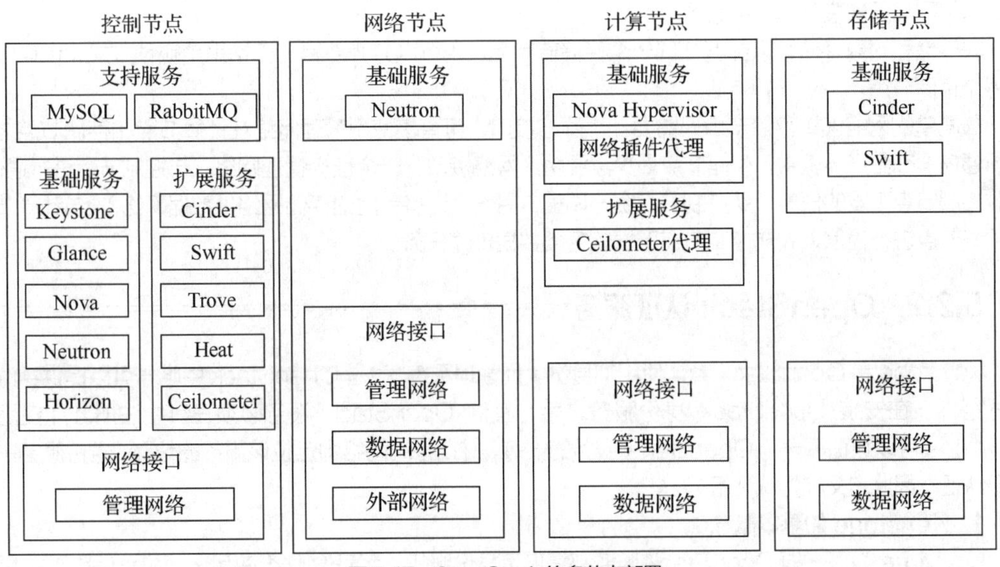

图5.47　OpenStack的多节点部署

① 控制节点。控制节点又称管理节点，可安装并运行各种OpenStack控制服务，负责管理、节制其余节点，执行虚拟机建立、迁移、网络分配、存储分配等任务。OpenStack的大部分服务运行在控制节点上。

- 支持服务：数据库服务，如MySQL数据库；消息队列服务，如RabbitMQ。
- 基础服务：运行Keystone认证服务、Glance镜像服务、Nova计算服务的管理组件，以及Neutron网络服务的管理组件和Horizon仪表板。
- 扩展服务：运行Cinder块存储服务、Swift对象存储服务、Trove数据库服务、Heat编排服务和Ceilometer计量服务的部分组件，这对于控制节点来说是可选的。

控制节点一般只需要一个网络接口，用于通信和管理各个节点。

② 网络节点。网络节点可实现网关和路由的功能，它主要负责外部网络与内部网络之间的通信，并将虚拟机连接到外部网络。网络节点仅包含Neutron基础服务，Neutron负责管理私有网段与公有网段的通信、虚拟机网络之间的通信拓扑，以及虚拟机上的防火墙等。

网络节点通常需要3个网络接口，分别用来与控制节点进行通信、与除控制节点外的计算节点和存储节点进行通信、与外部的虚拟机和相应网络进行通信。

③ 计算节点。计算节点是实际运行虚拟机的节点，主要负责虚拟机的运行，为用户创建并运行虚拟机，为虚拟机分配网络。计算节点通常包括以下服务。

- 基础服务：Nova计算服务的虚拟机管理器组件（Hypervisor），提供虚拟机的创建、运行、迁移、快照等各种围绕虚拟机的服务，并提供API与控制节点的对接，由控制节点下发任务，默认计算服务使用的Hypervisor是KVM；网络插件代理，用于将虚拟机实例连接到虚拟网络，通过安全组件为虚拟机提供防火墙服务。
- 扩展服务：Ceilometer计量服务代理，提供计算节点的监控代理，将虚拟机的情况反馈给控制点。

虚拟机可以部署多个计算节点，一个计算节点至少需要两个网络接口：一个与控制节点进行通信，受控制节点统一配置；另一个与网络节点及存储节点进行通信。

④ 存储节点。存储节点负责对虚拟机的外部存储进行管理等，为计算节点的虚拟机提供持久化卷服务。这种节点存储需要的数据包括磁盘镜像、虚拟机持久化卷。存储节点包含Cinder和Swift等基础服务，可根据需要安装共享文件服务。

块存储和对象存储可以部署在同一个存储节点上，也可以分开部署，无论采用哪种方式，都可以部署多个存储节点。

最简单的网络连接存储节点只需要一个网络接口，可直接使用管理网络在计算节点和存储节点之间进行通信。在生产环境中，存储节点最少需要两个网络接口：一个连接管理网络，与控制节点进行通信，接收控制节点下发的任务，受控制节点统一调配；另一个连接专门的存储网络（数据网络），与计算节点和网络节点进行通信，完成控制节点下发的各类数据传输任务。

5.2.2 OpenStack认证服务

Keystone是OpenStack默认使用的身份认证管理系统，也是OpenStack中唯一可以提供身份认证的组件。在安装OpenStack身份服务之后，其他OpenStack服务必须在其中注册才能使用。Keystone可以跟踪每一个OpenStack服务的安装，并在系统网络中定位该服务的位置。身份服务主要用于认证，因此它又称为认证服务。

1. Keystone的基本概念

Keystone为每一项OpenStack服务都提供了身份服务，而身份服务使用域、项目（租户）、用户和角色等的组合来实现。在讲解Keystone之前，有必要介绍以下几个相关的基本概念。

（1）认证。认证（Authentication）是指确认用户身份的过程，又称身份验证。Keystone 认证由用户提供的一组凭证来确认传入请求的有效性。最初，一些凭证是用户名和密码，或者是用户名和 API 密钥。当 Keystone 确认用户凭证有效后，就会发出一个认证令牌（Authentication Token），用户可以在随后的请求中使用这个认证令牌去访问资源中的其他应用。

（2）凭证。凭证（Credentials）又称证书，用于确认用户身份的数据，如用户名、密码和 API 密钥，或认证服务提供的认证令牌等。

（3）令牌。令牌（Token）通常指的是一串二进制值或者字符串，用来作为访问资源的记号。令牌中含有可访问资源的范围和有效时间。一个令牌可以是一个任意大小的文本，用于与其他 OpenStack 服务共享信息。令牌的有效期是有限的，可以随时被撤回。目前，Keystone 支持基于令牌的认证。

（4）项目。项目（Project）在 OpenStack 的早期版本中被称为租户（Tenant），它是各个服务可以访问资源的集合，是分配和隔离资源或身份的一个容器，也是一种权限组织形式。项目可以映射到客户、账户、组织（机构）或租户等。OpenStack 用户要想访问资源，必须通过项目向 Keystone 发出请求，项目是 OpenStack 服务调度的基本单元，其中必须包括相关的用户和角色。

（5）用户。用户（User）是指使用 OpenStack 云服务的个人、系统或服务的账户名称。使用服务的用户可以是人、服务或系统，或使用 OpenStack 相关服务的一个组织。根据不同的安装方式，一个用户可以代表一个客户、账号、组织或项目。OpenStack 各个服务在身份管理体系中都被视为一种系统用户。Keystone 为用户提供认证令牌，使用户在调用 OpenStack 服务时拥有相应的资源使用权限。Keystone 会验证有权限的用户所发出的请求的有效性，用户使用自己的令牌登录和访问资源，用户可以被分配给特定的项目，这样用户就好像包含在该项目中一样，拥有该项目的权限。需要特别指出的是，OpenStack 由通过注册相关服务的用户来管理相应的服务。例如，Nova 服务注册 Nova 用户来管理相应的服务。对于管理员来说，需要通过 Keystone 来注册管理用户。

（6）角色。角色（Role）是一个用于定义用户权利和权限的集合。例如，Nova 中的虚拟机、Glance 中的镜像。身份服务向包含一系列角色的用户提供一个令牌，当用户调用服务时，该服务解析用户角色的设置，决定每个角色被授权执行哪些操作或访问哪些资源。通常权限管理是由角色、项目和用户相互配合来实现的。一个项目中往往要包含用户和角色，用户必须依赖于某一项目，且用户必须以一种角色的身份加入项目，项目正是通过这种方式来实现对项目用户权限规范的绑定的。

（7）组。组（Group）是域所拥有的用户的集合，授予域或项目的组角色可以应用于该组中的所有用户。向组中添加用户，会相应地授予该用户对关联的域或项目的角色和认证；从组中删除用户，也会相应地撤销该用户关联的域或项目的角色和认证。

（8）域。域（Domain）是项目和用户的集合，目的是为身份实体定义管理界限。域可以表示个人、公司或操作人员所拥有的空间，用户可以被授予某个域的管理员角色。域管理员能够在域中创建项目、用户和组，并将角色分配给域中的用户和组。

（9）端点。端点（Endpoint）就是 OpenStack 组件能够访问的网络地址，通常是一个统一资源定位器（Uniform Resource Locator，URL）。端点相当于 OpenStack 服务对外的网络地址列表，每个服务都必须通过端点来检索相应的服务地址。如果需要访问一个服务，则必须知道其端点。端点请求的每个 URL 都对应一个服务实例的访问地址，并且具有 public、private（internal）和 admin 这 3 种权限。public URL 可以被全局访问，private（internal）URL 只能被内部访问，而 admin URL 可以被从常规的访问中分离出来。

（10）客户端。客户端（Client）是一些 OpenStack 服务，包括应用程序接口的命令行接口。例如，用户可以使用 openstack service create 和 openstack endpoint create 命令，在 OpenStack 安装过程中注册服务。Keystone 的命令行工具可以完成诸如创建用户、角色、服务和端点等绝大多数的 Keystone 管理功能，是常用的命令行接口。

（11）服务。这里的服务（Service）是指计算（Nova）、对象存储（Swift）或镜像（Glance）这样的 OpenStack 服务。它们提供一个或多个端点，供用户访问资源和执行操作。

（12）分区。分区（Region）表示 OpenStack 部署的通用分区。可以为一个分区关联若干个子分区，形成树状层次结构。尽管分区没有地理意义，但是部署时仍可以对分区使用地理名称。

2. Keystone 的主要功能

V5-6 Keystone 的主要功能

Keystone 的主要功能如下。

（1）身份认证（Identity Authentication）：令牌的发放和检验。

（2）身份授权（Identity Authorization）：授予用户在一个服务中所拥有的权限。

（3）用户管理：管理用户账户。

（4）服务目录（Service Catalog）：提供可用服务的 API 端点。

Keystone 在 OpenStack 项目中主要负责以下两个方面的工作。

（1）跟踪用户和监控用户权限。OpenStack 的每个用户和每项服务都必须在 Keystone 中注册，由 Keystone 保存其相关信息。需要身份管理的服务、系统用户都被视为 Keystone 的用户。

（2）为每项 OpenStack 服务提供一个可用的服务目录和相应的 API 端点。OpenStack 身份服务启动之后，一方面，会将 OpenStack 中所有相关的服务置于一个服务列表中，以管理系统能够提供的服务的目录；另一方面，OpenStack 中的每个用户会按照各个用户的通用唯一识别码（Universally Unique Identifier，UUID）产生一些 URL。Keystone 受委托管理这些 URL，为需要 API 端点的其他用户提供统一的服务 URL 和 API 调用地址。

3. Keystone 的管理层次结构

V5-7 Keystone 的管理层次结构

在 OpenStack Identity API v3 以前，存在一些需要改进的地方。例如，用户的权限管理以一个用户为单位，需要对每一个用户进行角色分配，并且不存在对一组用户进行统一管理的方案，这给系统管理员带了不便，增加了额外的工作量。又如，OpenStack 使用租户来表示一个资源或对象，租户可以包含多个用户，不同租户相互隔离，根据服务运行的需求，租户还可以映射为账户、组织、项目或服务。资源是以租户为单位分配的，不符合现实世界中的层级关系。用户访问系统资源时，必须通过一个租户向 Keystone 提出请求。作为 OpenStack 中服务调试的基本单元，租户必须包含相关的用户和角色等信息，并对租户中的用户分别分配角色。OpenStack 租户没有更高层次的单位，无法对多个租户进行统一管理，这就给拥有多租户的企业用户带来了不便。

为了解决上述问题，OpenStack Identity API v3 引入了域和组两个概念，并将租户改称为项目，这样更符合现实世界和云服务的映射关系。

OpenStack Identity API v3 利用域实现了真正的多租户架构，域为项目的高层容器。云服务的客户是域的所有者，它们可以在自己的域中创建多个项目、用户、组和角色。通过引入域，云服务客户可以对其拥有的多个项目进行统一管理，而不必再像之前那样对每一个项目进行单独管理。

组是一组用户的容器，可以向组中添加用户，并直接给组分配角色，这样在这个组中的所有用户就都拥有了该组拥有的角色权限。通过引入组的概念，实现了对用户组进行管理，以及达到同时管理一组用户权限的目的，这与 OpenStack Identity API v2 中直接向用户/项目指定角色不同，它对云服务的管理更加便捷。

域、组、项目、用户和角色之间的关系（即 Keystone 的管理层次结构）如图 5.48 所示。一个域中通常包含 3 个项目，可以通过组 Group1 将角色 admin 直接分配给该域，这样组 Group1 中的所有用户将对域中的所有项目拥有管理员权限。也可以通过组 Group2 将角色 member 仅分配给项目 Project3，这样组 Group2 中的用户就只拥有项目 Project3 的相应权限，而不影响其他项目的权限分配。

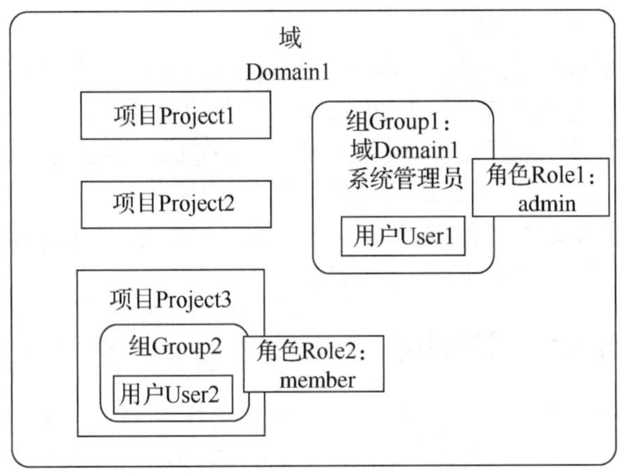

图5.48　Keystone的管理层次结构

4. Keystone的认证服务流程

用户请求云主机的流程涉及认证（Keystone）服务、计算（Nova）服务、镜像（Glance）服务，以及网络（Neutron）服务。在服务流程中，令牌作为流程凭证进行传递。Keystone的认证服务流程如图5.49所示。

V5-8　Keystone的认证服务流程

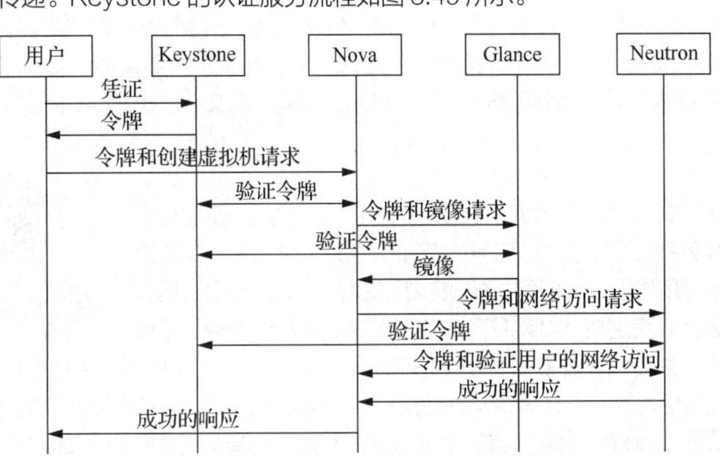

图5.49　Keystone的认证服务流程

下面以一个用户创建虚拟实例的Keystone认证服务流程来说明Keystone的运行机制，此流程可说明Keystone与其他OpenStack服务是如何交互和协同工作的。

首先，用户向Keystone提供自己的身份凭证，如用户名和密码。Keystone会从数据库中读取数据对其进行验证，如验证通过，则向用户返回一个临时的令牌。此后用户的所有请求都会通过该令牌进行身份验证。其次，用户向Nova申请创建虚拟机请求，Nova会将用户提供的令牌发送给Keystone进行验证，Keystone会根据令牌判断用户是否拥有进行此项操作的权限，若验证通过，则Nova向其提供相应的服务。最后，其他组件和Keystone的交互也是如此。例如，Nova需要向Glance提供令牌并请求镜像，Glance会将令牌发送给Keystone进行验证，如果验证通过，则向Nova返回镜像。

值得一提的是，认证服务流程中还涉及服务目录和端点，具体说明如下。

（1）用户向Keystone提供凭证，Keystone验证通过后向用户返回令牌，同时会返回一个通用目录（Generic Catalog）。

（2）用户使用令牌向该目录列表中的端点请求该用户对应的项目（租户）令牌，Keystone验证通过后返回用户对应的项目（租户）列表。

（3）用户从列表中选择要访问的项目（租户），再次向 Keystone 发送请求，Keystone 验证通过后返回管理该项目（租户）的服务列表并允许访问该项目（租户）的令牌。

（4）用户会通过这个服务和通用目录映射找到服务组件的端点，通过端点找到实际服务组件的位置。

（5）用户凭借项目（租户）令牌和端点来访问实际的服务组件。

（6）服务组件会向 Keystone 提供这个用户项目令牌进行验证，Keystone 验证通过后会返回一系列的确认令牌和附加信息给服务，并执行一系列操作。

5.2.3 OpenStack 镜像服务

Glance 共支持两种镜像存储机制：简单文件系统机制和 Swift 服务存储镜像机制。

简单文件系统机制是指将镜像保存在 Glance 节点的文件系统中。这种机制相对比较简单，但是存在明显的不足。例如，由于没有备份机制，当文件系统损坏时，所有的镜像都会不可用。

Swift 服务存储镜像机制是指将镜像以对象的形式保存在 Swift 对象存储服务器中，它是 OpenStack 中用于管理对象存储的组件。Swift 具有非常可靠的备份还原机制，因此可以降低因文件系统损坏而造成的镜像不可用的风险。

镜像服务让用户能够上传和获取其他 OpenStack 服务需要使用的镜像和元数据定义等数据资源。镜像服务包括发现、注册和检索虚拟机镜像，提供一个能够查询虚拟机镜像元数据和检索实际镜像的描述性状态迁移应用程序接口（Representational State Transfer Application Programming Interface，REST API）。通过 Glance 虚拟机镜像可以存储到不同的位置。例如，从简单的文件系统到 Swift 服务这样的对象存储镜像系统。

1. 镜像与镜像服务

V5-9 什么是镜像

（1）镜像。镜像的英文为 Image，又译为映像，是指一系列文件或一个磁盘的精确副本。镜像文件其实和 ZIP 压缩包类似，它将特定的一系列文件按照一定的格式制作成单一的文件，以方便用户下载和使用，如测试版的操作系统、常用工具软件等。镜像文件不仅具有 ZIP 压缩包的合成功能，还可以被特定的软件识别并可直接刻录到光盘中。其实，通常意义上的镜像文件可以再扩展一下，镜像文件中可以包含更多的信息，如系统文件、引导文件、分区表信息等，这样镜像文件就能包含一个分区甚至一块硬盘的所有信息。使用这类镜像文件的经典软件就是 Ghost，它同样具备刻录功能，但它的刻录仅仅是将镜像文件本身保存在光盘中，而通常意义上的刻录软件可以直接将支持的镜像文件所包含的内容刻录到光盘中。Ghost 可以基于镜像文件快速安装操作系统和应用程序，还可对操作系统进行备份，当系统遇到故障不能正常启动或运行时，可快速恢复系统，使之正常工作。

用虚拟机管理程序可以模拟出一台完整的计算机，而计算机需要操作系统，此时可以将虚拟机镜像文件提供给虚拟机管理程序，通过它为虚拟机安装操作系统。

虚拟磁盘为虚拟机提供了存储空间。在虚拟机中，虚拟磁盘相当于物理硬盘，即被虚拟机当作物理磁盘使用。虚拟机所使用的虚拟磁盘，实际上是一种特殊格式的镜像文件，虚拟磁盘文件用于捕获驻留在物理主机内存中的虚拟机的完整状态，并将信息以一种已明确的磁盘文件格式显示出来，每个虚拟机通过其相应的虚拟磁盘文件启动，并加载到服务器内存中。随着虚拟机的运行，虚拟磁盘文件可通过更新来反映数据或状态的改变。

在云环境下更加需要镜像这种高效的解决方案。镜像就是一个模板，类似 VMware 的虚拟机模板，它预先安装基本的操作系统和其他软件。例如，在 OpenStack 中创建虚拟机时，需要先准备一个镜像，再启动一个或多个该镜像实例（Instance）。整个过程已实现自动化，速度极快。如果从镜像中启动虚拟机，那么该虚拟机被删除后，镜像依然存在，但是镜像不包括本次在该虚拟机实例上的变动信息，因为镜像只是虚拟机启动的基础模板。

（2）镜像服务。镜像服务就是管理镜像，使用户能够发现、注册、获取、保存虚拟机镜像和镜像元数据。镜像数据支持多种存储系统，可以是简单文件系统，也可以是对象存储系统。在OpenStack中提供镜像服务的是Glance，其主要功能如下。

V5-10 镜像服务

① 查询和获取镜像元数据和镜像本身。

② 注册和上传虚拟机镜像，包括普通的创建、上传、下载和管理。

③ 维护镜像信息，包括元数据和镜像本身。

④ 支持通过多种方式存储镜像，包括普通的文件系统、Swift、Amazon S3等。

⑤ 对虚拟机实例执行创建快照（snapshot）命令来创建新的镜像，或者备份虚拟机的状态。

Glance是关于镜像的中心，可以被终端用户或者Nova服务访问，接收磁盘或者镜像的API请求，定义镜像元数据的操作。

（3）Image API的版本。Glance提供的RESTful API目前有两个版本：Image API v1和Image API v2。它们存在较大差别，具体如下。

① Image API v1只提供基本的镜像和成员操作功能，包括镜像创建、删除、下载，镜像列表、详细信息查询和更新，以及镜像租户成员的创建、删除和列表。

② Image API v2除了支持Image API v1的所有功能外，还主要增加了镜像位置的添加、删除、修改，元数据和命名空间（Namespace）操作，以及镜像标记（Image Tag）操作。

这两个版本对镜像存储的支持相同，Image API v1从OpenStack发行的Newton版本开始已经过时，迁移的路径使用Image API v2进行替代。按照OpenStack标准的弃用政策，Image API v1最终会被废除。

（4）虚拟机镜像的磁盘格式与容器格式。在OpenStack中添加一个镜像到Glance中时，必须指定虚拟机镜像需要的磁盘格式和容器格式，虚拟设备提供商将不同格式的布局信息保存在一个虚拟机磁盘镜像中。OpenStack所支持的虚拟机镜像文件磁盘格式如表5.5所示。

表5.5 OpenStack所支持的虚拟机镜像文件磁盘格式

磁盘格式	说明
RAW	非结构化的磁盘镜像格式
QCOW2	QEMU模拟器支持的可动态扩展、写时拷贝的磁盘格式，是KVM默认使用的磁盘文件格式
VHD	通用于VMware、Xen、VirtualBox以及其他虚拟机管理程序
VHDX	VHD格式的增强版本，支持更大的磁盘容量
VMDK	一种比较通用的虚拟机磁盘格式
VDI	由VirtualBox虚拟机监控程序和QEMU仿真器支持的磁盘格式
ISO	用于光盘（如CD-ROM）数据内容的档案格式
AKI	在Glance中存储的亚马逊内核格式
ARI	在Glance中存储的亚马逊虚拟内存盘格式
AMI	在Glance中存储的亚马逊机器格式

Glance对镜像文件进行管理时，往往将镜像元数据装载于一个容器中。Glance的容器格式是指虚拟机镜像采用的文件格式，该文件格式也包含关于实际虚拟机的元数据。OpenStack所支持的镜像文件容器格式如表5.6所示。

表 5.6　OpenStack 所支持的镜像文件容器格式

容器格式	说明
BARE	指没有容器和元数据封装在镜像中。如果 Glance 和 OpenStack 的其他服务没有使用容器格式的字符串，那么为了安全，建议将其设置为 BARE
OVF	开放虚拟化格式（Open Virtualization Format）
OVA	在 Glance 中存储的开放虚拟化设备（Open Virtualization Appliance）格式
AKI	在 Glance 中存储的亚马逊内核格式
ARI	在 Glance 中存储的亚马逊虚拟内存盘格式
DOCKER	在 Glance 中存储的容器文件系统的 Docker 的 TAR 档案

容器格式可以理解为虚拟机镜像添加元数据后重新打包的格式。需要注意的是，容器格式字符串目前还不能被 Glance 或其他 OpenStack 组件使用，所以如果不能确定选择哪种容器格式，那么简单地将容器格式指定为 BARE 是安全的。

（5）镜像状态。镜像状态是 Glance 管理镜像的一个重要方面。镜像文件大多比较大，因此镜像从创建到成功上传至 Glance 文件系统中的过程，是通过异步任务的方式一步步完成的。Glance 为整个 OpenStack 平台提供了镜像查询服务，可以通过虚拟机镜像的状态获得某一镜像的使用情况。OpenStack 镜像状态如表 5.7 所示。

表 5.7　OpenStack 镜像状态

镜像状态	说明
queued	表示镜像已经创建和注册，这是一种初始化状态。镜像文件刚被创建时，Glance 数据库中只有其元数据，镜像数据还没有上传到数据库中
saving	表示镜像数据在上传中，这是镜像的原始数据上传到数据库的一种过渡状态
uploading	表示进行导入数据提交调用。此状态下不允许调用 PUT/file（注意，对 queued 状态的镜像执行 PUT/file 调用会将镜像置于 saving 状态，处于 saving 状态的镜像不允许 PUT/stage 调用，因此不可能对同一镜像使用两种上传方法）
importing	表示已经完成导入调用，但是镜像还未准备好使用
active	表示已经完成导入调用，成为 Glance 中的可用镜像
deactivated	表示镜像创建成功，镜像对非管理员不可用，任何非管理员用户都无权访问镜像数据。禁止下载镜像，也禁止镜像导出和镜像克隆之类的操作
killed	表示上传镜像数据出错，上传过程中发生错误，目前不可读取
deleted	表示镜像不可用，镜像将在不久后被自动删除，但是目前 Glance 仍然保留该镜像的相关信息和原始数据
pending_delete	表示镜像不可用，镜像将被自动删除。与 deleted 相似，Glance 还没有清除镜像数据，但处于该状态的镜像不可恢复

Glance 负责管理镜像的生命周期。Glance 镜像的状态转换如图 5.50 所示。在 Glance 处理镜像过程中，当从一个状态转换到下一个状态时，通常一个镜像会经历 queued、saving、active 和 deleted 等几个状态，其他状态只有在特殊情况下才会出现。注意，Image API v1 和 Image API v2 两个版本中镜像上传失败的处理方法有所不同。

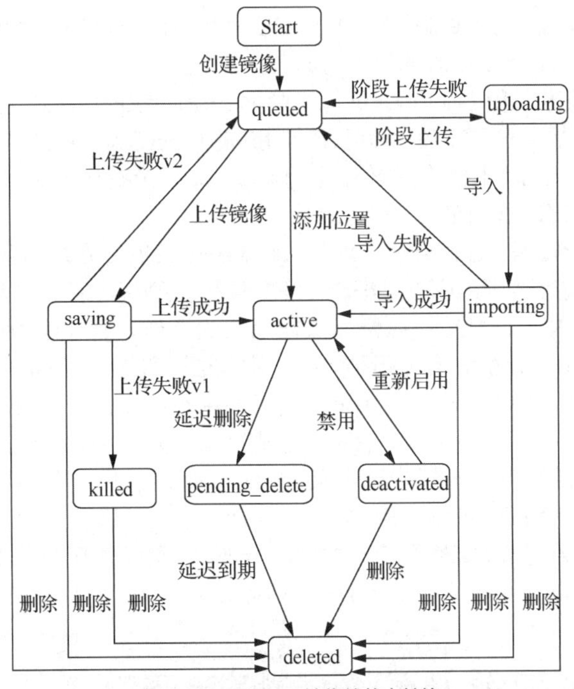

图 5.50 Glance 镜像的状态转换

（6）镜像的访问权限。

① public（公有的）：可以被所有项目（租户）使用。

② private（私有的）：只能被镜像所有者所在的项目（租户）使用。

③ shared（共享的）：一个非公有的镜像可以共享给其他项目（租户），这是通过项目成员（member-*）操作来实现的。

④ protected（受保护的）：这种镜像不能被删除。

V5-11 Glance 服务架构

2. Glance 服务架构

Glance 镜像服务是典型的客户端/服务器（Client/Server，C/S）架构，Glance 并不负责实际的存储，只实现镜像管理功能。其功能比较单一，所包含的组件比较少，主要包括 glance-api 和 glance-registry 两个子服务，如图 5.51 所示。Glance 服务器端提供一个 REST API，而使用者通过 REST API 来执行镜像的各种操作。

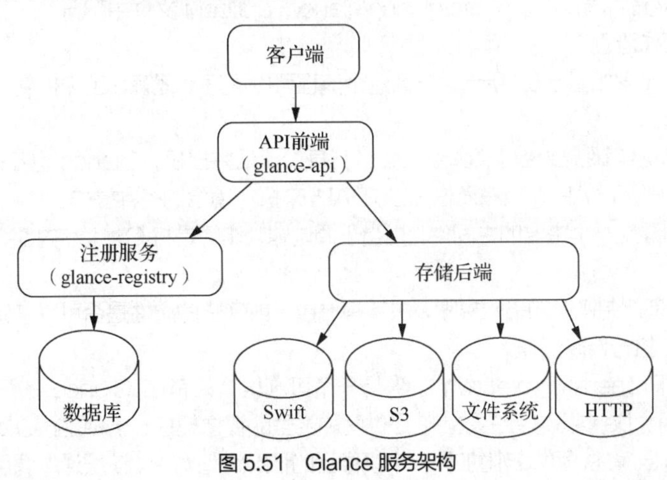

图 5.51 Glance 服务架构

（1）客户端。客户端是 Glance 服务应用程序的使用者，用于与 Glance 服务的交互和操作，可以是 OpenStack 命令行工具、Horizon 或 Nova 服务。

（2）Glance 服务进程接口（glance-api）。glance-api 是在系统后台运行的服务进程，是进入 Glance 的入口。它对外提供 REST API，负责接收用户的 REST API 请求，响应镜像查询、获取和存储的调用。如果是与镜像本身存取相关的操作，则 glance-api 会将请求转发给该镜像的存储后端，通过后端的存储系统提供相应的镜像操作。

（3）Glance 注册服务进程（glance-registry）。glance-registry 是在系统后台运行的 Glance 注册服务进程，负责处理与镜像元数据相关的 REST API 请求。元数据包括镜像大小、类型等信息。针对 glance-api 接收的请求，如果是与镜像元数据相关的操作，则 glance-api 会把请求转发给 glance-registry。glance-registry 会解析请求内容，并与数据库交互，存储、处理、检索镜像元数据。glance-api 对外提供 API，而 glance-registry 的 API 只能由 glance-api 使用。

现在的 Image API v2 已经将 glance-registry 集成到 glance-api 中，如果 glance-api 接收到与镜像元数据有关的请求，则会直接操作数据，无须再通过 glance-registry，这样就可以减少一个中间环节。OpenStack 从 Queens 版本开始就已弃用 glance-registry 及其 API。

（4）数据库。Glance 的数据库模块存储的是镜像元数据。可以选用 MySQL、MariaDB、SQLite 等数据库，镜像元数据通过 glance-registry 存放在数据库中。

注意

镜像本身是通过 Glance 存储驱动存放到各种存储后端的。

（5）存储后端。Glance 自身并不存储镜像，它将镜像存放在后端存储系统中，镜像本身的数据通过 glance_store（Glance 的 Store 模块，用于实现存储后端的框架）存放在各种后端中，并可从中获取镜像。Glance 支持以下类型的存储后端。

① 本地文件存储（或者任何挂载到 glance-api 控制节点的文件系统），这是默认配置。

② 对象存储——Swift。

③ 块存储——Cinder。

④ VMware 数据存储。

⑤ 分布式存储系统（Sheepdog）。既能为 QEMU 提供块存储服务，又能为支持新的存储技术[即互联网 SCSI（Internet Small Computer System Interface，iSCSI）协议]的客户端提供存储服务，还能支持 REST API 的对象存储服务（兼容 Swift 和 S3）。

具体使用哪种存储后端，可以在/etc/glance/glance-api.conf 文件中配置。

3. Glance 工作流程

Glance 的工作流程如图 5.52 所示。学习这个流程可以更好地理解其工作机制。

（1）流程解析。

OpenStack 的操作都需要经过 Keystone 进行身份认证并授权，Glance 也不例外。Glance 是一个 C/S 架构，提供 REST API，用户通过 REST API 来执行镜像的各种操作。

Glance 域控制器是一个主要的中间件，相当于调试器，作用是将 Glance 内部服务的操作分发到以下各个功能层。

① 授权。其用来控制镜像的访问权限，决定镜像自身或者它的属性是否可以被修改。只有管理员和镜像的拥有者才可以执行修改操作。

② 属性保护（Property Protection）。这是一个可选层，只有在 Glance 的配置文件中设置时，property-protection_file 参数才会生效。它提供两种类型的镜像属性：一种是核心属性，在镜像参数中指定；另一种是元数据属性，可以被附加到一个镜像上的任意键值对中。该层通过调用 Glance 的 public

API 管理对 meta 属性的访问，也可以在配置文件中限制该访问。

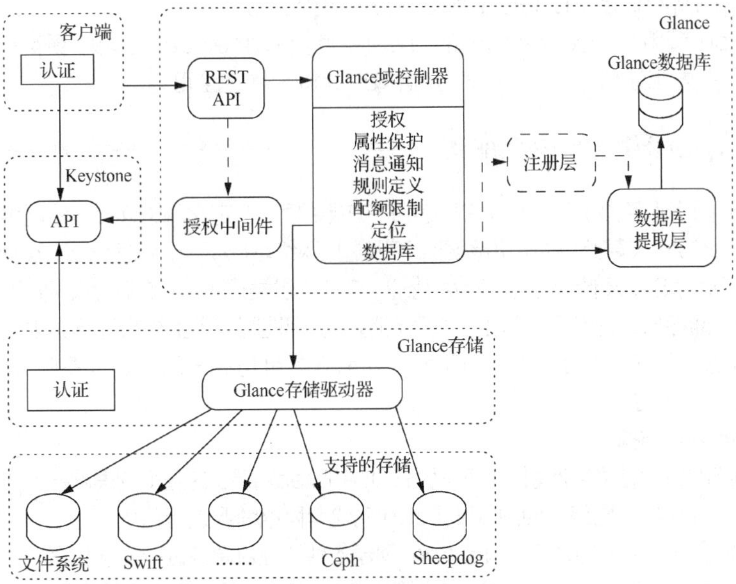

图 5.52　Glance 的工作流程

③ 消息通知（Notifier）。其将镜像变化的消息和使用镜像时发生的错误及警告添加到消息队列中。

④ 规则定义（Policy）。其定义了镜像操作的访问规则，这些规则在/etc/policy.json 文件中定义。

⑤ 配额限制（Quota）。如果管理员对某用户定义了镜像的上传上限，则该用户上传超过该限额的镜像时会使上传操作失败。

⑥ 定位（Location）。通过 Glance Store 与后台存储进行交互。例如，上传、下载镜像，管理镜像存储位置等。该层能够在添加新位置时检查位置 URL 是否正确，在镜像位置改变时删除存储后端保存的镜像数据，防止镜像位置重复。

⑦ 数据库（Database）。这是实现与数据库进行交互的 API，一方面，将镜像转换为相应的格式以存储在数据库中；另一方面，将从数据库中读取的信息转换为可操作的镜像对象。

⑧ 注册层（Registry Layer）。这是一个可选层，通过使用单独的服务控制 Glance Domain Controller 与 Glance DB 之间安全交互。

⑨ Glance 数据库（Glance DB）。这是 Glance 服务使用的核心库，该库对 Glance 内部所有依赖数据库的组件来说是共享的。

⑩ Glance 存储（Glance Store）。其用来组织处理 Glance 和各种存储后端的交互，提供统一的接口来访问后端的存储，所有的镜像文件操作都是通过调用 Glance 存储来执行的。它负责与外部存储或本地文件存储系统的交互。

（2）上传镜像实例分析。

分析完上述工作流程后，这里以上传镜像为例说明 Glance 具体的工作流程。

① 用户执行上传镜像命令。glance-api 收到请求，并通过它的中间件进行解析，获取版本号等信息。

② glance-registry 的 API 获取一个 registry client，调用 registry client 的 add_image 函数，此时镜像的状态为“queued”，表示该镜像 ID 已经被保留，但是镜像还未上传。

③ glance-registry 执行 registry client 的 add_image 函数，向 Glance 数据库中插入一条记录。

④ glance-api 调用 glance-registry 的 update_image_metadata 函数，更新数据库中该镜像的

状态为“saving”，表示镜像正在上传。

⑤ glance-api 端存储接口提供的 add 函数上传镜像文件。

⑥ glance-api 调用 glance-registry 的 update_image_metadata 函数，更新数据库中该镜像的状态为“active”并发出通知，“active”表示镜像在 Glance 中完全可用。

5.2.4 OpenStack 网络服务

OpenStack 网络服务提供了一个 API 使用户在云中建立和定义网络连接。该网络服务的项目名称是 Neutron。OpenStack 网络服务负责创建和管理虚拟网络基础架构，包括网络、交换机、路由器和子网等，它们可由 OpenStack 计算服务 Nova 管理。它还提供类似防火墙的高级服务。OpenStack 网络整体上是独立的，能够部署到专用主机上。如果部署中使用控制节点主机来运行集中式计算组件，则可以将网络服务部署到特定主机上。OpenStack 网络服务可与身份服务、计算服务、仪表板等多个 OpenStack 项目进行整合。

1. Neutron 网络结构

V5-12 Neutron 网络结构

Neutron 网络的目的是灵活地划分物理网络。OpenStack 所在的整个物理网络都会由 Neutron“池化”为网络资源池，Neutron 对这些网络资源进行管理，为项目（租户）提供独立的虚拟网络环境。Neutron 创建各种资源对象并进行连接和资源整合，从而形成项目（租户）的私有网络。一个简化的 Neutron 网络架构如图 5.53 所示，其包括一个外部网络、一个内部网络和一台路由器。

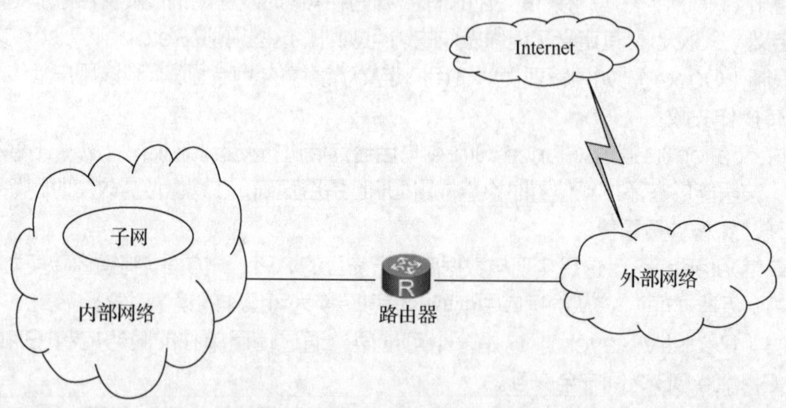

图 5.53 一个简化的 Neutron 网络架构

外部网络负责连接 OpenStack 项目之外的网络环境，如 Internet。与其他网络不同，外部网络不仅仅是一个虚拟网络，还表示 OpenStack 网络能被外部物理网络接入并访问。外部网络可能是企业的局域网，也可能是互联网，这类网络并不是由 Neutron 直接管理的。

内部网络完全由软件定义，又称私有网络。它是虚拟机实例所在的网络，能够直接连接到虚拟机。项目（租户）用户可以创建自己的内部网络。默认情况下，项目（租户）之间的内部网络是相互隔离的，不能共享。内部网络由 Neutron 直接配置和管理。

路由器用于将内部网络与外部网络连接起来，因此，要想使虚拟机访问外部网络，必须创建一台路由器。

Neutron 需要实现的主要是内部网络和路由器。内部网络是对二层网络的抽象，模拟物理网络的二层局域网，对于项目来说，它是私有的。路由器则是对三层网络的抽象，模拟物理路由器，为用户提供路由、网络地址转换（Network Address Translation，NAT）等服务。

2. Neutron 管理的网络资源

V5-13 Neutron 管理的网络结构

Neutron 网络中的子网并非模拟物理网络的子网，而是属于三层网络的组成部分，用于描述 IP 地址范围。Neutron 使用网络、子网和端口等术语来描述所管理的网络资源。

（1）网络。网络是指一个隔离的二层广播域，类似于交换机中的 VLAN。Neutron 支持多种类型的网络，如 Flat、VLAN、VXLAN 等。

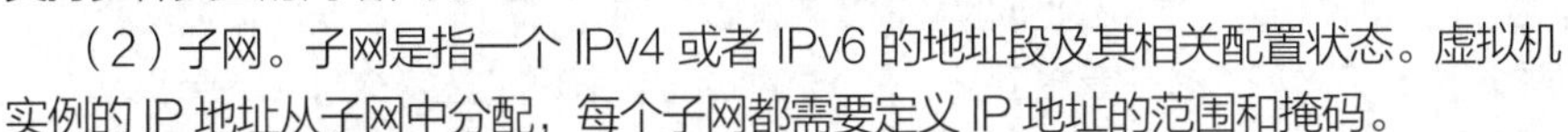

（2）子网。子网是指一个 IPv4 或者 IPv6 的地址段及其相关配置状态。虚拟机实例的 IP 地址从子网中分配，每个子网都需要定义 IP 地址的范围和掩码。

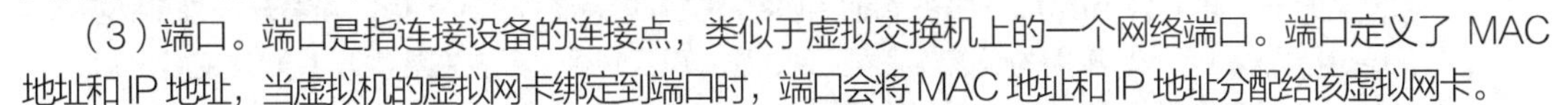

（3）端口。端口是指连接设备的连接点，类似于虚拟交换机上的一个网络端口。端口定义了 MAC 地址和 IP 地址，当虚拟机的虚拟网卡绑定到端口时，端口会将 MAC 地址和 IP 地址分配给该虚拟网卡。

通常可以创建和配置网络、子网和端口来为项目（租户）搭建虚拟网络。网络必须属于某个项目（租户），一个项目中可以创建多个网络，但是不能重复。一个端口必须属于某个子网，一个子网可以有多个端口，一个端口可以连接一个虚拟机的虚拟网卡。不同项目标网络设置可以重复，可以使用同一类型或范围的 IP 地址。

3. Neutron 网络拓扑类型

V5-14 Neutron 网络拓扑类型

用户可以在自己的项目内创建用于连接的项目网络。默认情况下，这些项目网络是彼此隔离的，不能在项目之间共享。OpenStack 网络服务 Neutron 支持以下类型的网络隔离和叠加（Overlay）技术，即网络拓扑类型。

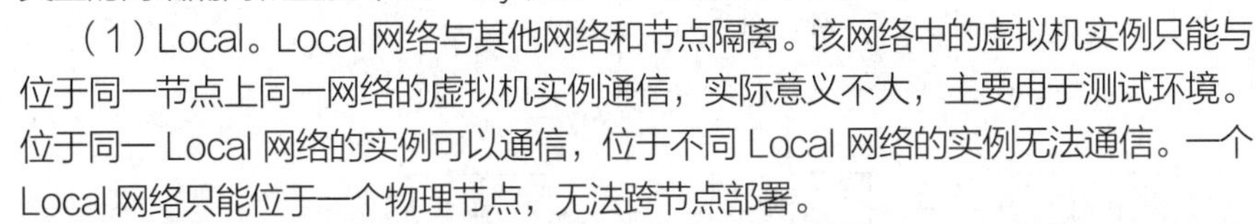

（1）Local。Local 网络与其他网络和节点隔离。该网络中的虚拟机实例只能与位于同一节点上同一网络的虚拟机实例通信，实际意义不大，主要用于测试环境。位于同一 Local 网络的实例可以通信，位于不同 Local 网络的实例无法通信。一个 Local 网络只能位于一个物理节点，无法跨节点部署。

（2）Flat。Flat 是一种简单的扁平网络拓扑，所有虚拟机实例都连接在同一网络中，能与位于同一网络的实例进行通信，并且可以跨多个节点。这种网络不使用 VLAN，没有对数据报文封装 VLAN 标签，无法进行网络隔离。Flat 是基于不使用 VLAN 的物理网络实现的虚拟网络，每个物理网络只能实现一个虚拟网络。

（3）VLAN。VLAN 是支持 IEEE 802.1Q 协议的网络，使用 VLAN 标签标记数据报文，实现网络隔离。同一 VLAN 网络中的实例可以通信，不同 VLAN 网络中的实例只能通过路由器来通信。VLAN 网络可以跨节点，是应用最广泛的网络拓扑类型之一。

（4）VXLAN。VXLAN（Virtual eXtensible Local Area Network）可以看作 VLAN 的一种扩展。相较于 VLAN，它有更大的扩展性和灵活性，是目前支持大规模多项目网络环境的解决方案之一。VLAN 的封包头部限制长度为 12 位，因此 VLAN 的数量限制为 4096（2^{12}）个，无法满足网络空间日益增长的需求。目前，VXLAN 的封包头部有 24 位用作 VXLAN 标识符（VNI）来区分 VXLAN 网段，最多可以支持 16777216（2^{24}）个网段。

VLAN 使用生成树协议（Spanning Tree Protocol，STP）防止环路，导致一半的网络路径被阻断。VXLAN 的数据报文是封装到 UDP 通过三层传输和转发的，可以完整地利用三层路由，能突破 VLAN 和物理网络基础设施的限制，更好地利用已有的网络资源。

（5）GRE。通用路由封装（Generic Routing Encapsulation，GRE）是用一种网络层协议去封装另一种网络层协议的隧道技术。GRE 的隧道由两端的源 IP 地址和目的 IP 地址定义，它允许用户使用 IP 封装 IP 等协议，并支持全部的路由协议。在 OpenStack 环境下使用 GRE 意味着“IP over IP”，即对 IP 数据流使用 GRE 隧道技术，GRE 与 VXLAN 的主要区别在于，它是使用 IP 而非 UDP 进行封装的。

（6）Geneve。通用网络虚拟封装（Generic network virtualization encapsulation，Geneve）的目标宣称是仅定义封装数据格式，尽可能实现数据格式的弹性和扩展性。Geneve 封装的包通过标准的网络设备传送，即通过单播或组播寻址，包从一个隧道端点传送到另一个或多个隧道端点。Geneve 帧格式由一个封装在 IPv4 或 IPv6 的 UDP 中的简化的隧道头部组成。Geneve 的推出主要是为了解决封装时添加的元数据信息问题，以适应各种虚拟化场景。

注意 随着云计算、物联网、大数据、人工智能等技术的普及，网络虚拟化技术在传统单层网络基础上叠加了一层逻辑网络。这将网络分成两个层次，传统单层网络称为承载网络（Underlay 网络），叠加在其上的逻辑网络称为叠加网络或覆盖网络（Overlay 网络）。Overlay 网络的节点通过虚拟网络或逻辑网络的连接进行通信，每一个虚拟的或逻辑的连接对应于 Underlay 网络的一条路径（Path），并由多条前后衔接的路径连接组成。Overlay 网络无须对基础网络进行大规模修改，不用关心这些底层实现，是实现云网络整合的关键。VXLAN、GRE 和 Geneve 都是基于 Overlay 网络实现的。

4. Neutron 的基本架构

与 OpenStack 的其他服务和组件的设计思想一样，Neutron 也采用分布式架构，由多个组件（子服务）共同对外提供网络服务。其基本架构如图 5.54 所示。

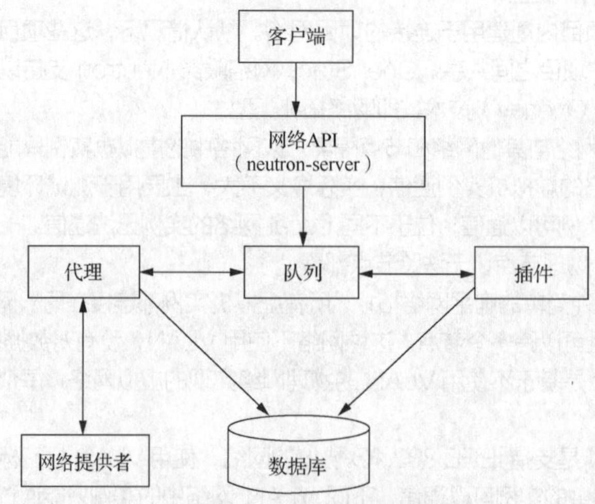

图 5.54 Neutron 的基本架构

Neutron 基本架构非常灵活，层次较多，既支持各种现在或者将来会出现的先进网络技术，又支持分布式部署，以获得足够的扩展性。Neutron 仅有一个主要服务进程，即 neutron-server。它运行于控制节点上，对外提供 OpenStack 网络 API 作为访问 Neutron 的入口，其在收到请求后调用插件进行处理，最终由计算节点和网络节点上的各种代理完成请求。

网络提供者是指提供 OpenStack 网络服务的虚拟或物理网络设备，如 Linux Bridge、Open vSwitch，或者其他支持 Neutron 的物理交换机。

与其他服务一样，Neutron 的各组件、服务之间需要相互协调和通信。网络 API（neutron-server）、插件和代理之间通过消息队列进行通信（默认使用 RabbitMQ 实现）及相互调用。

数据库（默认使用 MariaDB）用于存放 OpenStack 的网络状态信息，包括网络、子网、端口、路由器等相关信息。

客户端是指使用 Neutron 服务的应用程序，可以是命令行工具（脚本）、Horizon（OpenStack 图形操作界面）和 Nova 计算服务等。

neutron-server 提供一组 API 来定义网络连接和 IP 地址，供 Nova 等客户端调用，它本身也是基于层次模型设计的。

Neutron 遵循 OpenStack 的设计原则，采用开放性架构，通过插件、代理与网络提供者的配合来实现各种网络功能。插件是 Neutron 的一种 API 的后端实现，目的是增强扩展性。插件按照功能可以分为 Core Plugin 和 Service Plugin 两种类型。Core Plugin 提供基础二层虚拟网络技术，实现网络、子网和端口等核心资源的抽象。Service Plugin 指 Core Plugin 之外的其他插件，提供路由器、防火墙、安全组、负载均衡等服务。值得一提的是，直到 OpenStack 的 Havana 版本，Neutron 才开始提供一个名为 L3 router service 的插件支持路由器。

插件由 neutron-server 的 core plugin API 和 extension plugin API 调用，用于确定具体的网络功能，即要配置什么样的网络。插件处理 neutron-server 发送的请求，主要职责是在数据库中维护 Neutron 网络的状态信息，通知相应的代理实现具体的网络功能。每一个插件支持一组 API 资源并完成特定的操作，这些操作最终由远程过程调用插件调用相应的代理来完成。

代理处理插件传来的请求，负责在网络中实现各种网络功能。代理使用物理网络设备或虚拟化技术完成实际的操作任务，如用于路由器具体操作的 L3 Agent。

插件、代理与网络提供者需配套使用。例如，网络提供者是 Linux Bridge，就需要使用 Linux Bridge 的插件和代理；如果换成 Open vSwitch，则需要改成相应的插件和代理。

5. Neutron 的物理部署

Neutron 与其他 OpenStack 服务协同工作，可以部署在多个物理主机节点上，主要涉及控制节点、网络节点和计算节点，每类节点可以部署多个。

（1）控制节点和计算节点。控制节点上可以部署 neutron-server（API）、Core Plugin 和 Service Plugin 代理。这些代理包括 neutron-plugin-agent、neutron-metadata-agent、neutron-dhcp-agent、neutron-l3-agent、neutron-lbaas 等。Core Plugin 和 Service Plugin 已经集成到 neutron-server 中，不需要运行独立的 Plugin 服务。控制节点和计算节点需要部署 Core Plugin 的代理，因为控制节点与计算节点只有通过该代理才能建立二层连接。

（2）控制节点和网络节点。可以通过增加网络节点以承担更大的负载。该方案特别适用于规模较大的 OpenStack 环境。控制节点部署 neutron-server 服务，只负责通过 neutron-server 响应 API 请求。网络节点部署的服务包括 Core Plugin 的代理、Service Plugin 的代理。可将所有的代理主键从上述控制节点分离出来，并部署到独立的网络节点上，由独立的网络节点实现数据的交换、路由及负载均衡等高级网络服务。

5.2.5 OpenStack 计算服务

OpenStack 计算服务是 IaaS 系统的重要组成部分。OpenStack 的其他组件依托 Nova，与 Nova 协同工作，组成整个 OpenStack 云计算管理平台。OpenStack 使用它来托管和管理云计算系统。

1. 什么是 Nova

V5-15 什么是 Nova

Nova 是 OpenStack 中的计算服务项目，计算实例（虚拟服务器）生命周期的所有活动都由 Nova 管理。Nova 支持创建虚拟机和裸金属服务器，并且支持系统容器。作为一套在现有 Linux 服务器上运行的守护进程，Nova 提供计算服务，但它自身并没有提供任何虚拟化能力，而是使用不同的虚拟化驱动来与底层支持的虚拟机管理器进行交互。Nova 需要下列 OpenStack 服务的支持。

（1）Keystone：这项服务为所有的 OpenStack 服务提供身份管理和认证。

（2）Glance：这项服务提供计算用的镜像库，所有的计算实例都从 Glance 镜像启动。

（3）Neutron：这项服务负责配置管理计算实例启动时的虚拟或物理网络连接。

（4）Cinder 和 Swift：这两项服务分别为计算实例提供块存储和对象存储支持。

Nova 也能与其他服务集成，如加密磁盘和裸金属计算实例等。

2. Nova的系统架构

Nova由多个提供不同功能的独立组件构成，对外通过REST API通信，对内通过远程过程调用通信，使用一个中心数据库存储数据。其中，每个组件都可以部署一个或多个来实现横向扩展。Nova的系统架构如图5.55所示。

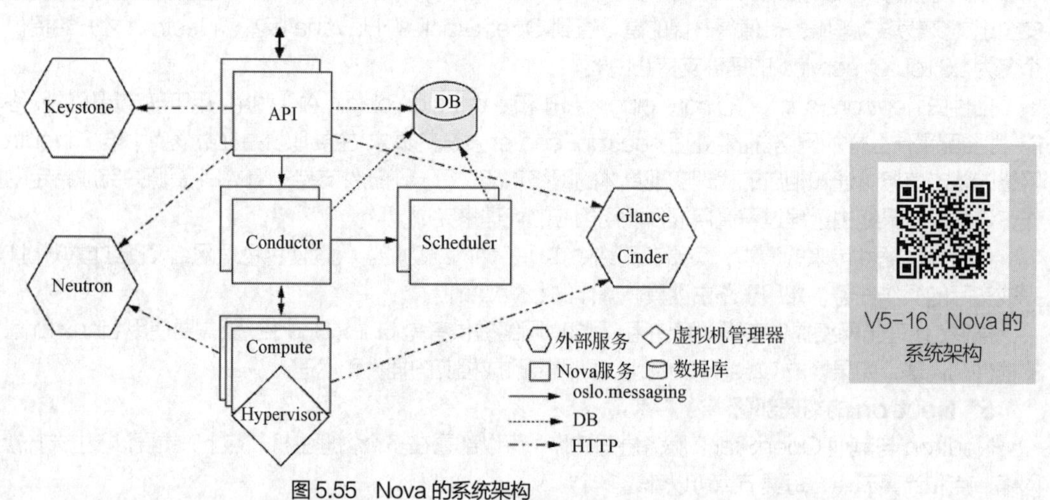

图5.55 Nova的系统架构

（1）API。API是整个Nova组件的入口，用于接收和处理客户端发送的HTTP请求或HTTP与其他组件通信的Nova组件的信息等。

（2）Conductor。Conductor是OpenStack中的一个远程过程调用服务，主要提供对数据库的查询和权限分配操作，处理需要协调的请求（构建虚拟机或调整虚拟机大小）或处理对象转换。

（3）Scheduler。Scheduler是用于决定哪台主机承载计算实例的Nova调度器，可完成Nova的核心调度，包括虚拟机硬件资源调度、节点调度等。同时，Nova的Scheduler决定了虚拟机创建的具体位置。

（4）Compute。Compute是Nova的核心组件，通过与Nova的Client进行交互，实现虚拟机的管理功能。它负责在计算节点上对虚拟机实例进行一系列操作，包括迁移、安全组策略和快照管理等。

（5）DB。DB是用于数据存储的SQL数据库。

消息队列是Nova服务组件之间传递信息的中心枢纽，通常使用基于高级消息队列协议（Advanced Message Queuing Protocol，AMQP）的RabbitMQ消息队列来实现。为避免消息阻塞而造成长时间等待响应，Nova计算服务组件采用了异步调用的机制，即当请求被接收后，响应即被触发，发送回执，而不关注该请求是否完成。Nova提供虚拟网络，使实例之间能够彼此访问，也可以访问公共网络。目前，Nova的网络模块nova-network已经过时，现在使用Neutron网络服务组件。

注意 oslo.messaging是OpenStack Icehouse消息处理架构。在Icehouse中，远程过程调用消息队列相关处理从openstack.common.rpc慢慢地转移到oslo.messaging上。这个架构更合理，代码结构清晰，且弱耦合。

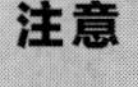

3. API组件

API是客户端访问Nova的HTTP接口，它由nova-api服务实现，nova-api服务接收和响应来自最终用户的计算请求。作为OpenStack对外服务的主要接口，nova-api提供集中的可以查询所有API的端点。它是整个Nova组件的“门户”，所有对Nova的请求都先由nova-api处理，API提供REST标准调用服务，便于与第三方系统集成。可以通过运行多个API服务实例轻松实现API的高可用性。例如，运行多个 nova-api 进程，除了提供 OpenStack 自己的 API 外，nova-api 服务还支持 Amazon EC2 API。

最终用户不会直接发送 REST API 请求，而是通过 OpenStack 命令行、Dashboard 和其他需要与 Nova 交换信息的组件来使用这些 API。只要是与虚拟机生命周期相关的操作，nova-api 都可以响应。nova-api 会对接收的 HTTP API 请求做以下处理。

（1）检查客户端传入的参数是否合法。

（2）调用 Nova 其他服务处理客户端 HTTP 请求。

（3）格式化 Nova 其他子服务返回的结果并返回给客户端。

nova-api 是外部访问并使用 Nova 提供的各种服务的唯一途径，也是客户端和 Nova 之间的中间层。它将客户端的请求传送给 Nova，待 Nova 处理请求之后再将处理结果返回给客户端。由于处于这种特殊地位，nova-api 被要求保持调度稳定，目前已经比较成熟和完备。

4. Conductor 组件

Conductor 组件由 nova-conductor 模块实现，旨在为数据库的访问提供一层安全保障。nova-conductor 是 OpenStack 中的一个远程过程调用服务，主要提供数据库查询功能。Scheduler 组件只能读取数据库的内容，API 通过策略限制对数据库的访问，两者都可以直接访问数据库，更加规范的方法是通过 Conductor 组件来对数据库进行操作。nova-conductor 作为 nova-compute 服务与数据库之间交互的中介，可避免由 nova-compute 服务创建的对云数据库的直接访问。nova-conductor 可以水平扩展，但是不要将它部署在运行 nova-compute 服务的节点上。

nova-compute 需要获取和更新数据库中虚拟机实例的信息。早期版本的 nova-compute 是直接访问数据库的，这可能带来安全和性能问题。从安全方面来说，如果一个计算节点被攻陷，数据库就会直接暴露出来；从性能方面来说，nova-compute 对数据库的访问是单线程、阻塞式的，但数据库处理是串行而不是并行的，这就会出现一个性能瓶颈问题。

使用 nova-conductor 可以解决这些问题。将 nova-compute 访问数据库的全部操作都放到 nova-conductor 中，nova-conductor 作为对此数据库操作的一个代理，而且 nova-conductor 是部署在控制节点上的，这样可避免 nova-compute 直接访问数据库，增强了系统的安全性。

使用 nova-conductor 也有助于提高数据库的访问性能。nova-compute 可以创建多个线程并使用远程过程调用访问 nova-conductor。但通过远程过程调用访问 nova-conductor 会受网络延迟的影响，且 nova-conductor 访问数据库是阻塞式的。

nova-conductor 将 nova-compute 与数据库分离之后提高了 Nova 的伸缩性。nova-compute 与 nova-conductor 是通过消息交互的。这种松散的架构允许配置多个 nova-conductor 实例。在一个大的 OpenStack 部署环境下，管理员可以通过增加 nova-conductor 的数量来应对日益增长的计算节点对数据库的访问。另外，nova-conductor 升级方便，在保持 Conductor API 兼容的前提下，数据库模式无须升级 nova-compute。

5. Scheduler 组件

Scheduler 可译为调度器，由 nova-scheduler 服务实现，旨在解决“如何选择在某个计算节点上启动实例”的问题。它应用多种规则，考虑内存使用率、CPU 负载率、CPU 构架等多种因素，根据一定的算法，确定虚拟机实例能够运行在哪一台计算服务器上。nova-scheduler 服务会从队列中接收一个虚拟机实例的请求，通过读取数据库的内容，从可用资源池中选择最合适的计算节点来创建新的虚拟机实例。

创建虚拟机实例时，用户会提出资源需求，如 CPU、内存、磁盘容量等。OpenStack 将这些需求定义在实例类型中，用户指定使用哪种实例类型即可。nova-scheduler 会按照实例类型选择合适的计算节点。

在/etc/nova/nova.conf 配置文件中，可通过 scheduler_dirver、scheduler_default_filters 和 scheduler_available_filters 这 3 个参数来配置 nova-scheduler。下面主要介绍 nova-scheduler 的调度机制和实现方法。

（1）Nova 调度类型。Nova 支持多种调度类型来选择运行虚拟机的主机节点，目前有以下 3 种调度器。

① 随机调度器：从所有 nova-compute 服务正常运行的节点中随机选择。

② 过滤调度器：根据指定的过滤条件及权重（Weight）选择最佳的计算节点。

③ 缓存调度器：可以看作随机调度器的一种特殊类型，在随机调度的基础上将主机资源信息缓存在本地内存中，并通过后台的定时任务从数据库中获取最新的主机资源信息。

调度器需要在/etc/nova/nova.conf 文件中通过 scheduler_driver 指定。为了便于扩展，Nova 将调度器必须要实现的一个接口提取出来，称为 nova.scheduler.driver.Scheduler，只要继承 SchedulerDriver 类并实现其中的接口，就可以实现自己的调度器。其默认使用的是过滤调度器。

Nova 可使用第三方调度器，只要配置 scheduler_driver 即可。注意不同的调度器不能共存。

（2）过滤调度器调度过程。过滤调度器的调度过程分为以下两个阶段。

① 通过指定的过滤器选择满足条件的计算节点（运行 nova-compute 的主机）。例如，内存使用率小于 50%，可以使用多个过滤器依次进行过滤。

② 对过滤之后的主机列表进行权重计算并排序，选择最优的（权重值最大）计算节点来创建虚拟机实例。

在一台高性能主机上创建一个功能简单的普通虚拟机的代价是较大的，OpenStack 对权重值的计算需要一个或多个 Weight 值及代价函数的组合，对每一个经过过滤的主机调用代价函数进行计算，将得到的值与 Weight 值相乘，即可得到最终的权重值。OpenStack 将在权重值最大的主机上创建虚拟机实例。

过滤调度器调度过程如图 5.56 所示。最初有 6 台可用的计算节点主机，通过多个过滤器层层过滤，将主机 2、主机 3 和主机 5 排除。剩下的 3 台主机再通过计算权重与排序，按优先级从高到低依次为主机 4、主机 1 和主机 6。主机 4 权重值最大，最终入选。

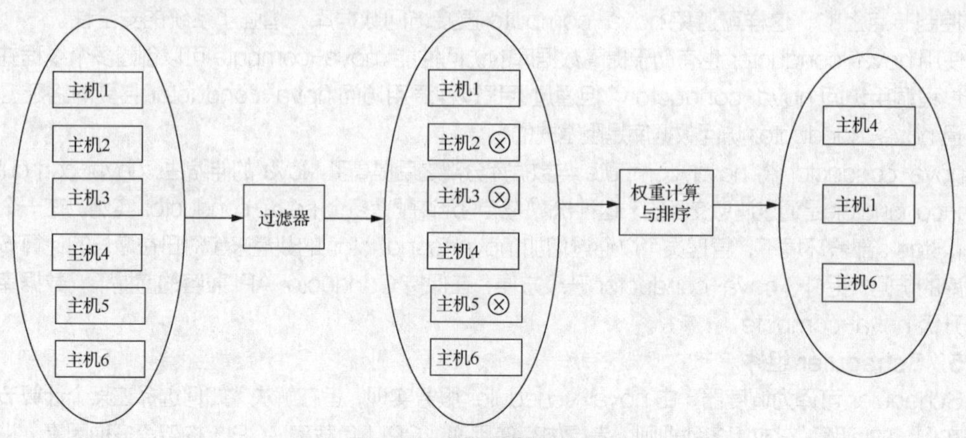

图 5.56 过滤调度器调度过程

（3）过滤器。当过滤调度器需要执行调度操作时，会让过滤器对计算节点进行判断，返回 True 或 False。/etc/nova/nova.conf 配置文件中的 scheduler_available_filters 参数用于配置可用的过滤器。默认所有 Nova 自带的过滤器都可以用于过滤操作。

另外，scheduler_default_filters 参数用于指定 nova-scheduler 服务真正使用的过滤器。过滤调度器将按照列表中的顺序依次过滤，默认顺序为再审过滤器（RetryFilter）、可用区域过滤器（AvailabilityZoneFilter）、内存过滤器（RamFilter）、磁盘过滤器（DiskFilter）、核心过滤器（CoreFilter）、计算过滤器（ComputeFilter）、计算能力过滤器（ComputeAbilityFilter）、镜像属性过滤器（ImagePropertiesFilter）、服务器组反亲和性过滤器（ServerGroupAntiAffinityFilter）和服务器组亲和性过滤器（ServerGroupAffinityFilter）。

① 再审过滤器。再审过滤器的作用是过滤之前已经调度过的节点。例如，主机 1、主机 2 和主机 3 都通过了过滤，最终主机 1 因为权重值最大被选中执行操作，但由于某种原因，操作在主机 1 上执行失败了。默认情况下，nova-scheduler 会重新执行过滤操作（重复次数由 scheduler_max_attempts 选项指定，默认值为 3）。此时，RetryFilter 就会将主机 1 直接排除，避免操作再次失败。RetryFilter 通常作为第一个过滤器使用。

② 可用区域过滤器。可用区域过滤器可以提高容灾性并提供隔离服务，可以将计算节点划分到不同的可用区域中。OpenStack 默认有一个命名为 Nova 的可用区域，所有的计算节点初始都是放在 Nova 中的。用户可以根据需要创建自己的可用区域。创建实例时，需要指定将实例部署在哪个可用区域中。nova-scheduler 在执行过滤操作时，会使用可用区域过滤器将不属于指定可用区域的计算节点过滤掉。

③ 内存过滤器。内存过滤器根据可用内存来调度虚拟机创建，将不能满足实例类型内存需求的计算节点过滤掉。值得注意的是，为提高系统的资源使用率，OpenStack 在计算节点的可用内存时允许超过实际内存大小，超过的程序是通过 nova.conf 配置文件中的 ram_allocation_ratio 参数来控制的，默认值为 1.5。按照这个比例，假如计算节点的内存为 16GB，则 OpenStack 会认为它有 24GB（16GB × 1.5）的内存。

④ 磁盘过滤器。磁盘过滤器根据可用磁盘空间来调度虚拟机创建，将不能满足实例类型磁盘需求的计算节点过滤掉。对磁盘同样允许超量，可通过 nova.conf 中的 disk_allocation_ratio 参数控制，默认值为 1.0。

⑤ 核心过滤器。核心过滤器根据可用 CPU 核心来调度虚拟机创建，将不能满足实例类型 vCPU 需求的计算节点过滤掉。对 vCPU 同样允许超量，可通过 nova.conf 中的 cpu_allocation_ratio 参数控制，默认值为 16.0。

按照这个超量比例，nova-scheduler 在调度时会认为一个拥有 10 个 vCPU 的计算节点有 160 个 vCPU。但 nova-scheduler 默认使用的过滤器并不包含核心过滤器。如果要使用，则可以将核心过滤器添加到 nova.conf 的 scheduler_default_filters 参数中。

⑥ 计算过滤器。计算过滤器保证只有 nova-compute 服务正常工作的计算节点才能够被 nova-scheduler 调度，它显然是必选的过滤器。

⑦ 计算能力过滤器。这个过滤器可根据计算节点的特性来过滤。例如，对于 x86_64 和 ARM 架构的不同节点，要将实例指定到部署 x86_64 架构的节点上，就可以利用该过滤器。

⑧ 镜像属性过滤器。镜像属性过滤器根据所选镜像的属性来筛选匹配的计算节点。与实例类似，镜像也有元数据，用于指定其属性。例如，希望某个镜像只能运行在 KVM 的 Hypervisor 上，可以通过 Hypervisor Type 属性来指定。如果没有设置镜像元数据，则镜像属性过滤器不会起作用，所有节点都会通过筛选。

⑨ 服务器组反亲和性过滤器。这个过滤器要求尽量将实例部署到不同的节点上。例如，有 4 个实例 s1、s2、s3 和 s4，4 个计算节点 A、B、C 和 D，为保证分散部署，其会将 4 个实例 s1、s2、s3 和 s4 分别部署到计算节点 A、B、C 和 D 上。

⑩ 服务器组亲和性过滤器。与服务器组反亲和性过滤器的作用相反，此过滤器尽量将实例部署在同一个计算节点上。

6. Compute 组件

调度服务只负责分配任务，真正执行任务的是工作服务 Worker。在 Nova 中，这个 Worker 就是

Compute 组件，由 nova-compute 服务实现。这种职能划分使得 OpenStack 非常容易扩展。一方面，当计算资源不够而无法创建实例时，可以增加计算节点；另一方面，当客户的请求量太大而调度不过来时，可以增加调度器部署。

nova-compute 在计算节点上运行，负责管理节点上的实例。通常一台主机运行一个 nova-compute 服务，一个实例部署在哪台可用的主机上取决于调度算法。OpenStack 对实例的操作最后都是交给 nova-compute 来完成的。nova-compute 的功能可以分为两类：一类是定时向 OpenStack 报告计算节点的状态，另一类是实现实例生命周期的管理。

（1）通过驱动架构支持多种 Hypervisor。创建虚拟机实例最终需要与 Hypervisor 交互。Hypervisor 是计算节点上运行的虚拟化管理程序，也是虚拟机管理底层的程序。不同虚拟化技术提供各自的 Hypervisor，常用的 Hypervisor 有 KVM、Xen、VMware 等。nova-compute 与 Hypervisor 一起实现 OpenStack 对实例生命周期的管理。它通过 Hypervisor 的 API（虚拟化层 API）来实现创建和销毁虚拟机实例的 Worker 守护进程，如 XenServer/XCP 的 Xen API、KVM 或 QEMU 的 Libvirt 和 VMware 的 VMware API。这个处理过程相当复杂。基本上，该守护进程会接收来自队列的请求，并执行一系列系统命令，如启动一个 KVM 实例并在数据库中更新它的状态。

面对多种 Hypervisor，nova-compute 为这些 Hypervisor 定义了统一的接口，Hypervisor 只需要实现这些接口，就可以 Driver 的形式即插即用到 OpenStack 系统中。nova-compute 的驱动架构如图 5.57 所示。

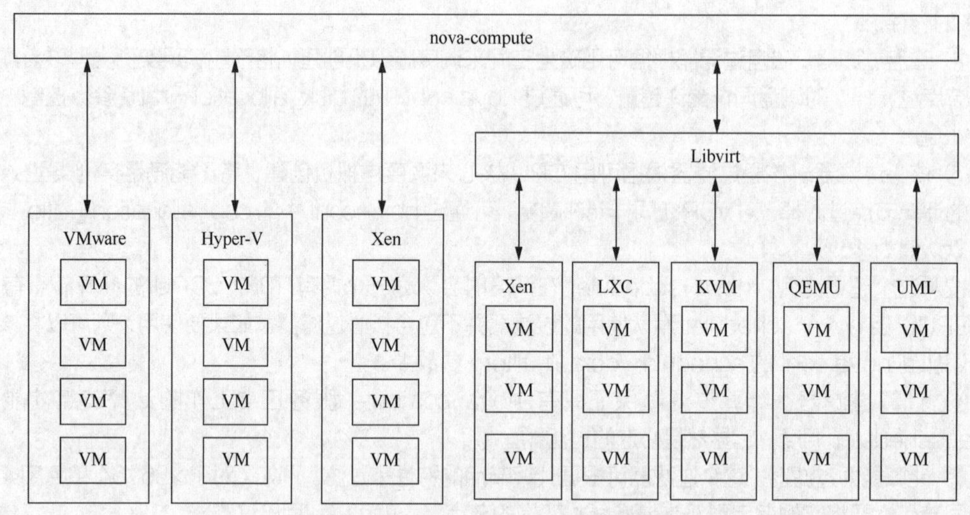

图 5.57 nova-compute 的驱动架构

一个计算节点上只能运行一种 Hypervisor，在该节点 nova-compute 的配置文件/etc/nova/nova.conf 中配置对应的 compute_driver 参数即可。例如，当使用 KVM 时，配置 Libvirt 的驱动即可。

（2）定期向 OpenStack 报告计算节点的状态。OpenStack 通过 nova-compute 的定期报告获知每个计算节点的信息。每隔一段时间，nova-compute 就会报告当前计算节点的资源使用情况和 nova-compute 的服务状态。nova-compute 是通过 Hypervisor 的驱动获取这些信息的。例如，如果使用 Hypervisor 的是 KVM，则会使用 Libvirt 驱动，由 Libvirt 驱动调用相关的 API 获得资源信息。

（3）实现虚拟机实例生命周期的管理。OpenStack 对虚拟机实例的主要操作都是通过 nova-compute 实现的，包括实例的创建、关闭、重启、挂起、恢复、终止、调整大小、迁移、快照等。

这里以实例创建为例来说明 nova-compute 的实现过程。当 nova-scheduler 选定部署实例的计算节点后，会通过消息中间件 RabbitMQ 向所选的计算节点发出创建实例的命令。计算节点上运行的 nova-compute 收到消息后会执行实例创建操作。创建过程可以分为以下几个阶段。

① 为实例准备资源。nova-compute 会根据指定的实例类型依次为要创建的实例分配 vCPU、内存和磁盘空间。

② 创建实例的镜像文件。OpenStack 创建一个实例时会选择一个镜像，这个镜像由 Glance 管理。nova-compute 先用 Glance 将指定的镜像下载到计算节点上，再以其作为支持文件来创建实例的镜像文件。

③ 创建实例的可扩展标记语言定义文件。

④ 创建虚拟网络并启动虚拟机。

5.2.6 OpenStack 存储服务

OpenStack 从 Folsom 版本开始将 Nova 中的持久性块存储功能组件 Nova-Volume 剥离出来，独立为 OpenStack 块存储服务，并将其命名为 Cinder。与 Nova 利用主机本地存储为虚拟机提供的临时存储不同，Cinder 为虚拟机提供持久性的存储，并实现虚拟机存储卷的生命周期管理，因此又称卷存储服务。

1. Cinder 块存储服务

Cinder 是块存储，可以把 Cinder 当作优秀管理程序来理解。Cinder 块存储具有安全可靠、高并发、大吞吐量、低时延、规格丰富、简单易用的特点，适用于文件系统、数据库或者其他需要原始块设备的系统软件或应用。

可以用 Cinder 创建卷，并将它连接到虚拟机上，这个卷就像虚拟机的一个存储分区一样工作。如果结束虚拟机的运行，则卷和其中的数据依然存在，可以把它连接到其他虚拟机上继续使用其中的数据。Cinder 创建的卷必须被连接到虚拟机上才能工作，可以把 Cinder 理解成一块可移动硬盘。

V5-17 Cinder 的主要功能

（1）Cinder 的主要功能。Cinder 的核心功能是对卷的管理，它并没有实现对块设备的管理和实际服务，而是通过后端的统一存储接口支持不同块设备厂商的块存储服务，实现其驱动，支持与 OpenStack 进行整合。Cinder 提供的是一种存储基础设施服务，为用户提供基于数据块的存储设备访问。其具体功能如下。

① 为管理块存储提供一套方法，对卷实现从创建到删除的整个生命周期管理，允许对卷、卷的类型、卷的快照进行处理。

② 提供持久性块存储资源，供 Nova 计算服务的虚拟机实例使用。从实例的角度看，挂载的每个卷都是一块磁盘。使用 Cinder 可以将一个存储设备连接到一个实例。另外，Cinder 可以将镜像写到块存储设备中，让 Nova 计算服务用作可启动的持久性实例。

③ 对不同的后端存储进行封装，对外提供统一的 API。

V5-18 Cinder 的系统架构

（2）Cinder 的系统架构。Cinder 延续了 Nova 以及其他 OpenStack 组件的设计思想。其系统架构如图 5.58 所示，主要包括 cinder-api、cinder-scheduler、cinder-volume 和 cinder-backup 服务，这些服务之间通过消息队列协议进行通信。

① 客户端。客户端可以是 OpenStack 的最终用户，也可以是其他程序，包括终端用户、命令行和 OpenStack 的其他组件。凡是 Cinder 服务提出请求的都是 Cinder 客户端。

② API 前端服务（cinder-api）。cinder-api 作为 Cinder 对外服务的 HTTP 接口，向客户端呈现 Cinder 能够提供的功能，负责接收和处理 REST 请求并将请求发送给消息队列（MQ 队列）。当客户需要执行卷的相关操作时，能且只能向 cinder-api 发送 REST 请求。

③ 调度服务（cinder-scheduler）。cinder-scheduler 对请求进行调度，将请求转发到合适的卷服务，即处理任务队列的任务，通过调度算法选择最合适的存储节点以创建卷。

④ 卷服务（cinder-volume）。调度服务只分配任务，真正执行任务的是卷服务。cinder-volume 管理块存储设备，定义后端设备。运行 cinder-volume 服务的节点被称为存储节点。

⑤ 备份服务（cinder-backup）。备份服务用于提供卷的备份功能，支持将块存储卷备份到 OpenStack 对象存储 Swift 中。

⑥ 数据库。Cinder 有一些数据需要存放到数据库中，一般使用 MySQL 数据库。数据库是安装在控制节点上的。

⑦ 卷提供者。块存储服务需要后端存储设备来创建卷，如外部的磁盘阵列及其他存储设备等。卷提供者定义了存储设备，为卷提供物理存储空间。cinder-volume 支持多种卷提供者，每种卷提供者都能通过自己的驱动与 cinder-volume 协调工作。

⑧ 消息队列。Cinder 收到请求后会自动访问块存储服务，它有两个显著的特点：第一，用户必须提出请求，服务才会进行响应；第二，用户可以使用自定义的方式实现半自动化服务。简而言之，Cinder 虚拟化块存储设备，提供给用户自助服务的 API 用以请求和使用存储池中的资源，而 Cinder 本身并不能获取具体的存储形式和物理设备信息。

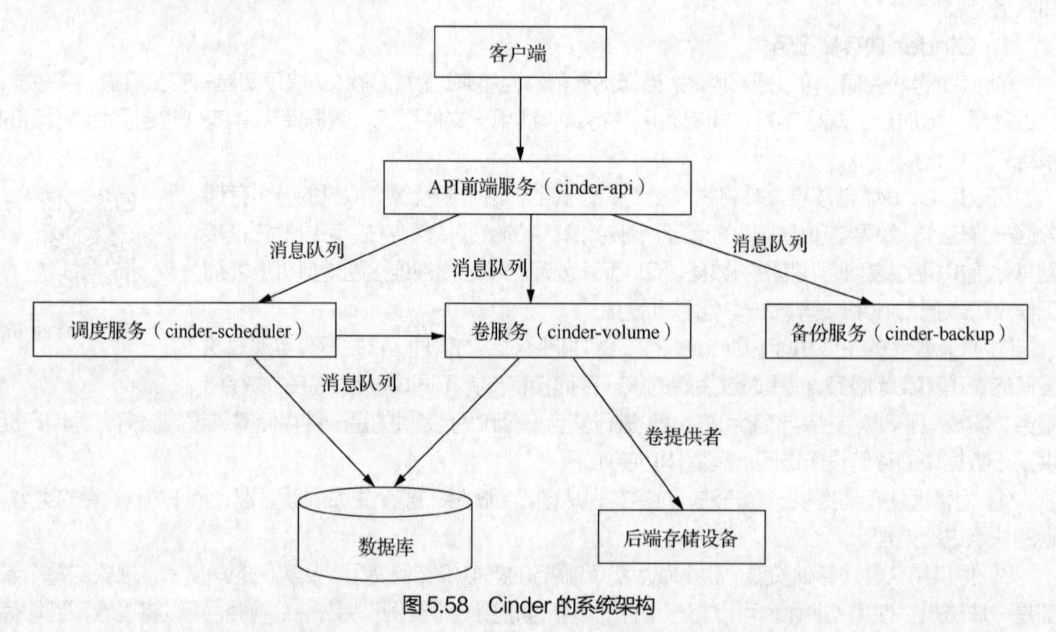

图 5.58　Cinder 的系统架构

Cinder 的各个子服务通过消息队列实现进程间的通信和相互协作。有了消息队列，子服务之间可实现相互交流，这种松散的结构也是分布式系统的重要特征。

Cinder 创建卷的基本流程是客户端向 cinder-api 发送请求，要求创建一个卷；cinder-api 对请求做一些必要处理后，向 RabbitMQ 发送一条消息，让 cinder-scheduler 服务创建一个卷；cinder-scheduler 从消息队列中获取 cinder-api 发送给它的消息，并执行调度算法，从若干存储节点中选出某节点；cinder-scheduler 向消息队列发送一条消息，让该存储节点创建这个卷；该存储节点的 cinder-volume 服务从消息队列中获取 cinder-scheduler 发送给它的消息，并通过驱动在卷提供者定义的后端存储设备上创建卷。

（3）Cinder 块存储服务与 Nova 计算服务之间的交互。Cinder 块存储服务与 Nova 计算服务进行交互，为虚拟机实例提供卷。Cinder 负责卷的全生命周期管理。Nova 的虚拟机实例通过连接 Cinder 的卷将该卷作为其存储设备，用户可以对其进行读写、格式化等操作。分离卷将使虚拟机不再使用它，但是该卷上的数据不受影响，数据依然保持完整，且可以连接到该虚拟机上或其他虚拟机上，如图 5.59 所示。

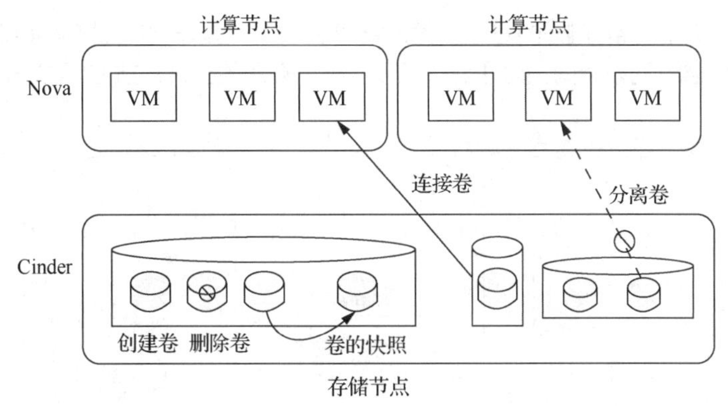

图 5.59 Cinder 块存储服务与 Nova 计算服务之间的交互

通过 Cinder 可以方便地管理虚拟机的存储。虚拟机的整个生命周期中对应的卷操作如图 5.60 所示。

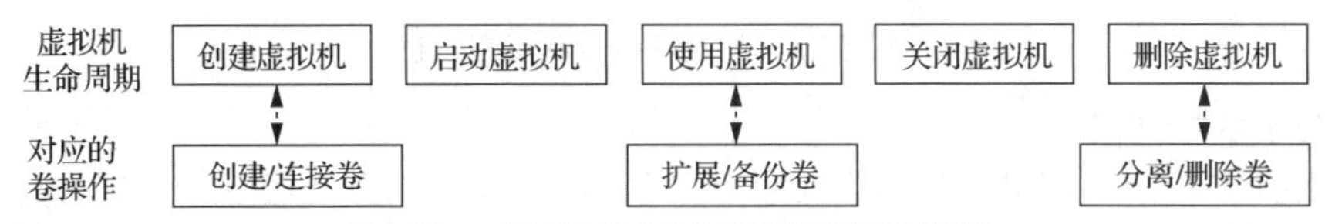

图 5.60 虚拟机的整个生命周期中对应的卷操作

2. Swift 对象存储服务

Swift 对象存储是一个系统，可以上传和下载，一般存储的是不经常修改的内容。例如，存储虚拟机镜像、备份和归档，以及其他文件（如照片和电子邮件消息），它更倾向于系统的管理。Swift 可以将对象（可以理解为文件）存储到命名空间 Bucket（可以理解为文件夹）中，用 Swift 创建容器 Container 并上传文件，如视频、照片等，这些文件会被复制到不同的服务器中，以保证其可靠性，Swift 可以不依靠虚拟机工作。所谓云存储，在 OpenStack 中就是通过 Swift 来实现的，可以把它理解成一个文件系统。Swift 作为一个文件系统，意味着可以为 Glance 提供存储服务，同时可以为个人的网盘应用提供存储支持，这个优势是 Cinder 和 Glance 无法实现的。Swift 对象存储提供高可用性、分布式、最终一致性的对象存储，可高效、安全和廉价地存储大量数据。Swift 对象存储适合存储静态数据。所谓静态数据，是指长期不会发生变化，或者在一定时间内更新频率较低的数据，在云中主要有虚拟机镜像、多媒体数据，以及数据的备份。对于需要实时更新的数据，Cinder 块存储是更好的选择。Swift 通过使用标准化的服务器集群来存储 PB 数量级的数据，它是海量静态数据的长期存储系统，可以检索和更新这些数据。

V5-19 Swift 对象存储服务

Swift 对象存储使用了分布式架构，没有中央控制节点，可提供更好的可扩展性、冗余性等。对象写入多个硬件设备时，OpenStack 负责保证集群中的数据复制和完整性。可通过添加新节点来扩展存储集群。当节点失效时，OpenStack 将从其他正常运行的节点复制内容。因为 OpenStack 使用软件逻辑来确保它在不同的设备之间的数据复制和分布，所以可以用廉价的硬盘和服务器来代替昂贵的存储设备。

对象存储是高性价比、可扩展存储的理想解决方案，提供一个完全分布式、API 可访问的平台，可以直接与应用集成，或者用于备份、存档和数据保存。Swift 适用于许多应用场景，最典型的应用是作为网盘类产品的存储引擎。在 OpenStack 中，其可以与镜像服务 Glance 结合存储镜像文件。另外，由于 Swift 具有无限扩展能力，它也非常适合存储日志文件和作为数据备份仓库。

与文件系统不同，对象存储系统所存储的逻辑单元是对象，而不是传统的文件。对象包括内容和元数据两个部分。与其他 OpenStack 项目一样，Swift 提供 REST API 作为公共访问的入口，每个对象都是一个 RESTful 资源，拥有唯一的 URL，通过它请求对象，可以直接通过 Swift API，或者使用主流编程语言的函数库来操作对象存储，如图 5.61 所示。但对象最终会以二进制文件的形式保存在物理存储节点上。

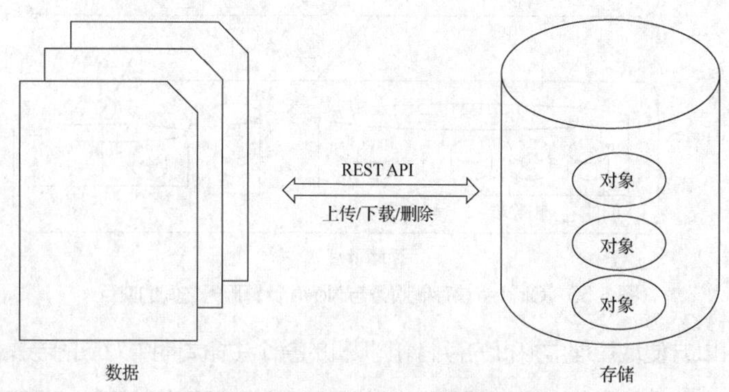

图 5.61　REST API 与存储系统交互

（1）Swift 的系统架构。

V5-20　Swift 的系统架构

Swift 采用完全对称、面向资源的分布式架构，所有组件均可扩展，避免因单点故障扩散而影响整个系统的运行。完全对称意味着 Swift 中各节点可以完全对等，能极大地降低系统维护成本。它的扩展性包括两个方面：一方面是数据存储容量无限可扩展；另一方面是 Swift 性能可线性提升，如吞吐量等。因为 Swift 是完全对称的架构，扩容只需简单地新增机器，所以系统会自动完成数据迁移等工作，使各存储节点重新达到平衡状态。Swift 的系统架构如图 5.62 所示。

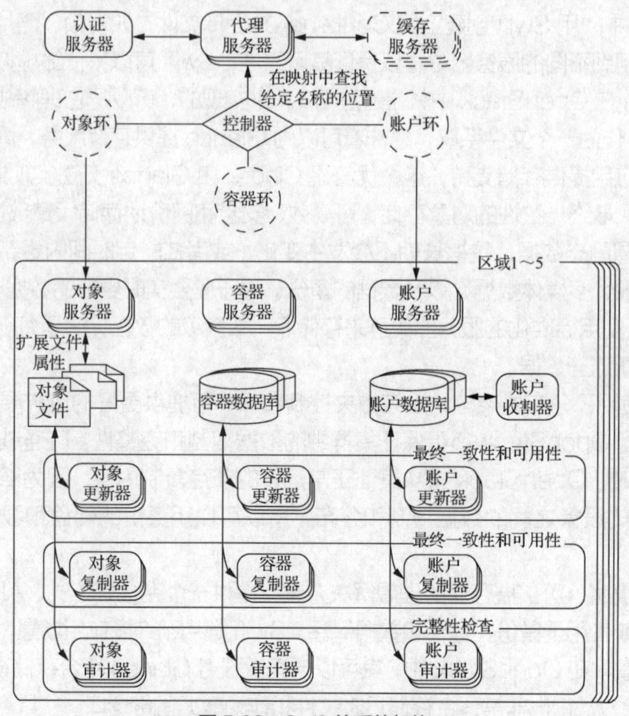

图 5.62　Swift 的系统架构

代理服务器为 Swift 其他组件提供统一的接口，它接收创建窗口、上传对象或者修改元数据的请求，还提供容器或者展示存储的文件。当收到请求时，代理服务器会确定账户、容器或者对象在容器环中的位置，并将请求转发到相关的服务器。

对象服务器上传、修改或检索存储在它所管理的设备上的对象（通常为文件）。容器服务器会进行特定容器的对象分配，并根据请求提供容器列表，还可以跨集群复制该列表。账户服务器通过使用对象存储服务来管理账户，其操作类似于容器服务器的操作。

更新、复制和审计内部管理流程用于管理数据存储时，复制服务最为关键，用于确保整个集群的一致性和可用性。

（2）Swift 的应用。

① 网盘。Swift 的对称分布架构和多 Proxy 多节点的设计使它适用于多用户并发的应用模式，最典型的莫过于网盘的应用。

Swift 的对称架构使数据节点从逻辑上看处于同一级别，每个节点上同时有数据和相关的元数据，并且元数据的核心数据结构使用的是哈希环，对于节点的增减一致性哈希算法只需要重定位环空间中的一小部分数据，具有较好的容错性和可扩展性。另外，数据是无状态的，每个数据在磁盘中都是完整的，这些特点能保证存储本身良好的扩展性。在与应用的结合上，Swift 是遵循 HTTP 的，这使应用和存储的交互变得简单，不需要考虑底层基础构架的细节，应用软件不需要进行任何修改就可以让系统整体扩展到非常大的程度。

② 备份文档。Rackspace 是全球三大云计算中心之一，是一家成立于 1998 年的全球领先的托管服务器及云计算提供商。其公司总部位于美国，它在英国、澳大利亚、瑞士、荷兰等地设有分部，在全球拥有 10 个以上的数据中心，管理着超过 10 万台服务器，为全球 150 多个国家的客户服务。Rackspace 的托管服务产品包括专用服务器、云服务器、电子邮件、SharePoint、云存储、云网站等。Rackspace 的主营业务是数据的备份归档，同时，其延展出一种新业务，如“热归档”。由于长尾效应，数据可能被调用的时间越来越长，“热归档”能够保证应用归档数据在分钟级别重新获取，这和传统磁带机归档方案中的数小时相比是一个很大的进步。长尾效应中的“头”（Head）和“尾”（Tail）是两个统计学名词，正态曲线中间的突起部分叫作“头”，两边相对平缓的部分叫作“尾”。从人们需求的角度来看，大多数的需求会集中在头部，而这部分可以被称为“流行”，分布在尾部的需求是个性化的、零散的、小量的需求。这部分差异化的、少量的需求会在需求曲线上形成一条长长的“尾巴”，而所谓长尾效应就在于它的数量，即将所有非流行的市场累加起来就会形成一个比流行市场还大的市场。

③ IaaS 公有云。Swift 具有线性扩展、高并发和多项目支持等特性，使它非常适合作为 IaaS。公有云规模较大，更多时候会遇到大量虚拟机并发启动的情况，所以对于虚拟机镜像的后台存储来说，实际挑战在于大数据的并发读性能。Swift 在 OpenStack 中一开始就是作为镜像库的后台存储使用的，经过 Rackspace 在上千台机器的部署规模下的数年实践，Swift 已经被证明是一个成熟的选择方案。另外，基于 IaaS 要提供上层的 SaaS，多项目是一个不可避免的问题。Swift 的架构设计本身就是支持多项目的，这样对接起来更方便。

④ 移动互联网和 CDN。移动互联网和手机游戏等会产生大量用户数据，单个用户的数据量虽然不是很大，但是用户数很多，这也是 Swift 能够处理的领域。

CDN 是构建在现有网络基础之上的智能虚拟网络，依靠部署在各地的边缘服务器，通过中心平台的负载均衡、内容分发、调度等功能，使用户就近获取所需内容，降低网络拥塞，提高用户访问的响应速度和命中率。CDN 的关键技术是内容存储和分发。

至于 CDN，如果使用 Swift，则云存储可以直接响应移动设备，不需要专门的服务器去响应这个 HTTP 请求，也不需要在数据传输中再经过移动设备上的文件系统，而直接通过 HTTP 上传云端。如果把经常被平台访问的数据缓存起来，则利用一定的优化机制，数据可以从不同的地点分发到用户那里，这样能提高访问的速度。在 Swift 的开发社区中有人讨论过视频网站应用和 Swift 的结合，这也是值得关注的方向。

5.3 Docker 容器技术

IT 的飞速发展，促使人类进入"云计算时代"，而"云计算时代"孕育出了众多的云计算平台。但众多的云平台的标准、规范不统一，每个云平台都有各自独立的资源管理策略、网络映射策略和内部依赖关系，导致各个平台无法做到相互兼容、相互联接。同时，应用的规模愈庞大、逻辑愈复杂，任何一款产品都难以顺利地从一个云平台迁移到另外一个云平台。Docker 的出现打破了这种局面。Docker 利用容器消除了各个平台之间的差异，通过容器来打包应用、解耦应用和运行平台。在进行产品迁移的时候，只需要在新的服务器上启动所需的容器即可，而所付出的成本是极小的。

Docker 以其轻便、快速的特性，可以使应用快速迭代。Docker 产品的 Logo 如图 5.63 所示。在 Docker 中，每次进行小变更后，马上就能看到效果，而不用将若干个小变更积攒到一定程度再变更。每次变更一小部分其实是一种非常安全的方式，在开发环境下能够快速提高工作效率。

图 5.63　Docker 产品的 Logo

5.3.1 Docker 技术概述

Docker 容器能够帮助开发人员、系统管理员和项目工程师在一个生产环节中协同工作。制定一套容器标准能够使开发人员不需要关心容器的变化，只需要专注于自己的应用程序代码。这样做的好处是可隔离开发和管理，简化重新部署、调试等琐碎工作，减小开发和部署的成本，极大地提高工作效率。

1. Docker 的发展历程

Docker 公司位于美国圣弗朗西斯科，由法裔美籍开发者和企业家所罗门・海克思（Solomon Hykes）创立。Docker 公司起初是一家名为 dotCloud 的 PaaS 提供商。在底层技术上，dotCloud 公司使用了 Linux 容器（Linux Container LXC）技术。为了方便创建和管理容器，dotCloud 公司开发了一套内部工具，之后被命名为 Docker，Docker 就这样诞生了。

2013 年，dotCloud 公司的 PaaS 业务不景气，需要寻求新的突破，于是聘请了本・戈卢布（Ben Golub）作为新的 CEO，将公司重命名为 Docker，放弃了 dotCloud PaaS 平台，怀揣着"将 Docker 和容器技术推向全世界"的使命，开启了一段新的征程。

2013 年 3 月，Docker 开源版本正式发布；2013 年 11 月，RHEL 6.5 正式版本集成了对 Docker 的支持；2014 年 4 月～2014 年 6 月，亚马逊、谷歌、微软等公司的云计算服务相继宣布支持 Docker；2014 年 6 月，随着 DockerCon 2014 大会的召开，Docker 1.0 正式发布；2015 年 6 月，Linux 基金会在 DockerCon 2015 大会上与亚马逊、思科、Docker 等公司共同宣布成立开放容器项目（Open Container Project，OCP），旨在实现容器标准化，该组织后更名为开放容器标准（Open Container Initiative，OCI）；2015 年，浙江大学实验室携手华为、谷歌、Docker 等公司，成立了云原生计算基金会（Cloud Native Computing Foundation，CNCF），共同推进面向云原生应用的云平台发展。

早期的 Docker 代码实现直接基于 LXC。LXC 可以提供轻量级的虚拟化，以便隔离进程和资源，而且不需要提供指令解释机制以及全虚拟化的其他复杂性。容器有效地将由单个操作系统管理的资源划分到孤立的组中，以更好地在孤立的组之间平衡有冲突的资源使用需求。Docker 底层使用 LXC 来实现，LXC 将 Linux 进程沙盒化，使得进程之间相互隔离，并且能够控制各进程的资源分配。在 LXC 的基础之上，Docker 提供一系列更强大的功能。

Docker 对 LXC 的依赖自始至终是一个问题。首先，LXC 是基于 Linux 的。这对于一个立志于跨平台的项目来说是一个问题。其次，如此核心的组件依赖外部工具，这会给项目带来巨大风险，甚至影响其发展。因此，Docker 公司开发了名为 Libcontainer 的自研工具，用于替代 LXC。

Libcontainer 的目标是成为与平台无关的工具，可基于不同内核为 Docker 上层提供必要的容器交互功能。在 Docker 0.9 中，Libcontainer 取代 LXC 成为其默认的执行驱动。

Docker 引擎主要有两个版本：企业版（Enterprise Edition，EE）和社区版（Community Edition，CE）。每个季度，企业版和社区版都会发布一个稳定版本，社区版会提供 4 个月的技术支持，而企业版会提供 12 个月的技术支持。

2. Docker 的定义

目前，Docker 的官方定义如下：Docker 是以 Docker 容器为资源分割和调度的基本单位，封装整个软件运行时的环境，为开发者和系统管理员设计，用于构建、发布和运行分布式的应用平台。它是一种跨平台、可移植且简单易用的容器解决方案。Docker 的源代码托管在 GitHub 上，基于 Go 语言开发，并遵从 Apache License 2.0 协议。Docker 可在容器内部快速自动化地部署应用，并通过操作系统内核技术为容器提供资源隔离与安全保障。

Docker 借鉴集装箱装运货物的场景，让开发人员将应用程序及其依赖打包到一个轻量级、可移植的容器中，并将其发布到任何运行 Docker 容器引擎的环境下，以容器方式运行该应用程序。与装运集装箱时不用关心其中的货物一样，Docker 在操作容器时不关心容器中有什么软件。采用这种方式部署和运行应用程序非常方便。Docker 为应用程序的开发、发布提供基于容器的标准化平台，容器运行的是应用程序，Docker 平台用来管理容器的整个生命周期。使用 Docker 时不必担心开发环境和生产环境的不一致，其使用也不局限于任何平台或编程语言。Docker 可以用于整个应用程序的开发、测试和研发周期，并通过一致的用户界面进行管理。Docker 具有为用户在各种平台上安全可靠地部署可伸缩服务的能力。

3. Docker 的优势

Docker 容器的运行速度很快，可以在秒级时间内实现系统启动和停止，比传统虚拟机要快很多。Docker 解决的核心问题是如何利用容器来实现类似虚拟机的功能，从而利用更少的硬件资源给用户提供更多的计算资源。Docker 容器除了运行其中的应用之外，基本不消耗额外的系统资源，在保证应用性能的同时，可减小系统开销，使得一台主机上同时运行数千个 Docker 容器成为可能。Docker 操作方便，通过 Dockerfile 配置文件可以进行灵活的自动化创建和部署。

Docker 重新定义了应用程序在不同环境下的移植和运行方式，能为跨不同环境运行的应用程序提供新的解决方案。其优势表现在以下几个方面。

（1）更快的交付和部署。容器能消除线上和线下的环境差异，保证应用生命周期环境的一致性和标准化。Docker 开发人员可以使用镜像来快速构建一套标准的开发环境。开发完成之后，测试和运维人员可以直接部署软件镜像来进行测试和发布，以确保开发、测试过的代码可以在生产环境下无缝运行，大大简化了持续集成、测试和发布的过程。Docker 可以快速创建和删除容器，实现快速迭代，节约大量开发、测试、部署的时间。此外，其整个过程全程可见，使团队更容易理解应用的创建和工作过程。

容器非常适合持续集成和持续交付的工作流程。开发人员在本地编写应用程序代码，通过 Docker 与同事进行共享；开发人员通过 Docker 将应用程序推送到测试环境下，执行自动测试和手动测试；开发人员发现程序错误时，可以在开发环境下进行修复，并将程序重新部署到测试环境下，以进行测试和验证；完成应用程序测试之后，向客户提供补丁的方法非常简单，只需要将更新后的镜像推送到生产环境下即可。

（2）高效的资源利用和隔离。Docker 容器不需要额外的虚拟机管理程序以及 Hypervisor 的支持，它使用内核级的虚拟化，与底层共享操作系统，系统负载更低，性能更加优异，在同等条件下可以运行更多的实例，更充分地利用系统资源。虽然 Docker 容器是共享主机资源的，但是每个容器所使用的 CPU、内存、文件系统、进程、网络等都是相互隔离的。

（3）高可移植性与扩展性。基于容器的 Docker 平台满足具有高度可移植性和扩展性的工作环境需求。Docker 容器几乎可以在所有平台上运行，包括物理机、虚拟机、公有云、私有云、混合云、服务器等，并支持主流的操作系统发行版本，这种兼容性可以让用户在不同平台之间轻松地迁移应用。Docker 的可移植性和轻量级特性也使得动态管理工作负载变得非常容易，管理员可以近乎实时地根据业务需要增加或减小应用程序和服务。

（4）更简单的维护和更新管理。Docker 的镜像与镜像之间不是相互隔离的，它们有松耦合的关系。镜像采用了多层文件的联合体。通过这些文件层，可以组合出不同的镜像，使得利用基础镜像进一步扩展镜像变得非常简单。Docker 秉承了开源软件的理念，因此所有用户均可以自由地构建镜像，并将其上传到 Docker Hub 上供其他用户使用。使用 Dockerfile 时，只需要进行少量的配置修改，就可以替代以往大量的更新工作，且所有修改都以增量的方式被发布和更新，从而实现高效、自动化的容器管理。

Docker 是轻量级的应用，且运行速度很快。Docker 针对基于虚拟机管理程序的虚拟机平台提供切实可行且经济高效的替代解决方案，因此，在同样的硬件平台上，用户可以使用更多的计算能力来实现业务目标。Docker 适合需要使用更少资源实现更多任务的高密度环境和中小型应用部署。

（5）环境标准化和版本控制。Docker 容器可以保证应用程序在整个生命周期中的一致性，保证环境的一致性和标准化。Docker 容器可以像 GitHub 一样，按照版本对提交的 Docker 镜像进行管理。当出现因组件升级导致环境损坏的情况时，Docker 可以快速地回滚到该镜像的前一个版本。相对虚拟机的备份或镜像创建流程而言，Docker 可以快速地进行复制和实现冗余。此外，启动 Docker 就像启动一个普通进程一样快速，启动时间可以达到秒级甚至毫秒级。

Docker 容器对软件及其依赖进行标准化打包，在开发和运维之间搭建了一座桥梁，旨在解决开发和运维之间的矛盾，这是实现 DevOps 的理想解决方案。DevOps 一词是 Development（开发）和 Operation（运维）的组合词，可译为开发运维一体化，旨在突出软件开发人员和运维人员的沟通合作，通过自动化流程使得软件的构建、测试、发布更加快捷、频繁和可靠。在容器模式中，应用程序以容器的形式存在，所有和该应用程序相关的依赖都在容器中，因此移植非常方便，不会存在传统模式中环境不一致的问题。对于容器化的应用程序，项目团队全程参与开发、测试和生产环节。项目开始时，根据项目预期创建需要的基础镜像，并将 Dockerfile 分发给所有开发人员，所有开发人员根据 Dockerfile 创建的容器或从内部仓库下载的镜像进行开发，实现开发环境的一致；若开发过程中需要添加新的软件，则申请修改基础镜像的 Dockerfile 即可；当项目任务结束之后，可以调整 Dockerfile 或者镜像，并将其分发给测试部门，测试部门就可以进行测试，解决部署困难等问题。

4．容器与虚拟机

Docker 拥有众多优势与操作系统虚拟化自身的特点是分不开的。传统的虚拟机需要有额外的虚拟机管理程序和虚拟机操作系统，而 Docker 容器是直接在操作系统之上实现的虚拟化。Docker 容器与传统虚拟机的特性比较如表 5.8 所示。

表 5.8　Docker 容器与传统虚拟机的特性比较

特性	Docker 容器	传统虚拟机
启动速度	秒级	分钟级
计算能力损耗	几乎没有	损耗 50%左右
性能	接近原生	弱于原生
内存代价	很小	较大
占用磁盘空间	一般为 MB 级	一般为 GB 级
系统支持量（单机）	上千个	几十个
隔离性	资源限制	完全隔离
迁移性	优秀	一般

应用程序的传统运维方式部署慢、成本高、资源浪费、难以迁移和扩展，可能还会受限于硬件设备。而如果改用虚拟机，则一台物理机可以部署多个应用程序，应用程序独立运行在不同的虚拟机中。虚拟机具有以下优势。

（1）采用资源池化技术，一台物理机的资源可分配到不同的虚拟机上。

（2）便于弹性扩展，增加物理机或虚拟机都很方便。

（3）容易部署，如容易将应用程序部署到云主机上等。

虚拟机可弥补传统运维的弊端，但也存在一些局限。

Docker 容器在主机上运行，并与其他容器共享主机的操作系统内核。Docker 容器运行一个独立的进程，不会比其他程序占用更多的内存，这就使它具备轻量化的优点。

相比之下，每个虚拟机运行一个完整的客户端操作系统，通过虚拟机管理程序以虚拟方式访问主机资源。主机要为每个虚拟机分配资源，当虚拟机数量增大时，操作系统本身消耗的资源势必增多。总体来说，虚拟机提供的环境包含的资源超出了大多数应用程序的实际需要。

Docker 容器引擎将容器作为进程在主机上运行，使用的是主机操作系统的内核，因此 Docker 容器依赖于主机操作系统的内核版本。虚拟机有自己的操作系统，且独立于主机操作系统，其操作系统内核可以与主机不同。

Docker 容器在主机操作系统的用户空间内运行，并与操作系统的其他进程相互隔离，启动时也不需要启动操作系统内核空间。因此，与虚拟机相比，Docker 容器启动快、开销小，且迁移更便捷。

就隔离特性来说，Docker 容器提供应用层面的隔离，虚拟机提供物理资源层面的隔离。当然，虚拟机也可以运行 Docker 容器，此时的虚拟机本身也充当主机。Docker 容器与传统虚拟机架构的对比如图 5.64 所示。

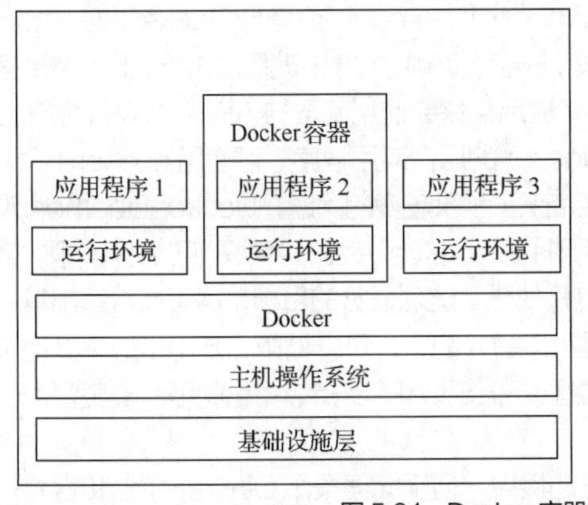

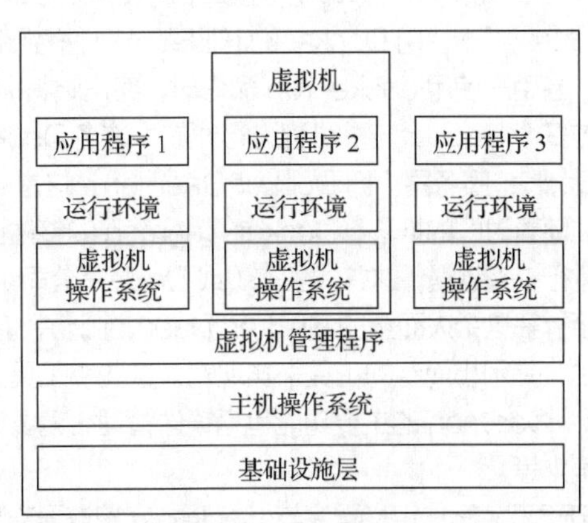

图 5.64　Docker 容器与传统虚拟机架构的对比

5. Docker 的三大核心概念

镜像、容器、仓库是 Docker 的三大核心概念。

（1）镜像。Docker 的镜像是创建容器的基础，类似于虚拟机的快照，可以理解为面向 Docker 容器引擎的只读模板。例如，一个镜像可以是一个完整的 CentOS 环境，称为一个 CentOS 镜像；也可以是一个安装了 MySQL 的应用程序，称为一个 MySQL 镜像；等等。Docker 提供简单的机制来创建和更新现有的镜像，用户也可以从网上下载已经创建好的镜像来直接使用。

（2）容器。镜像和容器的关系就像面向对象程序设计中的类和实例一样。镜像是静态的定义，容器是镜像运行时的实体。Docker 的容器是镜像创建的运行实例，它可以被启动、停止和删除。每一个容器都是互相隔离、互不可见的，以保证平台的安全性。可以将容器看作简易版的 Linux 环境，Docker 利用容器来运行和隔离应用。Docker 使用客户端/服务器模式和远程 API 来管理和创建 Docker 容器。

（3）仓库。仓库可看作代码控制中心，Docker 仓库是用来集中保存镜像的地方。当开发人员创建了自己的镜像之后，可以使用 push 命令将它上传到公有（Public）仓库或者私有（Private）仓库。下一次要在另外一台机器上使用这个镜像时，只需要从仓库中获取即可。仓库注册服务器（Registry）是存放仓库的地方，其中包含多个仓库，每个仓库集中存放了数量庞大的镜像供用户下载使用。

5.3.2 Docker 架构与应用

Docker 引擎是用来运行和管理容器的核心软件，它是目前主流的容器引擎，如图 5.65 所示。通常人们会简单地将其称为 Docker 或 Docker 平台。Docker 引擎由如下主要组件构成：Docker 客户端（Docker Client）、Docker 守护进程（Docker Daemon）、架构式的 REST API。它们共同负责容器的创建和运行，包括容器管理、网络管理、镜像管理和卷管理等。

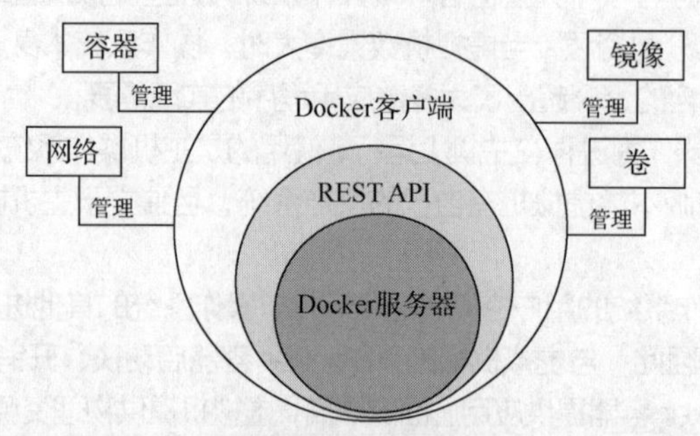

图 5.65　Docker 引擎

Docker 客户端：即命令行接口，可使用 Docker 命令进行操作。命令行接口又称命令行界面，可以通过命令或脚本使用 Docker 的 REST API 来控制 Docker Daemon，或者与 Docker Daemon 进行交互。当用户使用 docker run 命令时，客户端将命令发送给 Docker 守护进程来执行。Docker 客户端可以与多个 Docker 守护进程进行通信。许多 Docker 应用程序会使用底层的 API 和命令行接口。

Docker 服务器：即 Docker Daemon，这是 Docker 的后台应用程序，可使用 dockerd 命令进行管理。随着时间的推移，Docker Daemon 的整体性带来了越来越多的问题，Docker Daemon 难于变更、运行越来越慢，这并非生态（或 Docker 公司）所期望的。Docker 公司意识到了这些问题，开始努力着手拆解这个大而全的 Docker Daemon，并将其模块化。这项任务的目标是尽可能拆解出其中的功能特性，并用小而专的工具来实现它。这些小工具是可以替换的，也可以被第三方用于构建其他工具。Docker Daemon 的主要功能包括镜像管理、镜像构建、REST API 支持、身份验证、安全管理、核心网络编排等。

REST API：定义程序与 Docker 守护进程交互的接口，便于编程操作 Docker 平台和容器，是一个目前比较成熟的互联网 API 架构。

1. Docker 的架构

Docker 的架构如图 5.66 所示。Docker 客户端是 Docker 用户与 Docker 交互的主要途径。当用户使用 docker build（建立）、docker pull（拉取）、docker run（运行）等类似命令时，客户端就将这些命令发送到 Docker 守护进程中执行。Docker 客户端可以与多个 Docker 守护进程通信。

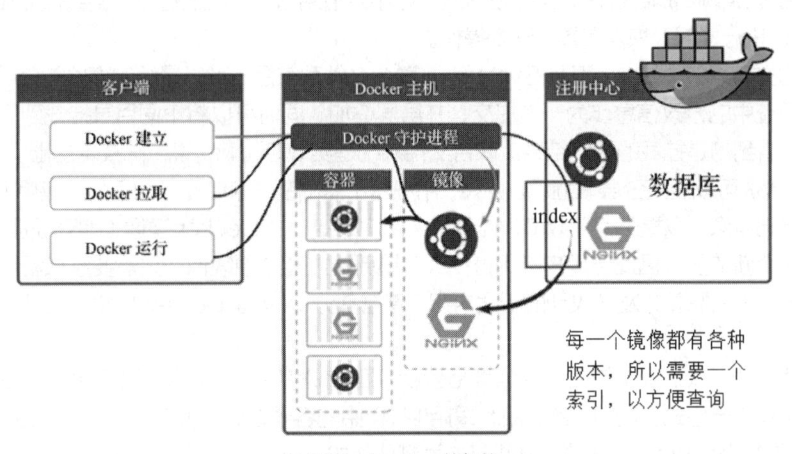

图 5.66　Docker 的架构

若一台主机运行了一个 Docker 守护进程，则该主机被称为 Docker 主机。Docker 客户端与 Docker 守护进程通信时，Docker 守护进程充当 Docker 服务器，负责构建、运行和分发容器。Docker 客户端与守护进程可以在同一个系统中运行，也可以让 Docker 客户端连接到远程主机上的 Docker 守护进程后再运行。Docker 客户端和守护进程使用 REST API 通过 Linux 套接字或网络接口进行通信。Docker 守护进程和 Docker 客户端属于 Docker 引擎的一部分。Docker 主机管理镜像和容器等 Docker 对象，以实现对 Docker 服务的管理。

Docker 注册中心用于存储和分发 Docker 镜像，可以理解为代码控制中的代码仓库。Docker Hub 和 Docker Cloud 是任何人都可以使用的公开注册中心。默认情况下，Docker 守护进程会到 Docker Hub 中查找镜像。除此之外，用户还可以运行自己的私有注册中心。Docker Hub 可提供庞大的镜像集合供客户使用。一个 Docker Registry 中可以包含多个仓库（Repository）；每个仓库可以包含多个标签（Tag）；每个标签对应一个镜像。通常，一个仓库会包含同一个软件不同版本的镜像，而标签常用于对应该软件的各个版本。当 Docker 客户端用户使用 docker pull 或 docker run 命令时，如果所请求的镜像不在本地 Docker 主机上，则会从所配置的 Docker 注册中心通过数据库索引（index）的方式拉取（下载）到本地 Docker 主机上。当用户使用 docker push 命令时，镜像会被推送（上传）到所配置的 Docker 注册中心中。

2. Docker 底层技术

Docker 使用了以下几种底层技术。

（1）命名空间。命名空间是 Linux 内核针对容器虚拟化而引入的一个强大特性。每个容器都可以拥有自己单独的命名空间，运行在其中的应用像在独立的操作系统中运行一样。命名空间能保证容器之间互不影响。

（2）控制组（Control Group）。控制组是 Linux 内核的一个特性，主要用来对共享资源进行隔离、限制、审计等。只有对分配到容器的资源进行控制，才能避免多个容器同时运行时对宿主机系统的资源竞争。每个控制组都是一组对资源的限制，支持层级化结构。Linux 上的 Docker 引擎正是依赖这种底层技术来限制容器对资源的使用的。控制组提供以下功能。

① 资源限制。可为组设置一定的内存使用限制。例如，内存子系统可以为进程组设定一个内存使用上限，一旦进程组使用的内存达到限额，再申请内存时，系统就会发出 Out of Memory 警告。

② 优先级。通过优先级让一些组优先得到 CPU 等资源。

③ 资源审计。用于统计系统实际上把多少资源用到了适合的目的上。可以使用 cpuacct 子系统记录某个进程组使用的 CPU 时间。

④ 隔离。为组隔离命名空间，这样使得一个组不会看到另一个组的进程、网络连接和文件系统等。

⑤ 控制。执行挂起、恢复和重启动等操作。

（3）联合文件系统（Union File System）。联合文件系统是一种轻量级的高性能分层文件系统，它支持将文件系统中的修改信息作为一次提交，并层层叠加，同时可以将不同目录挂载到同一个虚拟文件系统中，应用看到的是挂载的最终结果。联合文件系统是实现 Docker 镜像的技术基础。

Docker 镜像可以通过分层来继承。例如，用户基于基础镜像来制作各种不同的应用镜像。这些镜像共享同一个基础镜像，以提高存储效率。此外，当用户改变一个 Docker 镜像（如升级程序到新的版本）时，会创建一个新的层。因此，用户不用替换或者重新建立整个原镜像，只需要添加新层即可。用户分发镜像的时候，也只需要分发被改动的新层内容（增量部分）。这让 Docker 的镜像管理变得十分轻量和快速。

（4）容器格式（Container Format）。Docker 引擎将命名空间、控制组和联合文件系统打包到一起时所使用的就是容器格式。最初，Docker 采用 LXC 中的容器格式，但自 Docker 0.9 开始，Docker 也开始支持新的 Libcontainer 格式，并将其作为默认格式。

（5）Linux 网络虚拟化。Docker 的本地网络实现其实利用了 Linux 中的网络命名空间和虚拟网络设备（特别是 veth pair）。要实现网络通信，机器需要至少一个网络接口（物理接口或虚拟接口）与外界相通，并可以收发数据包；此外，如果不同子网之间要进行通信，则需要额外的路由机制。Docker 中的网络接口默认都是虚拟接口。虚拟接口的优势就是转发效率极高。这是因为 Linux 通过在内核中进行数据复制来实现虚拟接口之间的数据转发，即发送接口的发送缓存中的数据包将被直接复制到接收接口的接收缓存中，而无须通过外部物理网络设备进行交换。对于本地系统和容器内系统，虚拟接口和正常的以太网卡相比并无区别，且虚拟接口的速度要快得多。Docker 容器网络就很好地利用了 Linux 虚拟网络技术，它在本地主机和容器内分别创建一个虚拟接口（veth），并连通这样的一对虚拟接口（veth pair）来进行通信。

3. Docker 的功能

与传统虚拟机不同，Docker 提供的是轻量级的虚拟化容器。可以在单个主机上运行多个 Docker 容器，而每个容器中都有一个微服务或独立应用。例如，用户可以在一个 Docker 容器中运行 MySQL 服务，在另一个 Docker 容器中运行 Tomcat 服务，这两个容器可以运行在同一个服务器或多个服务器上。目前，Docker 容器能够提供以下几种功能。

（1）快速部署。在虚拟机出现之前，引入新的硬件资源需要消耗几天的时间，虚拟化技术将这个时间缩短到了分钟级，而 Docker 通过为进程创建一个容器而无须启动一个操作系统，将这个时间缩短到了秒级。通常，数据中心的资源利用率只有 30%左右，而使用 Docker 可以进行有效的资源分配，并提高资源的利用率。

（2）多租户环境。Docker 能够作为云计算的多租户容器，为每一个租户的应用层的多个实例创建隔离的环境，不仅操作简单，成本还较小，这得益于 Docker 灵活的环境及高效的 docker diff 命令。

（3）隔离应用。有很多种原因会让用户选择在一台机器上运行不同的应用。Docker 允许开发人员选择较为适合各种服务的工具或技术，隔离服务以消除任何潜在的冲突。容器可以独立于应用的其他服务组件，轻松地实现共享、部署、更新和瞬间扩展。

（4）简化配置。传统虚拟机的最大好处之一是基于用户的应用配置能够无缝运行在任何一个平台上，而 Docker 可在减少额外开销的情况下提供同样的功能，它能将运行环境和配置放入代码进行部署。同一个 Docker 的配置可以在不同的环境下使用，这样就能降低硬件要求和应用环境之间的耦合度。

（5）整合服务器。使用 Docker 可以整合多个服务器以降低成本。空闲内存可以跨实例共享，无须占用过多操作系统内存空间，因此，相较于传统虚拟机，Docker 可以提供更好的服务器整合解决方案。

（6）调试能力。Docker 提供众多的工具，它们提供很多功能，包括可以为容器设置检查点、设置版本、查看两个容器之间的差别等。这些功能可以帮助消除缺陷与错误。

（7）提高开发效率。在开发过程中，开发者希望开发环境尽量贴近生产环境，并且能够快速搭建开发环境。使用 Docker 可以轻易地让几十个服务在容器中运行起来，可以在单机上最大限度地模拟分布式部署的环境。

（8）代码管道化管理。Docker 能够对代码以流式管道化的方式进行管理。代码从开发者的机器到生产环境机器的部署需要经过很多中间环境，而每一个中间环境都有微小的差别。Docker 跨越这些异构环境，给应用提供一个从开发到上线均一致的环境，以保证应用的流畅发布。

4. Docker 的应用

目前，Docker 的应用涉及许多领域。根据 Docker 官网的相关资料，对其主要应用进行如下说明。

（1）云迁移。Docker 便于执行云迁移策略，可以随时随地将应用程序交付到任何云端。大多数大型企业具有混合云或多云战略，但是仍有许多企业在云迁移目标上落后了。跨供应商和地理位置重新构建应用程序比预期更具挑战性。使用 Docker 标准化应用程序，能使它们在任何基础设施上以同样的方式运行。Docker 可以跨越多个云环境容器化，并在这些环境下部署传统应用程序和微服务。Docker 企业版通过可移植的打包功能和统一的运维模式加速了云迁移。其具有以下优势。

① 简化运维。统一的运维模式能简化不同基础架构的安全、策略管理和应用程序运维流程。

② 灵活选择混合云和多云。与基础设施无关的容器平台可以运行在任何云环境下，包括公有云、私有云、混合云和多云的环境。Docker 可以对跨云端的联合应用程序和内部部署的应用程序进行管理。

③ 使软件发布更安全。通过集成的私有注册中心解决方案验证容器化应用程序的来源，在部署之前扫描已知的漏洞，发现新漏洞时及时反馈。

（2）大数据应用。Docker 能够释放数据的信息，将数据分析为可操作的观点和结果。从生物技术研究到自动驾驶汽车，再到能源开发，许多领域在使用诸如 Hadoop、TensorFlow 的数据科技助推科学发现和决策。使用 Docker 企业版仅需要数秒就能部署复杂的隔离环境，从而帮助数据专家创建、分享和再现他们的研究成果。Docker 使数据专家能够快速地迭代模型，具体表现在以下几个方面。

① 便于安全协作。平台和生命周期中的集成安全性有利于数据业务的协作，避免数据被篡改和规避数据完整性被破坏的风险。

② 独立于基础设施的 Docker 平台使得数据专家能够对应用程序进行最优化的数据分析；数据专家可以选择并使用适合研究项目的工具和软件包构建模型，无须担心应用程序与环境的冲突。

③ 确保研究的再现性。Docker 使用不可变容器消除环境不同带来的问题，可以确保数据分析和研究的再现性。

（3）边缘计算。Docker 将容器安全地扩展到网络的边缘，直达数据源头。边缘计算是指靠近数据源头的计算，常用于收集来自数百甚至数千个物联网设备的数据。使用容器可以将软件安全地发布到网络边缘，在易于修补和升级的轻量级框架上运行容器化的应用程序。

Docker 企业版提供安全的应用程序运维功能来支持边缘计算。Docker 是轻量级的应用程序平台，所支持的应用程序的可移植性能确保从核心到云，再到边缘设备的无障碍容器部署。Docker 具有粒度隔离功能的轻量级架构，可以减少边缘容器和设备的攻击面。

Docker 提供安全的软件发布功能，能加速容器发布到边缘的过程，并通过 Docker 注册中心的镜像和缓存架构提高可用性；Docker 确保应用程序开发生命周期的安全，通过数字签名、边缘安全扫描和签名验证保证从核心到边缘的信任链完整。

（4）现代应用程序。构建和设计现代应用程序应以独立于平台的方式进行。现代应用程序支持所有类型的设备，从手机到便携式计算机，到台式计算机，再到其他不同的平台，这样可以充分利用现有的后端服务以及公有云或私有云基础设施。Docker 可以较完美地容器化应用程序，在单一平台上构建、分享和运行现代应用程序。

现代应用程序包括新的应用程序和需要新功能的现有应用程序。它们是分布式的，需要基于微服务架构实现敏捷性、灵活性，并提供对基于云的服务的访问；它们还需要一组用于开发的不同工具、语言和框架，以及面向运营商的云和 Kubernetes 环境。Kubernetes 简称 K8s，是用“8”代替“ubernete”8 个字符而成的缩写。它是一个开源的，用于管理云平台中多个主机上的容器化的应用。Kubernetes 的目标是让部署容器化的应用简单且高效，Kubernetes 提供应用部署、规划、更新、维护的机制。而 Docker 知道如何使以上这些复杂的事情变得简单。

现在，应用程序对数字化转型至关重要，但是这些程序与构建、分享和运行它的组织一样复杂。现代应用程序是创新的关键，它能够帮助开发人员和运营商快速创新。Docker 对软件构建、分享和运行的方式进行了标准化，使用渐进式创新来解决应用开发和基础设施方面的复杂问题。Docker 是独立容器平台，可以通过人员、系统、合作伙伴的广泛组合来构建、分享和运行所有的现代应用程序。

（5）数字化转型。Docker 通过容器化实现数字化转型，与现有人员、流程和容器平台一起推动业务创新。Docker 企业版支持现有应用程序的数字化转型，其具体措施如下。

① 自由选择实现技术。Docker 可以在不受厂商限定的基础结构上构建和部署绝大多数应用程序，可以使用大部分操作系统、开发语言和技术栈构建应用程序。

② 保证运维敏捷性。Docker 通过新的技术和创新服务来加快产品上线速度，实现较高客户服务水平的敏捷运维，快速实现服务交付、补救、恢复和服务的高可用性。

③ 保证集成安全性。Docker 确保法规遵从性并在动态 IT 环境下提供安全保障。

（6）微服务。Docker 通过容器化微服务激发开发人员的创造力，使开发人员更快地开发软件。微服务用于替代大型的单体应用程序，其架构是一个独立部署的服务集合，每个服务都有自己的功能。这些服务可使用不同的编程语言和技术栈来实现，部署和调整时不会对应用程序中的其他组件产生负面影响。单体应用程序使用一个单元将所有服务绑定在一起，创建依赖、执行伸缩规则和故障排除之类的任务比较烦琐和耗时，而微服务充分利用独立的功能组件来提高生产效率和速度，通过微服务可在数小时内完成新应用的部署和更新，而不是以前的数周或数月。

微服务是模块化的，在整个架构中每个服务独立运行自己的应用。容器能提供单独的微服务，它们有彼此隔离的工作负载环境，能够独立部署和伸缩。以任何编程语言开发的微服务都可以在任何操作系统中以容器方式快速可靠地部署到基础设施中，包括公有云和私有云。

Docker 为容器化微服务提供通用平台。Docker 企业版可以使基于微服务架构的应用程序的构建、发布和运行标准化、自动化。其主要优势如下。

① 受开发人员欢迎。开发人员可以为每个服务选择合适的工具和编程语言。Docker 的标准化打包功能可以简化开发和测试环节。

② 具有内在安全性。Docker 验证应用程序的可信度，构建从开发环境到生产环境的安全通道，通过标准化和自动化配置消除手动设置容易出错的缺点以降低风险。

③ 有助于高速创新。Docker 支持快速编码、测试和协作，保证开发环境和生产环境的一致性，能够减少应用程序生命周期中的问题和故障。

④ 在软件日趋复杂的情况下，微服务架构是弹性扩展、快速迭代的主流方案。微服务有助于负责单个服务的小团队降低沟通成本、提高效率。众多的服务会使整个运维工作复杂度剧增，而使用 Docker

提前进行环境交付，开发人员可能只要多花5%的时间，就能节省两倍于传统运维的工作量，并能大大提高业务运行的稳定性。

技能实践

任务5.1 安装Ubuntu操作系统

安装Ubuntu操作系统的步骤如下。

（1）从Ubuntu官网下载Linux发行版的Ubuntu安装包，本书使用的下载文件为“ubuntu-20.04.5.0-desktop-amd64.iso”。双击桌面上的VMware Workstation Pro软件快捷方式，如图5.67所示，打开该软件。

（2）进入VMware Workstation主界面，如图5.68所示。

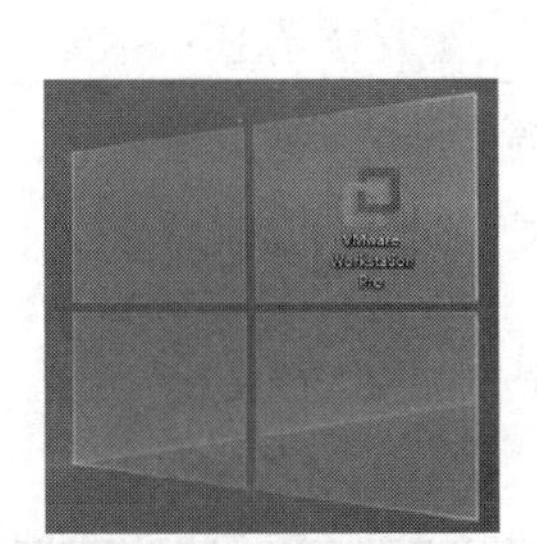

图5.67 VMware Workstation Pro软件快捷方式

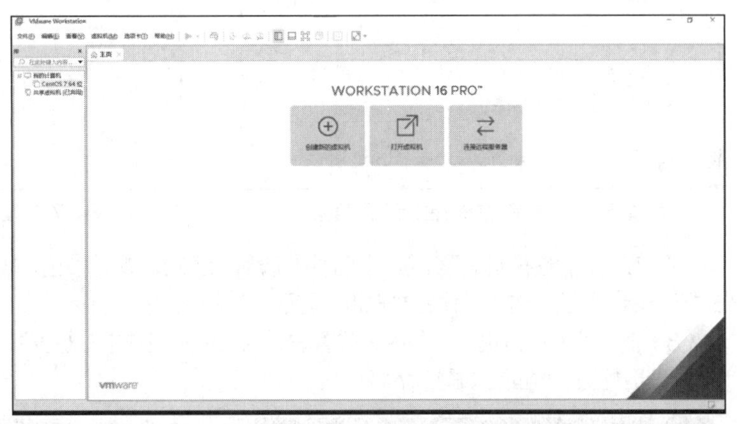

图5.68 VMware Workstation主界面

（3）在VMware Workstation界面中，选择“创建新的虚拟机”选项，弹出“新建虚拟机向导”对话框，如图5.69所示。

（4）选中“自定义(高级)”单选按钮，单击“下一步”按钮，进入“选择虚拟机硬件兼容性”界面，如图5.70所示。

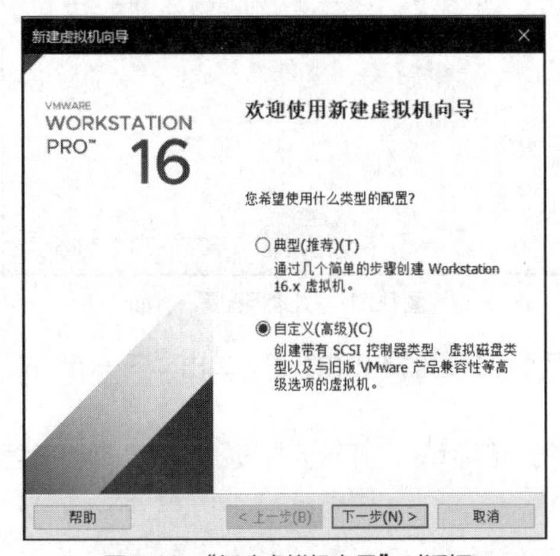

图5.69 “新建虚拟机向导”对话框

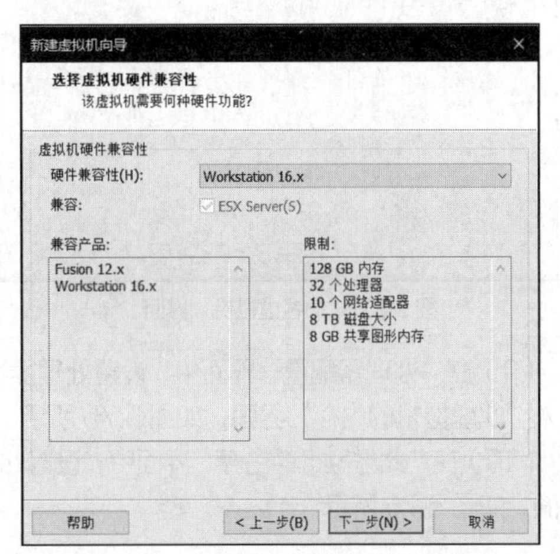

图5.70 “选择虚拟机硬件兼容性”界面

（5）选择“硬件兼容性”为“Workstation 16.x”，单击“下一步”按钮，进入“安装客户机操作系统”界面，如图 5.71 所示。

（6）在“安装客户机操作系统”界面中，选中“稍后安装操作系统”单选按钮，单击“下一步”按钮，进入“选择客户机操作系统”界面，如图 5.72 所示。

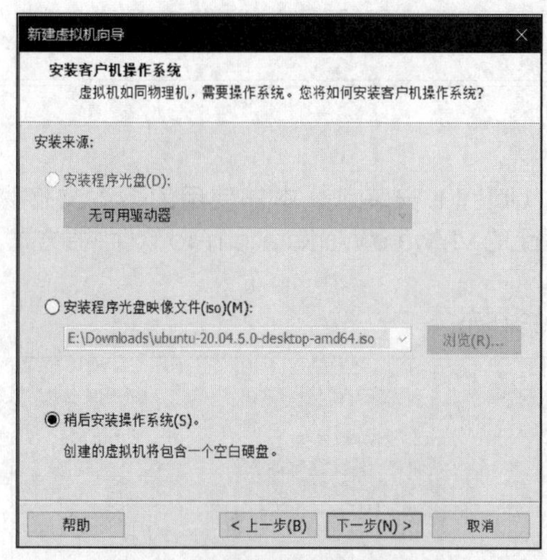

图 5.71 “安装客户机操作系统”界面

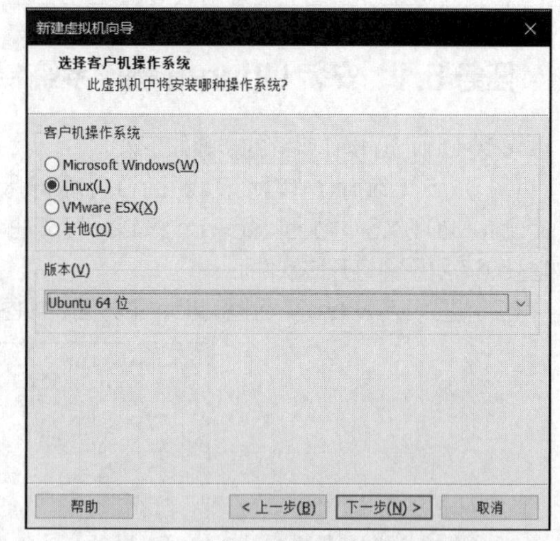

图 5.72 “选择客户机操作系统”界面

（7）在“选择客户机操作系统”界面中，选中“Linux”单选按钮，“版本”选择“Ubuntu 64 位”，单击“下一步”按钮，进入“命名虚拟机”界面，如图 5.73 所示。

（8）在“命名虚拟机”界面中，配置虚拟机名称并设置虚拟机安装位置，单击“下一步”按钮，进入“处理器配置”界面，如图 5.74 所示。

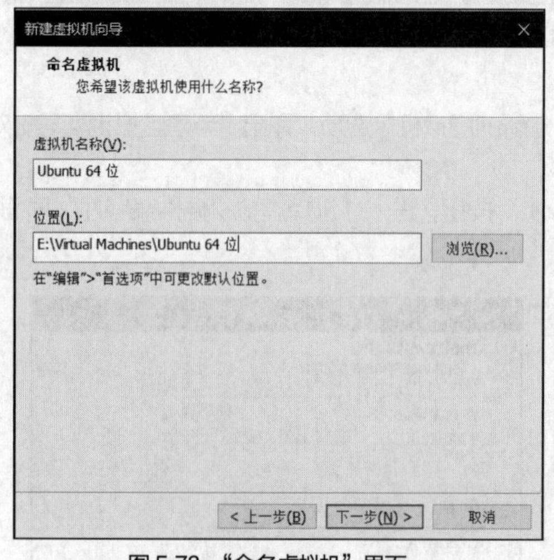

图 5.73 “命名虚拟机”界面

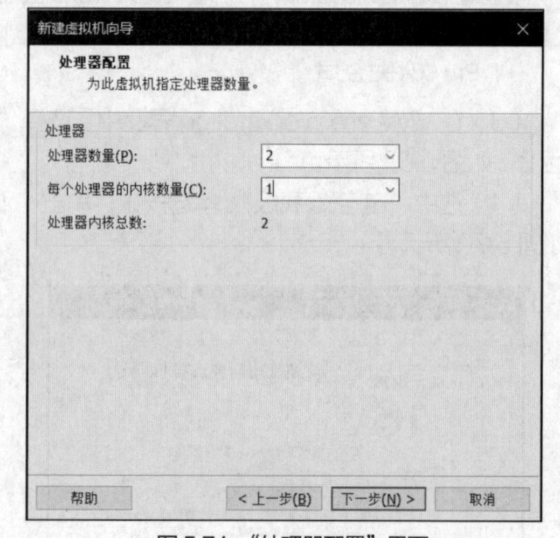

图 5.74 “处理器配置”界面

（9）在“处理器配置”界面中，设置处理器数量以及每个处理器的内核数量，单击“下一步”按钮，进入“此虚拟机的内存”界面，如图 5.75 所示。

（10）在“此虚拟机的内存”界面中，设置此虚拟机的内存，单击“下一步”按钮，进入“网络类型”界面，如图 5.76 所示。

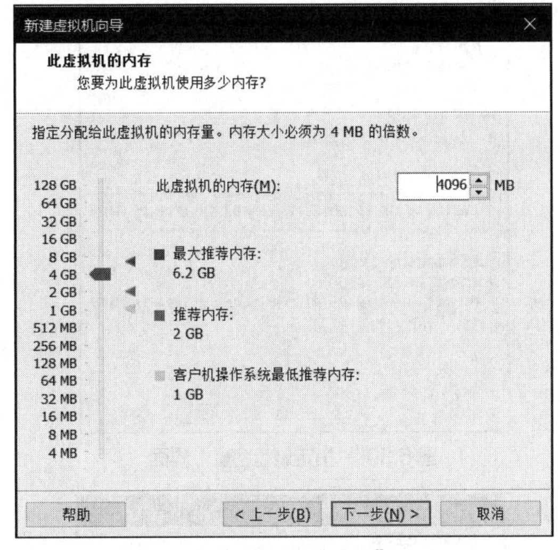

图 5.75 “此虚拟机的内存”界面

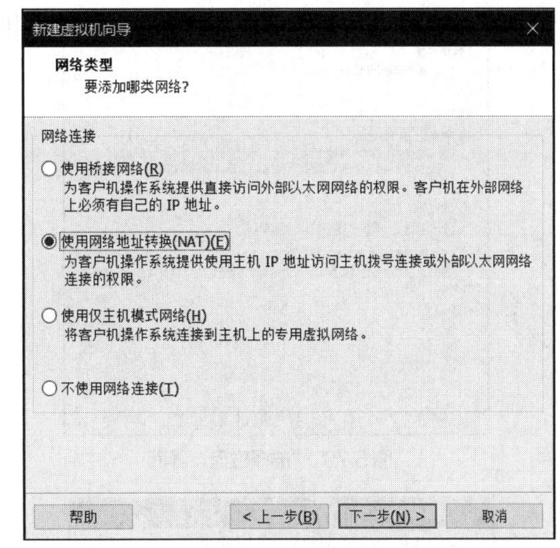

图 5.76 “网络类型”界面

（11）在“网络类型”界面中，选中“使用网络地址转换(NAT)”单选按钮，单击“下一步”按钮，进入“选择 I/O 控制器类型”界面，如图 5.77 所示。

（12）在“选择 I/O 控制器类型”界面中，选中“LSI Logic(推荐)”单选按钮，单击“下一步”按钮，进入“选择磁盘类型”界面，如图 5.78 所示。

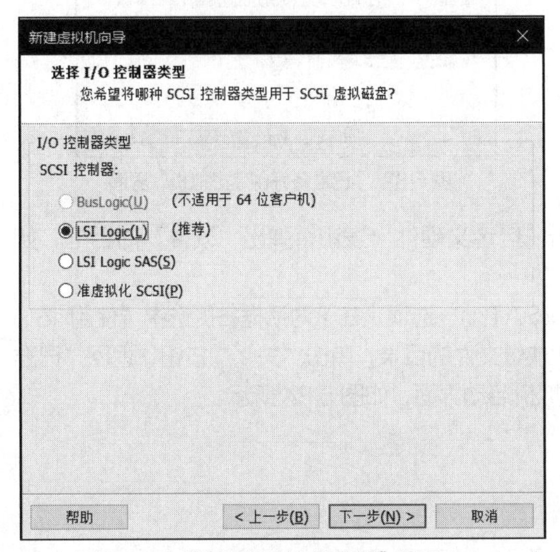

图 5.77 “选择 I/O 控制器类型”界面

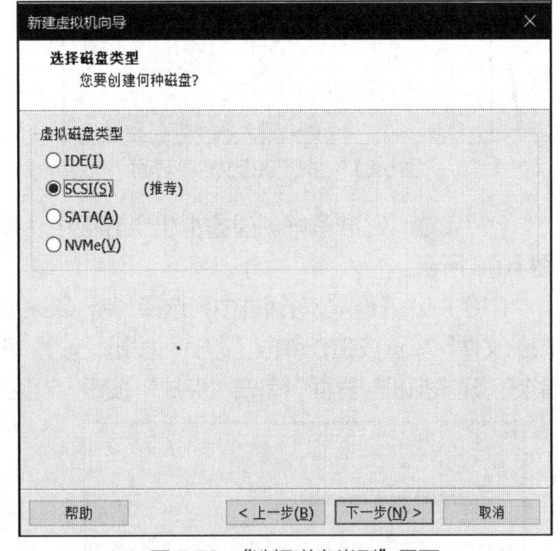

图 5.78 “选择磁盘类型”界面

（13）在“选择磁盘类型”界面中，选中“SCSI(推荐)”单选按钮，单击“下一步”按钮，进入“选择磁盘”界面，如图 5.79 所示。

（14）在“选择磁盘”界面中，选中“创建新虚拟磁盘”单选按钮，单击“下一步”按钮，进入“指定磁盘容量”界面，如图 5.80 所示。

（15）在“指定磁盘容量”界面中，设置最大磁盘大小，选中“将虚拟磁盘拆分成多个文件”单选按钮，单击“下一步”按钮，进入“指定磁盘文件”界面，如图 5.81 所示。

（16）在“指定磁盘文件”界面中，设置命令磁盘文件的名称，单击“下一步”按钮，进入“已准备好创建虚拟机”界面，如图 5.82 所示。

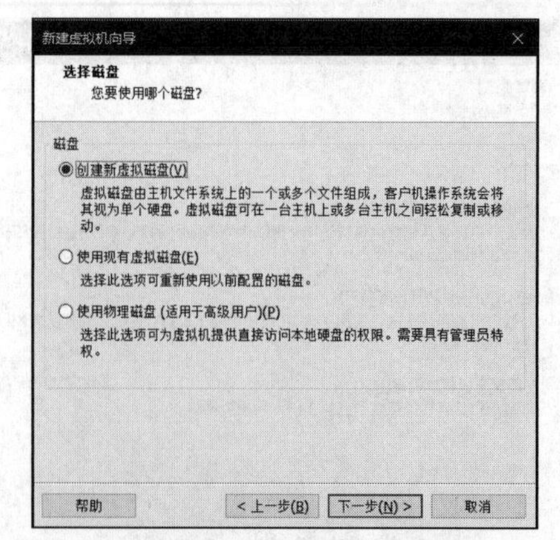

图 5.79 “选择磁盘”界面

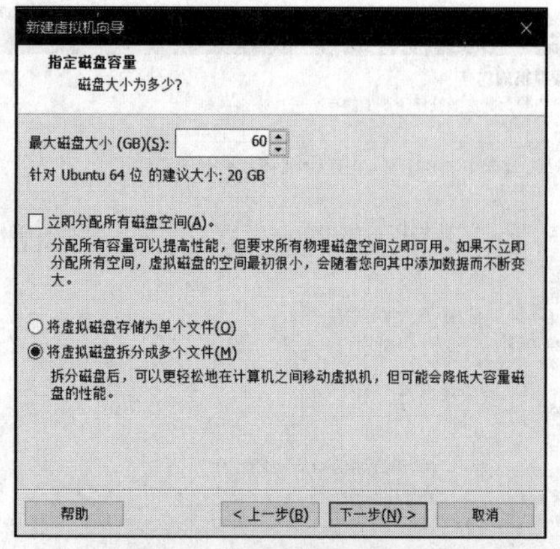

图 5.80 “指定磁盘容量”界面

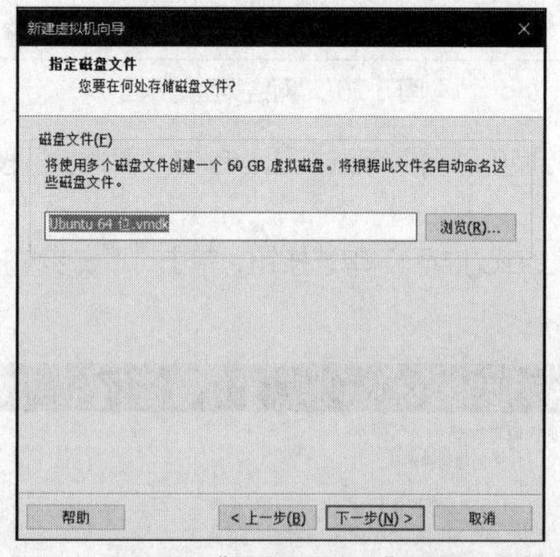

图 5.81 “指定磁盘文件”界面

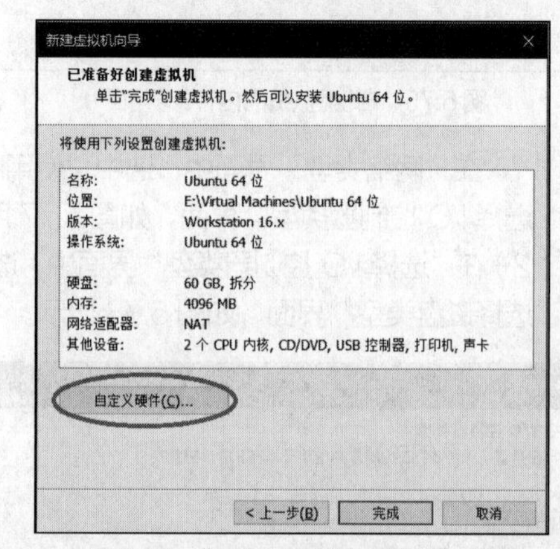

图 5.82 “已准备好创建虚拟机”界面

（17）在“已准备好创建虚拟机”界面中，单击“自定义硬件”按钮，弹出“硬件”对话框，如图 5.83 所示。

（18）在“硬件”对话框中，选择“新 CD/DVD(SATA)”选项，在该对话框右侧选中“使用 ISO 映像文件”单选按钮，单击“浏览”按钮，设置 ISO 映像文件的目录，单击“关闭”按钮，返回“已准备好创建虚拟机”界面，单击“完成”按钮，返回虚拟机启动界面，如图 5.84 所示。

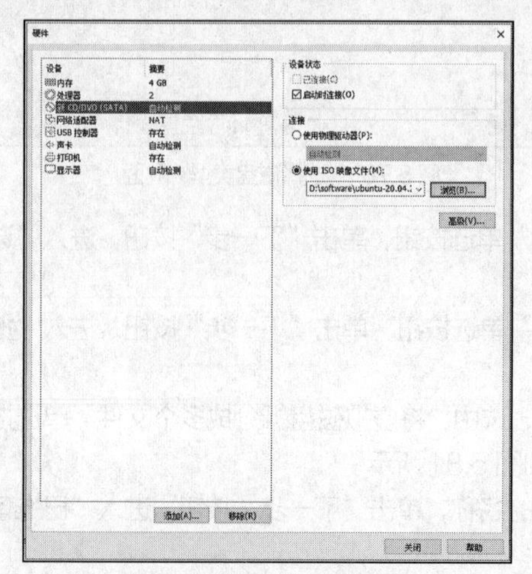

图 5.83 “硬件”对话框

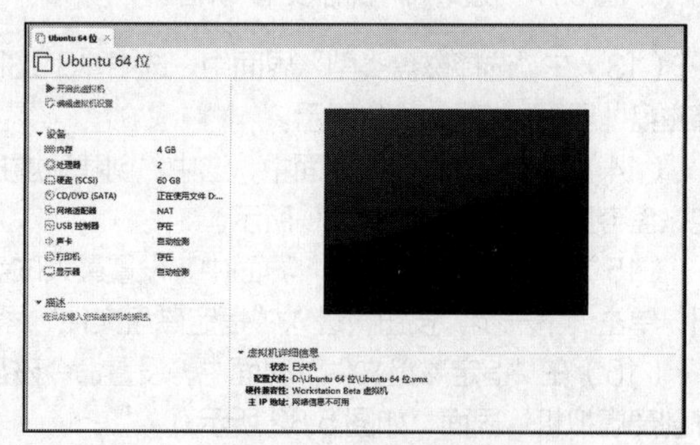

图 5.84 虚拟机启动界面

（19）在虚拟机启动界面中，选择“开启此虚拟机”选项，安装 Ubuntu 操作系统，在安装对话框左侧选择语言类型，这里选择“中文(简体)”选项，如图 5.85 所示。

（20）在“安装”对话框中，选择“安装 Ubuntu”选项，进入“键盘布局”界面，如图 5.86 所示。

图 5.85　选择语言类型

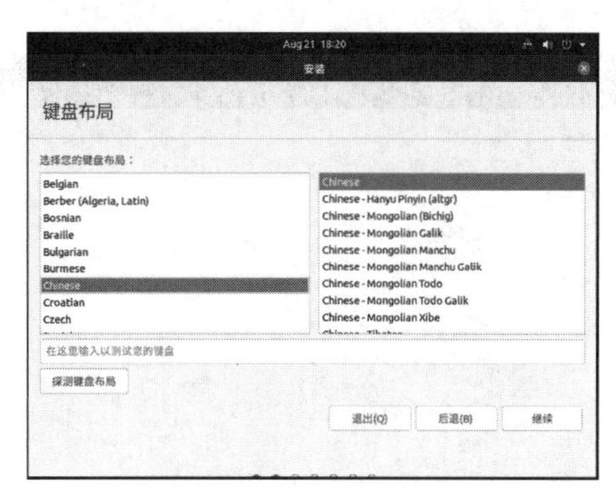

图 5.86　“键盘布局”界面

（21）在“键盘布局”界面中，选择“Chinese”选项，单击“继续”按钮，进入“更新和其他软件”界面，如图 5.87 所示。

（22）在“更新和其他软件”界面中，选中“正常安装”单选按钮，单击“继续”按钮，进入“安装类型”界面，如图 5.88 所示。

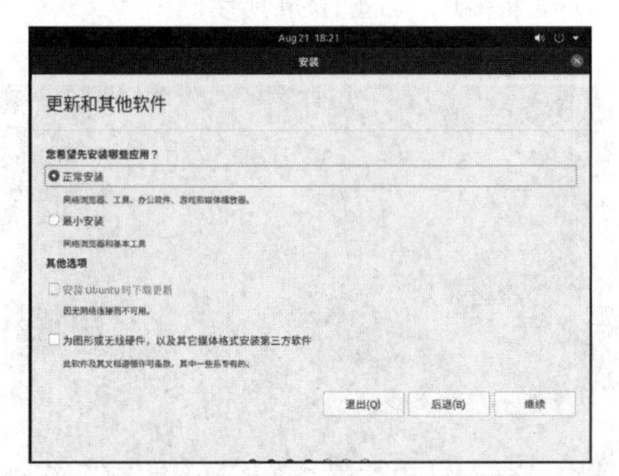

图 5.87　“更新和其他软件”界面

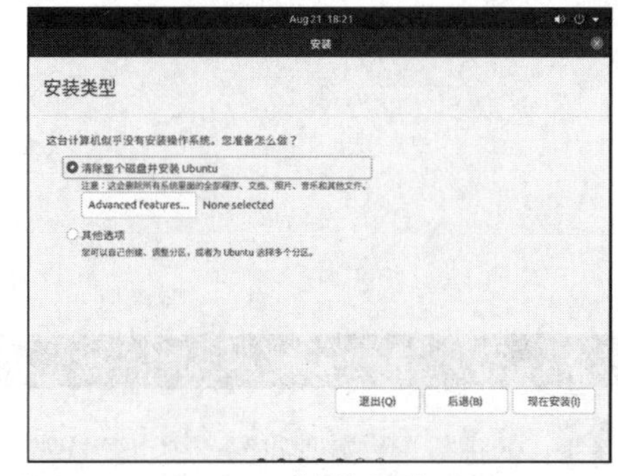

图 5.88　“安装类型”界面

（23）在“安装类型”界面中，选中“清除整个磁盘并安装 Ubuntu”单选按钮，单击“现在安装”按钮，弹出“将改动写入磁盘吗？”对话框，如图 5.89 所示。

（24）在“将改动写入磁盘吗？”对话框中，单击“继续”按钮，进入“您在什么地方？”界面，选择所在区域，如图 5.90 所示。

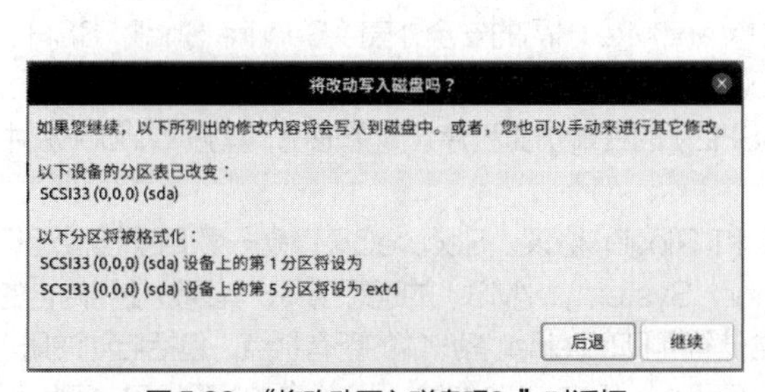

图 5.89　“将改动写入磁盘吗？”对话框

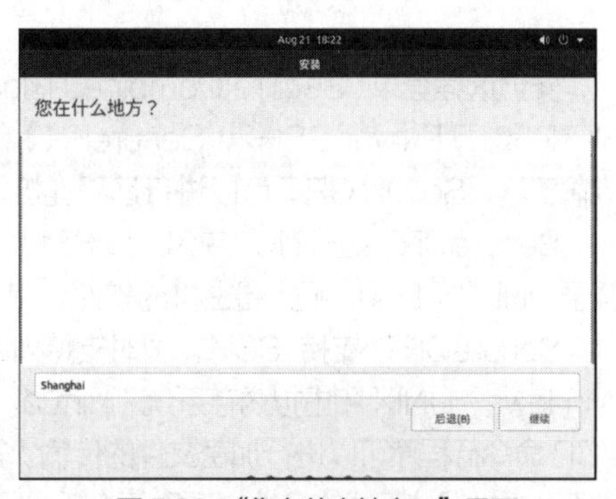

图 5.90　“您在什么地方？”界面

（25）在“您在什么地方？”界面中，单击“继续”按钮，进入“您是谁？”界面，输入相关信息，如图 5.91 所示。

（26）在“您是谁？”界面中，单击“继续”按钮，进入“欢迎使用 Ubuntu”界面，如图 5.92 所示。

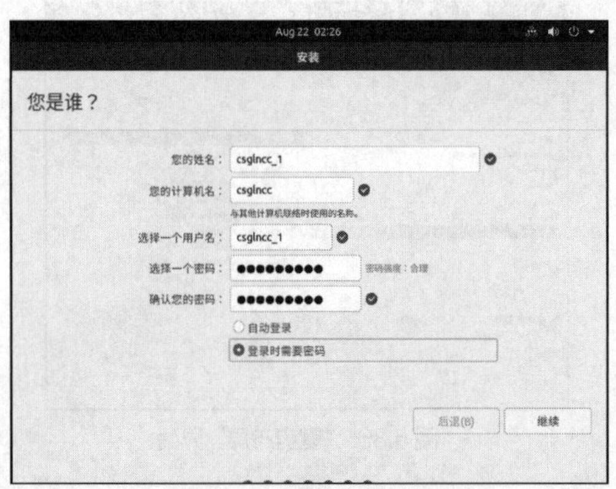

图 5.91 “您是谁？”界面

图 5.92 “欢迎使用 Ubuntu”界面

（27）Ubuntu 操作系统安装完成后，弹出“安装完成”对话框，提示需要重新启动系统，如图 5.93 所示。

（28）单击“现在重启”按钮，即可重新启动 Ubuntu 操作系统，如图 5.94 所示。

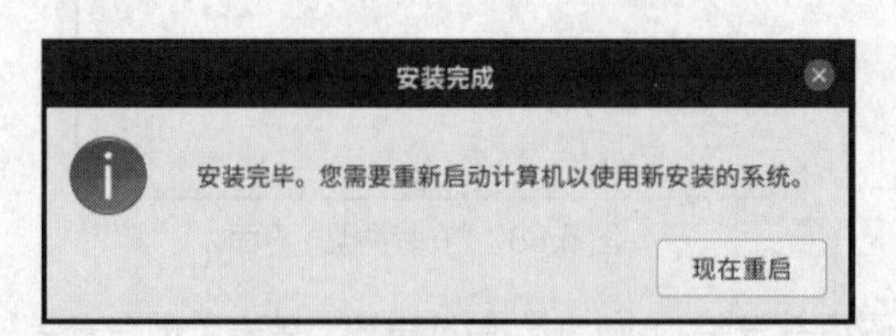

图 5.93 “安装完成”对话框

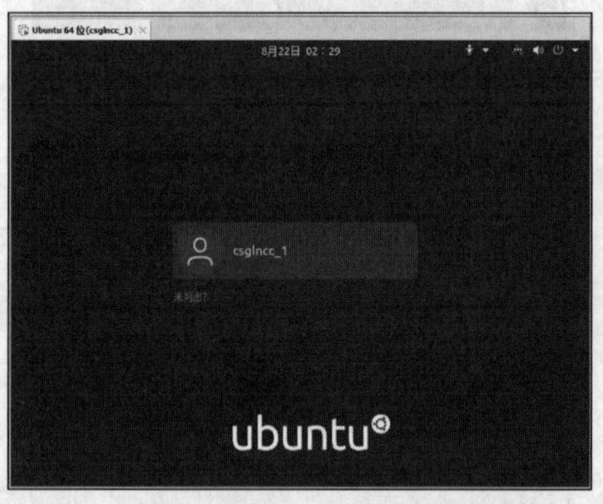

图 5.94 重新启动 Ubuntu 操作系统

任务 5.2 使用 SecureCRT 与 SecureFX 配置管理 Ubuntu 操作系统

安全远程登录（Secure Combined Rlogin and Telnet，SecureCRT）和安全传输（Secure FTP、SFTP 和 FTP over SSH2，SecureFX）都是由 VanDyke 出品的安全外壳（Secure Shell，SSH）传输工具，SecureCRT 可以进行远程连接，SecureFX 可以进行远程可视化文件传输。

SecureCRT 是一种支持 SSH（SSH1 和 SSH2）的终端仿真程序。简单地说，其为 Windows 中登录 UNIX 或 Linux 服务器主机的软件。

SecureCRT 支持 SSH，同时支持 Telnet 和 Rlogin 协议。SecureCRT 是一款用于连接运行 Windows、UNIX 和虚拟内存系统（Virtual Memory System，VMS）的理想工具。其通过使用内含的 VCP 命令行程序可以进行加密文件的传输。其包含流行 CRT Telnet 客户端的所有特点，包括自动注册、对不同主机保持不同的特性、打印、颜色设置、可变屏幕尺寸、用户定义的键位图和优良的 VT100、VT102、

VT220 和 ANSI 竞争，能在命令行界面中运行或在浏览器中运行。SecureCRT 的其他特点包括可使用文本手稿、具有易于使用的工具栏、包含用户的键位图编辑器、可定制的 ANSI 颜色等。SecureCRT 的 SSH 协议支持 DES、3DES、RC4 密码以及 RSA 鉴别。

在 SecureCRT 中配置本地端口转发时，涉及本机、跳板机、目标服务器。因为本机与目标服务器不能直接 ping 通，所以需要配置端口转发，并将本机的请求转发到目标服务器。

SecureFX 支持 3 种文件传输协议：FTP、SFTP 和 FTP over SSH2。它可以提供安全文件传输。无论用户连接的是哪一种操作系统的服务器，它都能提供安全的传输服务。它主要用于 Linux 操作系统（Red Hat、Ubuntu）的客户端文件传输程序，用户可以选择利用 SFTP 通过加密的 SSH2 实现安全传输，也可以利用 FTP 进行标准传输。其具有 Internet Explorer 风格的界面，易于使用，同时提供强大的自动化能力，可以实现自动化的安全文件传输。

SecureFX 可以更加有效地实现文件的安全传输，用户可以使用其新的拖放功能直接将文件拖动到 Internet Explorer 和其他程序中，也可以充分利用 SecureFX 的自动化特性，实现无须人为干扰的文件自动传输。新版本的 SecureFX 采用了一个密码库，符合 FIPS 140-2 加密要求；改进了 X.509 证书的认证能力，可以轻松开启多个会话；提高了 SSH 代理的功能。

总的来说，SecureCRT 是 Windows 中登录 UNIX 或 Linux 服务器主机的软件，SecureFX 是一款 FTP 软件，用于实现 Windows 和 UNIX 或 Linux 的文件互动。

1. 使用 SecureCRT 配置管理 Ubuntu 操作系统

为了方便操作，可以使用 SecureCRT 连接 Ubuntu 操作系统进行配置管理。

（1）在 VMware Workstation 主界面中，选择“编辑”→“虚拟网络编辑器”选项，如图 5.95 所示，对虚拟机网络进行配置。

（2）弹出“虚拟网络编辑器”对话框，选择“VMnet8”选项，设置 NAT 模式的子网 IP 地址为 192.168.100.0，如图 5.96 所示。

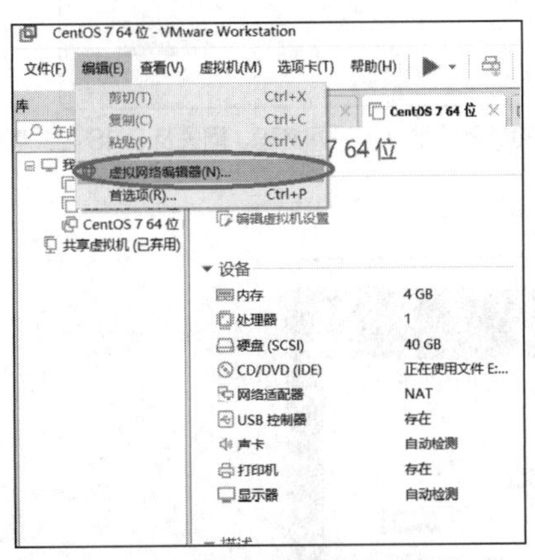

图 5.95 选择“虚拟网络编辑器”选项

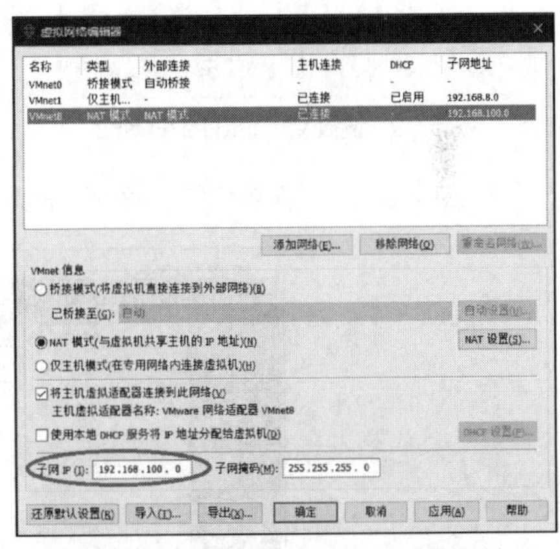

图 5.96 设置 NAT 模式的子网 IP 地址

（3）在“虚拟网络编辑器”对话框中，单击“NAT 设置”按钮，弹出“NAT 设置”对话框，设置网关 IP 地址，如图 5.97 所示。

（4）选择“控制面板”→“网络和 Internet”→“网络连接”选项，查看 VMware Network Adapter VMnet8 连接，如图 5.98 所示。

（5）设置 VMnet8 的 IP 地址，如图 5.99 所示。

（6）进入 Ubuntu 操作系统桌面，单击窗口右上角任一图标弹出状态菜单，选择“有线”选项，设置主机 IPv4 地址、子网掩码、网关及 DNS 相关信息，如图 5.100 所示。设置完成后返回 Ubuntu 操作系统桌面。

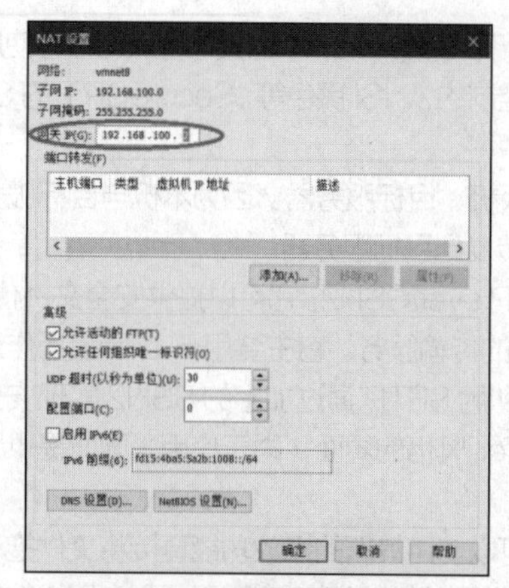

图 5.97　设置网关 IP 地址

图 5.98　查看 VMware Network Adapter VMnet8 连接

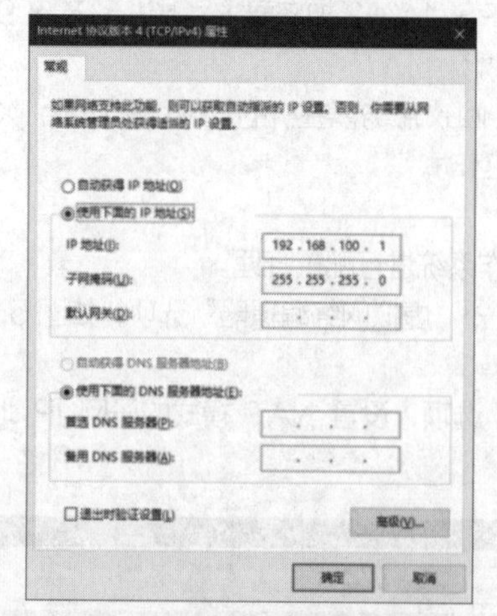

图 5.99　设置 VMnet8 的 IP 地址

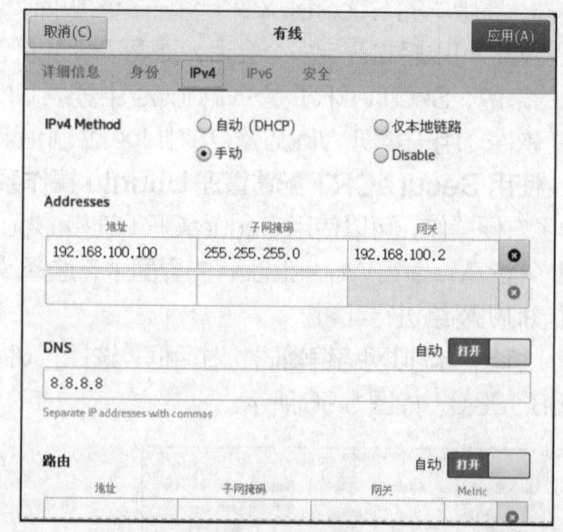

图 5.100　设置主机 IPv4 地址、子网掩码、网关及 DNS 相关信息

（7）在 Ubuntu 操作系统中，使用 Firefox 浏览器访问网站，如图 5.101 所示。

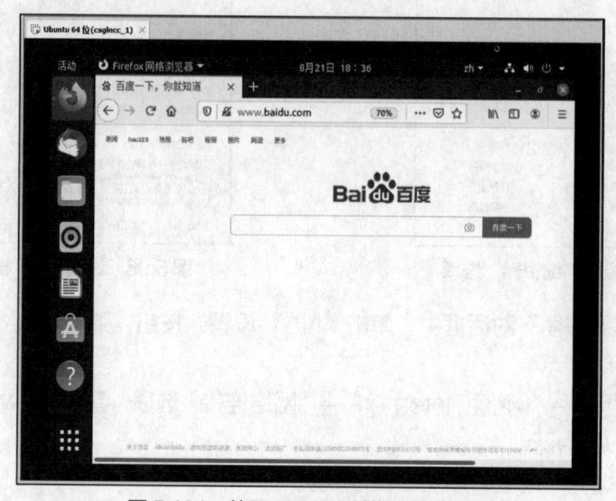

图 5.101　使用 Firefox 浏览器访问网站

（8）按 Windows+R 快捷键，弹出“运行”对话框，输入“cmd”命令，单击“确定”按钮，如图 5.102 所示。使用 ping 命令访问网络主机 192.168.100.100，测试网络连通性，如图 5.103 所示。

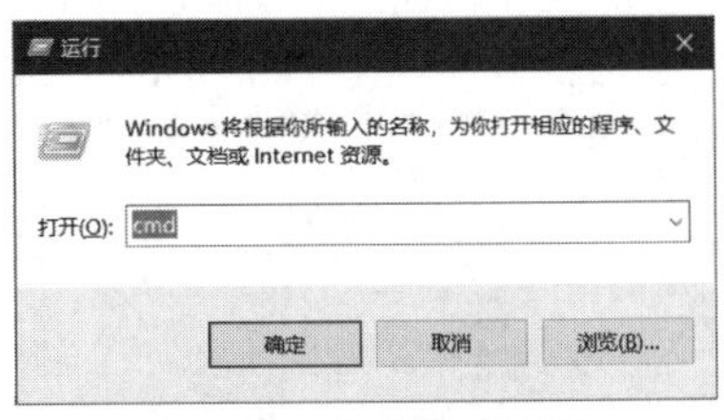
图 5.102 “运行”对话框

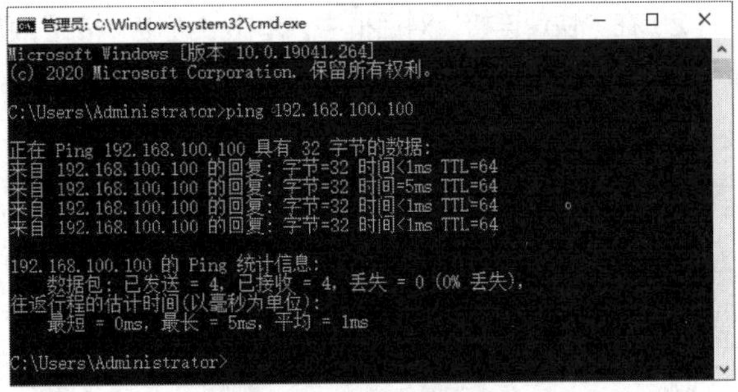
图 5.103 访问网络主机

（9）打开 SecureCRT 工具，单击工具栏中的图标，弹出“快速连接”对话框，如图 5.104 所示。

（10）在“快速连接”对话框中，输入主机名为“192.168.100.100”，用户名为“csglncc_1”，单击“连接”按钮，弹出“输入 Secure Shell 密码”对话框，如图 5.105 所示。

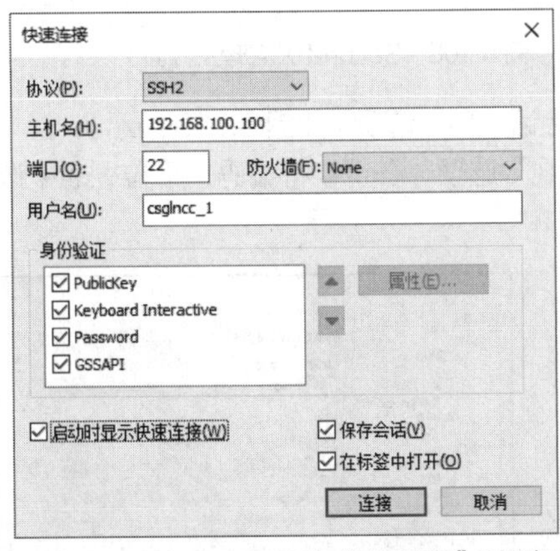
图 5.104 SecureCRT 的“快速连接”对话框

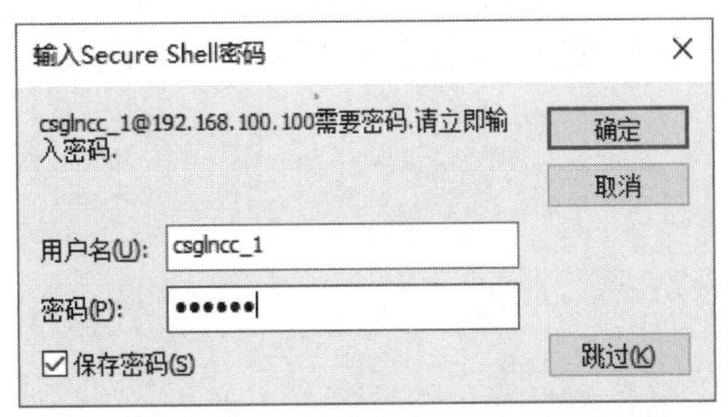
图 5.105 “输入 Secure Shell 密码”对话框

（11）在“输入 Secure Shell 密码”对话框中，输入用户名和密码。可以勾选“保存密码”复选框，在下次连接的时候不用再输入密码。单击“确定”按钮，进入系统登录界面，此时可以使用 Secure CRT 配置及管理 Ubuntu 操作系统，如图 5.106 所示。

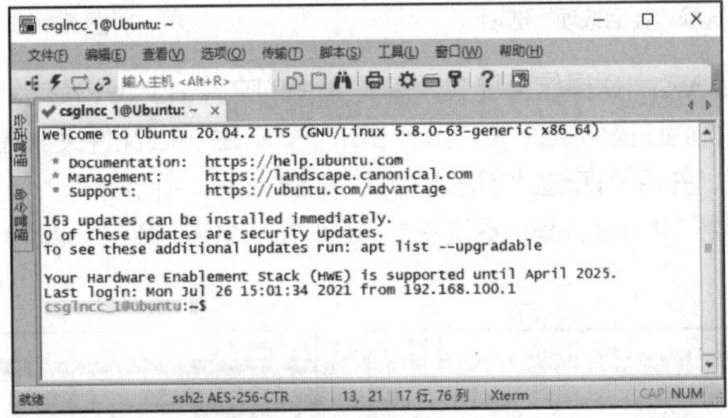
图 5.106 使用 Secure CRT 配置及管理 Ubuntu 操作系统

2. 使用 SecureFX 远程连接 Ubuntu 操作系统

使用 SecureFX 连接 Ubuntu 操作系统，并进行文件传输，其操作过程如下。

（1）打开 SecureFX 工具，单击工具栏中的图标，弹出“快速连接”对话框，输入主机名为“192.168.100.100”，用户名为“csglncc_1”进行连接，如图 5.107 所示。

（2）在“快速连接”对话框中，单击“连接”按钮，弹出“输入 Secure Shell 密码”对话框，输入用户名和密码，单击“确定”按钮，进入 SecureFX 管理主界面，如图 5.108 所示。

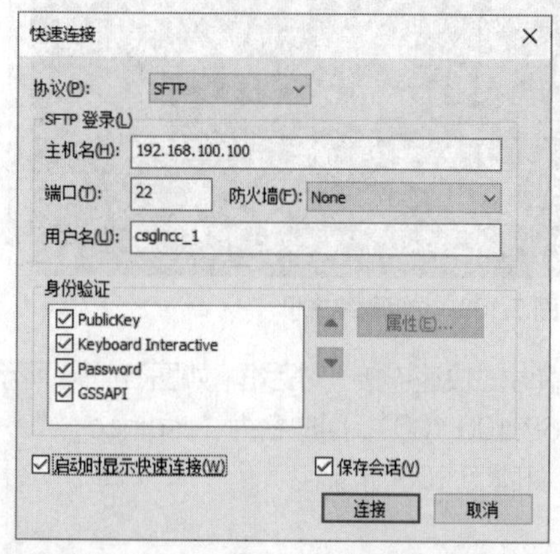

图 5.107　SecureFX 的“快速连接”对话框

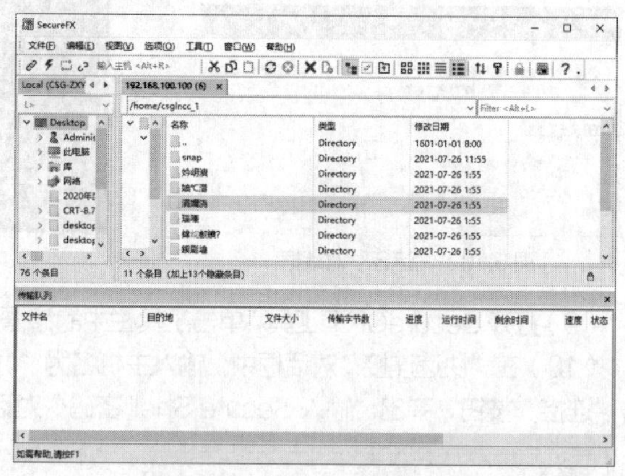

图 5.108　SecureFX 管理主界面

（3）在 SecureFX 管理主界面中，选择“选项”→“会话选项”选项，如图 5.109 所示。

（4）弹出会话选项对话框，选择“外观窗口和文本外观”选项，在“字符编码”下拉列表中选择“UTF-8”选项，如图 5.110 所示。

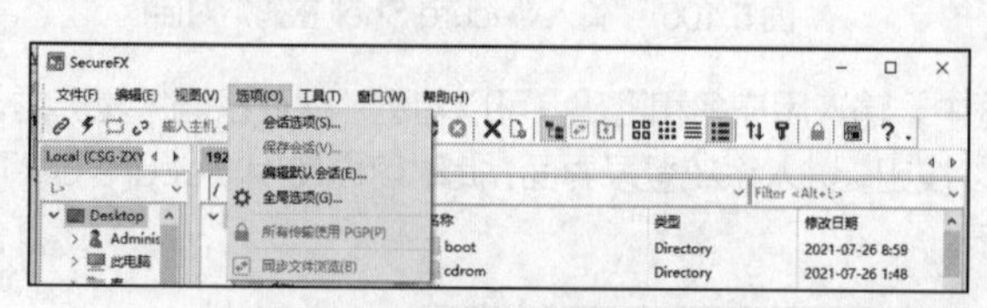

图 5.109　选择“会话选项”选项

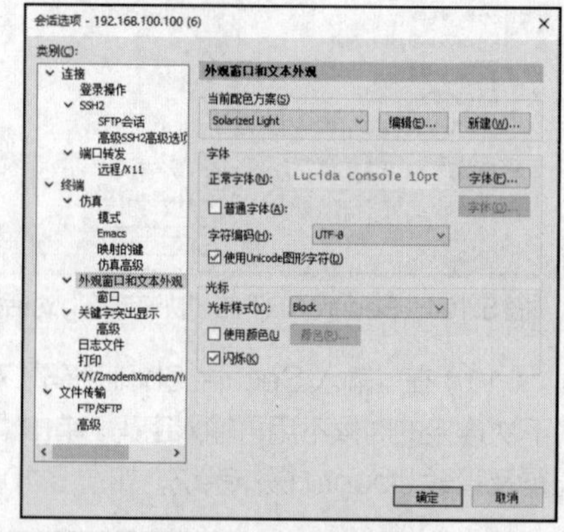

图 5.110　设置会话选项

（5）在客户端 Windows 10 操作系统中，将 F 盘中的文件 abc.txt 传送到 Ubuntu 操作系统中的/mnt/aaa 目录下。在 Ubuntu 操作系统中的/mnt 目录下，新建 aaa 文件夹。选中 aaa 文件夹，同时选择 F 盘中的文件 abc.txt，并将其拖动到传送队列中，如图 5.111 所示。

（6）使用 ls 命令查看 Ubuntu 操作系统主机 192.168.100.100 目录/mnt/aaa 的传输结果，如图 5.112 所示。

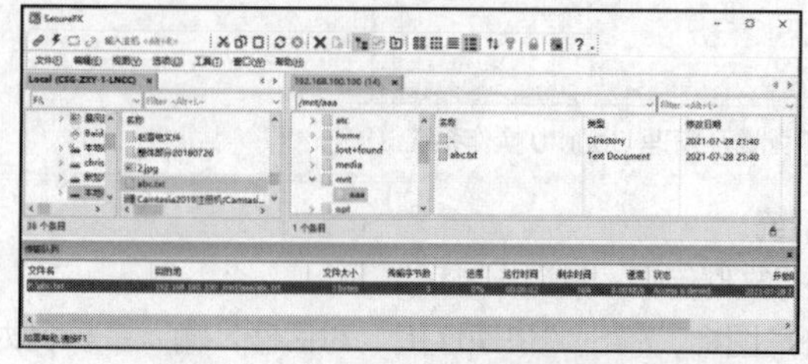

图 5.111　使用 SecureFX 传输文件

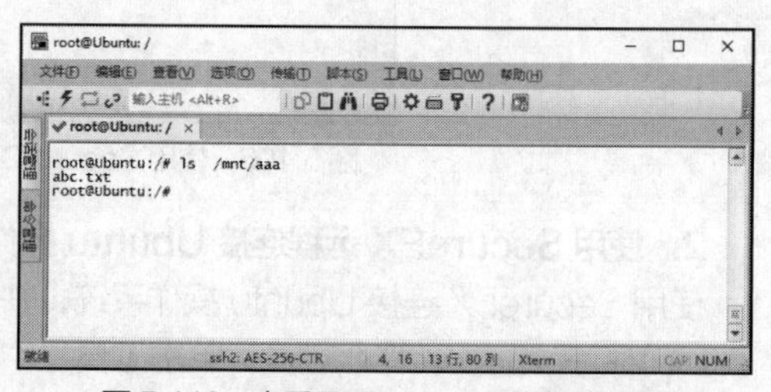

图 5.112　查看目录/mnt/aaa 的传输结果

3. SecureCRT 无法连接登录 Ubuntu 操作系统的原因及解决方案

导致 SecureCRT 无法连接 Ubuntu 操作系统的原因有很多，具体情况分析如下。

（1）安装 Ubuntu 之后没有安装 ssh 服务，导致一直连接不上。用户登录系统，执行命令如下。

```
csglncc_1@Ubuntu:~$ sudo   apt   update
csglncc_1@Ubuntu:~$ sudo    apt   install   openssh-server
```

为了使虚拟机与主机之间能够自由移动鼠标，应支持自由拖动功能，建议安装 open-vm-tools 工具，执行命令如下。

```
csglncc_1@Ubuntu:~$ sudo   apt   install   open-vm-tools
csglncc_1@Ubuntu:~$ sudo   apt   install   open-vm-tools-desktop
```

（2）由于虚拟机与主机之间 IP 地址、子网掩码及网关配置不当，无法相互通信，造成无法连接登录。

（3）由于网络 DNS 配置不当，网络主机无法上网，相关服务无法安装，造成无法连接登录。

安装好 Ubuntu 之后设置了静态 IP 地址，主机重启后就无法解析域名了。要想重新设置 DNS，应打开/etc/resolv.conf 文件，执行命令如下。

```
csglncc_1@Ubuntu:~$ cat   /etc/resolv.conf
# Dynamic resolv.conf(5) file for glibc resolver(3) generated by resolvconf(8)
# DO NOT EDIT THIS FILE BY HAND -- YOUR CHANGES WILL BE OVERWRITTEN
```

其内容是一段警告，说明这个文件是 resolvconf 程序动态创建的，不要直接手动编辑，修改将被覆盖。果然，修改完主机重启后其就失效了。

具体解决方法有以下两种。

方法一：在/etc/network/interfaces 中，增加一行命令 dns-nameservers 8.8.8.8，执行命令如下。

```
csglncc_1@Ubuntu:~$ su   root
root@Ubuntu:/home/csglncc_1# cd ~
root@Ubuntu:~# vim     /etc/network/interfaces
dns-nameservers 8.8.8.8
root@Ubuntu:~#
root@Ubuntu:~# echo "dns-nameservers 114.114.114.114">> /etc/network/interfaces
root@Ubuntu:~# cat   /etc/network/interfaces
dns-nameservers 8.8.8.8
dns-nameservers 114.114.114.114
root@Ubuntu:~#
root@Ubuntu:~# apt   install   resolvconf
root@Ubuntu:~# apt   install   openresolv
root@Ubuntu:~# resolvconf    -u
```

8.8.8.8 是谷歌提供的 DNS 服务器地址，114.114.114.114 是全国通用的 DNS 地址，国内用户使用较多，且速度比较快也很稳定。这里只是举一个例子，也可以将其改成电信运营商的 DNS。主机重启后 DNS 即可生效。

方法二：在/etc/resolvconf/resolv.conf.d/base（这个文件默认是空白的）中，执行命令如下。

```
root@Ubuntu:~# vim   /etc/resolvconf/resolv.conf.d/base
root@Ubuntu:~# cat   /etc/resolvconf/resolv.conf.d/base
nameserver   114.114.114.114
nameserver   8.8.8.8
nameserver   8.8.4.4
root@Ubuntu:~#
```

如果有多个 DNS，则一行写入一个命令，修改好保存文件，并执行 resolvconf –u 命令。此时，可发现问题被解决了。

```
root@Ubuntu:~# resolvconf -u
root@Ubuntu:~# ping   114.114.114.114
PING 114.114.114.114 (114.114.114.114) 56(84) bytes of data.
64 比特，来自 114.114.114.114: icmp_seq=1 ttl=128 时间=36.5 毫秒
64 比特，来自 114.114.114.114: icmp_seq=2 ttl=128 时间=36.4 毫秒
64 比特，来自 114.114.114.114: icmp_seq=3 ttl=128 时间=38.6 毫秒
64 比特，来自 114.114.114.114: icmp_seq=4 ttl=128 时间=36.6 毫秒
^C
--- 114.114.114.114 ping 统计 ---
已发送 4 个包， 已接收 4 个包，0% 包丢失，耗时 3007 毫秒
rtt min/avg/max/mdev = 36.378/37.037/38.588/0.900 ms
root@Ubuntu:~#
```

（4）修改客户端/etc/ssh/ssh_config 配置文件与服务端/etc/ssh/sshd_config 配置文件。

① 修改客户端/etc/ssh/ssh_config 配置文件。

```
root@Ubuntu:~# vim   /etc/ssh/ssh_config
    # Port 22
    # protocol 2
    # Ciphers aes128-ctr,aes192-ctr,aes256-ctr,aes128-cbc,3des-cbc
    MACs hmac-md5,hmac-sha1,umac-64@openssh.com
```

将前 3 行的“#”去掉，并保存文件。

② 修改服务端/etc/ssh/sshd_config 配置文件。

```
root@Ubuntu:~# vim   /etc/ssh/sshd_config
Port 22
 Protocol 2
 Ciphers aes128-ctr,aes192-ctr,aes256-ctr,aes128-cbc,3des-cbc
 MACs hmac-md5,hmac-sha1,umac-64@openssh.com
```

将以上 4 项内容复制添加到/etc/ssh/sshd_config 文件中，并保存文件，主机重启后启用 sshd 服务，执行命令如下。

```
root@Ubuntu:~# service   sshd   restart
root@Ubuntu:~#
```

（5）使用 SecureCRT 登录 Ubuntu 操作系统时，若出现如下信息，则说明密钥交换失败，可能的原因是 SecureCRT 的版本过低，需要升级 SecureCRT 版本为 8.5 以上。

```
Key exchange failed.
No compatible key exchange method. The server supports these methods: curve25519-sha256,
curve25519-sha256@libssh.org,ecdh-sha2-nistp256,ecdh-sha2-nistp384,ecdh-sha2-nistp521,diffie-h
ellman-group-exchange-sha256,diffie-hellman-group16-sha512,diffie-hellman-group18-sha512,diffie-
hellman-group14-sha256
```

任务 5.3 系统克隆与快照管理

我们经常用虚拟机做各种实验，初学者难免因误操作导致系统崩溃、无法启动，或者在做集群的时候需要多台服务器进行测试，如搭建 MySQL、Redis、Tomcat、Nginx 等服务器。搭建服务器费时费力，

一旦系统崩溃、无法启动，需要重新安装操作系统或是部署多台服务器的时候，安装操作系统将会浪费很多时间。那么我们应如何进行操作呢？系统克隆可以很好地解决这个问题。

V5-21　系统克隆

1. 系统克隆

在虚拟机安装好原始的操作系统后进行克隆，克隆出几份操作系统以备用，方便日后多台机器做实验，这样可以避免重新安装操作系统，既方便又快捷。

（1）在 VMware Workstation 主界面中，关闭虚拟机中的系统，选择需要克隆的系统，选择“虚拟机”→“管理”→“克隆”选项，如图 5.113 所示。

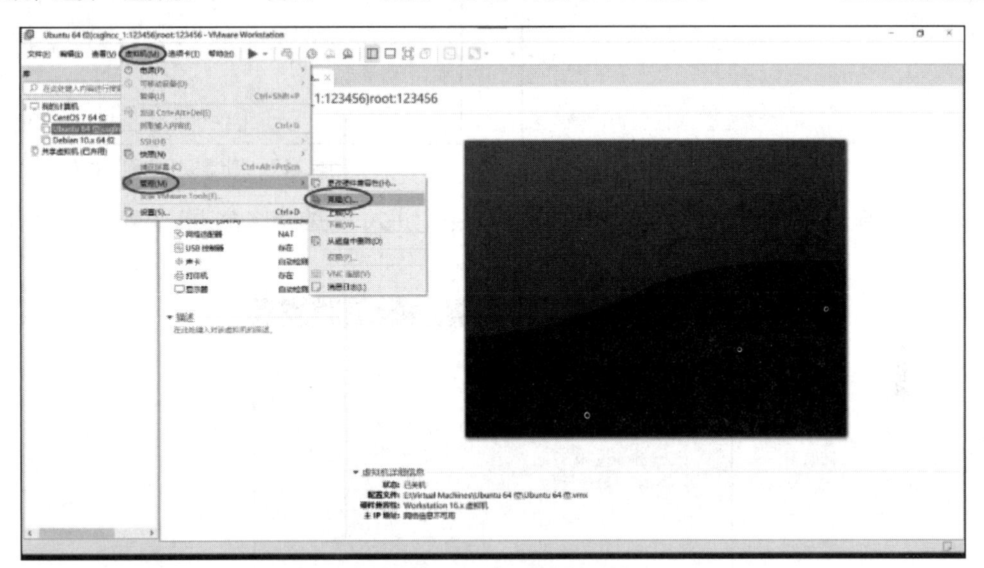

图 5.113　选择“克隆”选项

（2）弹出“克隆虚拟机向导”对话框，如图 5.114 所示。单击“下一步”按钮，进入“克隆源”界面，如图 5.115 所示，可以选中“虚拟机中的当前状态”或“现有快照(仅限关闭的虚拟机)”单选按钮。

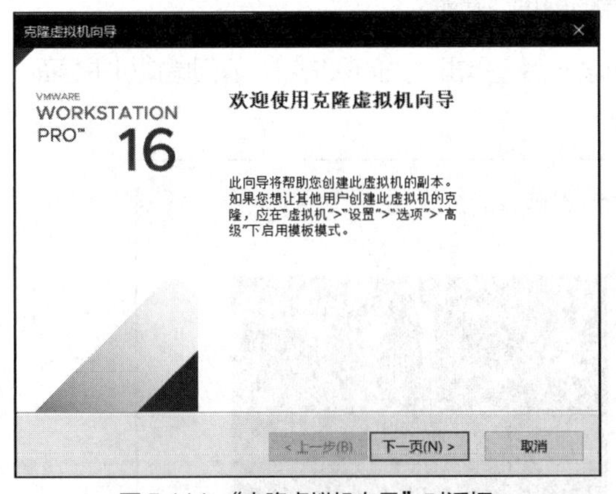

图 5.114　“克隆虚拟机向导”对话框

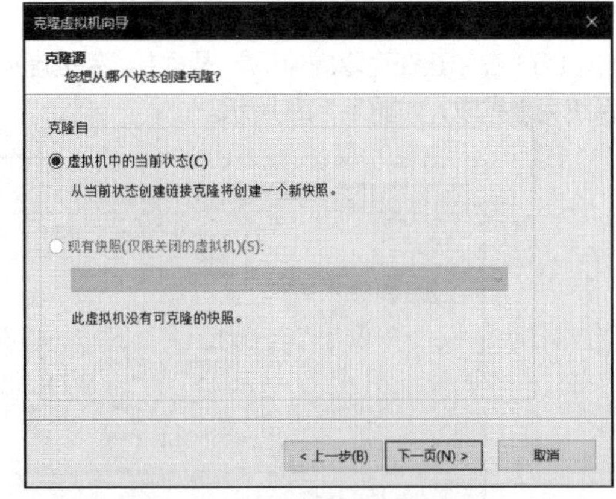

图 5.115　“克隆源”界面

（3）在“克隆源”界面中，单击“下一步”按钮，进入“克隆类型”界面，选中“创建链接克隆”单选按钮，如图 5.116 所示。

（4）在“克隆类型”界面中，单击“下一步”按钮，进入“新虚拟机名称”界面，输入虚拟机名称，设置虚拟机安装位置，如图 5.117 所示。

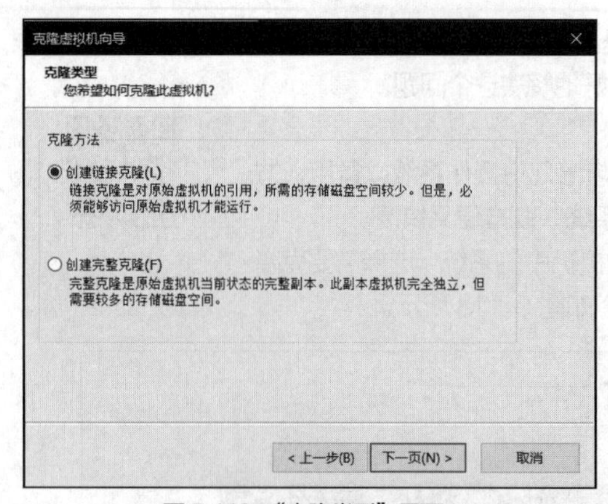

图 5.116 “克隆类型”界面

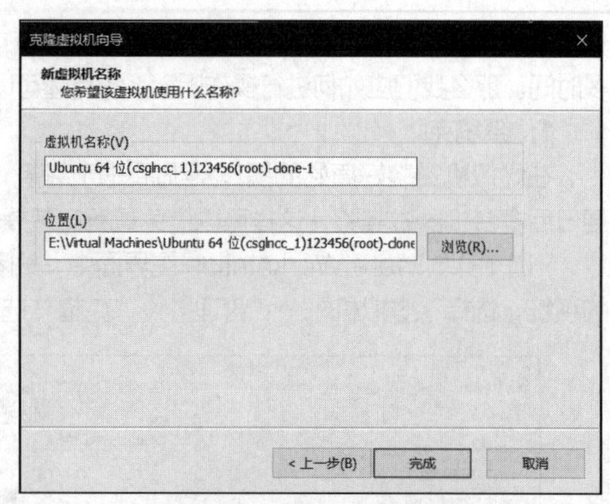

图 5.117 “新虚拟机名称”界面

（5）在“新虚拟机名称”界面中，单击“完成”按钮，进入“正在克隆虚拟机”界面，如图 5.118 所示。

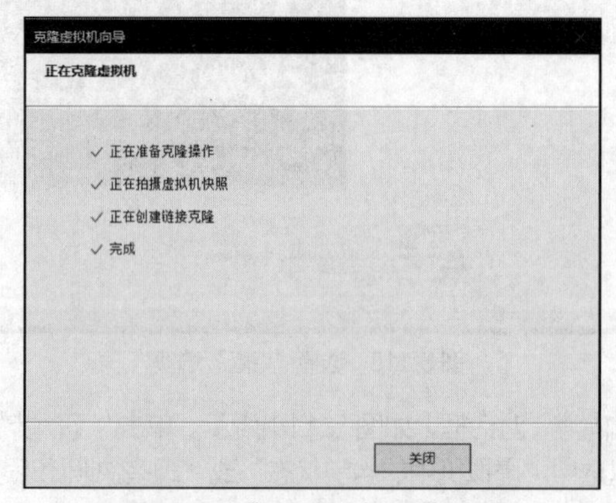

图 5.118 “正在克隆虚拟机”界面

（6）在“正在克隆虚拟机”界面中，完成虚拟机创建后，单击“关闭”按钮，返回虚拟机主界面，系统克隆完成，如图 5.119 所示。

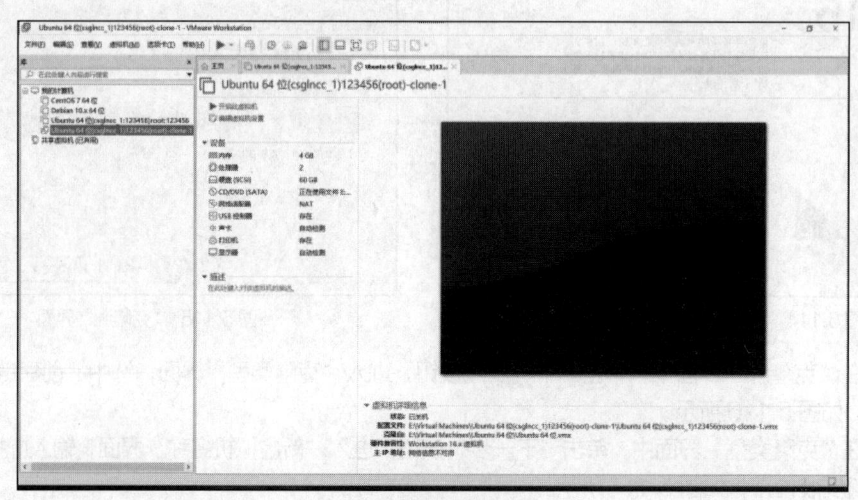

图 5.119 系统克隆完成

2. 快照管理

V5-22　快照管理

VMware 快照是 VMware Workstation 中的一个特色功能。当用户创建一个虚拟机快照时，它会创建一个特定的文件 delta，delta 文件是在基础虚拟机硬盘格式（Virtual Machine Disk Format，VMDK）文件上的变更位图，因此，它不能增长到比 VMDK 文件还大。每为虚拟机创建一个快照，都会生成一个 delta 文件，当某快照被删除或快照管理被恢复时，其相应的 delta 文件将自动删除。

可以通过恢复到快照来保持磁盘文件系统和系统存储，系统快照功能将会很好地解决这个问题。其操作步骤如下。

（1）在 VMware Workstation 主界面中，启动虚拟机中的系统，选择需要快照保存备份的系统，选择“虚拟机”→“快照”→“拍摄快照”选项，如图 5.120 所示。

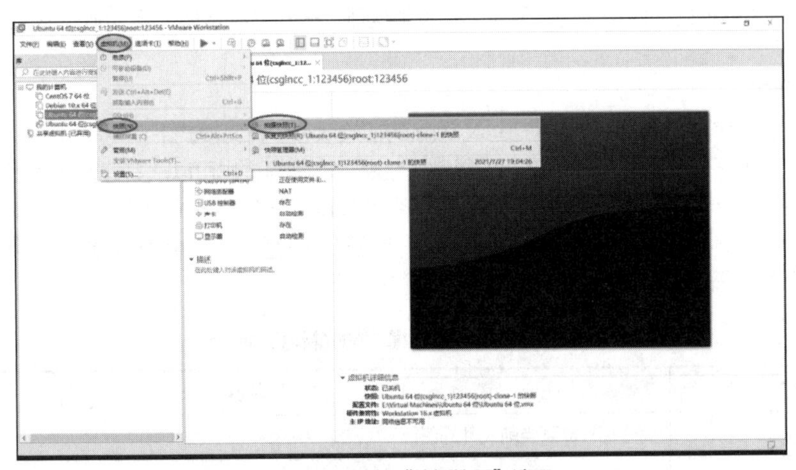

图 5.120　选择“拍摄快照”选项

（2）输入系统快照名称，如图 5.121 所示。单击“拍摄快照”按钮，返回虚拟机主界面，系统快照完成，如图 5.122 所示。

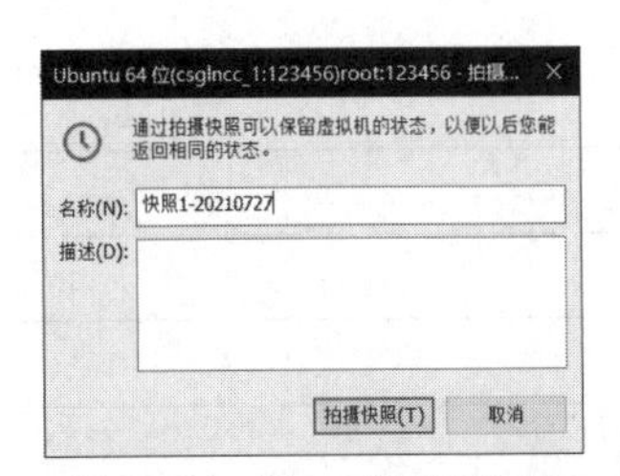

图 5.121　输入系统快照名称

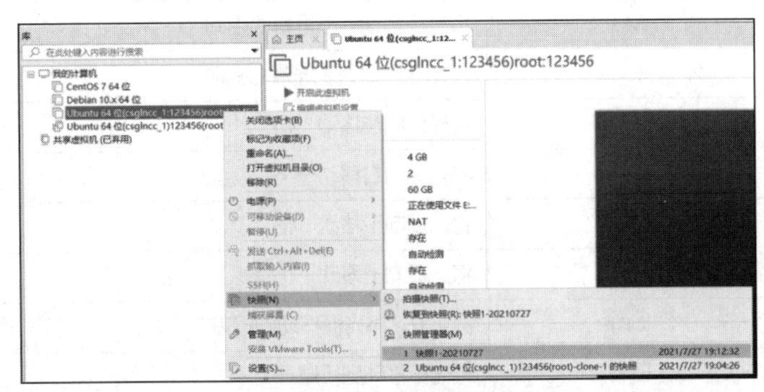

图 5.122　系统快照完成

任务 5.4　Vi、Vim 编辑器的使用

V5-23　Vi、Vim 编辑器的使用

可视化接口（Visual interface，Vi）也称为可视化界面，它为用户提供了一个全屏幕的窗口编辑器，窗口中一次可以显示一屏的编辑内容，并可以上下滚动。Vi 是所有 UNIX 和 Linux 操作系统中的标准编辑器，类似于 Windows 操作系统中的记事本。对于 UNIX 和 Linux 操作系统中的任何版本，Vi 编辑器都是完全相同的。

Vi 也是 Linux 中最基本的文本编辑器之一，学会它后，可以在 Linux（尤其是终端）中畅通无阻。

Vim（Visual interface improved）可以看作 Vi 的改进升级版。Vi 和 Vim 都是 Linux 操作系统中的编辑器，不同的是，Vim 比较高级。Vi 用于文本编辑，但 Vim 更适用于面向开发者的云端开发平台。

Vim 可以执行输出、移动、删除、查找、替换、复制、粘贴、撤销、块操作等众多文件操作，而且用户可以根据自己的需要对其进行定制，这是其他编辑程序没有的功能。但 Vim 不是一个排版程序，它不像 Word 或 WPS 那样可以对字体、格式、段落等其他属性进行编排，它只是一个文件编辑程序。Vim 是全屏幕文件编辑器，没有菜单，只有命令。

在命令行中执行 vim filename 命令，如果 filename 已经存在，则该文件被打开且显示其内容；如果 filename 不存在，则 Vim 在第一次存盘时自动在硬盘中新建 filename 文件。

Vim 有 3 种基本工作模式：命令模式、编辑模式、末行模式。考虑到各种用户的需要，可采用状态切换的方法实现工作模式的转换。切换只是习惯性的问题，一旦熟练掌握使用 Vim，就会觉得它非常易于使用。

1．命令模式

命令模式（其他模式→Esc）是用户进入 Vim 的初始状态。在此模式下，用户可以输入 Vim 命令，使 Vim 完成不同的工作任务，如光标移动、复制、粘贴、删除等，也可以从其他模式返回到命令模式，在编辑模式下按 Esc 键或在末行模式下输入错误命令都会返回到命令模式。Vim 命令模式的光标移动命令如表 5.9 所示，Vim 命令模式的复制和粘贴命令如表 5.10 所示，Vim 命令模式的删除操作命令如表 5.11 所示，Vim 命令模式的撤销与恢复操作命令如表 5.12 所示。

表 5.9　Vim 命令模式的光标移动命令

操作	功能说明
gg	将光标移动到当前文件的首行
G	将光标移动到当前文件的尾行
w 或 W	将光标移动到下一个单词
H	将光标移动到该屏幕的顶端
M	将光标移动到该屏幕的中间
L	将光标移动到该屏幕的底端
h（←）	将光标向左移动一格
l（→）	将光标向右移动一格
j（↓）	将光标向下移动一格
k（↑）	将光标向上移动一格
0（Home）	数字 0，将光标移动到行首
$（End）	将光标移动到行尾
Page Up/Page Down	（Ctrl+b/Ctrl+f）上下翻屏

表 5.10　Vim 命令模式的复制和粘贴命令

操作	功能说明
yy 或 Y（大写）	复制光标所在的整行
3yy 或 y3y	复制 3 行（含当前行及其后 2 行），如复制 5 行，则使用 5yy 或 y5y 即可

续表

操作	功能说明
y1G	复制当前行至行文件首
yG	复制当前行至行文件尾
yw	复制一个单词
y2w	复制 2 个字符
p（小写）	粘贴到光标的后（下）面，如果复制的是整行，则粘贴到光标所在行的下一行
P（大写）	粘贴到光标的前（上）面，如果复制的是整行，则粘贴到光标所在行的上一行

表 5.11　Vim 命令模式的删除操作命令

操作	功能说明
dd	删除当前行
3dd 或 d3d	删除 3 行（含当前行及其后 2 行），如删除 5 行，则使用 5dd 或 d5d 即可
d1G	删除至文件首
dG	删除至文件尾
D 或 d$	删除至行尾
dw	删除至词尾
ndw	删除后面的 *n* 个词

表 5.12　Vim 命令模式的撤销与恢复操作命令

操作	功能说明
u（小写）	取消上一个更改（常用）
U（大写）	取消一行内的所有更改
Ctrl+r	重做一个动作（常用），通常与“u”配合使用，将会为编辑提供很多方便
.	重复前一个动作，如果想要重复删除、复制、粘贴等操作，则按.键即可

2. 编辑模式

在编辑模式（命令模式→a/A、i/I 或 o/O）下，可对编辑文件添加新的内容并进行修改，这是该模式的唯一功能。进入该模式时，可按 a/A、i/I 或 o/O 键。Vim 编辑模式命令如表 5.13 所示。

表 5.13　Vim 编辑模式命令

操作	功能说明
a（小写）	在光标之后插入内容
A（大写）	在光标当前行的末尾插入内容
i（小写）	在光标之前插入内容
I（大写）	在光标当前行的开始部分插入内容
o（小写）	在光标所在行的下面新增一行
O（大写）	在光标所在行的上面新增一行

3. 末行模式

末行模式（命令模式→：或/与？）主要用于实现一些文字编辑辅助功能，如查找、替换、文件保存等。在命令模式下输入“:”字符，即可进入末行模式，若输入命令完成或命令出错，则会退出 Vim 或返回到命令模式。按 Esc 键可返回命令模式。Vim 末行模式命令如表 5.14 所示。

表 5.14　Vim 末行模式命令

操作	功能说明
ZZ（大写）	保存当前文件并退出
:wq 或:x	保存当前文件并退出
:q	结束 Vim 程序，如果文件有过修改，则必须先保存文件
:q!	强制结束 Vim 程序，修改后的文件不会保存
:w[文件路径]	保存当前文件，将其保存为另一个文件（类似于另存为文件）
:r[filename]	在编辑的数据中读入另一个文件的数据，即将 filename 文件的内容追加到光标所在行的后面
:!command	暂时退出 Vim 到命令模式下执行 command 的显示结果，如“:!ls/home”表示可在 Vim 中查看/home 下以 ls 输出的文件信息
:set nu	显示行号，设定之后，会在每一行的前面显示该行的行号
:set nonu	与:set nu 相反，用于取消行号

在命令模式下输入“:”字符，即可进入末行模式，在末行模式下可以进行查找与替换操作，其命令格式如下。

```
:[range]      s/pattern/string/[c,e,g,i]
```

查找与替换操作各参数及其功能说明如表 5.15 所示。

表 5.15　查找与替换操作各参数及其功能说明

参数	功能说明
range	指的是范围，如“1，5”指从第 1 行至第 5 行，“1，$”指从首行至最后一行，即整篇文章
s（search）	表示搜索
pattern	要被替换的字符串
string	用 string 替换 pattern 的内容
c（confirm）	每次替换前会询问
e（error）	不显示 error
g（globe）	不询问，将做整行替换
i（ignore）	不区分字母大小写

在命令模式下输入“/”或“？”字符，即可进入末行模式，在末行模式下可以进行查找操作，其命令格式如下。

```
/word 或? word
```

查找操作各参数及其功能说明如表 5.16 所示。

表 5.16　查找操作各参数及其功能说明

参数	功能说明
/word	向光标之下寻找一个名称为 word 的字符串。例如，要在文件中查找“welcome”字符串，则输入/welcome 即可
?word	向光标之上寻找一个名称为 word 的字符串
n	其代表英文按键，表示重复前一个查找的动作。例如，如果刚刚执行了/welcome 命令向下查找“welcome”字符串，则按 n 键后，会继续向下查找下一个“welcome”字符串；如果执行了?welcome 命令，那么按 n 键会向上查找下一个“welcome”字符串
N	其代表英文按键，与 n 刚好相反，为反向进行前一个查找动作。例如，执行/welcome 命令后，按 N 键表示向上查找“welcome”字符串

安装 Ubuntu 时，默认不安装 Vim 应用程序，其需要单独安装，可以执行 apt install vim 命令进行安装。

Vim 编辑器的使用可参考以下示例。

示例 1：在当前目录下新建文件 newtest.txt，输入文件内容，执行以下命令。

```
root@Ubuntu:~# apt   update             #升级应用程序系统
root@Ubuntu:~# apt   install   vim      #安装 Vim 工具
root@Ubuntu:~# vim   newtest.txt        #创建新文件 newtest.txt
```

在命令模式下按 a/A、i/I 或 o/O 键，进入编辑模式，完成以下内容的输入。

```
1        hello
2        everyone
3        welcome
4        to
5        here
```

输入以上内容后，按 Esc 键，从编辑模式返回到命令模式，再输入“ZZ”，即可退出并保存文件内容。

示例 2：复制第 2 行与第 3 行文本到文件尾，同时删除第 1 行文本。

按 Esc 键，从编辑模式返回到命令模式，将光标移动到第 2 行，按 2yy 键，再按 G 键，将光标移动到文件最后一行；按 p 键，复制第 2 行与第 3 行文本到文件尾；按 gg 键，将光标移动到文件首行，按 dd 键，删除第 1 行文本。执行以上操作命令后，显示的文件内容如下。

```
2        everyone
3        welcome
4        to
5        here
2        everyone
3        welcome
```

示例 3：在命令模式下，输入“:”字符，进入末行模式，在末行模式下进行查找与替换操作，执行以下命令。

```
:1,$    s/everyone/myfriend/g
```

对整个文件进行查找，用“myfriend”字符串替换“everyone”字符串，无询问地进行替换操作，执行命令后的文件内容如下。

```
2        myfriend
3        welcome
```

```
4	to
5	here
2	myfriend
3	welcome
```

示例 4：在命令模式下，输入"?"或"/"，进行查询，这里执行以下命令。

```
/welcome
```

按 Enter 键后，可以看到光标位于第 2 行，"welcome"字符串闪烁显示；按 n 键，可以继续进行查找，可以看到光标已经移动到最后一行的"welcome"处进行闪烁显示。按 a/A、i/I 或 o/O 键，进入编辑模式；按 Esc 键返回命令模式，再输入"ZZ"，保存文件并退出 Vim 编辑器。

本章小结

本章包含 3 部分知识点。

5.1 Linux 操作系统，主要讲解了 Linux 概述、熟悉 Ubuntu 桌面环境、常用的图形界面应用程序、Ubuntu 个性化设置、Ubuntu 命令行终端管理、Shell 概述。

5.2 OpenStack 云计算平台管理，主要讲解了 OpenStack 概述、OpenStack 认证服务、OpenStack 镜像服务、OpenStack 网络服务、OpenStack 计算服务、OpenStack 存储服务。

5.3 Docker 容器技术，主要讲解了 Docker 技术概述、Docker 架构与应用。

技能实践主要演示了安装 Ubuntu 操作系统，使用 SecureCRT 与 SecureFX 配置管理 Ubuntu 操作系统，系统克隆与快照管理，Vi、Vim 编辑器的使用等操作。

课后习题

1. 选择题

（1）下列不属于 Linux 操作系统特点的是（　　）。

A. 多用户　　B. 单任务　　C. 开放性　　D. 设备独立性强

（2）Linux 最早是由计算机爱好者（　　）开发的。

A. Linus Torvalds　　B. Andrew Tanenbaum
C. Ken Thompson　　D. Dennis Ritchie

（3）下列（　　）是自由软件。

A. Windows XP　　B. UNIX　　C. Linux　　D. MAC

（4）Linux 操作系统中可以实现关机操作的命令是（　　）。

A. shutdown -k now　　B. shutdown -r now
C. shutdown -c now　　D. shutdown -h now

（5）Linux 操作系统中的 root 用户登录后，默认的命令提示符为（　　）。

A. !　　B. #　　C. $　　D. @

（6）在 Vim 的命令模式中，输入（　　）无法进入末行模式。

A. :　　B. I　　C. ?　　D. /

（7）在 Vim 的命令模式中，输入（　　）无法进入编辑模式。

A. o　　B. a　　C. e　　D. i

（8）OpenStack 认证服务通过（　　）组件来实现。

A. Nova　　B. Keystone　　C. Cinder　　D. Neutron

（9）创建磁盘镜像时，磁盘镜像的默认格式是（　　）。

A．ISO　　B．RAW　　C．QCOW2　　D．VDI

（10）创建磁盘镜像时，镜像容器的默认格式是（　　）。

A．BARE　　B．AMI　　C．DOCKER　　D．NOVA

（11）【多选】Swift 的应用包括（　　）。

A．网盘　　B．备份文档

C．IaaS 公有云　　D．移动互联网和内容分发网络

（12）【多选】Swift 采用的是层次数据模型，存储的对象在逻辑上分为（　　）。

A．账户　　B．容器　　C．对象　　D．服务器

（13）【多选】Docker 的三大核心概念为（　　）。

A．镜像　　B．容器　　C．仓库　　D．服务器

2．简答题

（1）简述 Linux 的体系结构。

（2）简述 Linux 的特性。

（3）简述 OpenStack 的架构。

（4）简述 Keystone 的主要功能。

（5）简述 OpenStack 镜像服务。

（6）简述 OpenStack 网络服务。

（7）简述 OpenStack 计算服务。

（8）简述 OpenStack 存储服务。

（9）简述 Docker 的优势。

（10）简述 Docker 的三大核心概念。

第6章 云安全与新兴技术

06

本章主要讲述云安全概述、云桌面、云计算相关的其他领域等知识点，包括云安全与传统安全、云安全体系架构、安全即服务、云计算技术框架、云桌面概述、云桌面的基本架构、桌面虚拟化技术、物联网、大数据、人工智能、5G网络等相关内容。

【学习目标】

- 了解云安全与传统安全。
- 掌握云安全体系架构以及安全即服务。
- 掌握云桌面概述、云桌面的基本架构以及桌面虚拟化技术。
- 了解云计算相关的其他领域技术。

【素质目标】

- 培养自我学习的能力、习惯和爱好。
- 培养实践动手能力，能解决工作中的实际问题，树立爱岗敬业精神。
- 培养辩证思维、科学严谨的学习态度。

6.1 云安全概述

云安全（Cloud Security）是继云计算、云存储之后出现的云技术的重要应用，是传统IT领域安全概念在“云计算时代”的延伸。云安全通常包括两个方面的内涵：一是云计算安全，即通过相关安全技术，形成安全解决方案，以保护云计算系统本身的安全；二是安全云，特指网络安全厂商构建的提供安全服务的云，让安全成为云计算的一种服务形式。

6.1.1 云安全与传统安全

从云计算安全的内涵角度来说，云安全是网络时代信息安全的最新体现。云安全是基于云计算商业模式应用，融合了并行处理、网格计算和未知病毒行为判断等新兴技术的安全软件、安全硬件和安全平台等的总和。云安全主要体现为应用于云计算系统的各种安全技术和手段的融合。云安全是云计算技术的重要分支，并且已经在反病毒软件中取得了广泛的应用，发挥了良好的效果。

从安全云的内涵角度来说，云安全将逐步成为云计算的一种服务形式，主要体现为网络安全厂商基于云平台向用户提供各类安全服务。

云安全的概念在早期曾经引起不小争议，现在已经被普遍接受。目前，我国网络安全企业在云安全的技术应用上走在世界前列。

1．云安全与传统安全比较

随着传统环境向云计算环境的大规模迁移，云计算环境下的安全问题变得越来越重要。相对于传统安全，云计算的资源虚拟化、动态分配以及多租户、特权用户、服务外包等特性使得信任关系的建立、管理和维护更加困难，服务授权和访问控制变得更加复杂，网络边界变得模糊，这些问题让“云”面临更大的挑战，云的安全成为最为关注的问题之一。云安全与传统安全到底有什么区别和联系呢？传统安全与云安全的对比如图6.1所示。

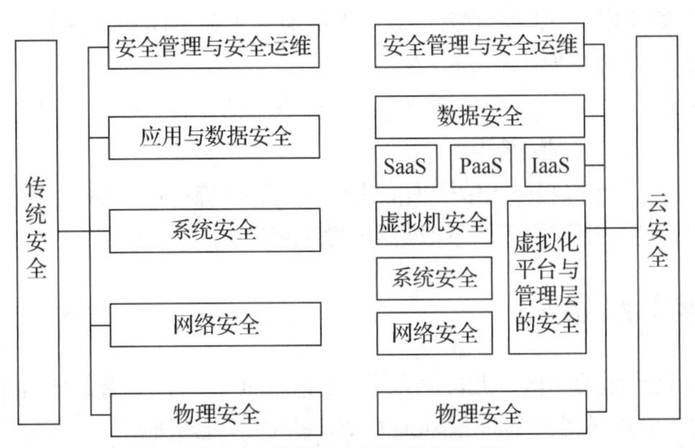

图6.1　传统安全与云安全的对比

云计算引入了虚拟化技术，改变了服务方式，但并没有颠覆传统的模式。从图6.1中可以看出，传统安全和云安全的层次划分大体类似。在云计算环境下，由于虚拟化技术的引入，需要增加虚拟化安全的防护措施。而在基础层面上，仍然依靠成熟的传统安全技术来提供安全防护。云安全和传统安全在安全目标、系统资源类型、基础安全技术方面是相同的，而云计算又有其特有的安全问题，主要包括虚拟化安全问题和云计算服务模式相关的安全问题。大体上，我们可以把云安全看作传统安全的一个超集。换句话说，云安全是传统安全在云计算环境下的继承和发展。

传统安全和云安全的相同之处如下。

（1）目标相同。它们都用于保护信息、数据的安全和完整。

（2）保护对象相同。它们保护的对象均为系统中的用户、计算、网络、存储资源等。

（3）技术类似。其包括加解密技术、安全检测技术等。

2．云安全面临的挑战

云安全面临的挑战主要来源于技术、管理和法律风险等方面，具体如下。

（1）数据集中。聚集的用户、应用和数据资源更容易受到集中攻击，一旦产生事故，影响范围广、后果严重。

（2）防护机制。传统基于物理安全边界的防护机制在云计算环境下难以得到有效的应用。

（3）业务模式。基于云的业务模式给数据安全的保护提出了更高的要求。

（4）系统复杂。云计算系统非常大，发生故障的时候要进行快速定位的挑战也很大。

（5）开放接口。云计算的开放性对接口安全提出了新的要求。

（6）管理方面。在管理方面，云计算数据的管理权和所有权是分离的，需要不断完善使用企业和云服务提供商之间运营管理、安全管理等方面的措施。

（7）法律方面。法律方面主要是地域性的问题，如云信息安全监管、隐私保护等方面可能存在法律风险。

3. 云安全主要内容

云安全包含的内容与技术非常广泛，既包括传统的安全内容和技术，又包括云计算架构下的新型安全内容和技术。云计算安全领域中包括数据安全、应用安全和虚拟化安全等内容及技术。

（1）数据安全。云用户和云服务提供商应避免数据丢失及被窃，无论使用哪种云计算的服务模式（SaaS、PaaS、IaaS），数据安全都变得越来越重要。云计算服务模式下的数据安全包括数据传输安全、数据隔离和数据残留等。

（2）应用安全。由于云环境的灵活性、开放性以及公众可用性等特性，给应用安全带来了很多挑战。云服务提供商在云主机上部署的 Web 应用程序应当充分考虑来自互联网的威胁，主要包括终端用户安全、SaaS 应用安全、PaaS 应用安全、IaaS 应用安全等。

（3）虚拟化安全。基于虚拟化技术的云计算引入的风险主要来自两个方面：一个是虚拟化软件的安全；另一个是使用虚拟化技术的虚拟服务器的安全。

① 虚拟化软件的安全。虚拟化技术包括全虚拟化或半虚拟化等。在虚拟化过程中，有不同的方法可以通过不同层次的抽象来实现相同的结果。

② 虚拟服务器的安全。虚拟服务器位于虚拟化软件上。传统的对于物理服务器的安全原理与实践也可以被运用到虚拟服务器上，但需要兼顾虚拟服务器的特点。

6.1.2 云安全体系架构

云安全研究目前还处于起步阶段，业界尚未形成相关标准。目前主要的研究组织包括云安全联盟、计算机辅助制造（Computer Aided Manufacturing，CAM）组织等。

云安全联盟在 2009 年 12 月 17 日发布的《云计算安全指南》，着重总结了云计算的技术架构模型、安全控制模型以及相关合规模型之间的映射关系，从云计算用户角度阐述了可能存在的商业隐患、安全威胁以及推荐采取的安全措施。许多云服务提供商（如亚马逊、IBM、微软等）也纷纷提出并部署了相应的云计算安全解决方案，主要通过采用身份认证、安全审查、数据加密、系统冗余等技术及管理手段来提高云计算业务平台的健壮性、服务连续性和用户数据的安全性。

1. 云计算安全参考模型

在云服务体系架构中，IaaS 是所有云服务的基础，PaaS 一般建立在 IaaS 上，而 SaaS 一般又建立在 PaaS 之上，云计算模型之间的关系和依赖性对于理解云计算的安全非常重要。从 IT 网络和安全专业人士的视角出发，可以用统一分类的一组公用的、简洁的词汇来描述云计算对安全架构的影响，即在这个统一分类的方法中，云服务和架构可以被解构，也可以被映射到某个包括安全、可操作控制、风险评估和管理框架等诸多要素的补偿模型中，进而符合规范标准。云安全联盟提出的云计算安全参考模型如图 6.2 所示。

云计算安全参考模型描述了安全控制模型和云模型之间的关系，也详细地描述了云模型中 IaaS、PaaS 和 SaaS 之间的关系。IaaS 涵盖了从机房设备到硬件平台等所有的基础设施资源层面。PaaS 位于 IaaS 之上，增加了一个层面用于与应用开发、中间件能力以及数据库、消息和队列等功能集成。SaaS 位于底层的 IaaS 和 PaaS 之上，能够提供独立的运行环境，用于交付完整的用户体验，包括内容、展现、应用和管理能力等。

IaaS 为上层云应用提供安全的数据存储、计算等 IT 资源服务，是整个云计算体系安全的基石。PaaS 位于云服务的中间层，自然起到的是承上启下的作用，既依靠 IaaS 平台提供的资源，又为上层 SaaS 提供应用平台。PaaS 为各类云应用提供共性信息安全服务，是支撑云应用达到用户安全目标的重要手段。SaaS 与用户的需求紧密结合，安全云服务种类繁多。典型的如分布式拒绝服务（Distributed Denial of Service，DDoS）攻击防护云服务、Botnet 检测与监控云服务、云网页过滤与杀毒应用、内容安全云服务、安全事件监控与预警云服务、云垃圾邮件过滤及防治等。SaaS 位于云服务的顶层，大量的用户共用一个软件平台必然带来数据、应用的安全问题。多租户技术是解决这一问题的关键，但是也存在着数据隔离、用户化配置方面的问题。云服务提供商对 SaaS 层的安全承担主要责任。

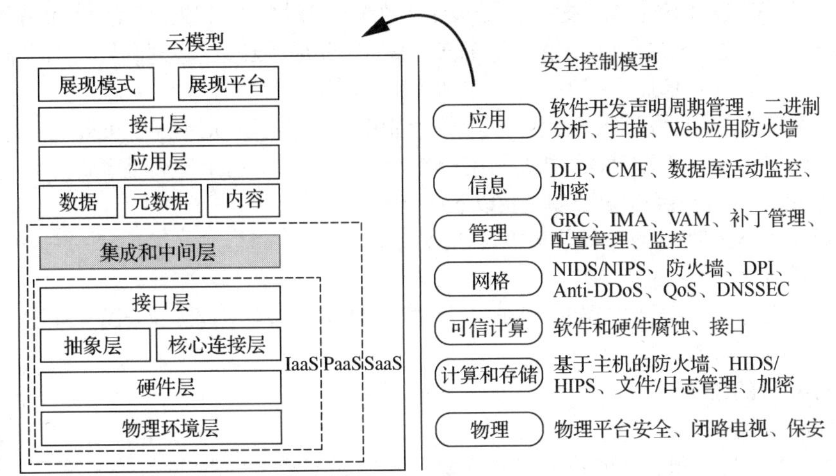

图 6.2　云计算安全参考模型

2. 云计算安全模型分析

安全厂商可以基于云安全联盟提出的云计算安全模型，提出独具特色的云安全解决方案。图 6.3 所示为国内厂商提出的一种典型的云安全架构。

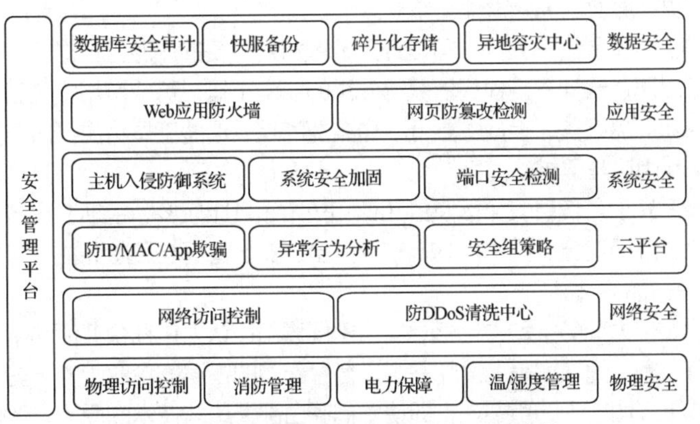

图 6.3　国内厂商提出的一种典型的云安全架构

6.1.3　安全即服务

安全即服务（Security as a Service，SECaaS）是用于安全管理的外包模式。通常情况下，SECaaS 包括通过互联网发布的应用软件（如反病毒软件）。基于互联网的安全（有时称为云安全）产品是 SaaS 的一部分。

SECaaS 从云的角度出发来考虑企业安全，云安全的讨论主要集中在如何迁移到云平台，如何在使用云时维持机密性、完整性、可用性和地理位置，而 SECaaS 则从另一角度着眼，通过基于云的服务来保护云中的、传统企业网络中的以及两者混合环境中的系统和数据。

生产 SECaaS 产品的厂商有 Cisco、McAfee、熊猫软件、Symantec、趋势科技和 VeriSign 等。2014 年 5 月，绿盟科技云安全运营服务业务获得 ISO 27001 管理体系的认证，这标志着绿盟科技成为国内首家通过 ISO 27001 认证的管理安全服务（Managed Security Services，MSS）和 SECaaS

提供商。绿盟科技提供的云安全运营服务以网站安全为核心，对网站面临的威胁和安全事件提供“7×24小时”全天候的监测与防护。云安全运营服务可以在安全事件发生前对网站提供 Web 漏洞智能补丁，预防针对 Web 漏洞的攻击；安全事件发生时，云安全运营服务可对 DDoS 攻击和 Web 攻击提供“7×24小时”监测与防护，对攻击进行有效的拦截；在安全事件发生后，云安全运营服务可及时监测到网站篡改、网站挂马等安全事件并进行响应和处置，快速消除安全事件带来的影响。

从发展趋势来看，安全服务未来将不仅仅限于咨询和运维，SECaaS 这种新的商业模式将成为网络安全产业未来的发展方向，SECaaS 也从应用安全转向基础安全领域。这一商业模式将网络安全作为一种独立的 IT 产品。相比于传统模式，其具有以下几个优点。

（1）无须本地部署安全系统，只需与数据中心对接。

（2）响应速度快，升级快。

（3）企业的安全支出将会更加弹性，对于广大中小企业尤其是互联网创业公司，可以减少自己初期的开支，刺激它们的需求。

1. SECaaS 的优势

SECaaS 的优势如下。

V6-1 SECaaS 的优势

（1）人员力量增强。信息安全是一种劳动密集型工作，从服务器、网络设备、防火墙到入侵检测系统收集日志等都要求工作人员完成。涉及系统渗透的数据泄露事故也需要安全团队发现。SECaaS 解决方案可以指派团队处理特定活动（如监控日志），并在很多不同用户间分摊成本，从而降低单位成本。安全计划现在可以提供专门的日志监控小组，如果没有基于云计算的模式，这是不可能实现的。这能提高安全计划的有效性，并使内部人员将更多时间放在更高层次的风险管理工作上。

（2）提供先进的安全工具。一方面，可以通过云服务对免费的开源工具进行安装和维护以减少安全风险；另一方面，可以通过云计算规模经济获得先进的安全工具。这些可用安全工具的质量和种类可以与企业内部部署的商业产品媲美，但成本更低。更重要的是，这些工具将由云服务提供商来维护，所以用户有足够的时间来利用这些工具的优势。

（3）提供专业技术知识。信息安全涉及的知识和技术领域比较多，包括密码技术、访问控制技术、网络安全、系统安全、应用安全、网络攻防、软件安全、安全管理与风险评估、信息安全法律法规等，不可能有人了解各个方面的所有细节。

（4）将信息安全定位为业务推动力。信息安全部门通常被认为是在企业活动中设置路障的部门，造成这种看法的原因有很多，而这实际上可能并不是信息部门的错误。企业中的一些人可能不理解用于保护机密数据的加密或防火墙技术的重要性，即使他们明白部署这些技术的原因，他们可能也不明白部署这些安全技术所需要的时间。

（5）身份管理。对于系统管理员和人力资源部门而言，管理员工账户并不是简单的工作。新员工都在等待访问系统以完成其工作，而当员工离职后，其账户可能没有被及时禁用。这种复杂的手动系统给系统管理员和人力资源都带来了安全风险。

（6）虚拟机管理。公有云或私有云管理虚拟服务器的挑战之一是配置管理。配置管理包括通过基于企业政策的安全方法配置和维护服务器，这些方法有防火墙策略、文件系统权限和安装的服务等。支持这一过程的技术已经充斥在数据中心中。基于云计算的配置管理系统需要能够跨多个云服务提供商和内部数据中心来提供这种功能。而用于配置管理的基于云计算的安全服务提供这种功能。

（7）网络层保护。在过去几年中，保护对基于互联网资产的网络连接而言变得越来越迫切。现在，网站正越来越多地受到网络犯罪分子的攻击。某些网络犯罪分子组织使用低技术工具对各种企业发动拒绝服务攻击继续成为新闻头条，这种类型的攻击主要出现在企业依靠互联网来访问基于云的应用的当下。对这种针对云资产的攻击的最好防御其实是云本身。一些 SECaaS 解决方案通过大量带宽和智能协议路由来提供针对 DoS 攻击的保护。这些服务还可以将 Web 服务器隐藏在其前端服务器之后，以防止其遭受路过式攻击。

V6-2 SECaaS 应用领域

2. SECaaS 应用领域

SECaaS 应用领域如下。

（1）身份、授权和访问管理服务。身份管理即服务（Identity as a Service）是一个通用的名称，包含一个或者多个组成身份管理生态系统的服务，例如，策略执行点即服务（PEP as a Service）、策略决策点即服务（PDP as a Service）、策略访问点即服务（PAP as a Service）、向实体提供身份的服务、提供身份属性的服务及提供身份信誉的服务等。

（2）数据泄露防护。数据泄露防护服务通常在桌面/服务器上以客户端形式运行，执行对特定数据内容操作授权的策略，对云中和本地系统中静态的数据、传输中的数据以及使用中的数据进行监控、保护以及所受保护的展示。

（3）Web 安全。Web 安全是指某种实时保护，或者通过本地安装的软件/应用提供，或者通过使用代理或重定向技术将流量导向云提供商而通过云提供。这在其他的保护措施（如防恶意程序软件）之上提供了一层额外保护，可以防止恶意程序随着诸如 Web 浏览之类的活动进入企业内部。通过这种技术还可以执行围绕 Web 访问类型和允许访问时间窗口的策略规则。应用授权管理可以用来为 Web 应用提供更进一步的细粒度和感知上下文的安全控制。Web 安全属于保护类、检测类和响应类的技术控制。

（4）电子邮件安全。电子邮件安全应该提供对于入站和出站电子邮件的控制，保护企业免受钓鱼链接、恶意电子邮件附件的威胁，执行企业策略，如合理使用规则、垃圾电子邮件防护，并且提供业务连续性方面的可选项。另外，电子邮件安全方案应该提供基于策略的电子邮件加密功能，并能与各种电子邮件服务器整合。数字签名提供的身份识别和不可抵赖也是许多电子邮件安全方案提供的功能。电子邮件安全属于保护类、检测类和响应类的技术控制。

（5）安全评估。安全评估是指对于云服务的第三方或用户驱动的审计，或是通过云提供的基于业界标准的方案对用户本地系统的评估。对于基础设施、应用的传统安全评估及合规审计，业界已有完备的定义和多个标准的支持，如 ISO133、CIS134 等。安全评估具备相对成熟的工具集，一些工具已通过 SECaaS 的交付模式实现。在 SECaaS 交付模式下，用户可以获得云计算变体的典型好处是弹性扩展、几乎忽略不计的安装部署时间、较低的管理开销、按使用付费以及较少的初始投资。

（6）入侵检测/防护。入侵检测/防护使用基于规则的、启发式的或者行为模型监控网络行为模式，检测对企业存在风险的异常活动。

（7）安全信息和事件管理。安全信息和事件管理系统归集（通过推动或拉引机制）日志和事件数据，这些数据来自虚拟或者物理的网络、应用和系统。通过对这些信息进行关联和分析，对需要进行干预或做出其他类型响应的信息或事件提供实时的报告和告警。

（8）加密。加密是使用加密算法对数据进行模糊处理/编码的过程，输出的是加密数据（称为密文）。只有预期的接收者或系统才拥有正确的密钥，能够对密文进行解码（解密）。

（9）业务连续性和灾难恢复。业务连续性和灾难恢复是为了确保在任何服务中断发生时保证运营弹性而设计和实施的措施。无论是自然的还是人为的服务中断事件，这些措施都能提供灵活可靠的故障转移（Failover）和灾难恢复方案。

（10）网络安全。网络安全包含限制或者分配访问的安全服务，以及分发、监控、记录和保护底层资源服务的安全服务。从架构上来说，网络安全提供的服务致力于集中网络的安全控制，或者每一底层资源单个网络的特别的安全控制。在云/虚拟环境或者混合环境下，网络安全可能由虚拟设备和传统的物理设备一起提供。与 Hypervisor（虚拟机管理程序）紧密配合，确保虚拟网络层流量的可视化，这是网络安全服务的关键之一。网络 SECaaS 产品是检测类、保护类和响应类的技术控制。

6.1.4 云计算技术框架

云计算技术体系融合了诸多传统 IT 技术，从 IaaS、PaaS 和 SaaS 及其主要支撑技术角度观察，云计算技术框架示意如图 6.4 所示。

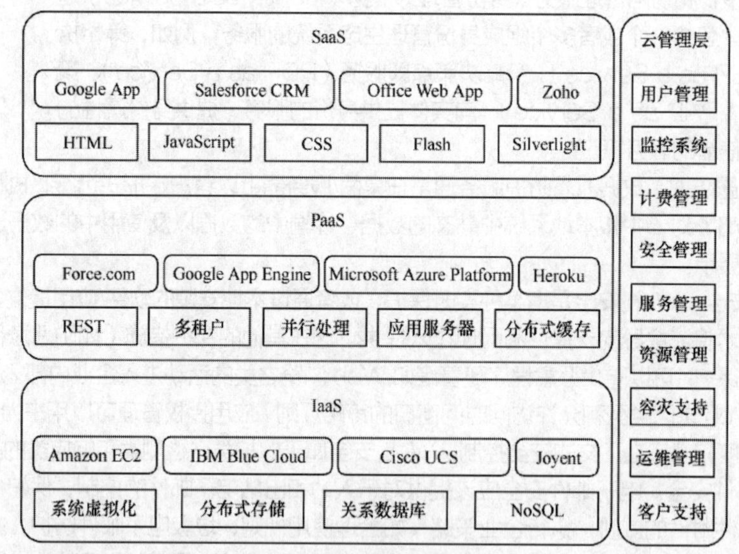

图 6.4 云计算技术框架示意

1. IaaS 层主要技术

IaaS 层所采用的技术是一些比较底层的技术，主要如下。

（1）系统虚拟化。可以理解为基础设施层的“多租户”，因为通过虚拟化技术，能够在一个物理服务器上生成多个虚拟机，并且能在这些虚拟机之间实现全面的隔离，这样不仅能降低服务器的购置成本，还能降低服务器的运维成本。

（2）分布式存储。为了承载海量的数据，同时保证这些数据的可管理性，需要一整套分布式的存储系统（如 GFS 等）。

（3）关系数据库。其基本上是在原有的关系数据库的基础上做了扩展和管理等方面的优化，使其在云中更适应。

（4）NoSQL。为了满足一些关系数据库所无法满足的需求，如支撑海量的数据等，一些公司设计了一批不是基于关系模型的数据库（如 Google BigTable 和 Facebook Cassandra 等）。

云管理相关技术和内容主要包括用户管理、监控系统、计费管理、安全管理、服务管理、资源管理、容灾支持、运维管理和客户支持等。

2. PaaS 层主要技术

PaaS 层的技术具有多样性，主要如下。

（1）REST。通过描述性状态迁移（Representational State Transfer，REST）技术，能够非常方便地将中间件层所支撑的部分服务提供给调用者。

（2）多租户。这是指能让一个单独的应用实例为多个租户服务，而且能保持良好的隔离性和安全性。通过这种技术，能有效地降低应用的购置和维护成本。

（3）并行处理。为了处理海量的数据，需要利用庞大的 x86 集群进行规模巨大的并行处理，Google MapReduce 是这方面的代表之作。

（4）应用服务器。在原有的应用服务器基础上为云计算进行了大量的优化，如用于 GAE 的 Jetty 应用服务器。

（5）分布式缓存。通过分布式缓存技术，不仅能有效地降低对后台服务器的压力，还能加快相应的反应速度。比较有名的分布式缓存莫过于 Memcached。

3. SaaS 层主要技术

SaaS 层是距离普通用户最近的层次。SaaS 层所使用到的技术主要为展示技术，这些技术也是大家所熟知的技术，主要如下。

（1）HTML。其为标准的 Web 页面技术，现在正处于从 HTML4 向 HTML5 过渡的阶段，HTML5 会在视频和本地存储等方面推动 Web 页面的发展。

（2）JavaScript。其为一种用于 Web 页面的动态语言，借助 JavaScript 能够极大地丰富 Web 页面的功能。比较流行的 JavaScript 框架有 jQuery 和 Prototype。

（3）CSS。串联样式表（Cascading Style Sheets，CSS）主要用于控制 Web 页面的外观，而且能使页面的内容与其表现形式之间进行分离。

（4）Flash。其为业界最常用的富互联网应用（Rich Internet Application，RIA）技术之一，它能够在现阶段提供 HTML 等技术所无法提供的基于 Web 的富应用，能够让用户获得很好的用户体验。

（5）Silverlight。来自业界巨擘微软的 Silverlight 技术，虽然其现在市场占有率稍逊于 Flash，但它可以使用 C# 来进行编程，因此对开发者非常友好。

在 SaaS 层的技术选型上，基于通用性和较低的学习成本等原因，大多数云计算产品会倾向于 HTML、JavaScript 和 CSS 这个“黄金组合”，但是在 HTML5 被广泛应用之前，RIA 技术在用户体验方面仍然具有一定的优势，所以 Flash 和 Silverlight 也会有一定的用武之地，如 VMware vCloud 就采用了基于 Flash 的 Flex 技术，而微软的云计算产品肯定会在今后大量使用 Silverlight 技术。

6.2 云桌面

计算机桌面是指启动计算机并登录操作系统后看到的主屏幕区域。就像人们实际工作台的桌面一样，它是用户工作的平面。用户可以将一些项目（如文件和文件夹）放在桌面上，并且随意排列它们。

云桌面也是显示在用户终端屏幕上的桌面，但云桌面不是由本地一台独立的计算机提供的，而是由网络中的服务器提供的。云桌面是将用户桌面操作系统与实际终端设备相分离的全新计算模式。它将原本运行在用户终端上的桌面操作系统和应用程序托管到服务器中运行，并由终端设备通过网络远程访问，而终端本身仅实现输入/输出与界面显示功能。通过云桌面可实现桌面操作系统的标准化和集中化管理。

6.2.1 云桌面概述

在云桌面系统中，云桌面是由服务器提供的，所有的数据计算都转移到服务器中，用户终端通过网络连接服务器获取云桌面并显示桌面内容，同时接收本地键盘、鼠标等外部设备的输入操作。云桌面系统中的服务器能同时为不同的终端提供不同类型的桌面（如 Windows 桌面、Linux 桌面等）。

云桌面是通过桌面的终端设备来访问云端的应用程序或者访问云端整个虚拟桌面的形式。云桌面的构建一般需要依托于桌面虚拟化技术。在 IBM 云计算智能商务桌面的介绍中，对于云桌面的定义是“可以通过瘦客户端或者其他任何与网络相连的设备来访问跨平台的应用程序，以及整个用户桌面”。云桌面系统中的终端用户借助客户端设备（或其他任何可以连接网络的移动设备），通过浏览器或者专用程序访问驻留在服务器中的个人桌面，就可以获得和传统的本地计算机相同的用户体验。云桌面的实施可显著提高数据安全管理水平、降低软/硬件管理和维护成本、降低终端能源消耗，是目前云计算产业链的重要发展方向。

1. 云桌面优势

据互联网数据中心统计，近年来 PC 出货量持续下滑，流失的 PC 销量主要流向两个方向——个人市场流向了移动平板，企业市场流向了云桌面。相对来说，云桌面（瘦终端）的市场稳步增长，年复合增长率大于 7%。可以预见，云桌面会掀起未来 PC 行业的改革浪潮，是近年来乃至未来数年的热点之一。

与传统本地计算机桌面工作方式相比，基于桌面虚拟化技术的云桌面具有以下优势。

（1）工作桌面集中维护和部署，桌面服务能力和工作效率得到了提高。

（2）业务数据远程隔离，有效保护数据安全。

（3）多终端多操作系统的接入，方便用户使用。

云桌面和传统 PC 在硬件要求、网络要求、可管理性、安全性、升级压力、维护成本、节能减排等方面的对比如表 6.1 所示。

表 6.1 云桌面和传统 PC 的对比

项目	云桌面	传统 PC
硬件要求	客户端要求很低，仅需要简单的终端设备、显示设备和输入/输出设备；服务器端需要较高配置	终端对于硬件要求较高，需要强大的处理器、内存及硬盘支持；服务器端根据实际业务需要弹性变化
网络要求	单个虚拟桌面的网络带宽需求低；但如果没有网络，独立用户终端将无法使用	对于网络带宽属于非稳定性需求，当进行数据交换时带宽要求较高；在没有网络的情况下，可独立使用
可管理性	可管理性强。终端用户对应用程序的使用可通过权限管理；后台集中式管理，客户端设备趋于零管理；远程集中系统升级与维护，只需要安装升级虚拟机与桌面系统模板，瘦客户端即可自动更新桌面	用户自由度比较大。使用者的管理主要是通过行政手段进行；客户端设备管理工作量大；客户端配置不统一，无统一管理平台，不利于统一管理；系统安装与升级不方便
安全性	本地不存储数据，不进行数据处理，且传输的屏幕信息经过高位加密；由于没有内部软驱、光驱等，可防止病毒从内部对系统的侵害；采用专用的安全协议，实现设备与操作人员身份双认证	数据在网络中流动，被截获的可能性大；本机面临计算机病毒、各类威胁和破坏，病毒传入容易，对病毒的监测不易；没有统一的日志和行为记录，不利于安全审计；操作系统和通信协议漏洞多，认证系统不完善
升级压力	终端设备没有性能不足的压力，升级要求小，整个网络只有服务器需要升级，生命周期为 5 年左右，升级压力小	由于机器硬件性能不足而引起硬件升级或淘汰，生命周期为 3 年左右，设备升级压力大，对于网络带宽也有升级要求
维护成本	没有易损部件，硬件出现故障的可能性极低；远程技术支持或者更换新的瘦客户端设备；通过策略部署，出现问题实时响应	维护、维修费用高；安装系统与软件修复及硬件更换周期长；自主维护或外包服务响应均需较长时间
节能减排	云终端电量消耗很小，环境污染减少	独立 PC 电量消耗很大，集中开启时需要空调制冷

2. 云桌面的业务价值

云桌面的业务价值很多，除了前面所提到的用户可以随时随地访问桌面以外，还有以下重要的业务价值。

（1）集中管理。在云桌面解决方案中，管理是集中化的，IT 工程师通过控制中心管理成百上千的虚拟桌面，所有的更新、弥补漏洞都只需要更新一个基础镜像，修改镜像只需要在几个基础镜像上进行，这样可大大节约管理成本。

（2）安全性高。在云桌面解决方案中，所有的数据及运算都在服务器中进行，客户端只是显示其变化的影像而已，所以不需要担心客户端非法窃取资料。IT 部门根据安全挑战制定各种新规则，这些新规则可以迅速地作用于每个桌面。

（3）应用环保。采用云桌面解决方案以后，每个瘦客户端的电量消耗量只有原来传统 PC 桌面的 8%左右，所产生的热量大大减少了，低碳环保的特点非常明显。

（4）成本减少。相比于传统 PC 的桌面，云桌面在整个生命周期中的管理、维护和能量消耗等方面的成本大大降低了。在硬件成本方面，云桌面应用初期在硬件上的投资是比较大的，但从长远来看，与传统 PC 桌面的硬件成本相比，云桌面的总成本可以减少 40%左右。

3. 普通桌面、虚拟化桌面和移动化桌面

（1）普通桌面。以 PC 或便携机为代表，终端作为 IT 服务提供的载体，每个用户都拥有单独的桌面终端，大部分用户数据保存在终端设备上。终端拥有比较强的计算、存储能力，基于个人实现便捷、灵活的业务处理和服务访问。

（2）虚拟化桌面。通过虚拟化的方式访问应用和桌面，数据统一存放在云计算数据中心中，终端设备可以是非常简单、标准的小盒子。IT 服务覆盖前端和后端，提高了端到端 IT 服务的效率，通过社交与工作的有效融合，实现了“永远在线”。

（3）移动化桌面。将企业 IT 应用与移动终端融合，数据存放在企业沙箱中，安全受控。通过企业和个人移动终端 App 交付、应用和内容管理，实现随时随地、无缝的业务访问，从而带来更多的服务创新和增值。

6.2.2 云桌面的基本架构

V6-3 云桌面的基本架构

云桌面不是简单的一个产品，而是一种基础设施，其组成架构较为复杂，根据具体应用场景的差异以及云桌面提供商的不同有不同的形式。通常云桌面可以分为终端设备层、网络接入层、云桌面控制层、虚拟化平台层、硬件资源层和应用层 6 个部分。云桌面的基本架构示意如图 6.5 所示。

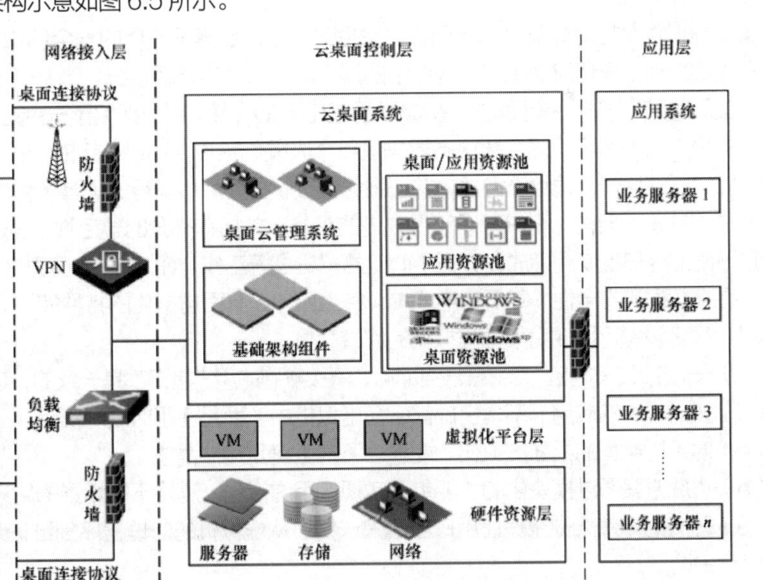

图 6.5 云桌面的基本架构示意

1. 终端设备层

终端设备层主要包括通过企业内部网络和外部网络访问云桌面的各类终端，通常有瘦客户端、移动设备、办公 PC 和利旧 PC 等。

2. 网络接入层

网络接入层主要负责将远程桌面输出到终端用户的显示器上，并将终端用户通过键盘、鼠标及语音输入设备等输入的信息传送到虚拟桌面上。云桌面提供各种接入方式供用户连接。

3. 云桌面控制层

云桌面控制层以企业作为独立的管理单元为企业管理员提供桌面管理的能力，管理单元由云桌面的系统级管理员统一管理。安全要求包括网络安全要求和系统安全要求。网络安全要求是对云桌面系统应用中与网络相关的安全功能的要求，包括传输加密、访问控制、安全连接等。系统安全要求是对云桌面系统软件、物理服务器、数据保护、日志审计、防病毒等方面的要求。

4. 虚拟化平台层

虚拟化平台是云计算平台的核心，也是云桌面的核心，承担着云桌面的“主机”功能。对于云计算平台上的服务器，通常是将相同或者相似类型的服务器组合在一起作为资源分配的母体，即所谓的服务器资源池。在服务器资源池上，通过安装虚拟化软件，使计算资源以一种虚拟服务器的方式被不同的应用使用。

5. 硬件资源层

硬件资源层由多台服务器、存储和网络设备组成。为了保证云桌面正常工作，硬件基础设施组件应该同时满足 3 个要求：高性能、大规模、低开销。

6. 应用层

根据企业特定的应用场景，云桌面可以根据企业的实际需要部署相应的应用系统，如 Office、财务应用软件、Photoshop 等，确保给特定的用户（群）提供同一种标准桌面和标准应用。云桌面架构通过提供共享服务的方式来提供桌面和应用，以确保在特定的服务器上提供更多的服务。

6.2.3 桌面虚拟化技术

桌面虚拟化是指对计算机的桌面进行虚拟化，以达到桌面使用的安全性和灵活性。可以通过任何设备，在任何地点、任何时间访问在网络中的属于用户个人的桌面系统。

云桌面的核心技术是桌面虚拟化。桌面虚拟化不是给每个用户都配置一台运行 Windows 的桌面 PC，而是在数据中心部署桌面虚拟化服务器来运行个人操作系统，通过特定的传输协议将用户在终端设备上的键盘和鼠标的动作传输给服务器，并在服务器接收指令后将运行的屏幕变化传输回瘦终端设备。

通过这种管理架构，用户可以获得改进的服务，并拥有充分的灵活性。例如，在办公室或出差时可以通过不同的客户端使用存放在数据中心的虚拟机展开工作。IT 管理人员通过虚拟化架构能够简化桌面管理，提高数据的安全性，降低运维成本。综上所述，桌面虚拟化的特性如下。

（1）很多设备可以成为桌面虚拟化的终端载体。

（2）一致的用户体验。无论在任何地点，所接触到的用户接口都是一致的，这才是真正的用户体验。

（3）按需提供的应用。不是全部都装在虚拟机中，而是使用时随时安装。

（4）对不同类型的桌面虚拟化，能够 100%地满足用户需求。

（5）集成方案通过模块化的功能单元实现应用虚拟化，满足不同场景的用户需求。

（6）开放的体系架构能够让用户自己去选择。从虚拟机的管理程序到维护系统，再到网络系统，用户可以自由选择。

用户对于类似虚拟桌面的体验并不陌生，其前身可以追溯到微软在其操作系统产品中提供的终端服务和远程桌面，但是它们在实际应用中存在着不足。例如，之前的终端服务只能够对应用进行操作，而远程桌面不支持桌面的共享。提供桌面虚拟化解决方案的主要厂商包括微软、VMware、Citrix 等。

根据云桌面不同的实现机制，从实现架构角度来说，目前主流云桌面技术可分为两类：虚拟桌面基础架构（Virtual Desktop Infrastructure，VDI）和虚拟操作系统架构（Virtual OS Infrastructure，VOI）。

1. 虚拟桌面基础架构

存储虚拟化技术是云存储的核心技术。通过存储虚拟化方法，把不同厂商、不同型号、不同通信技术、不同类型的存储设备互联起来，将系统中各种异构的存储设备映射为一个统一的存储资源池。存储虚拟化技术既能够对存储资源进行统一分配管理，又可以屏蔽存储实体间的物理位置及异构特性，实现资源对用户的透明性，降低构建、管理和维护资源的成本，从而提升云存储系统的资源利用率。VDI 是在数据中心通过虚拟化技术为用户准备好安装 Windows 或其他操作系统和应用程序的虚拟机。

用户从客户端设备使用桌面显示协议与远程虚拟机进行连接，每个用户独享一个远程虚拟机。所有桌面应用和运算均发生在服务器中，远程终端通过网络将鼠标、键盘信号传输给服务器，而服务器则通过网络将输出信息传到终端的输出设备（通常只是输出屏幕信息）。用户感受、图形显示效率及终端外部设备兼容性成为其发展瓶颈。VDI 典型架构示意如图 6.6 所示。

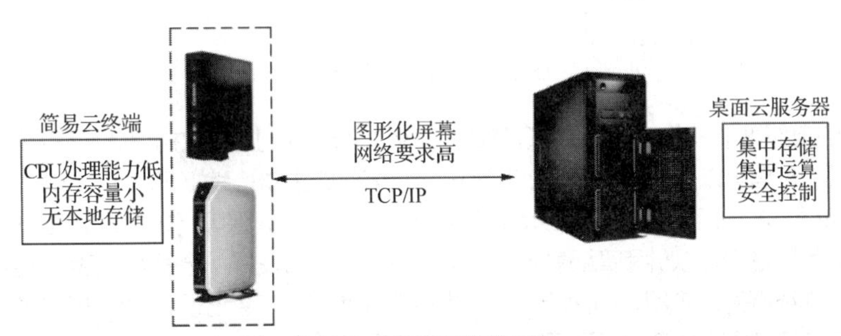

图 6.6　VDI 典型架构示意

基于 VDI 的虚拟桌面解决方案的原理是先在服务器侧为每个用户准备其专用的虚拟机并在其中部署用户所需的操作系统和各种应用，再通过桌面显示协议将完整的虚拟机桌面交付给远程用户。

VDI 云桌面解决方案采用“集中计算，分布显示”的原则，支持客户端桌面工作负载（操作系统、应用程序、用户数据）托管在数据中心的服务器中，用户通过支持远程桌面协议的客户端设备与虚拟桌面进行通信。每个用户都可以通过终端设备来访问个人桌面，从而大大改善了桌面使用的灵活性。VDI 桌面云解决方案的基础是服务器虚拟化。服务器虚拟化主要有完全虚拟化和部分虚拟化两种方法：完全虚拟化能够为虚拟机中的操作系统提供一个与物理硬件完全相同的虚拟硬件环境；部分虚拟化则需要在修改操作系统后再将其部署到虚拟机中。

VDI 旨在为智能分布式计算带来出色的响应能力和定制化的用户体验，并通过基于服务器的模式提供管理和安全优势，它能够为整个桌面映像提供集中化的管理。VDI 的主要特点如下。

（1）集中管理、集中运算。VDI 是目前的主流部署方式，但对网络、服务器资源、存储资源压力较大，部署成本相对较高。

（2）安全可控。其数据集中存储，保证了数据安全；丰富的外部设备重定向策略，使所有的外部设备使用均在管理员的控制之下，实现了多重安全保证。

（3）多种接入方式。其具有云终端、计算机、智能手机等多种接入方式，可随时随地接入，获得比笔记本电脑更便捷的移动性。

（4）降低运维成本。云终端小巧，绿色节能；集中统一化及灵活的管理模式，使得终端运维简捷化，大大降低了 IT 管理人员的日常维护工作量。

2. 虚拟操作系统架构

VOI 也称为物理 PC 虚拟化或虚拟终端管理。VOI 充分利用了用户本地客户端（利旧 PC 或高端云终端），桌面操作系统和应用软件集中部署在云端，启动时云端以数据流的方式将操作系统和应用软件按需传送到客户端，并在客户端执行运算。

VOI 中的计算发生在本地，桌面管理服务器仅做管理使用。该方案将桌面需要的应用收集到服务器来集中管理，在客户端需要时将系统环境调用到本地供其使用，充分利用客户端自身硬件的性能优势实现本地化运算，用户感受、图形显示效率以及外部设备兼容性均与本地 PC 一致，且对服务器要求极低。VOI 典型架构示意如图 6.7 所示。

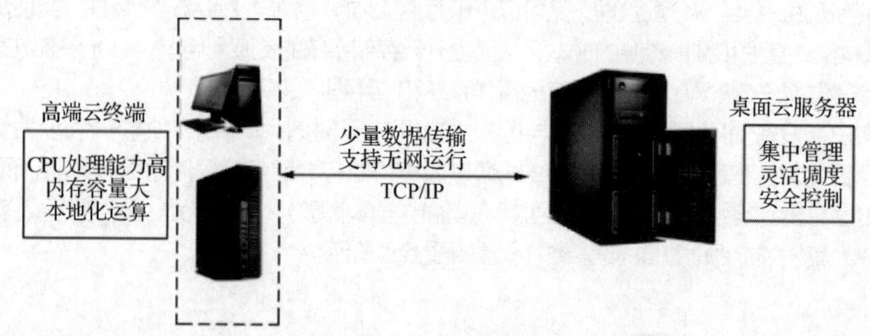

图 6.7　VOI 典型架构示意

相对 VDI 的全部集中来说，VOI 是合理的集中。VDI 的处理能力与数据存储均在云端，而 VOI 的处理能力在客户端，存储可以在云端，也可以在客户端。VOI 的主要特点如下。

（1）集中管理、本地运算。VOI 完全利用本地计算机的性能，保障终端系统及应用的运行速度；能够良好地运行大型图形设计软件和高清影像等，对视频会议支持良好，全面兼容各种业务应用；提高用户的连续性，实现终端离线应用，即使断网终端也可继续使用，不会出现黑屏；单用户镜像异构桌面交付，可在单一用户镜像中支持多种桌面环境，为用户随需提供桌面环境。

（2）灵活管理，安全保障。其安装简易、维护方便、应用灵活，可以在线更新或添加新的应用，客户端无须关机，业务可保持连续性；系统可实现终端系统的重启恢复，从根本上保障终端系统及应用的安全；具有丰富的终端安全管理功能，如应用程序控制、外部设备控制、资产管理等，保护终端安全；具有良好的信息安全管理，系统可实现终端数据的集中、统一存储，也可实现分散的本地存储；可利用系统的磁盘加密等功能防止终端数据外泄，保障终端数据安全。

（3）降低运维成本。VOI 的集中统一化及灵活的管理模式，使得终端运维简捷化，大大减少了 IT 管理人员的日常维护工作量；软件授权费用降低，不需要额外购买版权费用；不需用户改变使用习惯，也无须对用户进行相关培训。

VDI 与 VOI 的对比如表 6.2 所示。

表 6.2　VDI 与 VOI 的对比

项目	VDI	VOI
终端桌面交付	分配虚拟机作为远程桌面	分配虚拟系统镜像
硬件差异	无视	驱动分享、PNP 等技术
远程部署及使用	原生支持（速度慢）	盘网双待、全盘缓存
窄带环境下使用	原生支持	离线部署、全盘缓存
离线使用	不支持	盘网双待、全盘缓存
终端图形图像处理	不理想	完美支持
移动设备支持	支持	不支持
使用终端本地资源	不支持	完美支持
同时利用服务器资源及本地资源	不支持	不支持

VOI 充分利用了终端本地的计算能力，桌面操作系统和应用软件集中部署在云端，启动时云端以数据流的方式将操作系统和应用软件按需传送到客户端，并在客户端执行运算。VOI 可获得和本地 PC 相同的使用效果，也可改变 PC 无序管理的状态，具有和 VDI 相同的管理能力及安全性。

VOI 支持各种计算机外部设备以适应复杂的应用环境及未来的应用扩展，同时，对网络和服务器的依赖性大大降低了，即使网络中断或服务器宕机，终端也可继续使用，数据可实现云端集中存储，也可实现终端本地加密存储，且终端应用数据不会因网络或服务端故障而丢失。VDI 的大量使用给用户带来了便利性与安全性，VOI 弥补了高性能应用及网络状况不佳时的应用需求，并实现了对原有 PC 的统一管理，所以最理想的方案是 VDI+VOI 融合，将两种主流桌面虚拟化技术结合，实现资源的合理集中。高性能桌面等场景使用 VOI；占用网络带宽小、接入方式多样、接入终端配置低、硬件产品时间久、用户需要快速接入桌面等场景使用 VDI。

总体来说，在 VDI+VOI 融合解决方案中，VOI 补充了 VDI 所缺失的高计算能力、3D 设计场景，VDI 补充了 VOI 移动办公、弹性计算、高集中管控的场景，融合解决方案使得用户可以在任意终端、任意地点、任意时间接入并使用云桌面，满足了各行业用户的移动办公需求。

3. 云桌面应用场景

任何行业都可以通过搭建云桌面平台来体验全新的办公模式，既可告别 PC 采购的高成本、能耗的居高不下，又可享受与 PC 同样流畅的体验。只要能看到办公计算机的地方，PC 都可以用精致小巧、功能强大的云桌面终端来替换。云桌面的应用场景如下。

（1）用于日常办公，成本更低、运维更少。

① 云桌面用于办公室时，噪声小、能耗低、故障少，多终端随时随地开展移动办公。

② 云桌面用于会议室或者培训室时，提供管理简便、绿色环保的工作环境。

③ 云桌面用于工厂车间时，出现 IT 故障能实时解决，以打造高标准的数字化车间。

（2）搭建教学云平台，统一管理教学桌面、快速切换课程内容。

① 云桌面用于多媒体教室时，桌面移动化，可随时随地备课、教学。

② 云桌面用于学生机房、电子阅览室时，管理员运维工作量更少、桌面环境切换更快。

（3）用于办事服务大厅或营业厅，提升工作效率和服务质量。

云桌面用于柜台业务单一化的办事服务大厅或营业厅时，可使工作人员共享同一套桌面或应用，满足快速办公需求。

（4）实现多网隔离，轻松实现内网办公、互联网安全访问。

云桌面还能实现多网的物理隔离或者逻辑隔离，对于桌面安全性要求极高的组织单位绝对适用。

6.3 云计算相关的其他领域

云计算在多个领域具有广泛的应用，在需要海量数据处理的应用领域更是发挥着不可替代的作用。下面这些技术均与云计算有着密切的关联甚至以云计算技术作为其支撑。

6.3.1 物联网

物联网（Internet of Things，IoT）是指通过信息传感器、射频识别技术、全球定位系统、红外感应器、激光扫描器等装置与技术，实时采集任何需要监控、连接、互动的物体或过程，采集其声、光、热、电、力学、化学、生物、位置等需要的信息，通过各类可能的网络接入，实现物与物、物与人的泛在连接，实现对物品和过程的智能化感知、识别和管理的网络。物联网是一个基于互联网、传统电信网等的信息承载体，它让所有能够被独立寻址的普通物理对象形成互联互通的网络。

1．物联网的概念

物联网就是物物相连的互联网，包含两层含义：其一，物联网的核心和基础仍然是互联网，它是在互联网基础上延伸和扩展的网络；其二，用户端延伸和扩展到了任何物品与物品之间，它们可以进行信息交换和通信，也就是“物物相息”。

物联网通过智能感知、识别技术与普适计算等通信感知技术，广泛应用于网络的融合中，也因此被称为继计算机、互联网之后世界信息产业发展的“第三次浪潮”。物联网是通过各种信息传感设备及系统（传感器、射频识别系统、红外感应器、激光扫描器等）、条形码与二维码、全球定位系统，按约定的通信协议，将物与物、人与物、人与人连接起来，通过各种接入网、互联网进行信息交换，以实现智能化识别、定位、跟踪、监控和管理的信息网络。这个定义的核心是，物联网的主要特征是每一个物件都可以寻址，每一个物件都可以控制，每一个物件都可以通信。

2．物联网的特点

和传统的互联网相比，物联网有着鲜明的特征。首先，它广泛应用各种感知技术。物联网中部署了少量的多种类型的传感器，每个传感器都是一个信息源，不同类型的传感器所捕获的信息内容和信息格式不同。其次，它是一种建立在互联网上的网络。物联网技术的重要基础和核心仍旧是互联网，其通过各种有线和无线网络与互联网融合，将物体的信息实时准确地传递出去。此外，物联网不仅提供传感器的连接，其本身也具有智能处理的能力，能够对物体实施智能控制。物联网将传感器和智能处理相结合，利用云计算、模式识别等各种智能技术，扩充其应用领域。人们可从传感器获得的海量信息中分析、加工出有意义的数据，以适应不同用户的不同需求，发现新的应用领域和应用模式。

3．物联网的应用

物联网的应用涉及方方面面，其在工业、农业、环境、交通、物流、安保等基础设施领域均有应用，可有效推动这些领域智能化发展，使得有限的资源得到更加合理的使用、分配，从而提高行业效率、效益。物联网在家居、医疗健康、教育、金融与服务业、旅游业等与生活息息相关的领域的应用，使得服务范围、服务方式到服务质量等有了极大的改进，大大提高了人们的生活质量。

6.3.2 大数据

现在的社会是一个高速发展的社会，科技发达，信息流通，人们之间的交流越来越密切，生活也越来越方便，大数据（Big Data）就是这个时代的产物。大数据或称巨量资料，指的是所涉及的资料量规模巨大到无法通过目前主流工具，在合理时间内将其提取、管理、处理并整理成帮助企业经营决策的信息。

1．大数据的定义

对于大数据，研究机构 Gartner（高德纳）给出了这样的定义：需要新处理模式才能具有更强的决策力、洞察力和流程优化能力来适应海量、高增长率和多样化的信息资产。

麦肯锡全球研究院给出了这样的定义：一种规模大到在获取、存储、管理、分析方面大大超出了传统数据库工具能力范围的数据集合，具有海量的数据规模、快速的数据流转、多样的数据类型和价值密度低四大特征。大数据技术的战略意义不在于庞大的数据信息，而在于对这些含有意义的数据进行专业化处理。换言之，如果把大数据比作一种产业，那么这种产业实现盈利的关键在于提高数据的“加工能力”，通过“加工”实现数据的“增值”。

从技术上看，大数据与云计算的关系就像一枚硬币的正反面一样密不可分。大数据一般无法用单台计算机进行处理，必须采用分布式架构进行处理。它的特色在于对海量数据进行分布式数据挖掘。但它必须依托云计算的分布式处理、分布式数据库和云存储、虚拟化技术。

随着“云时代”的来临，大数据也吸引了越来越多的关注。分析师团队认为，大数据通常用来形容一个公司创造的大量非结构化数据和半结构化数据，这些数据在下载到关系数据库中进行分析时会花费过多时间和金钱。大数据分析常和云计算联系到一起，是因为实时的大型数据集分析需要像 MapReduce 一样的框架来向数十、数百甚至数千台计算机分配工作。

2. 大数据的趋势

（1）数据资源化。数据资源化是指大数据成为企业和社会关注的重要战略资源，并已成为大家争相抢夺的新焦点。因而，企业必须提前制订大数据营销战略计划，抢占市场先机。

（2）与云计算深度结合。大数据离不开云处理，云处理为大数据提供了弹性可扩展的基础设备，云计算平台是产生大数据的平台之一。自 2013 年开始，大数据技术已和云计算技术紧密结合，预计未来两者的关系更为密切。除此之外，物联网、移动互联网等新兴计算形态将一起助力“大数据革命”，让大数据营销发挥出更大的影响力。

（3）科学理论的突破。随着大数据的快速发展，就像计算机和互联网一样，大数据很有可能引起新一轮的技术革命。随之兴起的数据挖掘、机器学习和人工智能等相关技术，可能会改变“数据世界”中的很多算法和基础理论，实现科学技术上的突破。

（4）数据科学和数据联盟的成立。数据科学将成为一门专门的学科，被越来越多的人所熟知。各大高校将设立专门的数据科学类专业，也会催生一批与之相关的新的就业岗位。与此同时，基于数据这个基础平台，将建立起跨领域的数据共享平台，成立领域数据联盟之后，数据共享将扩展到企业层面，并且成为未来产业的核心一环。

（5）数据泄露泛滥。在未来，每个“500 强”企业都可能会面临数据攻击，无论它们是否已经做好安全防范。而所有企业，无论规模大小，都需要重新审视今天的安全定义。在“500 强”企业中，可能超过 50%将会设置首席信息安全官这一职位。企业需要从新的角度来确保自身以及客户数据的安全，所有数据在创建之初便需要获得安全保障，而并非在数据保存的最后一个环节。仅仅加强后者的安全防护已被证明于事无补。

（6）数据管理成为核心竞争力。数据管理成为核心竞争力，直接影响财务。当“数据资产是企业核心资产”的概念深入人心之后，企业对数据管理便有了更清晰的界定，会将数据管理作为企业核心竞争力，持续发展，战略性规划与运用数据资产，使之成为企业数据管理的核心。数据资产管理效率与主营业务收入增长率、销售收入增长率显著正相关，此外，对于具有互联网思维的企业而言，数据资产竞争力所占比例约为 36.8%，数据资产的管理效果将直接影响企业的财务。

（7）数据质量是商业智能（Business Intelligence，BI）成功的关键之一。采用自助式 BI 工具进行大数据处理的企业将会脱颖而出。它们要面临的一个挑战是，很多数据源会带来大量低质量数据。想要成功，企业需要理解原始数据与数据分析之间的差距，从而消除低质量数据并通过 BI 获得更佳决策。

（8）数据生态系统复合化程度加强。大数据的世界不只是一个单一的、巨大的计算机网络，而是一个由大量活动构件与多元参与者元素所构成的生态系统，是由终端设备提供商、基础设施提供商、网络服务提供商、网络接入服务提供商、数据服务使能者、数据服务提供商、触点服务、数据服务零售商等一系列的参与者共同构建的生态系统。而今，这样一个数据生态系统的基本雏形已然形成，接下来的发展将趋于系统内部角色的细分，也就是市场的细分；系统机制的调整，也就是商业模式的创新；系统结构的调整，也就是竞争环境的调整等，使数据生态系统复合化程度逐渐提高。

6.3.3 人工智能

人工智能（Artificial Intelligence，AI）是研究、开发用于模拟、延伸和扩展人的智能的理论、方法、技术及应用系统的一门新的技术科学。

人工智能是计算机科学的一个分支，它试图了解智能的实质，并生产一种新的、能以与人类智能相似的思维做出反应的智能机器。该领域的研究包括机器人、语言识别、图像识别、自然语言处理和专家系统等。人工智能从诞生以来，理论和技术日益成熟，应用领域也不断扩大。可以设想，未来人工智能带来的科技产品将会是人类智慧的“容器”。人工智能可以对人的意识、思维的信息过程进行模拟。人工智能不是人的智能，但能像人那样思考，也可能超过人的智能。

人工智能是一门极富挑战性的科学，从事这项工作的人必须懂得计算机知识、心理学和哲学等。人工智能是十分广泛的科学，它由不同的领域组成，如机器学习、计算机视觉等。总的说来，人工智能研究的主要目标是使机器能够胜任一些通常需要人类智能才能完成的复杂工作。但不同的时代、不同的人对这种“复杂工作”的理解是不同的。2017 年 12 月，人工智能入选“2017 年度中国媒体十大流行语”。

1. 人工智能安全问题

人工智能还在研究中，但有学者认为让计算机拥有智慧是很危险的，它可能会反抗人类。这种担忧也在多部电影中体现过，其主要的关键是是否允许机器拥有自主意识的产生与延续。如果使机器拥有自主意识，则意味着机器具有与人同等或类似的创造性、自我保护意识、情感和自发行为。

2. 人工智能应用领域

人工智能的应用领域十分广泛，包括机器翻译、智能控制、专家系统、机器人学、语言和图像理解、遗传编程机器人工厂、自动化程序设计、航天应用、庞大的信息处理和存储与管理等。

值得一提的是，机器翻译（简称机译）是人工智能的重要分支和最先应用的领域之一。但就已有的机译成就来看，机译系统的译文质量离终极目标仍相差甚远，而机译系统是机译质量的关键。我国数学家、语言学家周海中教授曾在论文《机器翻译五十年》中指出：要提高机译的质量，首先要解决的是语言本身的问题而不是程序设计问题；单靠若干程序来做机译系统，肯定是无法提高机译质量的；另外，在人类尚未明了大脑是如何进行语言的模糊识别和逻辑判断的情况下，机译要想达到“信、达、雅”的程度是不可能的。

6.3.4 5G 网络

5G 网络（5G Network）是第五代移动通信网络，其理论峰值传输速率可达 20Gbit/s，即每秒能传输 2.5GB 的内容，相同条件下是 4G 网络传输速率的 10 倍以上。例如，在 5G 网络中，一部 1GB 的电影可在 0.4s 之内下载完成。随着 5G 技术的诞生，用智能终端分享 3D 电影、游戏及超高画质节目的时代正向我们走来。

1. 5G 网络概述

5G 网络指的就是在移动通信网络发展中的第五代网络。与之前的第四代移动通信网络相比，5G 网络在实际应用过程中表现出更加明显的优势。

5G 网络属于当前一种新型的网络，并且得到了快速的发展。对于任何一种网络而言，网络安全问题都是十分重要的，5G 网络同样如此，因而对于 5G 网络安全问题需要加强重视。

2. 5G 技术的优势

5G 技术的优势主要体现在以下几个方面。

（1）5G 技术数据传输速率快。5G 技术是当前世界上最先进的网络通信技术之一。相较于被普遍应用的 4G 技术，5G 技术在数据传输速率上有着非常明显的优势。将 5G 技术应用在文件传输过程中，会大大缩短数据传输所需要的时间，对于工作效率的提高具有非常重要的作用。

（2）5G 技术传输的稳定性。5G 技术不仅在数据传输速率上有所提高，在传输的稳定性上也有突出的进步。5G 技术应用在不同的场景中都能进行很稳定的传输，能够适应多种复杂的场景。5G 技术传输稳定性的提高使工作的难度降低，不会出现因为工作环境的场景复杂而造成传输时间过长或者传输不稳定的情况，从而大大提高了工作人员的工作效率。

（3）5G技术的高频传输技术。高频传输技术是5G技术的核心技术之一，高频传输技术正在被多个国家研究。用于低频传输的资源越来越紧张，而5G技术的使用需要更大的频率带宽，低频传输技术已经满足不了5G技术的工作需求，高频传输技术在5G技术的应用中起到了不可忽视的作用。

3. 5G技术的安全问题

5G技术的安全问题主要体现在以下几个方面。

（1）虚拟网络技术的脆弱性。对于5G技术而言，其与4G技术相比虽然表现出了更明显的便利性，但是仍然存在虚拟网络固有的脆弱性特点。在实际应用过程中，相比实体通信手段，5G网络更加容易被攻击及窃听，严重者会导致其终端设备损坏。在通信网络实际运行及应用中，恶意攻击者往往会伪装成合法用户，在获得网络通信服务信任的情况下实施攻击，而网络中所出现的这种恶意破坏往往很难根除，也很难及时消除。另外，对于移动网络的应用而言，需要智能设备的支持，但网络技术及智能设备在实际应用中会受到一定程度的恶意攻击，因而5G网络在实际应用过程中的安全性仍会受到影响。

（2）5G网络使计算存储技术及设备面临更严峻的考验。在实际应用过程中，5G技术对于数据接入信道有更高的要求，需要其具有更高的传输速率，然而，实际应用中的大多数设备无法使这一要求得到满足，这对于5G网络的应用必然会产生一定的不利影响。另外，在5G技术的实际应用过程中，在终端的管理方面，对于管理机制有新要求。这些因素的存在导致5G技术在实际应用过程中很难构建比较有效的传输管理体系，从而导致信息过载情况出现，也会导致设备在实际运行及应用过程中产生故障，致使5G网络的应用受到不利影响。

（3）网络商务安全方面的问题。5G技术在不断完善及发展，在电子商务及有关增值业务方面，5G技术必然会有越来越广泛的应用，而在这类业务的实际开展过程中，对设备安全性及信息安全性有更高的要求及标准。就用户所使用的智能系统而言，其表现出十分明显的流动性，在实际流通过程中必然会涉及不同运营商、服务提供商，也会涉及信息交流方，它们之间产生的交流对安全性有更高的要求，因此，5G网络在今后的实际应用中必然会面临安全方面的考验。

4. 5G技术的应用

5G技术的应用主要体现在以下几个方面。

（1）高速传输数据。现如今4G网络在人们的日常生活与工作中已经得到了普及，5G网络以此为基础提高了传输数据的效率，不仅能节省大量空间，还能提高网络通信服务的安全性。当下网络通信技术还在不断发展，不久的将来数据传输速率会大于10Gbit/s，远程控制应用在这样的前提下会广泛普及于人们的生活。另外，5G网络时延较短，约1ms，能满足有较高精度要求的远程控制的实际应用，如车辆自动驾驶、电子医疗等。可通过更短的网络时延进一步提高5G网络远程控制应用的安全性，不断完善各项功能。

（2）强化网络兼容。对于网络，兼容性一直是其发展环节需要面对的问题，只有解决好这一问题，才能在市场上大大提高对应技术的占有率。当下还没有网络有良好的兼容性，即便有也存在较严重的局限性。然而，5G网络非常显著的一个特点及优势就是兼容性强，能在网络通信的应用及发展中满足不同设备的正常使用需求，同时有效融合类型不同、阶段不同的网络，大大增加应用5G网络的人群。5G网络能在不同阶段实现不同网络系统的兼容，能大大降低网络维护费用，节约成本，获取最大化的经济效益。

（3）协调合理规划。移动市场正在高速发展，市场中有多种通信系统，5G网络想要在激烈的市场竞争中立足，就必须协调、合理规划多种网络系统，协同管理多制式网络，在不同环境下让用户获得优质服务和体验。尽管5G网络具有3G和4G等网络的优势，但要实现多种网络的协作，才能最大限度地发挥5G网络通信的优势，因此，在应用5G网络的过程中，可利用中央资源管理器促进用户和数据的解耦，优化网络配置，完成均衡负载的目标。

（4）满足用户需求。网络的应用及发展的根本目标始终是满足用户需求。从“2G 时代”到“4G 时代”，人们对网络的需求越来越多元化，网络通信技术也在各方面有所完善。应用 5G 网络势必也要满足用户需求，优化用户体验，实现无死角、全方位的网络覆盖，无论用户位于何处都可以享受优质的网络通信服务，不管是在偏远地区还是在城市都能确保网络通信性能的稳定性。在今后的应用及发展中，5G 网络通信最重要的目标之一就是不受地域和流量等因素的影响，实现网络通信服务的稳定和独立。

技能实践

任务 6.1　身边的云计算服务调查

随着云计算技术的发展，云计算已经深入人们的生活，在不知不觉中人们已经在使用云计算提供的服务。本任务将通过调研身边的云计算使用情况获知云计算如何影响人们的生活，并从互联网中获得目前主流云计算平台的相关信息。

调研我们身边使用了哪些云计算服务，这些服务属于 IaaS、PaaS、SaaS 中的哪种类型，并将调查结果填入表 6.3。

表 6.3　身边的云计算服务调查

应用名称	类型		
	IaaS	PaaS	SaaS
例如：百度网盘	√		

任务 6.2　云桌面与传统桌面应用场景调查

随着云技术的发展，云桌面掀起了 PC 行业的改革浪潮，是近年来乃至未来数年的热点。云桌面已经在各行业得以应用。本任务通过调研身边的云桌面的应用场景，了解云桌面在现实生活中的应用情况。通过调研，将调查结果填入表 6.4。

表 6.4 身边的云桌面应用场景调查

应用场景	云桌面			传统桌面
	VDI	VOI	VDI/ VOI	
例如：图书馆	√			

本章小结

本章包含 3 部分知识点。

6.1 云安全概述，主要讲解了云安全与传统安全、云安全体系架构、安全即服务、云计算技术框架。

6.2 云桌面，主要讲解了云桌面概述、云桌面的基本架构、桌面虚拟化技术。

6.3 云计算相关的其他领域，主要讲解了物联网、大数据、人工智能、5G 网络。

技能实践主要演示了身边的云计算服务调查和云桌面与传统桌面应用场景调查。

课后习题

1. 选择题

（1）下列不属于数据安全内容的是（　　）。

A. 数据传输安全　B. 数据隔离　C. 数据残留　D. 数据统计

（2）SECaaS 是指（　　）。

A. 基础设施即服务　B. 平台即服务　C. 安全即服务　D. 应用即服务

（3）VDI 是指（　　）。

A. 虚拟桌面基础架构　B. 虚拟操作系统架构

C. 桌面即服务　D. 安全即服务

（4）VOI 是指（　　）。

A. 虚拟桌面基础架构　B. 虚拟操作系统架构

C. 桌面即服务　D. 安全即服务

（5）【多选】云计算安全面临的挑战包括（　　）。

A. 系统复杂　B. 开放接口　C. 管理方面　D. 法律方面

（6）【多选】SECaaS 的优势为（　　）。

A. 无须增加额外的硬件设施或配备专人负责维护，降低了管理难度

B. 随时可以对空间进行扩展/增减，增加了存储空间的灵活可控性

C. 按需付费，有效降低了企业实际购置设备的成本

D. 提高了存储空间的利用率，同时具备负载均衡、故障冗余功能

（7）【多选】SECaaS 应用领域包括（　　）。

A. 身份、授权和访问管理服务　　B. 数据泄露防护

C. Web 安全　　D. e-mail 安全

（8）【多选】VDI 的主要特点为（　　）。

A. 集中管理、集中运算　　B. 安全可控

C. 多种接入方式　　D. 降低运维成本

2. 简答题

（1）简述云安全与传统安全。

（2）简述云计算安全面临的挑战。

（3）简述云安全体系架构。

（4）简述 SECaaS 的优势。

（5）简述 SECaaS 的应用领域。

（6）简述云计算技术框架。

（7）简述云桌面的优势。

（8）简述云桌面的业务价值。

（9）简述云桌面的基本架构。

（10）简述桌面虚拟化技术。

（11）简述云桌面应用场景。

（12）简述云计算相关的其他领域。